电力用煤培训教材

电力用煤质量监督与环境保护

曹长武　编著

中国质检出版社
中国标准出版社

北　京

图书在版编目(CIP)数据

电力用煤质量监督与环境保护/曹长武编著. —北京:中国标准出版社,2013.12
电力用煤培训教材
ISBN 978-7-5066-7377-8

Ⅰ.①电… Ⅱ.①曹… Ⅲ.①电厂燃料系统—煤质—质量监督—环境保护—教材
Ⅳ.①TM621.2

中国版本图书馆 CIP 数据核字(2013)第256014号

中国质检出版社
中国标准出版社 出版发行
北京市朝阳区和平里西街甲2号(100013)
北京市西城区三里河北街16号(100045)
网址:www.spc.net.cn
总编室:(010)64275323 发行中心:(010)51780235
读者服务部:(010)68523946
中国标准出版社秦皇岛印刷厂印刷
各地新华书店经销
*
开本 787×1092 1/16 印张 21.25 字数 526 千字
2013年12月第一版 2013年12月第一次印刷
*
定价:59.00元

前　言

电力工业是国民经济的基础产业之一。长期以来,我国电源结构中一直以火电为主,发电燃料则一直以煤为主。我国年生产煤炭约35亿t,占世界煤炭总生产量的46%,其中电力用煤约占全国煤炭消费量的50%以上,而且这种格局在短期内也不会改变。

煤的燃烧是造成大气污染的主要来源之一;另一方面,我国燃煤电厂的发电煤耗,对同类型机组而言,要较技术发达国家高50g/(kW·h)~60g/(kW·h),这说明我国燃煤电厂发电效率相对较低,节能潜力巨大。

电力用煤的质量监督与电厂环境保护及节能降耗工作密切相关。电厂煤质监督工作人员必须适应新的形势要求,拓宽知识领域,把煤质监督工作提高到一个新的水平。为改善我国电厂煤质监督、环境保护、节能降耗现状,需要理论联系实际的培训教材,故编著本书,以满足广大读者的要求。

全书共分七章,具体章节见本书目录。本书具有如下特点:

①充分反映我国燃煤电厂的煤质监督、环境保护及节能降耗工作的现状,从生产实际出发、较系统阐述电力用煤的专业知识。

②对一些关键性技术问题进行了深入解析,指出了解决问题的方法与途径,以切实提高读者的专业技术水平。

③电力用煤采制化的核心内容以2008年前后修订的国家标准为依据,阐明技术要点,有助于促进各电厂燃煤采制化工作的标准化、规范化。

④电厂环境保护与节能降耗工作内容贯穿于本书各章节中,以拓宽读者的知识领域,更好地完成煤质监督的本职工作。

⑤本书层次清晰、重点明确,易学易懂,不仅适合电厂作为燃料专业人员的培训教材,也可作为日常生产中的一本实用参考读物。

读者在阅读本书时,可参阅作者编著的《火电厂煤质监督与检测技术》、《电力用煤采制化专题技术》及《燃煤电厂环境保护》等书中的相关内容。上述三本书均由中国标准出版社出版。

本书适合具有大专以上文化程度的读者学习。主要对象为燃煤电厂煤质监督、检测与管理人员,也可供其他用煤企业相关人员及燃料专业大专院校师生作为教学参考读物。

曹长武

2013.11

目　录

第一章　煤炭专业基础知识

本书以电力用煤质量监督为中心，系统地说明燃煤电厂环境保护与节能降耗的方法与途径。而煤质监督的核心则是掌握入厂与入炉煤的采制样技术与质量检测技术（简称电力用煤的采制化技术）。为此，首先应学习并掌握有关煤炭的专业基础知识，从而为学习本书创造必要的条件。

第一节　煤炭的形成与分类

电力工业是国民经济的基础产业。煤、石油、天然气均为宝贵的能源资源，它们都可作为发电燃料，利用这些矿物燃料发电的企业，则称为火力发电厂。根据所用燃料的不同，火电厂又有燃煤、燃油、燃气电厂之分。

在我国能源生产总量中，1978 年 ~ 2003 年期间，原煤占 66.6% ~ 75.3%，平均为 72.4%；原油占 15.2% ~ 23.8%，平均为 18.0%；天然气占 1.9% ~ 3.4%，平均为 2.6%；水电占 3.1% ~ 8.7%，平均为 5.9%。

我国各种能源占消费总量的比重，长期以来，相对稳定，变化并不太大。在我国电源结构中，火电一直占 70% 左右，在火电厂中，又以燃煤为主，这种基本格局在短期内仍然是不会改变的，近数十年来，我国电力用煤占全国原煤年产量长期维持在 50% 左右，故煤在我国电力工业中，占有特殊重要的地位。

一、煤的形成

煤是古代植物遗体因地壳的变动而被埋在地下，在一定的温度和压力的条件下，经历漫长的时代和复杂的生物化学和物理化学变化，逐步演变而成的固体有机可燃沉积岩。

1. 地质年代与成煤

地球从形成、演化、发展至今已有 46 亿年之久，地质学家常用放射性同位素测定法与古生物学两种方法来划分不同地质年代的地层。地质学把地层分为六个阶段：即远太古代、太古代、元古代、古生代、中生代和新生代。而在“代”以下划分为许多次一级的地质时代。如古生代自老到新又可分为六个纪：即寒武纪、奥陶纪、志留纪、泥盆纪、石炭纪、二叠纪；中生代分为三叠纪、侏罗纪、白垩纪；新生代分为第三纪、第四纪。地质年代划分参见表 1 - 1。

在整个地质年代中，有三个最大的聚煤期，它们分别是：

①古生代的石炭纪及二叠纪，成煤植物主要是孢子植物，主要形成无烟煤和烟煤。

②中生代的侏罗纪及白垩纪，成煤植物主要是裸子植物，主要形成烟煤和褐煤。

③新生代的第三纪，成煤植物主要是被子植物，主要形成烟煤和褐煤。

表 1－1　地质年代的划分

代	纪	距今年代/亿年	生物发展阶段	
			动物界	植物界
新生代	第四纪	0.02～0.25	人类时代	被子植物时代
	第三纪　晚第三纪	0.25	哺乳动物时代	
	第三纪　早第三纪	0.7		
中年代	白垩纪	1.4	爬行动物时代	裸子植物时代
	侏罗纪	1.95		
	三叠纪	2.5		
古生代	二叠纪	2.85	两栖动物时代	陆上孢子植物时代
	石炭纪	3.3		
	泥盆纪	4.0	鱼类时代	
	志留纪	4.4	海生 无脊椎动物时代	海生藻类时代
	奥陶纪	5.2		
	寒武纪	6.0		
元古代	震旦纪	9.0 25.0	动物孕育萌发初期阶段	
太古代		38.0	原始细菌 （最低等原始生命产生）	
地球初期发展阶段		46.0		

由上表可知，无烟煤形成最早，依次为烟煤、褐煤、泥炭，即使最为年轻的泥炭，至少也有2～3百万年的历史，至于无烟煤的成煤，则可溯源于3亿～20亿年前这一时期。

2. 煤的形成与演变

古代植物在成煤过程中，历经两个阶段：第一阶段为泥炭化作用阶段；第二阶段为煤化作用阶段，参见表1－2。

表 1－2　古代植物的成煤过程

演变	植物→泥炭→褐煤→烟煤→无烟煤		
转变条件	水中、细菌、数千至数万年	地下（不太深），数百万年	地下（深处），数千万年
主要影响因素	生化作用，氧的供应情况	压力（加压失水）物理化学作用为主	温度、压力、时间、化学作用为主
转变阶段	第一阶段（泥炭作用）	第二阶段（煤化作用）	
		成岩阶段	变质阶段

（1）成煤第一阶段

古代植物首先因细菌的作用而发生腐烂、分解、内部组织被破坏，一部分物质转为气体逸出，残余物质开始转为泥炭，这一阶段称为泥炭化作用阶段。

因泥炭中含有较多的腐植酸、沥青质等，而呈现为棕黑色或黑褐色，泥炭可视为由植物转为煤炭的中间产物。

（2）成煤第二阶段

泥炭在地下受压力和温度的影响，逐渐被压紧及硬化，继续排出气体和水分，从而使固定碳的比例日趋增大，形成了固体有机可燃沉积岩。这一阶段称为煤化作用阶段。

在成煤的第二阶段中，又包括成岩作用及变质作用两个过程。

①成岩作用过程。泥炭经成岩作用转变为褐煤。在这一过程中，泥炭中的植物残留成分逐渐消失，腐植酸含量先增加后减少，碳含量增加、氮、氧含量逐渐降低。

②变质作用过程。煤的变质作用使褐煤向烟煤、无烟煤演变，褐煤中的水分不断减少，碳含量进一步增加、氮、氧含量进一步降低。

综上所述，煤实际上是古代植物经泥炭化作用与煤化作用而生成的固体有机可燃矿岩，在植物到煤的演变过程中，其化学组成逐步变化，它们之间并没有明显的界限，参见表1－3。

表1－3　由植物到无烟煤的化学组成变化

<table>
<tr><th colspan="2">类　别</th><th>ω(C)/%</th><th>ω(O)/%</th><th>腐植酸/%</th><th>V/%
（挥发分含量）</th><th>ω(H_2O)/%</th><th>容重</th></tr>
<tr><td rowspan="2">植物</td><td>草本植物</td><td>48</td><td>39</td><td rowspan="2">0</td><td rowspan="2"></td><td rowspan="2"></td><td rowspan="2"></td></tr>
<tr><td>木本植物</td><td>50</td><td>42</td></tr>
<tr><td rowspan="2">泥炭</td><td>草本泥炭</td><td>56</td><td>34</td><td>43</td><td rowspan="2">70</td><td rowspan="2">>40</td><td rowspan="2">1.0</td></tr>
<tr><td>木本泥炭</td><td>66</td><td>26</td><td>53</td></tr>
<tr><td rowspan="3">褐煤</td><td>煤化程度低</td><td>67</td><td>25</td><td>68</td><td>58</td><td rowspan="3">10～30</td><td rowspan="3">1.1</td></tr>
<tr><td>煤化程度中等</td><td>71</td><td>23</td><td>22</td><td>44</td></tr>
<tr><td>煤化程度较高</td><td>73</td><td>17</td><td>3</td><td>45</td></tr>
<tr><td rowspan="6">烟煤</td><td>长焰煤</td><td>77</td><td>13</td><td rowspan="6">0</td><td>43</td><td>10</td><td rowspan="6">1.2
↓
1.4</td></tr>
<tr><td>气煤</td><td>82</td><td>10</td><td>41</td><td>3</td></tr>
<tr><td>肥煤</td><td>85</td><td>5</td><td>33</td><td>1.5</td></tr>
<tr><td>焦煤</td><td>88</td><td>4</td><td>25</td><td>0.9</td></tr>
<tr><td>瘦煤</td><td>90</td><td>3.8</td><td>16</td><td>0.9</td></tr>
<tr><td>贫煤</td><td>91</td><td>1.8</td><td>15</td><td>1.9</td></tr>
<tr><td>无烟煤</td><td></td><td>93</td><td>2.7</td><td>0</td><td><10</td><td>2.3</td><td>1.8</td></tr>
</table>

由表1－3可以看出，由植物演变成无烟煤，其他化学组成的变化是：

①含碳量不断增加，容重也不断增大；

②含氧量，水分及挥发分含量不断减少；

③腐植酸由零变大，到煤化程度低的褐煤（年轻褐煤）达到顶点，而后又由大变小，到烟煤中已不再含有腐植酸。

二、煤的分类

由于成煤植物的不同，成煤条件的差异，特别是在煤化程度上的区别，导致各种煤具有不同的特性。各种工业用煤均有特定的要求，例如对炼焦用煤，需要黏结性和结焦性较好的煤；制造水煤气作合成氨的用煤，则需要无黏结的无烟煤；作为锅炉燃料用煤，则需要挥发分不能太低，具有足够热量的烟煤与褐煤等，各种以煤为原料或燃料的设备，只有使用符合其特性要求的煤，才能保证产品质量，并使煤炭资源得到合理利用。

为此，就必须对煤炭予以科学分类，以指导对煤炭的合理利用，具有重要的实际意义。

1. 我国煤炭的分类方法

我国煤炭分类方法参见 GB/T 5751—2009《中国煤炭分类》，这是一种应用型技术分类体系。标准规定的分类参数一是表征煤化程度的参数；另一是用于表征工艺性能的参数。

（1）用于表征煤化程度的参数

①干燥无灰基挥发分，符号为 V_{daf}；

②干燥无灰基氢含量，符号为 H_{daf}；

③恒湿无灰基高位发热量，符号为 $Q_{gr,maf}$；

④低煤阶煤透光率，符号为 P_M。

其中③的单位为兆焦/千克（MJ/kg），其他各项均以%表示。

（2）用于表征煤工艺性能的参数

①烟煤的黏结指数，符号为 $G_{R.I}$（简写为 G）；

②烟煤的胶质层最大厚度，符号为 Y，单位为毫米（mm）；

③烟煤的奥阿膨胀度，符号为 b，以百分数表示。

在上述两类参数中，表征煤化程度的恒湿无灰基和煤阶透光率以及表征工艺性能的黏结指数、胶质层最大厚度、奥阿膨胀度在电煤中应用很少，本书中自然也少有提及，故在此仅作简要说明，而对于干燥无灰基挥发分、含氢量及高位发热量等在本书中将会反复提及，广泛应用，故在此就不作说明。

a. 恒湿无灰基：以假想含最高内在水分、无灰状态的煤为基准。

最高内在水分，则是指煤样在温度30℃，相对湿度96%下达到平衡时测得的内在水分。

b. 煤阶：指煤化作用深浅程度的阶段。

c. 透光率：指煤在规定条件下，用硝酸和磷酸的混合物处理后所得溶液的透光百分率。该指标适用于褐煤和低煤阶烟煤。

d. 黏结指数：由中国提出的煤的黏结力的量度，以在规定条件下烟煤与专用无烟煤完全混合并碳化后所得焦炭的机械强度来表征。

e. 胶质层最大厚度：烟煤胶质层指数测定中利用探针测出的胶质体上、下层面差的最大值。

胶质层指数则是一种表征烟煤塑性的指标，以胶质层最大厚度 Y 值，最终收缩度 X 值等表示。

f. 奥阿膨胀度：是指煤的膨胀性和塑性的量度，以膨胀度 b 和收缩度 a 等参数表征。

（3）我国煤炭的分类

采用煤化程度参数，主要是按干燥无灰基挥发分 V_{daf}将煤炭划分为无烟煤、烟煤、褐煤。

褐煤和烟煤的划分，是用 透光率为主要指标，并以恒湿无灰基高位发热量为辅助指标。

也就是说，我国煤炭根据煤化程度和工艺性能指标将煤分成无烟煤、烟煤、褐煤三大类别，俗称煤种。

①无烟煤亚类（即将大类进一步划分为的小类）的划分采用干燥无灰基挥发分和干燥无灰基氢含量为指标，如二者的结果有矛盾，则以按干煤无灰基氢含量的划分结果为准。

②烟煤类别的划分，需同时考虑烟煤的煤化程度和工艺性能（主要是黏结性）。烟煤煤化程度的参数采用干燥无灰基挥发分作为指标；烟煤黏结性的参数，以黏结指数作为主要指标，并以胶质层最大厚度或奥膨胀度作为辅助指标，当二者划分的类别有矛盾时，以按胶质

层最大厚度划分的类别为准。

③褐煤亚类的划分，热量与透光率作为指标。

综上所述，在中国煤炭分类体系中，先按干燥无灰基挥发分指标，将煤炭分为无烟煤、烟煤和褐煤；再根据干燥无灰基挥发分和黏结指数等指标，将烟煤划分为贫煤、贫瘦煤、瘦煤、焦煤、肥煤、1/3 焦煤、气肥煤、气煤、1/2 中黏煤、弱黏煤、不黏煤及长焰煤 12 个小类。

各类煤按煤的挥发分分类，无烟煤 $V_{daf} \leqslant 10\%$；烟煤 $V_{daf} > 10.0\% \sim 20.0\%$、$>20.0\% \sim 28.0\%$、$>28.0\% \sim 37.0\%$ 及 $>37.0\%$；褐煤为 $V_{daf} > 37.0\%$。

2. 中国煤炭分类结果

表 1－4 反映了我国煤炭分类的指标及结果。

表 1－4　中国煤炭分类简表

类别	代号	编码	分类指标					
			V_{daf} %	G	Y mm	b %	P_M %[b]	$Q_{gr,maf}$[c] $MJ \cdot kg^{-1}$
无烟煤	WY	01,02,03	≤10.0					
贫煤	PM	11	>10.0～20.0	≤5				
贫瘦煤	PS	12	>10.0～20.0	>5～20				
瘦煤	SM	13,14	>10.0～20.0	>20～65				
焦煤	JM	24 15,25	>20.0～28.0 >10.0～20.0	>50～65 >65[a]	≤25.0	≤150		
肥煤	FM	16,26,36	>10.0～37.0	(>85)[a]	>25.0			
1/3 焦煤	1/3JM	35	>28.0～37.0	>65[a]	≤25.0	≤220		
气肥煤	QF	46	>37.0	(>85)[a]	>25.0	>220		
气煤	QM	34 43,44,45	>28.0～37.0 37.0	>50～65 35	≤25.0	≤220		
1/2 中黏煤	1/2ZN	23,33	>20.0～37.0	>30～50				
弱黏煤	RN	22,33	>20.0～37.0	>5～30				
不黏煤	BN	21,31	>20.0～37.0	≤5				
长焰煤	CY	41,42	>37.0	≤35			>50[c]	
褐煤	HM	51 52	>37.0 >37.0				≤30 >30～50	≤24

[a] 在 $G>85$ 的情况下，用 Y 值或 b 值来区分肥煤、气肥煤与其他煤类，当 $Y>25.00$mm 时，根据 V_{daf} 的大小可划分为肥煤或气肥煤；当 $Y\leqslant 25.0$mm 时，则根据 V_{daf} 的大小可划分为焦煤、1/3 焦煤或气煤。

按 b 值划分类别时，当 $V_{daf}\leqslant 28.0\%$ 时，$b>150\%$ 的为肥煤；当 $V_{daf}>28.0\%$ 时，$b>220\%$ 的为肥煤或气肥煤。如按 b 值和 Y 值划分的类别有矛盾时，以 Y 值划为的类别为准。

[b] 对 $V_{daf}>37.0\%$，$G\leqslant 5$ 的煤，再以透光率 P_M 来区分其为长焰煤或褐煤。

[c] 对 $V_{daf}>37.0\%$，$P_M>30\% \sim 50\%$ 的煤，再测 $Q_{gr,maf}$，如其值大于 24MJ/kg，应划分为长焰煤，否则为褐煤。

无烟煤、烟煤、褐煤的划分参见表1－5。

表1－5　无烟煤、烟煤、褐煤的分类表

类别	代号	编码	分类指标	
			V_{daf}/%	P_M/%
无烟煤	WY	01,02,03	≤10.0	—
烟煤	YM	11,12,13,14,15,16	>10.0～20.0	—
		21,22,23,24,25,26	>20.0～28.0	
		31,32,33,34,35,36	>28.0～37.0	
		41,42,43,44,45,46	>37.0	
褐煤	HM	51,52	>37.0	≤50

在煤炭的三大类别中，用作电力燃料的煤主要是烟煤、其次为褐煤，而无烟煤因挥发分含量太低、锅炉不宜单独燃用，有时也作适当掺烧用煤。作为电力用煤的无烟煤，只能是无烟煤三号及二号。无烟煤亚类的划分参见表1－6。

表1－6　无烟煤亚类的划分

亚类	代号	编码	分类指标	
			V_{daf}/%	H_{daf}/% [a]
无烟煤一号	WY1	01	≤3.5	≤2.0
无烟煤二号	WY2	02	>3.5～6.5	>2.0～3.0
无烟煤三号	WY3	03	>6.5～10.0	>3.0

a　在已确定无烟煤亚类的生产矿、厂的日常工作中，可以只按 V_{daf} 分类；在地质勘查工作中，为新区确定亚类或生产矿、厂和其他单位需要重新核定亚类时，应同时测定 V_{daf} 和 H_{daf}，按本表分亚类。如两种结果有矛盾，以按 H_{daf} 划亚类的结果为准。

褐煤亚类的划分参见表1－7。

表1－7　褐煤亚类的划分

类别	代号	编码	分类指标	
			P_M/%	$Q_{gr,maf}$/（MJ/kg[a]）
褐煤一号	HM1	51	≤30	—
褐煤二号	HM2	52	>30～50	≤24

a　凡 V_{daf} >37.0%，P_M >30%～50%的煤，如恒湿无灰基高位发热量 $Q_{gr,maf}$ >24MJ/kg，则划为长焰煤。

烟煤是作为电力用煤的主体，它是煤化程度高于褐煤而低于无烟煤的煤，其特点是挥发分产率范围宽，单独炼焦时，从不结焦到强结焦均有，燃烧时冒烟。

烟煤共分12个小类，按其变质程度由高到低排列依次为：贫煤、贫瘦煤、瘦煤、焦煤、肥煤、气肥煤、1/3焦煤、气煤、1/2中黏煤、弱黏煤、不黏煤及长焰煤。贫煤的变质程度接近无烟煤(三号),它又称为半无烟煤;长焰煤的变质程度则接近于褐煤(二号),二者有时难以严格区分。

三、各种煤的基本特征与在电厂中的应用

各种煤具有不同的基本特征,因而具有不同的实际应用价值。

1. 泥煤

泥煤也称泥炭,它是植物成煤过程中的一个中间产物,它并未列入中国煤炭分类表中。泥煤的煤化程度较褐煤更低。

泥煤挥发分含量很高,V_{daf}可达50%~70%,全水分 M_t 高达20%~50%,收到基低位发热量很低,通常为(4.2~8.4)MJ/kg,含硫量多数<1%,但也有较高者。

泥煤一般不用来作为发电燃料,而将其晒干后,可作生产当地的民用燃料。

2. 褐煤

褐煤是经过成岩作用,没有或很少经过变质作用所形成的低煤化程度的煤。外观多呈褐色,光泽暗淡,易风化,质较软,含有较高水分及一定量的腐植酸。它作为电力燃料具有挥发分高、水分大、发热量低的特点,一般供褐煤产地的电厂燃用。

3. 烟煤

烟煤是煤化程度介于无烟煤与褐煤之间的煤,其特点是挥发分含量范围广,不同类别的烟煤黏结性差异较大,燃烧时冒烟。

在我国烟煤保有储量最多,产量也最大,应用也最多,我国早期有众多电厂锅炉设计用煤选用贫煤,然而贫煤的储量远低于无烟煤,由于贫煤的资源日益短缺,不少燃用贫煤的电厂锅炉不得不掺烧其他类别的烟煤或无烟煤。

除贫煤外,还有贫瘦煤、瘦煤、弱黏煤、不黏煤、长焰煤等也可供电厂锅炉燃用。

4. 无烟煤

无烟煤是煤化程度最高的煤,它的挥发分含量最低,密度最大,无黏结性,燃烧时多不冒烟。

由于无烟煤挥发分含量太低,它不适宜单独作电力用煤,然而它可适当的掺加于贫煤中作发电的辅助用煤。各种煤的一般性质的比较参见表1-8。

表1-8　各种煤的一般性质的比较

<table>
<tr><td rowspan="3">煤种</td><td rowspan="3">泥炭</td><td rowspan="3">褐煤</td><td colspan="8">烟煤</td><td rowspan="3">无烟煤</td></tr>
<tr><td colspan="4">低变质煤</td><td colspan="2">中变质煤</td><td colspan="2">高变质煤</td></tr>
<tr><td>长焰煤</td><td>不黏结煤</td><td>弱黏结煤</td><td>气煤</td><td>肥煤</td><td>焦煤</td><td>瘦煤</td><td>贫煤</td></tr>
<tr><td>颜色</td><td>浅褐色为主</td><td>棕褐色</td><td colspan="2">黑褐色</td><td colspan="2">黑色</td><td colspan="2">深黑色</td><td colspan="2">灰黑色</td><td>钢灰色</td></tr>
<tr><td>光泽</td><td colspan="2">无光泽</td><td colspan="2">暗淡</td><td colspan="2">半暗</td><td colspan="2">半亮</td><td colspan="2">光亮</td><td>金属光泽</td></tr>
<tr><td>外部条带</td><td colspan="2">有原始植物残体不明显</td><td colspan="8">呈条带状</td><td>无明显条带</td></tr>
<tr><td>密度/(g/cm³)
容重/(t/m³)
硬度</td><td>

很低</td><td>1.25~1.45
1.05~1.2
1.5~2.5</td><td colspan="8">1.25~1.35
1.2~1.4
2.5~3.5</td><td>1.35~1.9
1.30~1.8
>3.5</td></tr>
</table>

续表

<table>
<tr><td colspan="2" rowspan="3">煤种</td><td rowspan="3">泥炭</td><td rowspan="3">褐煤</td><td colspan="8">烟煤</td><td rowspan="3">无烟煤</td></tr>
<tr><td colspan="4">低变质煤</td><td colspan="2">中变质煤</td><td colspan="2">高变质煤</td></tr>
<tr><td>长焰煤</td><td>不黏结煤</td><td>弱黏结煤</td><td>气煤</td><td>肥煤</td><td>焦煤</td><td>瘦煤</td><td>贫煤</td></tr>
<tr><td colspan="2">断口
脆性
韧性</td><td>
不脆
较强</td><td>针状纤维状
较脆
较差</td><td colspan="3">土状、锯齿状
一般较脆
一般较差</td><td colspan="5">参差状
脆
差</td><td>贝壳状
脆
差</td></tr>
<tr><td colspan="2">水分/%</td><td>60~90</td><td>30~60</td><td colspan="8">4~15</td><td>2~12</td></tr>
<tr><td rowspan="5">燃烧特征</td><td>点燃难易</td><td>易点燃</td><td>易点燃</td><td colspan="6">较易点燃</td><td colspan="2">较难点燃</td><td>难点燃</td></tr>
<tr><td>烟</td><td colspan="2">烟浓</td><td colspan="3">烟浓</td><td colspan="3">有烟</td><td colspan="2">烟淡</td><td>无烟</td></tr>
<tr><td>火焰</td><td colspan="2">有焰</td><td colspan="3">焰长</td><td colspan="3">有焰</td><td colspan="2">焰短</td><td>焰短</td></tr>
<tr><td>膨胀性</td><td></td><td>不膨胀</td><td>不膨胀</td><td>弱膨胀</td><td>膨胀</td><td colspan="2">强烈膨胀</td><td>膨胀</td><td colspan="2">微膨胀</td><td>不膨胀</td></tr>
<tr><td>黏结性</td><td></td><td>不黏结</td><td>不黏结</td><td>弱黏结</td><td>中等黏结</td><td colspan="2">强黏结</td><td>强黏结</td><td colspan="2">弱黏结</td><td>不黏结</td></tr>
</table>

四、煤的岩相组成

煤是一种可燃有机矿岩,煤的岩相研究方法分为宏观法及显微法两种,现作简要说明。

1. 宏观岩相成分

用肉眼或放大镜观察煤,可将煤区分为镜煤、丝炭、亮煤和暗煤四种煤岩成分。其中镜煤和丝炭是简单的宏观煤岩成分,亮煤与暗煤是复杂的宏观煤岩成分。它们的色泽、断口各具特征,性质也各不相同。

(1) 镜煤

镜煤呈黑色,光泽强,结构均匀,性脆,具有贝壳状断口中,其形态多呈透镜体或层状。

镜煤的挥发分含量较高,黏结性,结焦性较好,活性大,灰分低,含镜煤多的煤是优质炼焦和气化原料。

(2) 丝炭

丝炭呈绒黑色,有丝绢光泽和明显的纤维状结构,它是由成煤植物木质纤维组织经丝炭化作用而形成。

丝炭含碳量高,含氢量低,没有黏结性,因其孔隙率高,故易吸收氧而发生氧化和自燃。

(3) 亮煤

亮煤呈黑色,光泽仅次于镜煤,具有贝壳状断口,硬度低、性脆、易破碎。

亮煤是一种复杂的、非均一的宏观煤岩成分。它的挥发与氢含量高、黏结性较好,它宜作炼焦,气化及低温干馏的原料。

(4) 暗煤

暗煤光泽暗淡,断口平整光滑,结构微密坚硬,有韧性,不易破碎。它也是一种复杂的非均一宏观岩相成分。

暗煤黏结性差、灰分高,不宜作为炼焦用煤。

由此可知,镜煤工艺性质最好,亮煤次之,丝炭最差,暗煤则介于亮煤与丝炭之间。四种宏观煤岩成分的性质列于表 1-9 中。

表1－9　四种宏观煤炭成分性质的比较

项　目	镜　煤	亮　煤	暗　煤	丝　炭
宏观可见特征	均匀发亮，呈黑色透镜体	由亮的或暗的极细夹层组成	光泽暗，呈黑色或灰黑色，硬度大，表面粗糙	黑色，丝绢光泽，木炭状碎屑
灰分/%	0.5～1	0.5～2	3.5～5.0	5～10
挥发分/%	35.1	40.2	53.8	9.5
固定碳/%	64.9	59.7	46.2	90.5
硬度	最低	较低	最高	高
脆度	高	较高	最低	最高
黏结性	最强	强	弱	无
反射光	灰白色	亮灰色	灰白色	黄黑色
透射光	深褐色	淡红色	深黄色	黑黄色

2. 煤岩的显微组分

在透射光下观察煤的薄片时，鉴定的标志主要是透射光、形态和结构；在反射光观察煤的光片时，鉴定的主要标志除反射色，形态和结构外，还有突起。反射光下通常用油镜物镜进行观察。

煤的显微成分按其成煤植物、成煤条件及性质分为：镜质组、稳定组、丝质组和惰质组，煤的显微组分与宏观煤岩成分之间存在一定的相互关系，见图1－1。

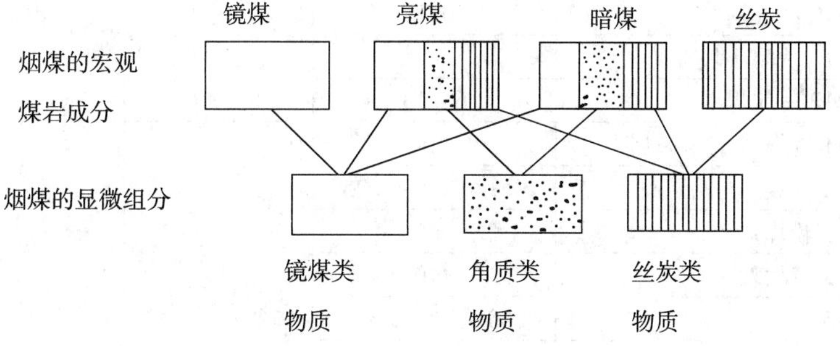

图1－1　烟煤的显微组分与宏观煤岩成分间的关系

关于镜质组等的详细情况，本书就不作说明。

总的说来，含镜质组多时，煤的黏结性强，适于干馏；含稳定组多时、由于挥发分及氢含量高，适用于煤的干馏和气化；含丝质组多时，各方面的工艺性质均较差。

第二节　煤炭产品品种及在电厂中的应用

煤矿从地下开采出来的煤，称为毛煤。它经拣矸或筛选加工后所获得的具有不同质量与用途的煤炭产品，称为煤炭品种。

煤炭品种与煤种是两个不同的概念。煤炭品种是煤经过生产加工后的产品；而煤种则是由煤的自身属性，主要是挥发分及黏结性能决定。

各个品种的煤均可作为商品销售，故煤炭品种也就是市场上销售的商品煤的品种。

一、煤炭产品的类别与品种

煤炭产品按其用途、加工方法和技术要求划分为五大类,29 个品种。煤炭产品的类别,品种和技术要求应符合表 1－10 的规定。

表 1－10　煤炭产品的类别,品种和技术要求

<table>
<tr><th rowspan="2">产品类别</th><th rowspan="2">产品名称</th><th colspan="4">技术要求</th></tr>
<tr><th>粒度/mm</th><th>$Q_{net,ar}$/(MJ/kg)</th><th>A_d/%</th><th>最大粒度[a]上限/%</th></tr>
<tr><td rowspan="3">1. 精煤</td><td>1－1 冶炼用煤焦精煤</td><td><50, <100</td><td rowspan="2"></td><td>≤12.50</td><td rowspan="3">≤5</td></tr>
<tr><td>1－2 其他用煤焦精煤</td><td><50, <100</td><td>12.51～16.00</td></tr>
<tr><td>1－3 喷吹用精煤</td><td><25, <50</td><td>≥23.50</td><td>≤14.00</td></tr>
<tr><td rowspan="12">2. 洗选煤</td><td>2－1 洗原煤</td><td><300</td><td rowspan="12">无烟煤、烟煤:
≥14.50
褐煤:≥11.00</td><td rowspan="12">—</td><td rowspan="12">≤5</td></tr>
<tr><td>2－2 洗混煤</td><td><50, <100</td></tr>
<tr><td>2－3 洗末煤</td><td><13, <20, <25</td></tr>
<tr><td>2－4 洗粉煤</td><td><6</td></tr>
<tr><td>2－5 洗特大块</td><td>>100</td></tr>
<tr><td>2－6 洗大块</td><td>50～100, >50</td></tr>
<tr><td>2－7 洗中块</td><td>25～50</td></tr>
<tr><td>2－8 洗混中块</td><td>13～50,13～100</td></tr>
<tr><td>2－9 洗混块</td><td>>13, >25</td></tr>
<tr><td>2－10 洗小块</td><td>13～20,13～25</td></tr>
<tr><td>2－11 洗混小块</td><td>6～25</td></tr>
<tr><td>2－12 洗粒煤</td><td>6～13</td></tr>
<tr><td rowspan="11">3. 筛选煤</td><td>3－1 混煤</td><td><50</td><td rowspan="11">无烟煤、烟煤:
≥14.50
褐煤:≥11.00</td><td rowspan="11"><40</td><td rowspan="11">≤5</td></tr>
<tr><td>3－2 末煤</td><td><13, <20, <25</td></tr>
<tr><td>3－3 粉煤</td><td><6</td></tr>
<tr><td>3－4 特大块</td><td>>100</td></tr>
<tr><td>3－5 大块</td><td>50～100, >50</td></tr>
<tr><td>3－6 中块</td><td>25～50</td></tr>
<tr><td>3－7 混块</td><td>>13, >25</td></tr>
<tr><td>3－8 混中块</td><td>13～50,13～100</td></tr>
<tr><td>3－9 小块</td><td>13～25</td></tr>
<tr><td>3－10 混小块</td><td>6～25</td></tr>
<tr><td>3－11 粒煤</td><td>6～13</td></tr>
<tr><td>4. 原煤</td><td>4－1 原煤、水采原煤</td><td><300</td><td>无烟煤、烟煤:
≥14.50
褐煤:≥11.00</td><td><40</td><td></td></tr>
<tr><td rowspan="2">5. 低质煤[b]</td><td>5－1 原煤</td><td><300</td><td>无烟煤、烟煤:
<14.50
褐煤:<11.00</td><td>>40</td><td></td></tr>
<tr><td>5－2 煤泥、水采煤泥</td><td><1.0, <0.5</td><td></td><td>16.50～49.00</td><td></td></tr>
</table>

[a] 取筛上物累计产率最接近、但不大于 5% 的那个筛孔尺寸,作为最大粒度。

[b] 如用户需要,必须采取有效的环保措施,不违反环保法规的情况下供需双方协商解决。

表1-10选自国家标准GB/T 17608—2006《煤炭产品品种和等级划分》。

各类煤炭产品的含义如下：

(1) 精煤

是指煤经过精选（干选或湿选）加工生产出来的，符合品质要求的产品。其多为低灰分，低含硫量的优质煤，精煤有3个品种。

(2) 洗选煤

经洗选加工的煤，洗选煤有12个品种。

(3) 筛选煤

筛选煤（粒级煤）是煤经过筛选或洗选生产的，粒度下限>6mm的产品，其中粒度介于6mm~13mm的煤，称为粒煤，其他则称为块煤，筛选煤有11个品种。

(4) 原煤

从煤矿生产出来的，未经任何加工处理的煤，称为毛煤，而从毛煤中选出规定粒度的矸石（包括黄铁矿等杂物）后的煤，则称为原煤。原煤不再划分品种，故原煤既可说是煤炭产品的一大类，也可称为煤炭产品的一个品种。

(5) 低质煤

指干基灰分>40%的各种煤炭产品及煤泥、水采煤泥等。

二、除精煤外的其他煤炭产品质量指标划分

有众多的指标可以表征煤的质量，但作为燃料来说，最具代表性的指标为煤的发热量及含硫量，而灰分与发热量密切相关，在不具条件测定发热量时，也可用灰分值的大小反映发热量的高低。

在GB/T 18666—2002《商品煤质量抽查和验收方法》中，也是以干基高位发热量（干基灰分）及干基全硫作为商品煤质量验收的技术指标，这是因为煤作为燃料，就是利用煤燃烧时产生的热能，故煤的发热量高低自然成为评价商煤质的首要指标；另一方面，煤中硫含量一般并不太高，多数在0.5%~3.0%之间，但>3.0%的煤也不在少数，煤中硫对电力生产有着巨大的危害作用，故采用煤的发热量（灰分）及全硫量作为评价商品煤特别是电力用煤的重要指标是十分合适的。

由于电厂锅炉不应用精煤作为设计用煤，本书所述煤炭产品的质量指标划分将精煤除外。除精煤外煤炭产品发热量等级划分参见表1-11。

表1-11　煤炭产品发热量 $Q_{net,ar}$ 等级划分

等级	编号	发热量 $Q_{net,ar}$/(MJ/kg)	等级	编号	发热量 $Q_{net,ar}$/(MJ/kg)
Q_1	295	>29.00	Q_{20}	200	>19.51~20.00
Q_2	290	>28.51~29.00	Q_{21}	195	>19.01~19.50
Q_3	285	>28.01~28.50	Q_{22}	190	>18.51~19.00
Q_4	280	>27.51~28.00	Q_{23}	185	>18.01~18.50
Q_5	275	>27.01~27.50	Q_{24}	180	>17.51~18.00
Q_6	270	>26.51~27.00	Q_{25}	175	>17.01~17.50
Q_7	265	>26.01~26.50	Q_{26}	170	>16.51~17.00

续表

等级	编号	发热量 $Q_{net,ar}$/(MJ/kg)	等级	编号	发热量 $Q_{net,ar}$/(MJ/kg)
Q_8	260	>25.51~26.00	Q_{27}	165	>16.01~16.50
Q_9	255	>25.01~25.50	Q_{28}	160	>15.51~16.00
Q_{10}	250	>24.51~25.00	Q_{29}	155	>15.01~15.50
Q_{11}	245	>24.01~24.50	Q_{30}	150	>14.51~15.00[a]
Q_{12}	240	>23.51~24.00	Q_{31}	145	>14.01~14.50[b]
Q_{13}	235	>23.01~23.50	Q_{32}	140	>13.51~14.00[b]
Q_{14}	230	>22.51~23.00	Q_{33}	135	>13.01~13.50[b]
Q_{15}	225	>22.01~22.50	Q_{34}	130	>12.51~13.00[b]
Q_{16}	220	>21.51~22.00	Q_{35}	125	>12.01~12.50[b]
Q_{17}	215	>21.01~21.50	Q_{36}	120	>11.51~12.00[b]
Q_{18}	210	>20.51~21.00	Q_{37}	115	>11.01~11.50[b]
Q_{19}	205	>20.01~20.50	Q_{38}	—	—

[a] 发热量($Q_{net,ar}$)≤14.50MJ/kg 的无烟煤、烟煤,如用户需要在不违反环保法规的情况下,由供需双方协商解决。

[b] 只适用于褐煤。发热量($Q_{net,ar}$)≤11.00MJ/kg 的褐煤,如用户需要在不违反环保法规的情况下,由供需双方协商解决。

由表1-11可知,煤炭产品发热量按 $Q_{net,ar}$ 划分,共分为37级,每级级差为0.50MJ/kg。

除精煤外,煤炭产品灰分等级划分见表1-12。由表1-12可知,煤炭产品灰分按 A_d 划分,其分为36级,每级级差为1%。

表1-12 煤炭产品灰分 A_d 等级划分

等级	灰分 A_d/%	等级	灰分 A_d/%
A-1	5.00	A-19	22.01~23.00
A-2	5.01~6.00	A-20	23.01~24.00
A-3	6.01~7.00	A-21	24.01~25.00
A-4	7.01~8.00	A-22	25.01~26.00
A-5	8.01~9.00	A-23	26.01~27.00
A-6	9.01~10.00	A-24	27.01~28.00
A-7	10.01~11.00	A-25	28.01~29.00
A-8	11.01~12.00	A-26	29.01~30.00
A-9	12.01~13.00	A-27	30.01~31.00
A-10	13.01~14.00	A-28	31.01~32.00
A-11	14.01~15.00	A-29	32.01~33.00
A-12	15.01~16.00	A-30	33.01~34.00
A-13	16.01~17.00	A-31	34.01~35.00
A-14	17.01~18.00	A-32	35.01~36.00
A-15	18.01~19.00	A-33	36.01~37.00
A-16	19.01~20.00	A-34	37.01~38.00
A-17	20.01~21.00	A-35	38.01~39.00
A-18	21.01~22.00	A-36	39.01~40.00

注:灰分(A_d)>40%的低质煤,如需要并能保证环境质量的前提下,可双方协商解决。

除精煤外煤炭产品硫分等级划分见表1－13。

表1－13　煤炭产品硫分 $S_{t,d}$ 等级划分

等级	硫分 $S_{t,d}$%	等级	硫分 $S_{t,d}$%
S－1	0～0.30	S－8	1.70～2.00
S－2	0.31～0.50	S－9	2.01～2.25
S－3	0.51～0.75	S－10	2.26～2.50
S－4	0.76～1.00	S－11	2.51～2.75
S－5	1.01～1.25	S－12	2.76～3.00
S－6	1.26～1.50	S－13	>3.00[a]
S－7	1.51～1.75	—	—

注：如用户需要，必须采取有效的环保措施解决。

由表1－13可知，煤炭产品硫分按 $S_{t,d}$ 划分，共分为13级，每级级差0.25%。

三、煤炭产品在电力生产中的应用

我国发电燃煤锅炉中绝大部分燃用煤粉，对于近期发展较快的流化床锅炉，则多用粒状劣质煤。

在各种煤炭产品中，筛选煤（粒级煤）不用，发电锅炉也不会按燃用精煤及低质煤设计（对个别专用于燃烧低质煤的锅炉另论）。故电厂一般也不燃用精煤与低质煤，但它们可作为掺烧用煤，以充分利用能源资源。

在我国燃煤电厂中，能燃用的煤炭产品为：原煤、洗选煤，而低质煤（或称劣质煤）及精煤可适当作为辅助用煤。

现就上述煤炭产品在电厂中的应用作进一步的说明。

1. 原煤

煤矿生产出来的，未经过任何加工处理的煤称为毛煤，而从毛煤中选出规定粒度的矸石（包括黄铁矿等杂物）以后的煤称为原煤。

当前，我国电厂年用煤占全国年煤产量的50%左右，约为15亿t，一座装机容量1 000MW（100万千瓦）的燃煤电厂，日燃用发热量中等的原煤约10 000t，全年发电按300d计，则全年燃用天然煤达300万t。

煤炭价格直接关系到发电成本，各个电厂所用煤的发热量高低不等，自然价格各异。现在是采用标煤单价作为控制入厂煤的经济指标。所谓标煤，即把收到基低位发热量 $Q_{net,ar}$ 为29.27MJ/kg（相当于7 000cal/g）的煤，称为标准煤，简称标煤。例如某电厂所进天然煤为550元/t，而它的发热量 $Q_{net,ar}$ 为21.50MJ/kg，则其标煤单价为：550×29.27/21.50＝748.8元/t。

原煤是煤矿开采出来的初期产品，并未经过加工处理，煤质优劣混杂，颗粒大小不一，电厂选用的考量就是它价格较低。电厂中多数锅炉也都是按原煤设计的，故原煤就成为电厂中应用最多的煤炭产品。

2. 洗煤

选煤是根据煤中各种组分的密度或其他物理化学性质的差异而分选成不同质量煤炭产

品加工过程。选煤是以物理方法为主,清除煤中的无机矿物质,降低煤的灰分及硫分,从而有效提高煤的质量。

选煤方法可分为湿法选煤及干法选煤两大类。选煤过程在水、重液或悬浮液中进行的,称为湿法选煤;选煤过程在空气中进行的,则称为干法选煤。

重力选煤及浮游选煤是选煤厂中最常见最普遍的湿法选煤方法。其中重力选煤主要是根据煤和矸石的密度差异,突出煤与矸石的分选;浮游选煤(浮选),主要是依据煤和矸石表面润湿性的差别,分选细粒(<0.5mm)的煤泥。

我国高硫煤蕴藏量很多,西南地区大部分为高硫煤,南方煤田基本上属高硫煤。我国所采煤炭中约1/6为高硫煤。

煤中硫的形态有有机硫与无机硫之分。一般说来,脱除有机硫难,而脱除无机硫,特别是黄铁矿硫则比较容易。

据统计,我国的高硫煤中,约2/3是黄铁矿硫,经过洗选后,通常可去除50%~70%的硫。

煤的脱硫方法很多,A 物理脱硫法;B 化学脱硫法;C 生物脱硫法。关于煤的洗煤脱硫工艺,可参阅李文华主编的《煤质管理与经营》(中国标准出版社,2003年6月)。

原煤经洗选,煤矸石和含硫量降低,煤质提高,自然出售价格也将增加,电厂用煤费用增加导致发电成本的升高;另一方面,煤经过洗选,水分含量增加,这对电力生产是不利的,加上我国洗煤厂主要洗选炼焦用煤,而洗选动力煤的效益与洗选炼焦煤相比,经济效益要低。国家重点的大煤矿设有洗煤厂,而为数众多的地方小煤矿却无洗选条件,实际上我国动力煤的入洗率还是相当低的。

表1-10中列出洗选煤有12个产品品种,供给电厂的洗煤产品多为洗泥煤,洗末煤或洗中煤,所谓中煤,是指煤经洗选后得到的,品质介于精煤和矸石之间的产品。

就全国电力用煤来讲,原煤仍是首选,其数量也占大多数,洗煤产品的数量相对较少。

3. 低质煤(劣质煤)

对于低质煤,作为电力用煤来说,有两方面的含义:一是标准GB/T 17608—2006中所定义的灰分 A_d>40%的原煤及煤泥;另一种则是在电厂锅炉中不能单独燃用的低挥发分,高灰分,高含硫量,低灰熔融性,低可磨性的各种煤。

对于低质煤的应用,在电煤资源日益短缺的现在,在保证锅炉安全经济运行的条件下,充分利用煤炭资源,缓解电煤的供应压力,降低发电成本,具有重要的实际意义。

现将若干常见的低质煤的应用问题作如下说明。

1. 石煤

石煤是由菌藻类植物经过长期变质作用演变而成,石煤主要成煤来源是单细胞中的含油脂物质,它是变质程度较高 的腐泥无烟煤。石煤在我国开发利用较早,它的特点是比由高等植物演变而成的煤种具有相对较高的挥发分、含氢量与含氧量,绝大部分石煤含有大量无机矿物质。

石煤灰分含量一般在60%~80%,水分含量小于3%,收到基低位发热量与泥煤相近。我国石煤多产于江西、浙江、湖南、湖北、贵州等缺煤的南方地区。有少数地区出产优质石煤,灰分可在20%~40%范围内,收到基低位发热量可达到12.5MJ/kg以上,但这种优质石煤数量较少。

石煤作为一种固体燃料，可在产地电厂中作为流化床锅炉的发电燃料或与其他煤掺烧燃用，以充分利用这种能源资源，故石煤仍然具有一定的经济价值。

2. 油母页岩

油母页岩也是一种可燃性矿物，形成油母页岩的有机物质主要是低级水藻类及浮游生物，在形成过程中，掺有一些微小动物的有机体。所有这些有机体的特点是脂肪和蛋白质含量很高，而纤维素和木质含量不多。油母页岩主要用作炼油的原料，制取页岩油，可燃性气体及氮肥。

油母页岩中含油率的高低是评价其质量的最为重要的指标。我国生产的油母页岩含油率在3%～20%范围内，较多的则在6%～10%之内，油母页岩直接作为工业燃料，发热量不能太低，一般不应低于7 100J/g，否则，灰分含量太高而难以应用，也很不经济。我国主要产地的油母页岩的干基灰分 A_d 在53%～85%，挥发分为9%～36%，发热量为3 550J/g～7 100J/g。

由此可知，油母页岩灰分高，热量低，在这方面和煤矸石相近，故实际上油母页岩可直接作为发电燃料的并不多。我国山东龙口发现的油母页岩与褐煤共生矿，其灰分含量约为40%，发热量高达12 500J/g，可直接用作发电和工业燃料。

油母页岩作为发电燃料，还应注意以下特点：

1）油母页岩具有片理性质在受力时，易分裂成片状，哈氏可磨性指数的测值不能真正表征油母页岩的破碎程度（参见本书第七章）。

2）油母页岩易自燃着火。油母页岩挥发分越大，含油率越高，也就越易自燃、着火，因此必须防止油母页岩细粉在储存中自燃，并做好制粉、输粉系统中的防火防爆工作。

3）油母页岩在空气中易风化。油母页岩长期暴露于空气中，由于温度的变化，其各部分受到不均匀膨胀而容易引起破碎。同时由于雨水及空气的作用，也将引起油母页岩中有机组分的变化。

优质石煤及优质油母页岩在全部石煤及油母页岩中所占比重不大。从锅炉安全经济运行角度去考虑，在其他电力用煤中适当掺烧部分一般质量的石煤和油母页岩还是可以的。

3. 煤泥

煤泥属于低质煤的范畴。它是指粒度小于0.5mm的泥状湿煤。它是一种洗煤产品，其水分高达20%～30%。一般说来，它不宜单独作为发电燃料，有的电厂将泥煤晾干后掺入其他电煤中，其掺烧比例达到20%～40%，取得较好的经济效益。

为保证锅炉燃烧稳定，实际掺烧煤泥的煤质应与锅炉设计煤质相近，故必须通过大量试验来确定煤泥的掺配比，同时还应对锅炉的运行条件作适当的调整。由于煤泥水分含量很高，故必须采取措施，加速煤泥的干燥，同时做好配煤，否则会对锅炉运行带来严重影响。

煤泥以往多用煤矿矿区居民的民用燃料，将它用作发电燃料，一般只作掺烧煤或是用于小型发电锅炉。故其实际应用价值有限。

4. 高硫煤

我国高硫煤约占全国产煤的1/6左右。在我国西南地区和贵州、广西、四川等地区所产煤中高硫煤占很大比例，高硫煤也就不能不用。

煤中硫燃烧虽则也能产生少量热量，与其危害性相比，还是微不足道的。对电力用煤来说，含硫量越低越好。

煤中硫可以在燃烧前脱除、燃烧中脱除及燃烧后脱除三条途径。其中燃烧前脱硫，主要通过洗选，降低灰分及含硫量；燃烧中脱硫，可采用流化床锅炉；燃烧后脱硫，则主要是指采取烟气脱硫（FGD）措施。

①煤的洗选是成熟的技术。例如跳汰机法是通用和经济的选煤方法；对高硫难选煤，重介质选煤是最先进，分选精度最高的硫脱方法，此外还有摇床脱硫、浮选脱硫、螺旋分选机脱硫等方法。跳汰、旋流器、摇床、浮选联合脱硫流程参见图1－2。

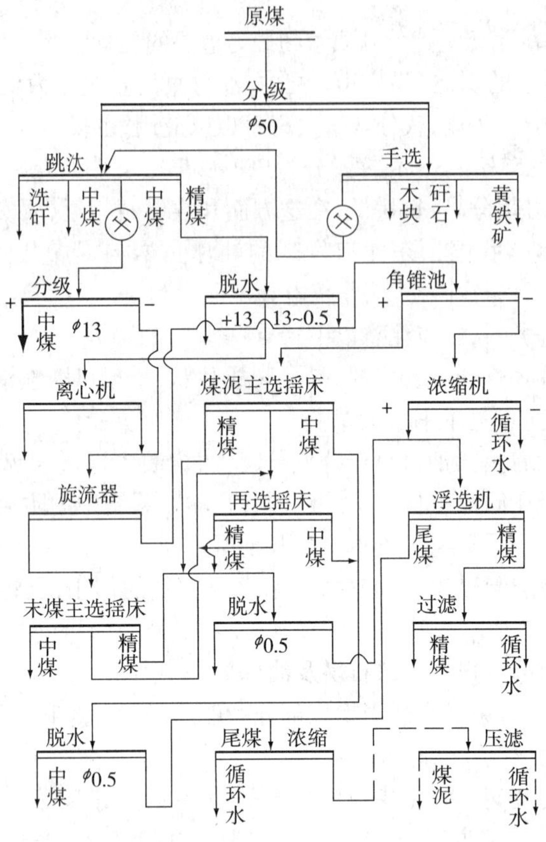

图1－2　跳汰、旋流器、摇床、浮选联合脱硫流程

我国高硫煤产区的煤矿应大力发展洗煤加工，降低煤中含硫量、含灰量，有效地提高煤炭质量。电厂也应更多用洗煤产品作为发电燃料，诚然，煤经洗选后，价格会升高，然而我们不能仅看到煤价上升的一面，也应注意到煤中含硫量下降给电力生产所减少的损失，必须从正反两方面加以综合分析。值得注意的是，有些电厂购煤人员只是考虑标煤单价，却不认真考虑煤中含硫量的高低，以较低价格买进电厂的高硫煤，结果对电力生产所造成的损害远远高于煤价的降低，造成得不偿失的结果，这与有些电厂的现行电煤采购机制有关，也与采购人员的技术业务素质不高密切相联系。

②更多的选用循环流化床锅炉。由于循环流化床锅炉属于低温燃烧，NO_x 的排放远低于煤粉炉；能够在燃烧中直接脱硫，脱硫效率高，且技术设备简单和经济（其脱硫的新投资运行费用远低于煤粉炉）；燃料的适应性强，燃烧效率高，特别适用于低发热量的劣质煤；排出的灰渣活性好，易于实现综合利用，无二次灰渣污染；负荷调节范围大，负荷可降至满负荷的30%左

右。故在我国现实情况下，环保要求越来越高，电煤供不应求，质量不稳定，电厂负荷调节范围较大，建设循环流化床锅炉就成为发电厂和热电厂的优选技术之一。

两座典型的流化床锅炉的应用情况参见表1－14。

表1－14　两座循环流化床锅炉的主要技术参数

项目	明水热电厂	清华大学热电厂
技术较转让及制造厂	中新院热物理所 济南锅炉厂	清华大学 江西锅炉厂
额定蒸发量/(t/h)	35	20
蒸汽压力/MPa	3.82	2.45
蒸汽温度/℃	450	400
燃料种类	烟煤、矿石、炉渣等	烟煤、炉渣等
燃料粒度/mm	0～13	<20
燃料效率/%	98	>95
设计/实际锅炉热效率/%	86～88/82～85	>87
钙硫摩尔比	20	20
脱硫效率/%	>80	>90
粉尘排放浓度/(mg/Nm^3)[a]	315～344	<400
SO_2 排放体积分数	达到的排放标准	达到排放标准
NO_x 排放体积分数/$\times 10^{-4}$	<3	—
负荷变化范围/%	100～25	100～25
负荷变化速度/(%/min)	5	5

[a] Nm^3 为标准立方米，气体流量测量单位，实为质量单位。

循环流化床锅炉在我国发展应用很快，我国不仅670t/h(配200MW机组)的循环流化床锅炉已投入运行，国产300MW机组配套的1025t/h大型循环流化床锅炉也在开发中，其主要技术参数参见表1－15。

表1－15　国产300MW机组配套的循环流化床锅炉设计参数

项　目	单位	数值
额定蒸发量	t/h	1025
主要蒸汽压力	MPa	17.35
主蒸汽温度	℃	540
再热蒸汽流量	t/h	851.8

续表

项目	单位	数值
再热蒸汽进/出口压力	MPa	3.82/3.64
再热蒸汽进/出口温度	℃	325/540
给水温度	℃	272
锅炉热效率	%	90.6
排烟温度	℃	135
脱硫效率	℃	90(Ca/S=2.2)
一次风温	℃	200
二次风温	℃	200
连续排污率	%	1
NO_x 排放值	mg/Nm^3	≤200
排渣温度	℃	≤150

③在其他电煤中适当掺烧高硫煤。即使除硫以外的各项煤质特性指标都是良好的，唯一的问题就是煤中含硫量过高，电厂也不宜全部燃用高硫煤，而只能部分掺用于低硫煤中。

电厂如燃用部分高硫煤，要特别注意以下问题：

1）高硫煤应该单独组堆，不要与其他煤源混放于一堆中。高硫煤，特别是挥发分含量也高时很易自燃，故电厂应对存煤加强测温监督，一旦发现煤堆温度越过60℃，应立即扒开散热，并尽快组织燃用。

2）掺烧的高硫煤的电厂最好选用钢球磨煤机制粉、应用中速磨时，对设备的损害率相当高，维修工作量很大，往往也难以保证煤粉细度而影响锅炉的稳定燃烧。

3）高硫煤掺烧比过大，烟气脱硫装置的脱硫效率将会下降，排放大气中的 SO_2 浓度及数量仍可能超标。

4）在煤灰成分一定的条件下，锅炉结渣的严重程度随煤中全硫含量的增加而加重，表征锅炉结渣情况的结渣指数 R_s 由下式决定：

$$R_s = \frac{\text{灰中碱性氧化物}}{\text{灰中酸性氧化物}} \times S_{t,d} \quad (1-1)$$

式中，灰中碱性氧化物——$Fe_2O_3 + CaO + MgO + Na_2O + K_2O$；

灰中酸性氧化物——$SiO_2 + Al_2O_3 + TiO_2$；

$S_{t,d}$——煤中干燥基全硫含量。

表1-16　锅炉结渣指数的分类

结渣指数 R_s	<0.6	0.6~2.0	>2.0~2.6	>2.6
结渣分类	低	中	高	严重

5）煤中硫在锅炉中燃烧，主要生成 SO_2，但也伴有少量 SO_3 产生（约相当于 SO_2 的1%～

2%）SO_3 含量虽少，但它能与烟气中的水汽结合形成硫酸蒸汽，并在低温受热面上凝结，会严重地腐蚀沾污设备。

对煤粉锅炉来说，煤中全硫含量 $S_{t,d}<1.5\%$ 时，尾部受热面不会发生严重的腐蚀与堵灰情况；当煤中 $S_{t,d}$ 达到 1.5% ~3% 时，如不采取措施，尾部受热面就会出现严重的腐蚀与堵灰情况，从而大大缩短空气预热器的寿命，严重影响锅炉的安全经济运行。总之，煤中硫对电力生产的严重危害是多方面的。

对电厂煤粉锅炉来说，煤中含硫量越低越好，即使煤价较高，也还要与其他燃煤对电力生产的危害程度加以权衡取舍，在其他煤质指标相同的情况下，低硫煤价格较高一些，这是很自然的，如果单纯为了控制标煤单价而大量购进高硫煤，往往会造成更大的损失。

5. 低灰熔融性煤

灰熔融性是电力用煤的一项重要质量指标，根据灰熔融温度的高低，通常把煤灰分成易熔、中等熔融、难熔、不熔四种。其熔融温度范围大致为：

易熔灰的软化温度 ST 值在 1160℃以下；

中等熔融灰的 ST 值在 1160℃ ~1350℃范围内；

难熔融灰的 ST 值在 1350℃ ~1500℃范围内；

不熔灰的 ST 值则 >1500℃。

为避免锅炉结渣（俗称结焦），煤灰熔融温度越高越好。

我国某一著名大煤矿生产的烟煤为低灰、低硫、高热量煤，但唯一不足之处是它的灰熔融温度太低，其软化温度 ST 值多在 1000 ~1100℃之间，如单独燃用该煤，煤粉锅炉的结渣几乎是不可避免的。对于这样的煤，电厂难以单独燃用，也只能作配煤掺入其他电煤中。

在掺烧低灰熔融性煤时，应注意如下几个方面：

1）必须加强对煤灰熔融性的测定，它应该成为燃煤电厂的一项常规检测项目，然而现在多数电厂不能实测灰熔融性，这是很大的不足，这对掺用低灰熔性的煤十分不利。

2）混煤的煤灰熔融性不能按组成此混煤的单一煤源按比例关系加权计算，而必须实测，实测的混煤灰熔融性往往比按比例关系计算的结果为低，对于混煤煤灰熔融性没有一般规律可循，只能对特定混煤实测灰熔融性加以分析研究，以确定合适的掺配比。

6. 高硬度煤

硬度过高的煤也当列入低质煤的范畴，对硬煤来说，利用哈氏可磨性指数来表征煤磨制成粉的难易程度，我国硬煤的哈氏可磨性指数一般在 50 ~90 范围内；>90 为特软煤；<50 为特硬煤，哈氏可磨性指数值越小，说明此煤的硬度越大。

煤越硬，在消耗一定能量的条件下，则得到的煤粉越粗；或者说，在煤粉保持一定细度的条件下，消耗的能量越多。

哈氏可磨性每增大 10 个指数，磨煤机在维持原来细度的条件下，将增加 25% 的出力。例如某台锅炉燃用哈氏可磨性指数 HGI 为 70 的煤，需要出力为 600t/h 的 2 台磨煤机供粉，如果哈氏可磨性指数的为 50 的煤，则磨煤机出力下降 50%，即为 300t/h，这样就要求 4 台这样的磨供粉，这将大大增加设备的能耗及磨煤机的维修工作量。

由于哈氏可磨性指数对多数电厂来说，都不能实测，购煤人员也往往缺少这方面的专业知识，对煤的可磨性问题很少考虑，然而这也是燃煤电厂节能降耗的一个重要方面。

如果燃煤的哈氏可磨性指数由70降至50，当要维持原出力时，即600t/h，那么煤粉将大大变粗，造成燃烧产物中飞灰及炉渣可燃物大大增加，锅炉结渣情况加剧，燃烧效率降低等一系列问题。

综上所述，电厂所用煤炭产品主要是原煤，洗煤及各种低质煤。至于精煤，由于价格太高，燃煤电厂是不采用精煤设计锅炉的，有时不得已掺烧少量精煤，以调控入炉煤质或弥补其他煤炭产品的不足；由于我国大部分燃煤锅炉，均采用煤粉悬浮燃煤方式，故筛选煤（粒级煤）是不用的。

第三节　煤炭组成与煤质特性指标

煤炭的组成与煤质特性指标，是学习煤质必须掌握的专业基础知识，它们的应用贯穿于本书各个章节中，应用极为广泛。

有众多的煤质特性指标可以表示煤质的优劣，其中某些特性指标则可以用来表示煤的组成。

一、煤炭组成

任何一种煤炭，不论产于何地，也不论质量如何，都是由可燃及不可燃两大部分组成，此二者之和必然是100%。煤质的优劣可按其组成作出基本的判断：优质煤，其可燃组分所占比例大，而不可燃组分所占比例小；劣质煤，则出现相反的情况。

煤炭组成可用工业分析及元素分析方法表示，二者共同点是不可燃组分都是水分与灰分，而可燃组分，前者为挥发分与固定碳；后者为碳，氢、氧、氮及可燃硫。

1. 工业分析方法表示

当用工业分析方法表示时，煤的成分组成%为

$$水分 + 灰分 + 挥发分 + 固定碳 = 100 \tag{1-2}$$

（1）不可燃组分

①水分。任何煤都含有一定量的水分。煤的水分含量变化很大，它与煤的变质程度之间有一定关系，随煤的变质程度的加深，则水分含量减少。参见表1－17。水分是不能燃烧的，因此它作为煤中不可燃组分之一。

表1－17　煤的水分含量与变质程度　　%

水分	煤种			
	泥煤	褐煤	烟煤	无烟煤
全水分	60～90	30～60	4～15	2～4

②灰分。煤中所有可燃成分完全燃烧以及煤中矿物质在一定温度下产生一系列分解、化合等复杂反应后的残渣，即煤的灰分。

所谓矿物质是指煤中除水分以外的所有无机物质。它是由各种硅酸盐、硫酸盐、金属矿化物、氧化亚铁等矿物组成的。煤中矿物在815℃ ±10℃（测定灰分含量时的温度）下燃烧后，其中许多组分发生变化，主要反应如下：

1）黏土、石膏等水合物失去结晶水

$$2SiO_2 \cdot Al_2O_3 \cdot 2H_2O \xlongequal{815℃} 2SiO_2 + Al_2O_3 + 2H_2O\uparrow$$

$$CaSO_4 \cdot 2H_2O \xlongequal{815℃} CaSO_4 + 2H_2O\uparrow$$

2）碳酸盐受热分解放出二氧化碳

$$CaCO_3 \cdot MgCO_3 \xlongequal{815℃} CaO + MgO + 2CO_2\uparrow$$

$$FeCO_3 \xlongequal{815℃} FeO + CO_2\uparrow$$

3）氧化亚铁生成三氧化二铁

$$4FeO + O_2 \xlongequal{815℃} 2Fe_2O_3$$

4）硫化铁氧化成三氧化二铁

$$4FeS_2 + 11O_2 \xlongequal{815℃} 2Fe_2O_3 + 8SO_2\uparrow$$

5）硫酸钙的生成

$$2CaCO_3 + 2SO_2 + O_2 \xlongequal{815℃} 2CaSO_4 + 2CO_2\uparrow$$

煤中灰分是煤中可燃组分完全燃烧后而留下的残渣，自然它也是煤中的不可燃组分。显然，煤中的水分及灰分所占百分比越高，则煤中可燃组分百分比就越低，煤燃烧产生的热量越少，煤质越差；反之，煤质越好，故根据煤中水分及灰分含量的高低，就可大体判断煤质的优劣。

（2）可燃组分

①挥发分。由于挥发分含量（V_{daf}）是区分煤种最主要的特性指标，故不同煤种之间的区别首先在于挥发分含量及其性质之间的差异，参见表1－18。

表1－18　各种煤的挥发分特性

煤种	褐煤	烟煤	无烟煤
挥发分开始逸出的温度/℃	130～170	210～390	约400
挥发分发热量/(J/g)	约25 700	39 300～56 500	约69 000

煤中挥发分含量随褐煤、烟煤、无烟煤的顺序依次降低，而挥发分开始逸出的温度则按上述顺次依次增高，它表明其着火性能按上述顺序依次减弱。正因为无烟煤挥发性含量低，着火温度高，锅炉不易着火，一旦着火后又易灭火，这正是燃煤电厂不采用无烟煤设计锅炉的根本原因。

煤的挥发分是由各种烃类所构成的有机可燃成分。不同煤种的挥发分含量及其组成是不同的。在电力用煤中，烟煤约占全部煤量的90%，烟煤的挥发分成分如表1－19所示。

表1－19　烟煤挥发分成分

挥发分成分	CH_4	H_2	CO	CO_2	C_2H_4	H_2S	$C_2H_6O_2$
各成分含量/%	28－32	42－51	7－10	2－4.5	2－3	0.75	少量

由表1－19可知，烟煤挥发分主要由碳、氢两元素组成，碳、氢燃烧均释放出大量的热

量。挥发分是煤产生热量的主要来源之一；另一个来源则是煤中的固定碳。

在各种煤中，虽然无烟煤挥发分热量最高（参见表 1－18），但其含量比烟煤得多，故无烟煤的热量一般要低于烟煤；褐煤挥发分含量虽高，但其挥发分热量却大大低于烟煤及无烟煤，加上褐煤水分含量很高，因而褐煤的收到基低位发热量较其他煤种要低。

煤中挥发分是评价燃料燃烧性能的首要指标。挥发分测定是一项规范性很强的试验，其检测结果完全取决于所规定的试验条件。总之，挥发分是了解煤质及其用途的最重要的指标。

②固定碳。煤中固定碳是指煤去除了水分，灰分及挥发分后的残留物。或者说，它是在测定挥发分后的残余物中除去灰分的成分。煤中非固定碳就是指煤中挥发分所含的碳，它与煤中的固定碳就成为煤中的总碳含量。

挥发分与固定碳是煤中的可燃组分，是煤的发热量的来源。煤中固定碳与挥发分一样，也是表征煤变质程度的一个指标，即煤中固定碳含量随煤的变质程度加深而增高。一般褐煤固定碳≤60%，烟煤为 50%～90%，无烟煤往往在 90% 以上。

固定碳与挥发分含量之比，称为煤的燃料比，用它同样可以表征煤的变质程度。一般煤的燃料比是无烟煤为 9～49；烟煤为 1.1～9；褐煤为 0.6～1.5。

在煤的工业分析中，水分、灰分、挥发分含量均通过实际测定而得到，而固定碳% 则可以用差减法以 100 中减去上述三项特性指标的含量而求得。

2. 元素分析表示法

（1）不可燃成分

与工业分析表示法一样，煤中不可燃成分仍然是水分及灰分，故不必复述。

（2）可燃成分

用元素分析表示煤的组成时，可燃成分则是碳、氢、氧、氮，可燃性硫五种元素，也就是说，煤的百分组成为：

$$水分+灰分+碳+氢+氧+氮+可燃性硫=100 \tag{1-3}$$

由式(1－2)及式(1－3)，就可以得出：

$$挥发分+固定碳=碳+氢+氧+氮+可燃性硫 \tag{1-4}$$

对于碳、氢、硫是可燃成分，大家都易于理解，为什么惰性氮及仅起助燃作用的氧元素也是可燃组分呢？这是因为氮、氧元素在煤中并不是以元素状独立存在，而是与其他元素结合成有机化合物，煤中的氮基本上是有机氮，煤中的氧也是若干有机物中的组成元素。故我们将上述 5 种元素视为煤中的可燃成分。

①碳。碳是煤中含量最多的一个元素，煤中挥发分主要就是由碳、氢两元素组成，氧、氮、硫其中的大部分也都存在于挥发分中。

煤中各元素含量的比值随煤种不同而异，参见表 1－20。

表 1－20　煤中各元素含量的比值　　%

煤种	总碳	氢	氧	氮	有机物热量/(J/g)
褐煤	69	5.3	24	1.7	23840
烟煤	82	4.5	12	1.5	35125
无烟煤	95	2.2	2.0	0.8	33870

当煤的挥发分测定后，余下的碳则称为固定碳。随煤的变质程度加深，总碳与固定碳的差值越小；反之，煤的变质程度越差，则其差值越大。

由表1－20可以看出，随煤的变质程度加深，氢、氧、氮含量的比值依次减小，而总碳含量的比值则依次增大。

在充足的空气中，碳完全燃烧生成二氧化碳，1g碳可释放出34 040J的热量；当空气量不足时，燃烧生成一氧化碳，其释放的热量大大降低，仅为9 910J的热量。一氧化碳也是一种可燃气体，当空气充足时，还会生成二氧化碳，同时释放出24 130J的热量。

②氢。氢是组成煤的另一重要元素，氢含量随煤的变质程度加深而减少。无烟煤含氢量最少。褐煤中氢含量最多，烟煤则介于二者之间。

煤中氢有两种不同的存在形态：化合态及游离态。化合态的氢通常是指矿物质结晶水中的氢，这种氢是不能燃烧的；而游离态的氢则与碳元素构成煤的可燃组分，即挥发分，燃烧时释放出很高的热量。1g游离氢燃烧可释放143 010J的热量，几乎是同量碳完全燃烧所放出热量的4倍。由于煤中氢含量远比碳含量低，故决定煤发热量高低的是碳而不是氢。

③可燃硫。煤中硫包括可燃硫及不可燃硫。可燃硫燃烧产生二氧化硫，也能释放出少量热量。总体上来说，煤中碳、氢、硫三元素燃烧时均能产生发热量，然而碳、氢两元素才是煤炭燃烧产生热量的主要来源。

④氧。氧在煤中呈化合态存在于煤的挥发分中，它的含量随煤的变质程度加深而迅速降低，参见表1－20。褐煤中氧含量有的可高达40%，而有的无烟煤仅仅为1%～2%。

⑤氮。氮在煤中含量较少，通常在1%左右。煤燃烧时，氮多呈游离态从烟气中排出。如燃烧温度较高，如1600℃以上，则氮与氧作用生成氮氧化物的比率迅速增大。在煤的燃烧过程中，煤中氮会或多或少地产生一些氮氧化物，而对环境造成一定的污染。

氮对燃烧无利，而且其燃烧产物氮氧化物又污染环境，故它是一种有害物，其含量越少越好。

二、煤质特性指标

上述煤中水分、灰分、挥发分、固定碳、碳、氢、氧、氮、硫等均是一些煤质特性指标。表征煤质特性有众多的指标，即使常规指标，也有三四十种之多，在此将各种煤质特性指标的分类及其表示方法作一说明。

1. 煤质特性指标的分类

将煤质特性指标划分为下述三类：

1）反映煤的组成的特性指标，即工业分析指标及元素分析指标。

2）反映煤的物理性质指标，如密度、可磨性，着火性等指标。

3）灰渣特性指标，如灰熔融性，灰黏度特性等指标。

2. 煤质特性指标表示方法

电力用煤的各项特性指标。例如水分、灰分、发热量、碳、氢等均可用一个简单的符号来表示，而且这种符号具有国际通用性。这样在书写应用煤质特性指标时，就格外方便、快捷。例如水分用M表示，灰分用A表示等。这些简单的符号来源于该特性指标英文名称的第一个字母（大写）来表示。表1－21列出电力用煤常用特性指标。

表 1－21　电力用煤常用特性指标

特性指标	英文名称	符号
水分	moisture	M
全水分	total moisture	M_t
灰分	ash	A
挥发分	volatile matter	V
固定碳	fixed carbon	FC
矿物质	mineral metter	MM
发热量	calorific value	Q
高位发热量	gross calorific value	Q_{gr}
低位发热量	net calorific value	Q_{net}
碳	carbon	C
氢	hydrogen	H
氧	oxygen	O
氮	nitrogen	N
硫	sulphur	S
有机硫	Organic sulphur	S_o
无机硫	Inorganic sulphur	S_{IO}
全硫	total sulfur	S_t
黄铁矿硫	pyritic sulfur	S_p
硫酸盐硫	sulfate sulfur	S_s
元素硫	elemental sulfur	S_e
密度	density	D
真相对密度	true relative density	TRD
视相对密度	apparent relative density	ARD
块密度	density of lump	
可磨性	grindability	
哈氏可磨性指数	Hardgrove grindability index	HGI
着火温度	ignition temperature	
黏结指数	caking index	$G_{R,I}$
结渣性	clinkering property	clin
磨损性指数	abrasion index	AI
灰熔融性	ash fusibility	
变形温度	deformation temperature	DT
软化温度	softening temperature	ST
半球温度	hemispherical temperature	HT
流动温度	flow temperature	FT
灰黏度	ash viscosity	
碱/酸比	base/acid ratio	

对于煤质特性指标的符号,有下述几点需作一说明:

①水分,英文为 Water,而 moisture 为英文的湿分。水分与湿分含义是一样的,故水分用符号 M 而不用 W 表示。

②发热量的英文为 calorific value(卡路里值),国内外均用 Q 表示发热量,如高位发热量中高位(即总的意思,英文为 gross),取其前两个字母标在热量主符号的右下角。

③发热量不仅有高低位之分,而且还有基准之别(参见下一节),如收到基低位发热量的符号为 $Q_{net,ar,ar}$ 代表收到基,net 代表低位(即净的意思),在书写符号时,注意热量为主符号,用 Q 表示,右下角为 net,ar,也就是收到基与低位之间用逗点分开,基准的符号放在后边,读时由后向前读,例如 $Q_{gr,d}$ 则读为干燥基高位发热量。

鉴于煤质特性指标可用一简单的符号表示,那么煤的百分组成式可写为

$$M+A+V+FC=100 \tag{1-5}$$

而式(1-3)则可写为

$$M+A+C+H+O+N+S_c=100 \tag{1-6}$$

式中　S_c——煤中可燃硫。

而可燃硫 S_c 一般情况下,可用全硫 S_t 所代替,故上式可写为

$$M+A+C+H+N+O+S_t=100 \tag{1-7}$$

应该指出,在各章节中,凡是煤质特性指标通常不再用汉字,而用相应的符号表示,故燃料专业的学员应非常熟悉煤质特性指标的代表符号,这在专业学习中会感到十分方便。

第四节　煤炭基准及其应用

煤炭基准与煤质组成之间有着密切的关系,它们都是电厂燃料专业人员必备的专业基础知识,从事燃料采购、监督管理、质量监测、统计计算各个岗位上的人员几乎随时随刻都会涉及基准方面的问题,本节将对煤炭基准的含义、表示方法、基准间的换算及 应用加以详细说明。本节是全书的重点内容之一。

一、基准的含义及其表示方法

1. 基准的含义

所谓基准,是指煤所处的状态或者按需要规定的成分组合。

例如原煤所处的状态与干煤所处的状态是不同的。前者是含有全水分的煤,也就是电厂从供应商那里所收到的煤所处的状态;后者则是不含水分的干煤所处的状态。也就是说,这二者基准不同,前者称为收到基准,后者则称为干燥基准。

某一煤质特性指标当用不同基准表示时,其数值是不同的,例如某煤样的挥发分,以收到基准表示时为 20%,设该煤样的全水分 M_t 为 10%,则以干燥基表示其挥发分时,应为多少? 由于干煤不包含水分,故在干煤 90 份中,挥发分应为 20 份,则其百分含量为 $20/(100-10)\times100\%=22.22\%$。由此可知,当要表示某一煤质特性指标的数值时,必须注明煤样所处的状态,即基准,同一煤质特性指标,用不同基准表示时,其数值是各不相同的。

基准的另一方面的含义,是指按需要规定的成分组合,初学的人往往不易理解,现仍以上例来加以说明。

在本章第三节中煤炭组成如以工业分析表示煤的百分组成，是四项成分组合

$$全水分+灰分+挥发分+固定碳=100 \tag{1-8}$$

如果是干煤的话，也就是煤中含水分=0，则煤的组成应是除全水分外其他三项成分的组合，即

$$灰分+挥发分+固定碳=100 \tag{1-9}$$

煤所处的状态不同，也就是基准不同，那么煤的组成其成分组合也就不同。

2. 基准的表示方法

基准有多种表示方法，但对电力用煤来说，最常用的基准是收到基准、空气干燥基准、干燥基准、干燥无灰基准。

(1) 收到基准(as received basis)

以收到状态的煤为基准，称为收到基准，以符号 ar 表示。

煤的百分组成以收到基准表示时，则可写成式(1-10)

$$M_{ar}+A_{ar}+V_{ar}+FC_{ar}=100 \tag{1-10}$$

式中收到基水分 M_{ar}，也就是煤的全水分 M_t，故式(1-10)又可写成

$$M_t+A_{ar}+V_{ar}+FC_{ar}=100 \tag{1-11}$$

例如电厂锅炉设计煤质中各项特性指标除挥发分采用干燥无灰基表示外，其他特性指标均采用收到基表示。

(2) 空气干燥基准(air dried basis)

以与空气湿度达到平衡状态的煤为基准，称为空气干燥基准，以符号 ad 表示。

煤的百分组成按空气干燥基准表示时，则可写成式(1-12)

$$M_{ad}+A_{ad}+V_{ad}+FC_{ad}=100 \tag{1-12}$$

例如原煤样经制样后，煤的外表水分已经失去而保留其空气干燥水分，此煤样送往化验室分析测定各项煤质特性指标，其分析测定结果均应以空气干燥基准表示。

(3) 干燥基准(dry basis)

干燥基准是一种假想状态，它是假想无水状态的煤为基准，以符号 d 表示。

煤的百分组成按干燥基准表示时，则可写成式(1-13)

$$A_d+V_d+FC_d=100 \tag{1-13}$$

实际上干燥基准的煤是不能稳定存在的，当干燥状态的煤(在电热干燥箱中于105℃～110℃下干燥完全的煤)一接触空气，就会吸收空气中的水分，直至与空气湿度达到平衡为止，故它是一种假想状态，但在煤的采制化中有很多实际应用，例如采制样精密度的采用干基灰分 A_d 表示。

(4) 干燥无灰基准(dry ash-free basis)

干燥无灰基准也是一种假想的状态，它是以假想的无水、无灰状态的煤为基准，以符号 daf 表示。

煤中无水、无灰是不可能的。任何煤不可能没有水，也没有灰，只是它们的含量有高有低，故说它也是一种假想状态。水与灰分是煤中不可燃组分，那么无水、无灰实际上就是指的煤中可燃组分。例如干燥无灰基挥发分为30%的煤，其含义就是煤中挥发分含量占煤中可燃成分(挥发分+固定碳)的比例为30%。

当煤的百分组成以干燥无灰基准表示时，则可写成式(1-14)

$$V_{daf} + FC_{daf} = 100 \tag{1-14}$$

煤炭除上述4种常用的基准外，还有干燥无矿物基准（dry mineral-free basis），以符号（dmf）表示；恒湿无灰基准（moist ash-free basis），以符号（maf）表示；恒湿无矿物基准（moist mineral-free basis），以符号（mmf）表示，由于这类基准在电煤中应用不多，故不多述。

在书写中，基准二字可简写为基，而省略准字，空气干燥基准，则简称为空气干燥基，并进一步简称为空干基；干燥基准，则简称为干燥基，并进一步简称为干基。

二、煤炭基准与组成之间的关系

当煤采用不同基准，也就是处于不同状态时，各煤质特性指标的数值是各不相同的。

煤的组成与基准之间的关系如图1－3所示。

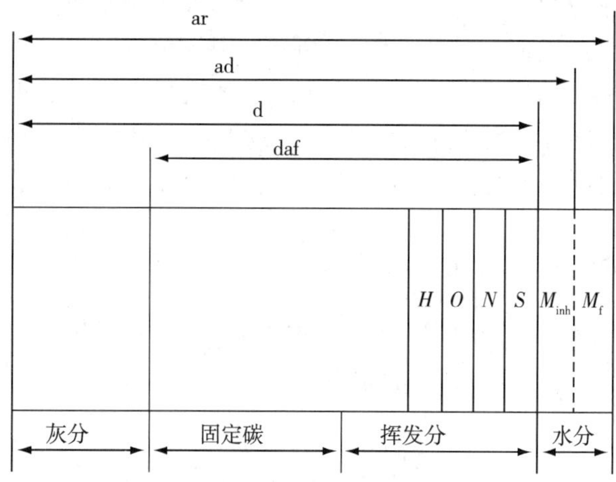

图1－3　煤的组成与基准间的关系图

某一煤样其工业分析指标按不同基准表示时，各特性指标的百分含量如表1－22所示。

表1－22　某一煤样其成分按不同基准表示　%

成分指标	收到基准	空干基准	干燥基准	干燥无灰基准
水分	9.5	1.89	—	—
灰分	24.11	26.14	26.64	—
挥发分	25.21	27.33	27.86	37.97
固定碳	41.18	44.64	45.50	62.03
总和	100	100	100	100

可以看出，当煤处于不同状态，也就是在不同基准时，某一煤质特性指标的数值是不相同的，其中以收到基表示的数值最小；空干基次之；干燥基较大；干燥无灰基数值最大。

三、基准间的换算

由煤质试验室实际测定的特性指标，因采用的试样为空气干燥煤样，故各项特性指标的测定结果，除全水分用收到基表示外，其余所有特性指标值均以空气干燥基表示。但在实际应用中，在不同的场合下，要采用不同基准所表示的特性指标值，这样就存在一个基准间如何换算的问题。

了解各个基准的含义，并掌握如图 1-3 所示煤的组成与基准间的关系，就不难掌握不同基准间的换算方法与技巧。

煤质特性指标的空干基数值及全水分值是实际测定的，其他基准的特性指标值均是按各基准的含义换算出来的。

以煤质各特性指标的空干基及全水分测值为出发点，则它们与其他基准间的关系是：

空干基与干燥基之间的差异，就是相差空干基水分；

空干基与干燥无灰基之间的差异，就是相差空干基水分及空干基灰分；

收到基与干燥基之间的差异，就是相差煤中全水分；

收到基与干燥无灰基之间的差异，就是相差全水分及收到基灰分；

干燥基与干燥无灰基之间的差异，就是相差干燥基灰分等。

由此可知，不同基准之间的关系，实际就是相差水分或灰分，有时同时相差水分及灰分。

只要正确理解基准的含义及各个基准之间的关系，基准的换算就不困难，现举数例说明：

例 1：已知收到基灰分为 25.00%，设煤的全水分 M_t 为 8.0%，则换算成干燥基灰分 A_d 应为多少：

解：煤的收到基灰分 A_{ar}为 25.00% 即

$$A_{ar}=\frac{\text{灰分}}{\text{原煤}}\times 100\% =\frac{\text{灰分}}{\text{干煤}+\text{全水分}}=25.00\%$$

所谓干基灰分 A_d，是指灰分在干煤($100-M_t$)中所占的百分比，故干燥基灰分值要比收到基灰分值大。

$$A_d=\frac{100}{100-M_t}\times 25.00\% =27.17\%$$

由此可知，由收到基换算到干燥基，要乘上一个大于 1 的系数 $100/100-M_t$；反之，由干燥基换算成收到基，要乘上一个小于 1 的系数 $100-M_t/100$。

例 2：已知空干基挥发分 V_{ad}为 20.64%，空干基水分 M_{ad}为 1.22%，空干基灰分 A_{ad}为 28.17%，问干燥无灰基挥发分 V_{daf}为多少？

解：煤的空干基挥发分为 20.64%，即

$$V_{ad}=\frac{\text{挥发分}}{\text{空干基煤}}\times 100\% =\frac{\text{挥发分}}{M_{ad}+A_{ad}+V_{ad}+FC_{ad}}\times 100\% =20.64\%$$

所谓干燥无灰基挥发分 V_{daf}，是指煤中不含水、不含灰，即($100-M_{ad}-A_{ad}$)的煤中挥发分的百分比，显然干燥无灰基挥发分要比空干基挥发分的数值大得多。

$$V_{daf}=\frac{100}{100-M_{ad}-A_{ad}}\times 20.64\% =\frac{100}{100-1.22-28.17}\times 20.64\% =29.23\%$$

由此可知，由空气干燥基换算成干燥无灰基，要乘上一个大于 1 的系数 $100/100-M_{ad}-A_{ad}$；反之，由干燥无灰基换算成干燥基，则要乘上一个小于 1 的系数 $100-M_{ad}-A_{ad}/100$。

例 3：试证明收到基与空干基之间的换算式如何表示？

解：由例 1 得知，干燥基与收到基的关系是

$$A_d=100/100-M_t\times A_{ar} \tag{1-15}$$

同理，干燥基与空干基的关系是

$$A_d = 100/100 - M_{ad} \times A_{ad} \tag{1-16}$$

上述两式相等,则

$$100/100 - M_t \times A_{ar} = 100/100 - M_{ad} \times A_{ad}$$

故

$$A_{ar} = \frac{100 - M_t}{100 - M_{ad}} \times A_{ad} \tag{1-17}$$

或者

$$A_{ad} = \frac{100 - M_{ad}}{100 - M_t} \times A_{ar} \tag{1-18}$$

由于 M_t 总是大于 M_{ad},故系数$(100 - M_t)/(100 - M_{ad})$总是小于1;反之,系数$(100 - M_{ad})/(100 - M_t)$则总是大于1。

由此可知,由空干基换算成收到基,要乘上一个小于1的系数$(100 - M_t)/(100 - M_{ad})$;反之,由收到基换算成空干基,要乘上一个大于1的系数$(100 - M_{ad})/(100 - M_t)$。

根据上述各例换算,可以看出基准间的换算遵循一定的规律性,即煤质特性指标值按收到基→空干基→干燥基→干燥无灰基的顺序依次增大,如依上述顺序变换,则所乘系数大于1;反之,如依反向顺序变换,则所乘系数均小于1,而大于1或小于1的系数,在分子或分母上减去的数值,就是二者所相差的组分,无非是全水分、空干基水分及灰分三项。

不同基准间的换算参见表1-23。

表1-23　不同基准间的换算关系

已知基	换算后基			
	收到基	空干基	干燥基	干燥无灰基
收到基	1	$\frac{100 - M_{ad}}{100 - M_t}$	$\frac{100}{100 - M_t}$	$\frac{100}{100 - M_t - A_{ar}}$
空干基	$\frac{100 - M_t}{100 - M_{ad}}$	1	$\frac{100}{100 - M_{ad}}$	$\frac{100}{100 - M_{ad} - A_{ad}}$
干燥基	$\frac{100 - M_t}{100}$	$\frac{100 - M_{ad}}{100}$	1	$\frac{100}{100 - A_{ad}}$
干燥无灰基	$\frac{100 - M_t - A_{ar}}{100}$	$\frac{100 - M_{ad} - A_{ad}}{100}$	$\frac{100 - A_{ad}}{100}$	1

四、基准的应用

煤炭基准对燃料专业各个岗位上的人员来说,应用极其广泛。现就应用的主要方面加以说明。

1. 收到基准

①原煤全水分含量直接关系到电厂入厂煤量的验收,如果要将其他基准换算成到收到基准,就必须应用全水分测值(参见表1-22)。

②锅炉燃用原煤,以收到基准表示的煤质特性指标直接反映煤的各成分含量及特性,电厂运煤、存煤、输煤设备及锅炉设计煤质均以收到基表示(挥发分采用干燥无灰基表示,这是

唯一的例外）。

③以收到基低位发热量为29.27MJ/kg的煤作为标准煤来度量，控制标煤单价关系到电厂生产成本，这是电厂煤炭采购中必须充分考虑的一项指标。

④收到基低位发热量是计算电厂最重要经济指标发供电煤耗的基本参数之一，也是评判电厂节能降耗实际成效的基本依据。

⑤锅炉燃烧调整时，所需各项煤质特性指标均应以收到基表示。

2. 空气干燥基准

在煤质试验室测定煤质特性的煤样要求为空气干燥煤样，各项测值（除全水分）外，均以空气干燥基表示。因此，基准间的换算，空气干燥基准为基本依据，而其他基准所表示的数值均是由空气干燥基准通过一定公式计算而得。为保证煤质特性指标的空气干燥基测值的准确性，其煤样必须真正处于空气干燥状态，故煤（包括入厂煤及入炉煤）的采制样，在煤质检验中具有特殊重要的地位。

3. 干燥基准

因煤中水分受环境影响而变化，在很多场合下要排除水分对采制样或煤质结果的影响而要采用干燥基准。

①煤的采制样精密度通常以干燥基灰分 A_d 来表示。

②为检验煤质分析结果的可靠性。普遍应用标准煤样，而它的特性值均是以干燥基表示的。这样实测值与标准煤样的标准值（或称名义值）之间也就具有直接可比性，从而就可对检测结果的准确性作出判断。

③在煤质检测精密度检验时，重复精密度用空气干燥基的特性值表示，而再现精密度则用干燥基准表示。这也说明，在不同场合与不同条件下，应采用不同的基准。

4. 干燥无灰基准

干燥无灰基准应用最多的是干燥无灰基挥发分 V_{daf}，是煤炭分类的基本参数，在锅炉设计煤质及锅炉燃烧调整试验中煤的挥发分常要用干燥无灰基准表示。

第五节　发电煤粉锅炉用煤质量要求

当前我国燃煤电厂普遍采用煤粉锅炉，了解煤粉锅炉对用煤的质量要求，将有助于做好煤质监督，确保煤粉锅炉的安全经济运行，并促进电厂节能环保工作的深化与发展。

有众多的特性指标均可表征煤质在某一方面的优劣，但最重要的是下述7项特性指标，它们对煤粉锅炉的运行有着关键性的影响，它们分别是：全水分（M_t）、灰分（A_d）、挥发分（V_{daf}）、发热量（$Q_{net,ar}$）全硫（$S_{t,d}$）、哈氏可磨性指数（HGI）及灰熔融的软化温度（ST）。

一、各种煤粉锅炉用煤的技术条件

GB/T 7562—2010《发电煤粉锅炉用煤技术条件》中，对发电煤粉锅炉用煤技术条件按无烟煤锅炉、贫煤锅炉、烟煤锅炉、褐煤锅炉分别进行划分。

作者认为：电厂不按燃用无烟煤来设计锅炉，一般因贫煤供应短缺时，在贫煤中部分掺入无烟煤作配煤；该标准中将贫煤与烟煤分开，其实贫煤也属于烟煤范畴，它是烟煤中的一个类别。由于电厂煤粉锅炉中，贫煤锅炉数量最多，将其单独列出是适宜的，不过标准中所指烟煤煤粉锅炉应称除贫煤外的烟煤煤粉锅炉更为确切。

1. 贫煤煤粉锅炉用煤技术要求

贫煤煤粉锅炉用煤技术条件参见表 1－24。

表 1－24　贫煤煤粉锅炉用煤技术要求

项　目	符　号	单　位	技术要求
挥发分	V_{daf}	%	>10.00～20.00
全水分	M_t	%	≤8.0 >8.0～12.0
灰分	A_d	%	≤20.00 >20.00～30.00 >30.00～40.00
发热量	$Q_{net,ar}$	MJ/kg	>24.00 >21.00～24.00 >18.50～21.00
全硫	$S_{t,d}$	%	≤1.00 >1.00～2.00 >2.00～3.00
哈氏可磨性	HGI	—	>80 >60～80
煤灰熔融性软化温度	ST	℃	>1450 >1350～1450 >1250～1350

2. 烟煤(除贫煤外)煤粉锅炉用煤技术要求

烟煤(除贫煤外)煤粉锅炉用煤技术要求见表 1－25。

表 1－25　烟煤(除贫煤外)煤粉锅炉用煤技术要求

项　目	符号	单位	技术要求
挥发分	V_{daf}	%	>20.00～28.00 >28.00～37.00 >37.00
全水分	M_t	%	≤8.0 >8.0～12.0 >12.0～20.0
灰分	A_d	%	≤10.00 >10.00～20.00 >20.00～30.00 >30.00～40.00

续表

项　目	符号	单位	技术要求
发热量	$Q_{net,ar}$	MJ/kg	>24.00 >21.00~24.00 >18.00~21.00 >16.50~18.00
全硫	$S_{t,d}$	%	≤1.00 >1.00~2.00 >2.00~3.00
哈氏可磨性	HGI	—	>80 >60~80 >40~60
煤灰熔融性软化温度	ST	℃	>1450 >1350~1450 >1250~1350 >1150~1250

3. 褐煤煤粉锅炉用煤技术要求

褐煤煤粉锅炉用煤技术要求参见表1-26。

表1-26　褐烟煤粉锅炉用煤技术要求

项目	符号	单位	技术要求
挥发分	V_{daf}	%	>37.00
全水分	M_t	%	≤30.0 >30.0~40.0 >40.0
灰分	A_d	%	<10.00 >10.00~20.00 >20.00~30.00
发热量	$Q_{net,ar}$	MJ/kg	>18.00 >14.00~18.00 >12.00~14.00
全硫	$S_{t,d}$	%	≤0.50 >0.50~1.00 >1.00~1.50
煤灰熔融性软化温度	ST	℃	>1350 >1250~1350 >1150~1250

至于无烟煤煤粉锅炉用煤技术要求，参见标准GB/T 7562—2010。

对于各项煤质特性指标，上述各表均规定了一个限值，如贫煤煤粉锅炉用煤发热量$Q_{net,ar}$应>18.50MJ/kg，灰分A_d应≤40%，全水分M_t应<12.0%，全硫$S_{t,d}$应≤3%，挥发分

V_{daf}应≤20.00%,哈氏可磨性 HGI 应>60、灰软化温度 ST 应>1250℃,如果实际用煤的上述质量指标超过标准规定的限值,应如何处理和使用,标准中未作出规定与说明。电煤中一个或多个特性指标值超过上述限值的情况并不少见,而靠电厂自行处置就比较困难。一旦指标超过限值,对锅炉的安全经济运行究竟有多大影响,建议标准能提出一个不允许进入锅炉的煤质指标硬性界限值。如对贫煤锅炉来说,发热量 $Q_{net,ar}$的极限值为 16.70MJ/kg,全硫含量 $S_{t,d}$的极限值为 3.50%、灰熔融软化温度 ST 为 1150℃等。凡是超过这一界限值的煤不允许进入锅炉,这将有助于提高市场上电煤质量的准入条件,确保电厂锅炉的安全经济运行。

二、电煤特性对煤粉锅炉运行的影响

在表征煤质特性的众多指标中,上述 7 项特性指标,即 V_{daf}、M_t、A_d、$Q_{net,ar}$、$S_{t,d}$、HGI 及 ST,无疑是对煤粉锅炉运行关系最为密切的关键性指标,现将它们对电力生产的影响分述如下:

1. 全水分 M_t

全水分是煤中的不可燃成分,是评价商品煤经济价值的最基本指标之一。

任何煤均含有水分,只是其含量高低不同而已。一般说来,煤的变质程度越深,煤中全水分含量越小,褐煤的全水分 M_t 可达 30%~60%、烟煤为 4%~15%,而无烟煤仅仅为 2%~4%。

(1) 根据结合状态煤中水分存在形式可分为游离水及化合水

煤中游离水,是指在 105℃~110℃的温度下,经(1~2)h 后,一般就可逸出,而化合水是煤中矿物质结合的水,如黏土($Al_2O_3 \cdot 2SiO_2 \cdot 2H_2O$)中的结晶水,要在 200℃以上才能分解析出。这里所指的煤中全水分 M_t,实际上就是指的是煤中游离水,而不包括化合水。

根据水分在煤中的存在形态,游离水,即全水分 M_t 又分为外在水分 M_f,及内在水分 M_{inh}。

所谓外在水分,是指在一定条件下,煤样与周围空气湿度达到平衡时所失去的水分;所谓内在水分,则是指在一定条件下,煤样达到空气干燥状态时所保持的水分。

煤的外在水分与内在水分按下式计算出全水分。

$$M_t = M_f + \frac{100 - M_f}{100} \times M_{inh} \tag{1-19}$$

测定外在水分的试样粒度为<13mm,在测完外在水分后,将试样再破碎至粒度<3mm来测定内在水分。由于煤样所处状态不同,故全水分 M_t 不能用外在水分 M_f 与内在水分 M_{inh}直接相加求得。

不少人将空干基水分与内在水分混为一谈,空干基水分试样粒度<0.2mm,而内在水分试样为<3mm,不过在较多情况下,空干基水分 M_{ad}与内在水分 M_{inh}在数值上比较相近,因而也就常常被混淆。

(2) 煤中全水分与电力生产

①全水分与煤量计算。GB/T 18666—2002《商品煤质量抽查和验收方法》中规定,入厂商品煤以干基高位发热量($Q_{gr,d}$)及干基全硫($S_{t,d}$)作为煤质验收的基本评价指标,这样入厂煤质量与煤中全水分含量无关,然而全水分含量与煤量验收密切相关。

例如某电厂与煤矿签订一份供煤 10 万 t 的合同,约定煤的全水分含量为 8.0%,而实际收到的煤,基全水含量却为 10.0%,则煤矿应补给电厂的煤量是:对 10 万 t 煤,按合同约定,含全水为 8.0%,即为 0.8 万 t 水,9.2 万 t 干煤,而电厂收到的煤含全水 10.0%,即为 1 万 t 水,9.0 万 t 干煤,煤矿少给电厂 0.2 万 t 干煤,即以 0.2 万 t 水所取代,如用此含全水 10.0%

的煤补给电厂，则应为

$$2000/0.9=2222t$$

故在入厂煤量验收时，电厂必须按标准采制用以测定全水分的煤样，并能提供可靠的测定值。

②全水分与卸煤、输煤与制粉。电力用煤的水分含量随煤种，采煤方法、加工工艺及环境条件而异。一般说来，贫煤锅炉用煤的水分宜在 <10% 以下，最好 <8%，对除贫煤外的烟煤来说，不仅要关注全水分，而且还应关注其外在水分，例如某一煤，其外在水分 M_t 为 7.0%，内在水分 M_{inh} 为 8.8%，则按式(1－19)计算得全水分 M_t 为 15.2%，虽则全水分已达 15% 以上，但还不至影响卸煤、输煤及制粉的顺利进行。

煤中水分含量过高，将意味着把不可燃的过多的水运进电厂，徒然增加电厂运输及经济上的负担，同时也增加电厂卸煤、储煤、输煤、破碎、制粉等一系列困难，甚至因煤中水分过大而造成上述系统的运行障碍。

无论采用何种运输工具运煤，电厂入厂煤的卸煤时间均有严格要求，火车、船舶不能超时间滞留在车站或港口上。煤中水分过大，无论是人工还是机械卸煤，都将降低卸煤效率。特别是寒冷季节，冻煤的卸煤就更为困难，影响车船的周转、从而增加电厂的经济负担。

煤中水分过高，组堆用斗轮机、抓吊等运行困难，也将影响组堆效果，而在输煤及碎煤过程中，输煤，机、碎煤机易发生堵煤而影响向锅炉供煤。

煤中水分过高，如褐煤，就要在制粉系统设计中采用特殊的干燥措施，以保证制粉系统的正常运行。

③煤中全水分影响发热量并增加能耗。煤中全水分增高，也就表明其收到基低位发热降低。煤中较多的水分进入锅炉，不仅不产生热量，而且水分还要吸收炉内的热量成为蒸汽，随烟气排出炉外。

设某煤样 $Q_{gr,ad}$ 为 24 200J/g，H_{ad} 为 3.35%，M_t 为 10.0%，$M_{ad}=1.20\%$，则收到基低位发热量

$$Q_{net,ar}=(Q_{gr,ad}-206H_{ad})\times\frac{100-M_t}{100-M_{ad}}-23M_t \qquad (1-20)$$

将上述参数代入式(1－20)

$$Q_{net,ar}=(24\ 200-206\times3.35)\times\frac{100-10.0}{100-1.20}-23\times10.0=21\ 186\text{J/g}$$

如果煤中全水分增加 1%，即为 11%，而其他参数均不变，则收到基低位发热量为

$$Q_{net,ar}=(24\ 200-206\times3.35)\times89/98.80-23\times11=20\ 935\text{J/g}$$

计算表明，煤中全水分增加 1%，则收到基低位发热量 $Q_{net,ar}$ 下降 21 186－20 925＝261J/g，由于收到基低位发热量是计算电厂发供电煤耗的基本参数，由于 $Q_{net,ar}$ 的变化，自然也就影响发供电煤耗的计算结果。

④煤中含有适量水分的作用。煤中全水分含量宜低不宜高，但太低也有一些弊病。

煤中含有适量水分，对煤的燃烧起催化作用；煤在储存，输送过程中，也希望煤中含有适量的水分。煤中水分太低，将导致煤场及输煤车间内煤尘飞扬，污染环境，影响工作人员身体健康，因而需要在储煤场及输煤车内间适量喷水降尘，以改善环境条件。

2. 灰分 A_d

灰分是煤中的不可燃成分，灰分越高，表明煤中可燃成分越低，燃烧产生的热量也越少。

①煤中灰分增高,则电厂用于运输的费用增加,用于破碎,制粉的能耗增多,提高了电厂发电成本与能耗。

②含有大量灰分的煤粉进入锅炉,由于热量降低,燃烧稳定性减弱,炉温下降,甚至锅炉灭火;煤中灰分含量增加,还将导致灰,渣可燃物含量增高,导致锅炉结渣,受热面沾污及磨损的加剧。

③煤中灰分含量增加,则对电厂除尘设施压力增大,需要进一步提高除尘效率,改善排烟效果,以降低烟尘排放量及其浓度,这样也就加大了电厂的投资及运行费用。

④煤中灰分含量的增加,电厂就必须解决大量灰、渣的收集、输送、储存及利用一系列问题,还可能存在冲灰管道的结垢与磨损、冲灰水排放污染物超标问题,电厂外排灰水 pH 值超标是相当普遍的现象。

电厂对煤中灰分含量的要求不能太高也不宜过低。前已所述,煤中灰分含量增高,将对电力生产带来诸多负面影响,故灰分 >40% 的低质煤,不宜在电厂中单独使用(按低质煤设计的锅炉另论)。另一方面,煤中灰分含量过低,意味着发热量很高,这类精煤由于标煤单价太高,也不宜在电厂单独使用。同时锅炉用煤也不是热量越高越好,煤的灰分很少,热量很高,势必炉温也会增高,这将促使锅炉结渣的产生或加剧其严重程度,故电厂比较适合燃用灰分及发热量中等的煤。

归根结底,电煤的质量必须与电厂锅炉高设计煤质相适应,不仅对灰分,发热量是如此,对电煤的其他特性指标的要求也应如此。

⑤电厂应特别关注煤中的矸石问题。自煤炭市场开放以来,将大量经破碎的矸石掺入商品煤中的情况并不少见,这给电厂生产带来极大的危害,本书将有专门一节加以分析阐述。

在我国烟煤构成电煤的主体,通常灰分宜控制在 20% ~30%,高灰分的低质煤,只宜作配煤掺烧之用。

3. 收到基低位发热量 $Q_{net,ar}$

(1)灰分与发热量之间的关系

在一定范围内,煤中灰分(A_d)与发热量($Q_{gr,d}$)之间大体上呈负线性相关,即干基高位发热量随干基灰分的增高而降低。

在煤质特性检测中,经常会碰到量之量之间存在一定联系的情况,又如挥发分与氢含量之间,挥发分与氧含量之间,原煤水分与经采样机采样的水分之间,在分光光度法测定中,吸光度与被测物浓度之间都存在一定关系等。

为了表征它们之间的关系,常需要制作标准曲线。研究变量间相互关系的统计方法,称为回归分析。而在煤质检测中,应用最多的是一元线性回归分析。

理论上某两变量之间应是直线关系,但由于实际测定中存在各种引起随机误差的因素,实测的各坐标点往往不完全处于一条直线上,因此需要利用回归法求出对各坐标点的误差都是最小的直线方程式。利用此方法,也就可以绘制一条直线。

直线方程式的一般表达形式为

$$y = bx + a \quad (1-21)$$

式中　x——自变量;

y——因变量;

a——直线的截距;

b——直线的斜率。

为了制作一条标准曲线,通常应不少于 5 个测点,设测点数为 n,则直线截距 a 及斜率 b 可分别由式(1-22)、式(1-23)求出

$$a = \frac{\sum x^2 \sum y - \sum x \sum xy}{n\sum x^2 - (\sum x)^2} \tag{1-22}$$

$$b = \frac{n\sum xy - \sum x \sum y}{n\sum x^2 - (\sum x)^2} \tag{1-23}$$

自变量 x 与因变量 y 之间线性关系的密切程度如何,用可相关系数 r 去度量,它可用式(1-24)表示

$$r = \frac{n\sum xy - \sum x \sum y}{\sqrt{[n\sum x^2 - (\sum x)^2][n\sum y^2 - (\sum y)^2]}} \tag{1-24}$$

相关系数 r 的取值有三种情况:

①$r=0$,y 与 x 毫无线性关系;

②$|r|=1$,y 与 x 完全线性相关。$r=+1$,完全正相关;$r=-1$,完全负相关。

③$0<r<1$,说明 x 与 y 之间存在一定的线性相关性。

现以某烟煤的灰分 A_d 与高位发热量 $Q_{gr,d}$之间的大量实测数据进行了统计,表明二者之间呈现较好的相关性。

表 1-27　煤中 A_d 与 $Q_{gr,d}$之间的相关性

编号	1	2	3	4	5
A_d/%	24.93	27.37	29.97	30.54	39.27
$Q_{gr,d}$/(MJ/kg)	24.75	24.01	23.31	23.18	20.13

以 A_d 作为自变量 x,以 $Q_{gr,d}$作为因变量 y,用一元线性回归方程 $y=bx+a$ 来表示二者之间的关系。

由计算可得 $a=32.92$,$b=-0.32$,$r=-0.998$,故 $y=-0.32x+32.92$。设 $x=30.00\%$,则 $y=23.32$MJ/kg。

$r=-0.998$,说明它已十分接近 -1,故二者具有相当良好的负相关性。

在此,需要说明,关于线性回归方法在煤质监督中应用很多,故本书在第一次涉及时,详加说明,不再重复。

式(1-22)~(1-24)看上去很复杂,但用带统计功能的计算器计算,却十分方便快捷。

(2)发热量与标准煤耗的计算

①标准煤量计算。将收到基低位发热量 $Q_{net,ar}$为 29.27MJ/kg 的煤,定为标准煤。

设某电厂日燃用天燃煤量为 12 600t,其 $Q_{net,ar}$为 20.10MJ/kg,则该电厂日燃用标准煤量为

$$12\,600 \times 20.10/29.27 = 8\,652.5\text{t}$$

②发电煤耗计算。所谓发电煤耗,就是发 1kW · h 的电所消耗的标准煤量,单位为g/kW · h。

设上述电厂装机容量为 1 200MW，则该电厂每天的发电量为 $120\times10^4\times24=28.8\times10^6$kW·h 故发电煤耗为

$$\frac{8\ 625.5\times10^6}{28.8\times10^6}=299.5(\text{g/kW}\cdot\text{h})$$

③供电煤耗计算。设上例中，该电厂日用电量（即厂用电）为 1.2×10^6kW·h，则供电煤耗为

$$\frac{8\ 625.5\times10^6}{(28.8-1.2)\times10^6}=312.5(\text{g/kW}\cdot\text{h})$$

在发电煤耗确定的条件下，电厂开展节能降耗而减少了厂用电量，也就降低了供电煤耗。

（3）发热量与锅炉运行

因为发热量与灰分之间呈现良好的负相关性，热量过高，就意味着煤中灰分含量很低；反之，热量过低，则说明煤中灰分含量过高。至于灰分的高低对锅炉运行的影响已在本节作了说明，读者可参阅，不用复述。

4. 挥发分 V_{daf}

煤中挥发分含量是决定煤质及其用途的最基本，最重要的特性指标，它对电厂的安全经济运行关系很大。不少人对挥发分，特别是干燥无灰基挥发分 V_{daf} 缺乏正确的认识，一些锅炉运行事故往往与 V_{daf} 密切相关。

（1）V_{daf} 的含义

前已指出，挥发分与固定碳是煤中的可燃组分，而挥发分又是可燃组分中最易燃烧的成分。所谓干燥无灰基挥发分，就是假想以干燥无灰状态为基准，也就是煤仅有可燃组分，故 V_{daf} 含量，实际就是指挥发分在可燃组分（即挥发分十固定碳）中的百分含量，由于

$$V_{daf}+FC_{daf}=100 \tag{1-25}$$

故 V_{daf} 值越大，FC_{daf} 值就越小，煤中 V_{daf} 值褐煤、烟煤、无烟煤的顺序依次减小，因而 FC_{daf} 依上述顺序则依次增大，故我国煤的分类标准中，是以 V_{daf} 作为主要的分类指标。

（2）V_{ad} 与 V_{daf} 的关系

在煤质试验室中，挥发分的测定结果以空干基 V_{ad} 表示，只要已知空干基水分 M_{ad} 及灰分 A_{ad}，则 V_{daf} 就可按下式求得

$$V_{daf}=V_{ad}\times\frac{100}{100-M_{ad}-A_{ad}} \tag{1-26}$$

由式（1-26）可以看出，V_{daf} 是指煤中挥发分占煤中可燃成分的质量分数。

V_{daf} 值大还是值小，更有利电力生产？其中不少人认为：电厂入炉煤的 V_{daf} 值越大越好，这样煤质也就越好。这种认识是错误的；另一方面，也不能认为煤的 V_{daf} 值越小越好。V_{daf} 值有其双重性，入炉煤的 V_{daf} 值必须符合锅炉设计煤质要求，过大或过小都是不适宜的。

由式（1-26）可知，V_{daf} 值的高低，取决于两部分：一是 V_{ad} 值：另一是 $M_{ad}+A_{ad}$，主要是 A_{ad}。

对同一煤源来说，例如某矿井生产的贫煤，其挥发分 V_{ad} 的波动是不大的，而煤中灰分含量则往往波动较大，在这种情况下，V_{daf} 值主要取决于 A_{ad} 值。

设某贫煤 $V_{ad}=12.05\%$，$M_{ad}=1.10\%$，$A_{ad}=22.32\%$，则 V_{daf} 为

$$V_{daf}=12.05\times\frac{100}{100-1.10-22.32}=15.74(\%)$$

如上述贫煤 V_{ad}、M_{ad} 值均不变，而 $A_{ad}=32.32\%$，那么 V_{daf} 为

$$V_{daf}=12.05\times\frac{100}{100-1.10-32.32}=18.10(\%)$$

计算表明,煤中 A_{ad} 值高,则 V_{daf} 值也大,意味着 V_{daf} 为 18.10% 的煤煤质较差,故不能说 V_{daf} 值越大,煤质越好。

如果上例中水分 M_{ad} 及灰分 A_{ad} 值不变,而应用的是 V_{ad} 为 6.25% 的无烟煤,此时 V_{daf} 值为

$$V_{daf}=6.25\times\frac{100}{100-1.10-32.32}=9.39$$

计算表明,煤中 V_{ad} 减小,当 M_{ad} 与 A_{ad} 不变时,V_{daf} 值减小,此时意味着 $V_{daf}=9.39\%$ 的煤质较差。

由于人们对 V_{daf} 值缺少正确的认识,造成诸多生产事故,例如某大型电厂锅炉按贫煤 $V_{daf}=18\%$ 作为设计煤质,有一次电厂进煤测得 $V_{daf}=18\%$ 左右,谁也未提出任何疑问就入炉燃烧,结果造成锅炉燃烧室,喷燃器等烧坏这就是将 V_{daf} 与 V_{ad} 没有留意加以区分所造成的,实际上是因为此次新进的煤挥发分 V_{ad} 较高,致使 V_{daf} 值大大超过设计值,从而导致事故的发生。

设以 $V_{ad}=12.59\%$,$M_{ad}=1.06\%$,$A_{ad}=29.14\%$ 的贫煤作为设计煤质,其 V_{daf} 为 18.04%。本例中 M_{ad} 与 A_{ad} 值与 $(1.06+29.14)\%$ 即 30.2% 相近,而 V_{ad} 为 18.15%,故

$$V_{daf}=18.15\times\frac{100}{100-30.2}=26.00(\%)$$

上述电厂正是因误烧了较高挥发分的烟煤而将燃烧设备烧坏。

读者要充分掌握基准的含义,换算与应用。对同一煤样来说,V_{ad} 与 V_{daf} 值二者差很大,切不可混用。

煤中挥发分对电力生产的影响是不容低估的,它是电力用煤最为重要的特性指标之一。对电厂入厂煤及入炉煤,必须天天测定,班班测定挥发分,而且务必测准。

挥发分 V_{ad} 是工业分析中最难测准的项目,加上该指标与煤质计价并不直接相联系,不少人对挥发分的重要性缺少正确认识,往往也是导致锅炉运行事故发生的原因之一。

(3)V_{daf} 与电力生产

①V_{daf} 值是进行煤炭分类的主要依据,是煤的变质程度深浅的量度。

②电厂锅炉均是按一定煤质设计的,如 V_{daf} 不能符合设计煤质要求,将会产生严重后果,这在上述实例中已作说明。

③V_{daf} 对煤的存放及制粉系统的安全运行都有密切关系。堆积煤粉开始阴燃并明显产生热量的温度随煤的挥发分含量增加而降低。V_{daf} 为 15%～30% 的煤种,阴燃温度约为 270℃～300℃,而 V_{daf} 为 40% 的高挥发分烟煤,其阴燃温度约为 210℃。

5. 全硫 $S_{t,d}$

煤中全硫对电力生产危害巨大,本书将有专门一节详述煤中硫对电力生产的影响问题,为避免重复,在此仅就 $S_{t,d}$ 与电力生产的关系作简要说明。

(1)煤中硫的组成

煤中硫按其存在形态划分,可分为有机硫、无机硫、元素硫。煤中硫按其燃烧特性划分,则可分为可燃硫及不可燃硫。

$$S_t=S_O+S_{IO}+S_e \tag{1-27}$$

式中　S_O——有机硫；

S_{IO}——无机硫；

S_e——元素硫。

$$S_t = S_C + S_{IC} \tag{1-28}$$

式中　S_c——可燃硫；

S_{IC}——不可燃硫。

煤中无机硫 S_{IO} 主要是指硫铁矿硫 S_p 及硫酸盐硫 S_s，由于煤中元素硫并不是普遍存在的，故式（1-27）可写成

$$S_t = S_O + S_{IO} = S_O + S_P + S_s \tag{1-29}$$

煤中可燃硫则是指煤中有机硫 S_O 及硫铁矿硫 S_p，即

$$S_c = S_O + S_p \tag{1-30}$$

煤中不可燃硫则为硫酸盐硫 S_s。

硫在煤中是普遍在的，世界上没有不含硫的煤，在我国煤中可燃硫占全硫的绝大部分。不少地方的煤中，可燃硫往往占 90%，甚至有的高达 95% 以上，而煤中硫对电力生产危害最大的恰恰是可燃硫。

（2）$S_{t,d}$ 为商品煤质量评价的主要参数

国标 GB/T 18666—2002 规定，以干基高位发热量 $Q_{gr,d}$ 及干基全硫 $S_{t,d}$ 作为商品煤质量是否合格的主要两项评价指标，这也足可见煤中全硫对煤质的影响程度。

（3）$S_{t,d}$ 与锅炉结渣的关系

锅炉结渣（结称锅炉结焦）是影响煤粉锅炉安全经济运行的一个带有普遍性的问题。锅炉结渣，使受热面吸热减少，烟温升高，锅炉效率下降，结渣的最常见的处置办法就是锅炉降负荷运行，结渣严重时、就将停炉。

煤中硫将对锅炉结渣产生明显影响。锅炉结渣通常可用结渣指数 R_s 来表示。

$$R_s = \frac{\text{灰中碱性氧化物}}{\text{灰中酸性氧化物}} \times S_{t,d} \tag{1-31}$$

式中　灰中碱性氧化物——灰中 $Fe_2O_3 + CaO + MgO + K_2O + Na_2O$，%；

灰中酸性氧化物——灰中 $SiO_2 + Al_2O_3 + TiO_2$，%。

锅炉结渣指数的分类参见表 1-16。

显然，煤中碱性氧化物与酸性氧化物比值一定的情况，锅炉结渣程度取决于煤中全硫含量的高低。

（4）煤中含硫量与电力生产

煤中含硫量对电力生产的危害可归纳为下述 6 大方面：

①煤中含硫量增高，煤在存放过程中自燃倾向就会增大；

②煤中含硫量增高，多为煤中矸石增多，也就是煤中黄铁硫增多，大大增加电厂磨煤制粉的能耗及锅炉设备磨损的加剧；

③煤中含硫量增高，将使 SO_2 排放量及排放浓度增加，因而给烟气脱硫装置的运行带来更大的压力，甚至无法实现达标排放；

④煤中含硫量的增高，将增加锅炉设备的腐蚀与堵灰，特别是缩短低温空气预热器的寿命；

⑤煤中含硫量的增高，加大锅炉结渣的可能性及其严重程度，这正如上文所述；

⑥煤中含硫量增高，将影响灰渣质量，灰渣含硫量增高，将影响灰渣的综合利用等。

6. 哈氏可磨性指数 HGI

可磨性是表征燃煤磨制成粉难易程度的特性指标。测定可磨性虽然有各种不同方法，但其基本原理是一样的。世界上多数国家均采用哈德格罗夫（Hard grove）法简称哈氏法来测定硬煤的可磨性，其测值用哈氏可磨性指数（HGI）来表示。

（1）哈氏可磨性指数的含义

所谓可磨性指数，是指在空气干燥条件下把试样与标准煤样磨制成规定粒度，并破碎到相同细度时所消耗的能量比。故可磨性是一个无量纲的物理量，它的大小反映了不同煤样磨制成粉的相对难易程度。

煤越软，可磨性指数越大，这意味着相同量规定粒度的煤样磨制成粉的细度越细；反之煤越硬，则可磨性指数越小。

中国煤的哈氏可磨性指数 HGI 多数在 50～90 范围内；<50 为特硬煤；>90 为特软煤。

（2）HGI 的应用范围

哈氏可磨性指数只适用于硬煤，所谓硬煤，是指无烟煤及烟煤，而不适用于褐煤，故表 1－25 中仅包含 6 项特性指标而不包含 HGI 这一特性标的技术要求。

现在不少燃用褐煤的煤粉锅炉设计或运行时所用可磨性指数值是套用哈氏法测定的，这样的测定结果很可能与工业磨煤机实际磨煤情况相距甚远，故不宜将哈氏法用于褐煤的可磨性测定上。

（3）HGI 与磨煤机出力间的关系

哈氏可磨性指数 HGI 越大，在消耗一定能量的条件下，磨煤机出力也越大。哈氏可磨性相差 10 个指数，磨制到相同细度的情况下，磨煤机将增加 25% 的出力。

例如某台锅炉燃煤 HGI 为 60，它需要 3 台出力为 300t/h 的磨煤机供粉，如该锅炉换成 HGI 为 80 的燃煤，则磨煤机在保持相同细度的条件下，出力提高 50%，即出力达到 450t/h，那么该锅炉只要 2 台磨煤机就可满足供粉要求，因而减少一台磨煤机，可大大降低磨煤能耗，同时节约运行费用及减少设备维修工作量。故选用 HGI 值高的煤，是燃煤电厂节能降耗的一个重要方面，然而这很少为电厂认识和重视。

7. 灰熔融软化温度 ST

煤灰熔融性是电力用煤最重要特性之一，也是电厂煤质监督中的一个薄弱环节。

（1）灰软化温度 ST 的含义

煤灰不是纯化合物，它没有固定的熔点而只是在一定温度范围内熔融。测定煤灰熔融性，国内外普遍采用角锥法。即测定灰锥试样在熔融过程中的 4 个特征点：变形温度 DT、软化温度 ST、半球温度 HT 及流动温度 FT、灰锥熔融特征示意图参见图 1－4。

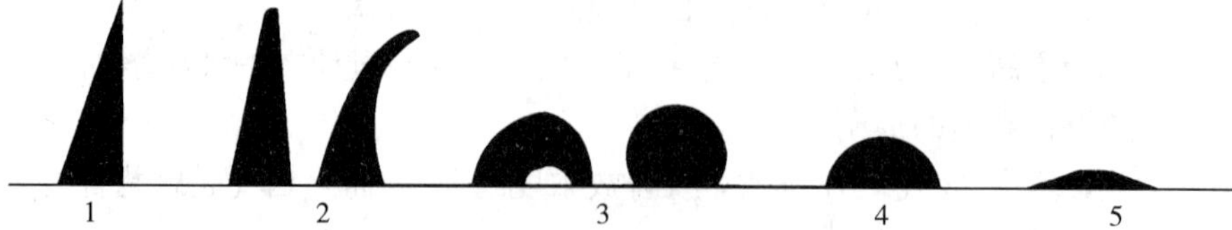

1—原始灰锥；2—变形温度；3—软化温度；4—半球温度；5—流动温度

图 1－4 灰锥熔融特征示意图

测定时，将灰样在灰锥模具中成型，制成灰锥试样，灰锥试样为高20mm，底边长7mm的正三角锥体，其一棱垂直于锥底。

所谓软化温度ST，是指灰锥弯曲至锥尖触及托板或者灰锥变成球形时的温度。在上述4个特征点中，以软化温度更具代表性，故通常也就用ST值来说明灰的熔融性。

(2)煤灰熔融性的分类

根据灰熔融温度的高低，通常把煤灰分为易熔、中等熔融、难熔、不熔四种。其熔融温度大致为：

易熔灰：ST值在1160℃以下；

中等熔融灰：ST值1160℃～1350℃范围内；

难熔灰：ST值在1350℃～1500℃范围内；

不熔灰：ST值则高于1500℃。

一般认为，ST值为1350℃，作为锅炉是否易于结渣的分界线。灰熔融温度越高，锅炉越不易结渣；反之，则结渣越严重。为防止锅炉结渣，电煤的灰熔融温度越高越好，应用上述不熔灰的煤。

还需指出，煤灰熔融性测值与测定时熔点炉内的气氛密切相关，上述ST值是指在弱还原气氛下的测值。表1－24～表1－26中的煤灰熔融性软化温度的技术要求所规定ST值测定时的气氛条件，也应是弱还原性气氛下的测值。通常在弱还原气氛下的灰熔融温度测值要比氧化性气氛下低50℃～150℃不等，有的甚至可低200℃以上。

(3)加强对灰熔融性检测的重要性

①不能充分认识测定煤灰熔融性的重要性，锅炉结渣对不少电厂来说，是普遍存在的问题，锅炉结渣严重影响机组的安全经济运行。结渣的主要原因来自两方面：一是燃煤灰熔融温度太低或较低；另一个因素则是锅炉空气动力场遭到破坏，煤粉贴壁燃烧，这对二次风的调控尤为重要。

有人认为锅炉一结渣，就一定是煤质问题，这是认识误区之一；锅炉一结渣，就认为是煤中含硫量过高所致，这是认识误区之二；还有认为锅炉一结渣，是测定挥发分后的焦渣特性不好，这是认识误区之三。上述认识都是片面的，有的根本就是错误的。

②混煤煤灰熔融性必须实测。当今电厂锅炉容量日益增大，对600MW机组配套的锅炉，日燃用天然煤约6000t，故电厂锅炉普遍燃用多煤源的混煤，例如AB两种煤，ST_1为1100℃及ST_2为1500℃，二者以1∶1相混，其混煤的ST值不是1300℃，一般要比按组成此混煤的单一煤源灰熔融性的计算结果要低。究竟是多少，无规律可循，只有通过实测混煤灰熔融性，方可得知，然而目前我国大中型电厂中相当大一部分没有开展灰熔融性测定项目，这是很大的不足。燃煤电厂应把灰熔融性测定列为煤质监督的常规检测项目，特别是燃用较低灰熔融性煤的电厂更应如此。

③煤灰熔融性测定时气氛条件的控制。煤灰熔融性测定有一个鲜明的特点，也是测定中的技术难点，就是煤灰熔融性必须在一定气氛条件下测定。国家标准规定，在弱还原性气氛或氧化性气氛中测定；国际标准规定，在还原性气氛或氧化性气氛中测定，各国灰熔融性测定标准规定的气氛条件，多数按国际标准规定。

第二章　电力生产全过程中的煤质监督

我国发供电企业中，一般分为九大技术监督，即电能质量监督、环保监督、热工监督、金属监督、电测监督、继电保护监督、化学监督、绝缘监督、节能监督。化学监督是火电厂中一项重要技术监督，它又包含水汽监督（含氢）、油务监督（含 SF_6）及燃料监督三项专业监督。化学监督工作直接关系到火电厂锅炉、汽轮机、发电机、变压器等主机设备的安全经济运行。

由于历史原因，在我国火电厂燃料监督一直作为电厂化学监督的一个重要组成部分。在我国电力行业中设立电厂化学专业标准化技术委员会，下设燃料分专业委员会，在省、自治区直至基层发电厂，燃料监督工作均作为电厂化学监督的一部分，遵循原标准 SD 246—1988《化学监督制度》的相关规定与要求开展监督工作。2006 年国家组织对 SD 246—1988 进行了修订，并更名以电力行业标准 DL 246—2006《化学监督导则》的形式颁布实施。

本书为电力用煤质量监督与环保节能为主要内容的电力生产培训教材，对化学监督中的水汽监督及油务监督问题，本书将不涉及，如需了解相关情况，可参阅作者等人编著的《火力发电厂化学监督技术》（中国电力出版社，2006 年 12 月）。

《化学监督导则》指出，化学监督是保证发电和供电设备安全、经济、稳定、环保运行的重要基础工作之一。化学监督应坚持以“预防为主”的方针，实行全方位、全过程的管理。这对燃料监督来说，也是必须遵循的基本原则与方针。

本章内容包括在电力生产全过程中各个主要生产环节的煤质监督技术与要求，对锅炉设计煤质的确定，入厂煤质监督、煤场存煤监督，入炉煤质监督中的重点与难点问题，系统地加以阐述与说明。煤质监督工作，与电厂的节能降耗密切相关。

第一节　锅炉设计与校核煤质的确定

对电厂锅炉设计与校核煤质的确定，是电厂煤质监督的起点，也是煤质监督中的一个最为重要的环节。一旦锅炉设计与校核煤质加以确定，就成为供煤合同中对入厂煤质的要求及控制入炉煤质的基本依据。

根据电厂锅炉参数及选定的煤源，如何提供锅炉设计与校核煤质，不仅直接关系到锅炉设备的设计与制造，而且将关系到电厂长达数十年的运行，故其重要性是不言而喻的。

有的电厂锅炉运行状态一直不好，其根本原因就是锅炉设计与校核煤质确定不当，个别电厂在锅炉安装试运以后，发现入炉煤质的现状与设计煤质相差甚远而无法燃用，被迫已建成的锅炉拆掉而重新设计锅炉，这造成经费的巨大损失，又大大延缓了电厂建设工期，这方面的教训值得吸取。

一、煤粉锅炉燃煤电厂生产流程与主要设备

我国火电厂大都采用煤粉悬浮燃烧的固态除渣锅炉，其生产流程与主要设备参见图 2 - 1。

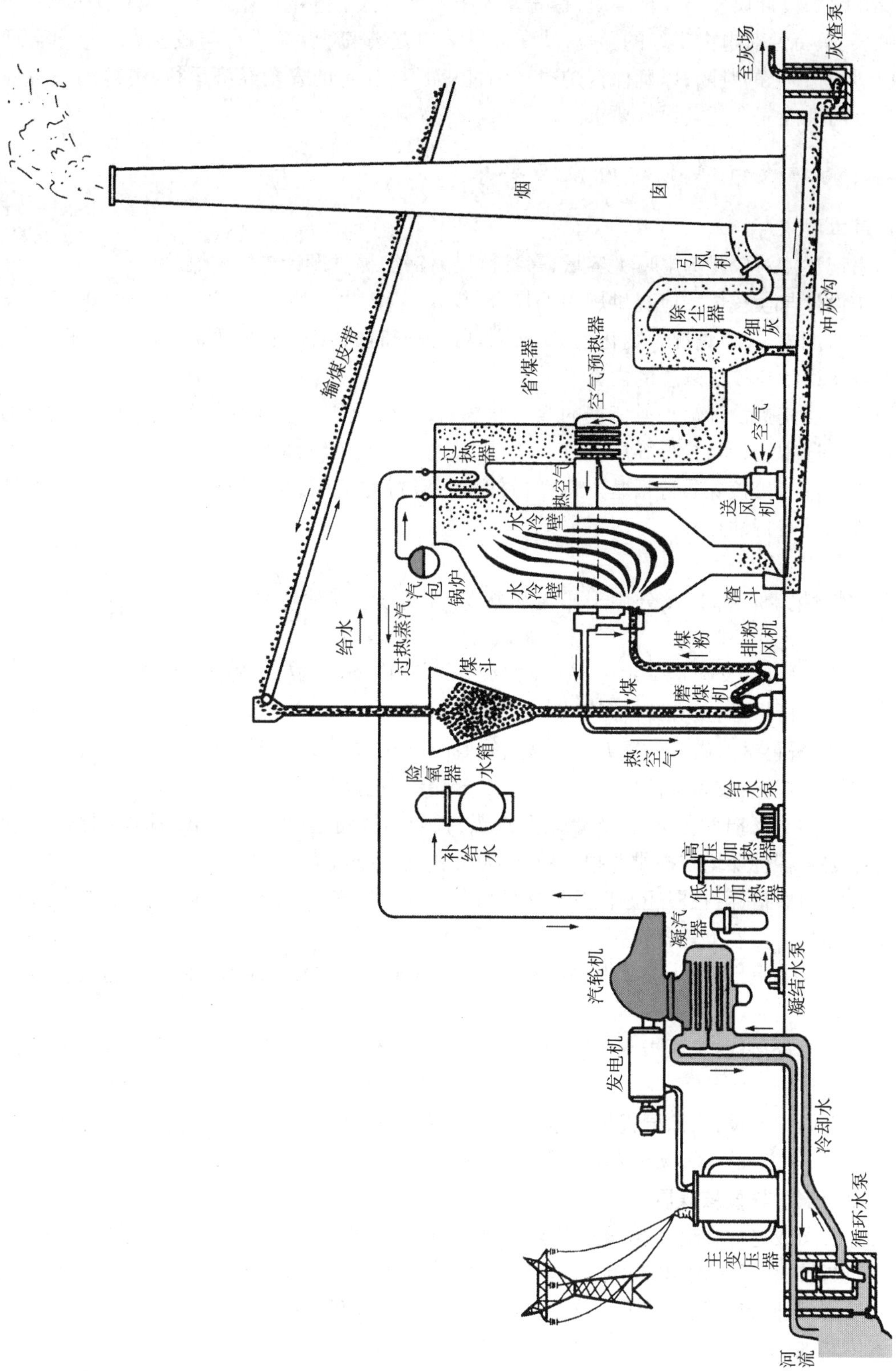

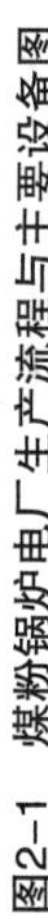

图2-1 煤粉锅炉电厂生产流程与主要设备图

为了提供锅炉设计煤质与校核煤质，首先要求相关负责人熟悉电厂生产流程及锅炉设备，切实了解煤、灰特性对电力生产的影响，并掌握科学的方法来对锅炉设计与校核煤质作出合理的、甚至是有预见的判断，以确保锅炉投产后能够长期稳定的安全经济运行，使得锅炉各项运行参数与性能完全达到设计要求。

二、锅炉设计煤质的内容与要求

1. 基本要求

本书记述的对象是为电厂大容量、高参数煤粉锅炉提供设计与校核煤质。

锅炉设计与校核煤质应提供燃用的煤种、煤炭品种、煤源所在矿，其中可能向电厂供煤的煤矿生产能力、煤质情况及变化趋势，预测电厂投产时的供煤数量、质量及运输保证。

2. 锅炉设计与校核煤质的内容

设计煤质是指设计锅炉所依据的煤质数据，校核煤质则是能维持锅炉安全经济运行的最低煤质。通常设计与校核煤质不仅包含煤质，也包括灰渣特性指标。

锅炉设计与校核煤质包括基本特性指标及特定特性指标两类情况，任何一台锅炉设计均必须提供基本特性指标。

(1)基本特性指标

各项特性指标，除挥发分用干燥无灰基 V_{daf} 表示外，其他特质特性指标均采用收到基表示。

①水分指标：它又包括全水分 M_t，外在水分 M_f、内在水分 M_{inh}、空干基水分 M_{ad}。

②工业分析指标：灰分 A_{ar}、挥发分 V_{daf}、固定碳 FC_{ar}。

③元素分析指标：碳 C_{ar}、氢 H_{ar}、氮 N_{ar}、氧 O_{ar} 及全硫 $S_{t,ar}$。

④发热量指标：收到基低位发热量 $Q_{net,ar}$ 干燥基高位发热量 $Q_{gr,d}$。

⑤可磨性与磨损性指标：对无烟煤及烟煤，提供哈氏可磨性指数 HGI，褐煤应提供 BTИ 可磨性指数。各种煤均应提供磨损指数 AI 及冲刷磨损指数 K_e。

⑥灰熔融性指标：在弱还原性及氧化性气氛中的 DT、ST、HT 及 FT 值，同时还应提供计划所用混煤灰熔融性上述各项指标。

⑦灰的比电阻指标：一般要求提供室温、80℃、100℃、120℃、150℃、180℃各温度点时的灰的比电阻值。

⑧煤灰成分指标：主要指 SiO_2、Al_2O_3、Fe_2O_3、CaO、MgO、TiO_2、SO_3、K_2O 及 Na_2O 的含量。

(2)特殊特性指标

对大型锅炉的设计，除要提供上述基本特性指标外，还要提供燃烧性能、制粉性能、煤中游离 SiO_2、灰中游离 CaO、灰渣黏度等特性指标。

3. 设计煤质与校核煤质的关系

发电公司或电厂在向电力设计院提供设计煤质的同时，还应一并提供校核煤质数据。设计煤质与校核煤质既有共同点，又有不同点。其共同点在于它们都是以用煤的特性检测结果为依据，不同点在于各煤质特性指标均存在一定的变化幅度，为了使锅炉在较差的煤质条件下仍能维持安全经济运行，应对设计煤质特性指标确定一下限，这就是校核煤质。

由此可知，校核煤质要差于设计煤质，即煤中水分、灰分、含硫量的校核值要高于设计值；而发热量，哈氏可磨性指数，灰熔融温度的校核值则要低于设计值。二者的差值随煤质各相关煤性指标的变化幅度而异。而对挥发分来说,则可能出现复杂的情况,V_{daf}的校核值有可能低于也可能高于设计值。另一方面,校核煤质的确定值与锅炉设计的保守性有关。如考虑今后锅炉运行安全系数大一些,则校核值与设计值的差值相对就大一些;反之,则可以小一些。

一般说,提高运行的安全性总要付出经济上的代价。设计越保守,则锅炉设备造价越高,其基建投资及运行费用均较高。通常电厂希望锅炉设计保守一些,设备造型大一些,对煤质波动的适应性大一些;而主管部门及电力设计院考虑基建及运行费用,而只是在锅炉设计上适当留有余地即可。

4. 锅炉设计与校核煤质上常见问题

作者为众多电厂的大型锅炉提供过设计与校核煤质,同时也审阅过不少由其他单位或个人提供的锅炉设计与校核煤质,常见的问题有:

(1)设计煤质项目不齐全,只有发热量,全硫、全水分等基本数据。

常见某些锅炉煤质设计值缺少灰成分及哈氏可磨性数据。又如元素分析指标只有碳、氢值,而无氮、氧值;灰熔融温度只有氧化性气氛下的测定数据而无弱还原性气氛下的测值;又如灰成分仅有 SiO_2、Al_2O_3、Fe_2O_3 三项值,而无其他成分值等。

(2)设计煤质指标可靠性不高,不同特性指标间的关系异常。

出现这种情况,通常是锅炉设计煤质由电厂、煤矿或不具权威性的单位所提供。例如煤中的总碳含量低于固定碳含量、工业分析及元素分析中各特性指标之和不是100%,而明显大于或小于100%;煤中氢设计值很高,而氧则很低或者氢设计值很低,而氧值很高;发热量与元素分析设计值、灰熔融温度与灰成分设计值相矛盾等等。

(3)设计煤质与校核煤质特性指标不匹配,甚至出现反常。

一般说,某一特性指标的校核值较设计值值相差15%~20%,各指标的差值并非整齐划一的、有高一些,也有低一些的。但有的锅炉用煤哈氏可磨性设计值为80,校核值为50,这意味着选用的磨煤机在维持相同细度下,出力相差75%;也有的锅炉,出现某些特性的校核值优于设计值的情况,例如灰熔融温度设计值较低,校核值较高;灰分设计值较高,校核值较低等异常情况。

三、锅炉设计煤质确定程序与要求

确定锅炉设计煤质是极其慎重的事。它不仅要精通煤质特性及其对电力生产的影响,而且要熟知锅炉本体与辅机的方方面面,还应对电厂的环保及节能降耗要求有所了解。一般由电力系统各地区煤质监督检验中心来承担锅炉设计与校核煤质的提供,而电厂必须与煤检中心密切配合,共同完成这项工作。锅炉设计煤质确定的一般程序与要求是:

1. 收集并分析现有的煤质资料

电厂及煤检中心应向煤炭生产矿及其他应用该矿煤的单位收集煤质资料。提供检测数据的最好为权威机构,同时检测项目最好齐全一些。一般试验室仅能提供工业分析、发热量,全硫含量等基础数据:一是项目太少;二是检测单位资质往往不能达到锅炉设计煤质的提供要求。因而通常需要到生产矿采样,而对有代表性的多个煤样(一般至少要有6个以上的煤样),由省、市电力煤检中心或委托其他煤质检测权威单位加以测定。

2. 样品的采集与制备

要获得可靠的检测结果,关键是采集到具有代表性的样品,其次就是制样。

对样品的采集与制备,应注意下述各点:

(1)通常由煤检中心与电厂一道派人等往矿上采样,或者在煤检中心的指导下,由电厂派人采样。

如煤矿距电厂较远,则所采样品应在当地电厂或煤矿上进行制样(样品粒度<13mm即可),将制备好的样品密封带到检测单位测定。

(2)采样矿的选择,应尽可能包括设计用煤矿区内的各主要矿井,以充分反映该矿区的煤质特征及其在矿区内的分布情况。

例如一台锅炉设计选用某矿区的贫煤,则应对该矿区生产贫煤的主要矿井及电厂投产后可供电煤的矿井作为重点进行采样测试。一般说,可对6~8个矿井进行采样,至少也不能少于5个。

(3)采样与制样应严格执行GB 475及GB 474,当前则应执行此两项标准的2008年版本的相关规定。

关键是采制样精密度必须符合上述标准规定,所采制的样品不存在系统误差。采制样人员应该切实理解并认真执行标准中的规定。对采样来说,采样的子样数,每个子样量、采样点的分布及采样工具或机械,是采样的4项技术要点,必须符合标准的要求;对制样来说,在制样过程中要切实遵守在各个制样阶段中煤的最大粒度与留样量的关系。制样人员应充分认识到:影响制样精密度的最主要因素是缩分前煤样的均匀性和缩分后的煤样留量,因此,在制样操作中要特别关注这方面的问题。在制样室中制样,也应尽可能实施机械化制样操作。

(4)为了保证采样的代表性,最好在输煤传送带上采样,也可在装煤的运输工具火车、汽车上采样。

不得已要在煤堆上采样时,则应注意GB 475—2008中对在煤堆上采样的相关规定外,还应注意的是:如煤堆过大,则可将煤堆划分成若干采样单元。

3. 煤样的测试

煤样应由国家权威机构(经国家计量认证的煤质检测机构)负责进行。各项特性指标的测试均应按国家标准及电力行业标准规定执行,一般多选用标准中规定的经典测定方法,不得采用快速测定方法,以保证测试结果的准确性。

如一个检测单位无法完成全部检测项目,可以委托2个或3个检测机构各负责相关项目的测试。

各特性指标的检测结果,除挥发分用干燥无灰基V_{daf}表示外,其他特性指标均采用收到基表示。

由省、市煤检中心或受委托的其他煤质检验机构出具正式检验报告。

三、锅炉设计与校核煤质的确定

应指出,负责煤质检验的机构不一定负责锅炉设计与校核煤质的提供。对负责起草锅炉设计与校核煤质的人员的要求是:

①了解电厂生产全过程,特别是燃烧系统及设备;

②深刻理解采制样与化验标准,正确判断测试结果的可靠性;

③要掌握各种煤质特性指标对电力生产,尤其是对燃烧、环保与节能的影响;

④具有丰富的经验及解决实际问题的能力和水平。

在完成收集资料及采样测试后,锅炉设计与校核煤质的确定通常按下述程序进行:

(1)首先对已获得的煤质特性数据进行认真分析,剔除异常数据后进行统计分析,以大体掌握特性指标的变化趋势与幅度,从而对该矿区相关矿井的煤质情况有所掌握与评价。

对于在煤矿上采样进行的检测结果,因为测试样品多,检验项目全,且均由权威机构负责,检测结果可信度高,应作为锅炉设计与校核煤质的主要依据之一。

(2)根据各矿煤质、储藏量及未来几年中的产量及运输条件等,提出电厂优先考虑采用哪几个矿井的煤,弃用哪几个矿井的煤,从而对选用矿井的煤质作进一步的统计分析。

(3)在此基础上,作者认为首先要提出锅炉设计煤质中最为重要的独立特性指标,如全水分、发热量或灰分、全硫含量、挥发分、灰熔融温度、哈氏可磨性指数等。其中最为突出的是全水分、发热量及全硫含量这三项特性指标的确定,负责锅炉设计煤质的起草人员应在提出上述特性指标的设计值后,征求主管部门及电厂等各方面意见后,再作适当调整。

(4)由于煤质特性指标之间具有相关性,上述独立指标一旦确定,其他指标位大体就不难推断出来,例如灰分与发热量之间呈现负相关性;挥发分与氢、氧含量之间均具有正相关性;煤灰熔融性是煤灰成分的函数等,结合各项特性指标的实测值,就可以确定一完整的锅炉设计煤质。

应该指出,锅炉设计煤质不是各矿点采样测试结果的平均值,也不是某矿样品的实测值,它是以多个样品实测数据为基础,根据锅炉安全经济运行的要求,经综合分析提出来的一组煤质数据方案。

(5)在设计煤质确定后,根据各特性指标变化幅度来确定校核煤质。为确保生产安全,考虑到煤质总会有所变化,故提供的煤质设计值总有一定的保守性,一般考虑有10% ~15%的裕度。例如全水分、灰分、含硫量的选值总是偏高一些;而发热量、哈氏可磨性指数、灰熔融温度的选值总是偏低一些。这有助于锅炉在煤质处于较差的条件下,仍能安全经济运行。另一方面,也应注意如提出的设计煤质过于保守,则设备的数量,基建及运行费用均要大幅度增加,这是不可取的。

四、电厂锅炉设计与校核煤质确定实例

作者曾为山东、内蒙、新疆等省区很多大中型火电厂提供过锅炉设计与校核煤质值,所提供的数据均为锅炉投产后的运行实践所证实,其设计与校核值是正确的,现举二例说明。

1. 燃用烟煤的锅炉设计与校核煤质

(1)基本情况

我国东部新建一座4×300MW机组的坑口电厂,燃用当地某矿区的高挥发分烟煤。为了充分掌握该矿区各矿井的煤质特性,工程建设单位对该矿区11个统配矿及11个地方矿采集了原煤样,然后送交作者所在单位山东电力科学研究院制样与测试。作者在综合分析全部检测数据后提出了该电厂的锅炉设计与校核煤质,见表2-1。

表 2-1 某电厂燃用烟煤锅炉设计与校核煤质

特性指标	单位	设计值	校核值
全水分 M_t	%	6.1	9.1
空干基水分 M_{ad}	%	0.95	0.96
灰分 A_{ar}	%	31.39	35.95
挥发分 V_{daf}	%	39.46	35.57
发热量 $Q_{net,ar}$	MJ/kg	20.05	18.00
碳 C_{ar}	%	49.40	43.55
氢 H_{ar}	%	3.48	3.20
氮 N_{ar}	%	1.20	1.00
全硫 $S_{t,ar}$	%	1.88	2.54
哈氏可磨性指数 HGI	-	60	55
灰变形温度 DT	℃	1350	1300
灰软化温度 ST	℃	1400	1350
灰流动温度 FT	℃	1450	1400
灰成分			
二氧化硫 SiO_2	%	53.53	52.62
三氧化二铝 Al_2O_3	%	20.04	20.70
三氧化二铁 Fe_2O_3	%	11.56	12.11
氧化钙 CaO	%	6.17	7.17
氧化镁 MgO	%	1.69	2.09
三氧化硫 SO_3	%	2.17	3.06
二氧化钛 TiO_2	%	1.02	0.60
氧化钠 Na_2O	%	0.35	0.40
氧化钾 K_2O	%	0.60	0.55

(2)电厂锅炉设计与校核煤质

由表 2-1 可以看出,该矿区煤质的基本特征是:

①各矿煤的挥发分均较高,空干基挥发分 V_{ad} 一般在 22% ~32% 范围内。

②各矿煤的灰分均较高,地方矿一般高于统配矿,地方矿平均灰分 A_{ad} 为 35.24%,高位发热量 $Q_{gr,ad}$ 为 20.35MJ/kg;而统配矿则分别为 31.69% 及 22.21MJ/kg。

③各矿含硫量相差很大。最低者 $S_{t,ad}$ 为 0.60%,最高者则为 4.37%。统配矿平均 $S_{t,ad}$ 为 1.88%,地方矿平均为 2.54%。

④各矿中灰熔融温度,属中、高者占多数。

⑤各矿哈氏可磨性指数差异很大,最高者 HGI 为 102,最低者为 57。多数矿哈氏可磨性指数值较低,平均为 70。

⑥煤灰中 SiO_2、Al_2O_3、Fe_2O_3 三者之和一般占 90%,其中 Fe_2O_3 含量通常不超过 10%,这一情况与灰熔温度的测定结果相一致。

(3)设计与校核煤质说明

鉴于该矿区的煤质具有上述特殊性,对设计与校核煤质,作了如下说明。

①各矿虽处于同一矿区,属于同一煤种,但各矿煤质差异较大,某矿的各项煤质特性指标均较好,宜作为电厂的主煤源。

②某矿煤含硫量太高,灰熔融温度低,故不宜选用。

③设计煤质哈氏可磨性指数 HGI 为 60,校核煤质为 55,它们属于较难磨的煤。哈氏可磨性每相差 10 个指数,在磨制相同细度时,磨煤机出力要相差 25%,故在磨煤机选型时,要充分考虑这一点。

④设计煤质的灰熔融温度处于中等水平,故锅炉结渣的可能性还是存在的,在锅炉设计时就要加以防范。

⑤由于该矿区各矿煤质量差异较大,故投产后做好配煤掺烧十分重要。

⑥由设计与校核煤质中,未考虑掺烧精煤,校核煤质的 V_{daf} 值要低于其设计值,这是因为主煤源 V_{ad} 值较高,故 V_{daf} 值也就相对较高;而校核煤质中,考虑配用较多的 V_{ad} 值相对较低的煤,虽然校核煤质灰分较设计值要高,但其 V_{daf} 值仍较设计值要低。

2. 燃用褐煤的锅炉设计与校核煤质

(1)基本情况

近期在内蒙古计划建设一煤电一体化工程,其中电厂一期工程装机容量为 2×600MW,煤矿现尚未开采。而现在就要求对电厂锅炉设计及校核煤质加以确定,以期使电厂与煤矿能同步投产。

锅炉设计与校核煤质既要反映或基本反映未来商品煤的煤质特性,又要作为工程投资、设计、运行及设备制造厂各方能认可,加上该电厂燃用的是褐煤,因而在煤矿尚未开采的条件下,提供锅炉设计与校核煤质,具有较大的技术难度。

对该电厂提供锅炉设计与校核煤质,不仅对燃用褐煤的电厂,特别是对煤矿尚未开采的煤电一体化工程的电厂建设来说,具有更大的参考价值。

(2)煤质数据的来源

由于煤矿尚未开采,故无商品煤可以采集与分析测定。

锅炉设计与校核煤质的原始资料主要来自两方面:一是煤田探查时所采集的煤芯检测数据及其该矿附近所产的煤质情况;二是对邻近矿源的褐煤煤矿现场采样测定。

①煤田探查时的煤芯检测记录

该矿可采煤层分别为 15-1 下、16-1、16-2 下、16-3 及 16-3 上。电厂投产后用煤主要来自 16-3 上。根据该矿开采计划,将 16-3 上及 16-3 煤层的煤质作为电厂锅炉设计与校核煤质的主要参考资料。

该矿的勘探数据来自煤芯的分析记录。对每一层分原煤与精煤。勘探的煤质特性指标不全,主要提供了水分 M_{ad}、灰分 A_d、挥发分 V_{daf}、全硫 $S_{t,d}$、发热量,灰熔融性、煤灰成分等数据。缺少元素分析,可磨性等必不可少的数据,灰熔融性只有软化温度 ST 值,灰成分又缺少 K_2O 及 Na_2O,故原始资料不具完整性,再说,煤芯数据也不足以说明商品煤的质量,故价值不大。

某权威设计研究院采用下述方法对前 20 年该矿源煤质量作出了预测:

a. 煤芯原煤指标根据矿井开采范围内钻孔情况选区,并根据钻孔的多少,分布情况进行调整。

b. 矸石混入原则为现底板不混入，大于 0.5m 的夹石不混入，小于 0.5m 的夹石层全部混入。

通过对首采区内钻孔的统计，预测前 5 年生产原煤质量的估计值参考表 2 - 2。

表 2 - 2 该矿开采后 5 年生产的原煤质量的估计值

时间	煤层	产量 10kg/a	含矸率 %	V_{daf} %	$S_{t,d}$ %	A_d %	煤芯 A_d %	$Q_{net,ar}$ MJ/kg
1 年 ~ 3.7 年	16 - 3 上	350	15	44.72	1.15	25.40	16.29	13.78
	16 - 3	150	8	42.36	0.65	16.73	11.49	15.43
	合计	500	10.8	44.01	1.00	22.80	—	14.28
3.7 年 ~ 5 年	16 - 3 上	150	15	44.72	1.15	25.40	16.29	13.78
	16 - 3	150	8	42.36	0.65	16.73	11.49	15.43
	16 - 1	200	8	47.50	5.06	24.86	20.33	13.58
	合计	500	10.1	45.12	2.56	22.58	—	14.20

②对邻近矿区煤矿的现场采样测定

a. 采样矿的选择。对采样矿的选样，主要考虑的是与该矿相同及邻近矿的商品煤，同时也考虑到电厂投产初期还得燃用的煤源。为此，在尚未开采的煤矿属于同一矿区的某露天煤矿、在距离该矿约 60km 的某矿区的 3 个煤矿及距离该矿约 200km 的另一矿区 4 个煤矿采集了商品煤样，各矿均生产褐煤，其中 2 个煤矿为露天矿，6 个煤矿为地下开采。本工程尚未开采的矿为地下开采。一般说来，煤层越深，则煤的变质程度也越深，水分含量降低，其他煤质特性也发生明显变化。

b. 采样方法。在各矿新出井的商品煤堆上，按上、中、下三层分布采样点，每层各采 10 个子样，由于商品煤的最大程度小于 50mm，故每个子样量为 2kg，随即在各矿制样室制成粒度小于 13mm 的煤样，缩分出 5kg ~ 6kg，用厚质塑料袋封严，再用胶带将塑料桶封装送相关煤检单位测定。

c. 分析测定。本次测定分为两批，分别由不同检测单位测定。

第一批为 8 个煤矿的样品，由黑龙江省某单位负责测定，其检测项目包括全水分、外在水分、工业与元素分析、发热量、可磨性、灰熔融性及灰成分等。

鉴于褐煤的特殊性，作者向检测单位提出下述要求：

1）煤中全水分、空干基水分均采用通氮干燥法测定。

2）煤样应测定二氧化碳含量，如其值 $>2\%$，则应在挥发分测定结果中加以扣除。

3）哈氏可磨性测定方法不适用于褐煤，最好能按俄罗斯标准 гост 15489.1：1993 规定的方法测定。

4）各项特性指标的不得应用快速法测定。

第二批为 4 个矿煤样，送电力系统一检测单位测定，其测定项目包括游离二氧化硅，煤的冲刷磨损指数 K_e 及灰的比电阻等特性指标，并要求灰的比电阻测定应包括 80℃、100℃、120℃、150℃及 180℃等测点。

（3）锅炉设计与校核煤质的确定

该电厂锅炉设计与校核煤质是在上述各种煤质资料，特别是从煤矿现场采样测定的基础上,经综合分析并多次征求各方面的意见调整修改后提出的,最后经有关主管部门召集的专家论证会上获得确认通过,对提出的设计与校核煤质作了说明。

表2-3　某燃用褐煤电厂锅炉设计与校核煤质

特性指标		单位	设计值	校核值
全水分 M_t		%	31.8	34.5
外在水分 M_f		%	32.1	23.1
空干基水分 M_{ad}		%	12.31	15.54
灰分 A_{ar}		%	10.99	13.50
挥发分 V_{ar}		%	24.12	24.37
挥发分 V_{daf}		%	42.16	46.87
固定碳 $FCar$		%	33.09	27.63
碳 C_{ar}		%	41.00	35.90
氢 H_{ar}		%	3.08	2.65
氮 N_{ar}		%	0.75	0.76
全硫 $S_{t,ar}$		%	0.60	0.67
氧 O_{ar}		%	11.78	12.02
干基高位发热量 $Q_{gr,d}$		MJ/kg	24.26	21.76
收到基低位发热量 $Q_{net,ar}$		MJ/kg	15.18	12.91
哈氏可磨性指数 HGI		—	52	46
二氧化碳 $(CO_2)_{ad}$		%	微量	0.20
焦渣特性			1~2	1~2
游离二氧化硅 $(SiO_2)_f$		%	2.40	2.88
煤的冲刷磨损指数 K_e			0.7	1.0
灰熔融性（弱还原性气氛）	变形温度 DT	℃	1120	1080
	软比温度 ST	℃	1220	1170
	半球温度 HT	℃	1330	1260
	流动温度 FT	℃	1370	1280
灰成分分析	SiO_2	%	54.23	52.14
	Al_2O_3	%	18.06	17.43
	Fe_2O_3	%	5.15	6.41
	CaO	%	10.28	11.85
	MgO	%	1.62	1.92
	SO_3	%	1.46	2.60
	TiO_2	%	0.69	0.73
	K_2O	%	2.25	2.11
	Na_2O	%	2.10	2.55
灰的比电阻值	18℃	Ω·cm	5.70×10^{9}	1.40×10^{10}
	80℃	Ω·cm	4.10×10^{10}	6.60×10^{10}
	100℃	Ω·cm	4.00×10^{11}	9.30×10^{11}
	120℃	Ω·cm	9.50×10^{11}	1.90×10^{12}
	150℃	Ω·cm	3.10×10^{11}	3.70×10^{11}
	180℃	Ω·cm	4.10×10^{10}	4.90×10^{10}

由表2－3可以看出，该电厂锅炉设计与校核煤质包括的特性指标很多，超过一般锅炉设计时所提供的煤质数据。因此，它能更全面地反映了锅炉燃煤特性。

该锅炉设计与校核煤质具有如下基本特点：

①该电厂锅炉设计与校核煤质具有褐煤的一切典型特征，水分及挥发分含量较高，发热量较低。

②煤中全硫含量虽不算高，但也不算太低，要考虑采用烟气脱硫装置，以保证满足环保要求。

③关于褐煤可磨性的测定，我国国家标准未作规定，而普遍套用哈氏可磨性测定方法。现场采样测试中，8个矿的哈氏可磨性指数测值相差悬殊，最高者128，最低者23，综合各方面资料及根据作者的经验，提出哈氏可磨性指数设计值为52，校核值为46。

应该指出：哈氏法不适用于褐煤可磨性测定，套用哈氏法有可能与电厂实际生产情况存在较大出入。褐煤可磨性测定方法需要进一步研究。

④现有煤质资料对灰熔融性评价不一，设计值ST为1220℃，校核值为1170℃，这还是比较低的。因而锅炉结渣的可能性是存在的，从结渣指数R_s判断，属于轻结渣类型。

⑤煤灰中氧化钠含量普遍较高，锅炉积灰可能性很大，从积灰指数R_s判断，属于高积灰类型。

⑥灰的比电阻值较高，配用电除尘器时要考虑到这一点。

由于该矿尚未开采，不能采集到商品煤样，故在今后生产中，实际用煤情况较难掌握，设计值与校核值在某些方面出现偏差是难免的。建议在锅炉设计及设备选型、选材方面要充分考虑上述情况，提高锅炉对煤质变化的适应性。

本工程锅炉设计与校核煤质的确定，不同于一般锅炉，其最大难点在于：

①由于煤矿尚未开采，无法取得商品煤样，加上原始煤质资料又十分有限，且很不齐全，这些资料对该锅炉设计与校核煤质的确定，其实际意义不大。

②该电厂燃用褐煤，水分含量特别高，且工程投资方主要考虑采用中速磨，高水分的褐煤设计采用中速磨，存在不同意见，设计方也有一定困难。如果用中速磨，今后运行风险较大。

这里反映了一个值得重视的问题是设备根据设计煤质选型，还是设计煤质要适应设备要求加以选定。

第二节　电厂入厂煤质量验收与生产监督

电厂的燃料监督是电厂化学技术监督的组成部分。它是配合锅炉安全经济燃烧，核实煤价、计算煤耗，核算污染物排放量及其综合利用的一项重要工作。

电厂要在生产全过程中实施对煤质的监督，除锅炉设计与校核煤质确定外，还包括入厂煤质监督、煤场存煤质量监督、入炉煤质监督、煤的燃烧监督等。

电厂入厂煤的费用占发电成本70%以上，且有不断增高的趋势。入厂煤质实际上也就决定入炉煤质，它不仅关系到电厂的生产成本，而且关系到机组的安全经济运行。因此，入厂煤质监督历来在煤质监督的各个环节中居特殊重要的地位，尤其是对入厂煤质量的验收监督更是不容忽视。本节主要阐述国家标准GB/T 18666—2002所规定的商品煤质量验收标准中的相关规定与要求，同时对电厂入厂煤质日常生产监督工作加以说明。

一、电厂入厂煤的质量验收方法

长期以来，我国电煤的供需双方常因煤质问题产生争议与纠纷。为强化煤炭产品质量监督，进一步整顿煤炭市场经济秩序，维护买卖双方正当经济权益，规范双方对商品煤采制化操作与评定方法，减少因煤质问题而引起的争议及纠纷，由煤炭及电力系统共同起草的国家标准 GB/T 18666—2002《商品煤质量抽查和验收方法》于 2002 年 10 月 1 日实施。

GB/T 18666—2002 包括商品煤质量抽查和验收两部分。作为电厂来说，更关注的是商品煤质量验收的规定与要求。

电厂入厂煤均是由市场上购买的商品煤，故商品煤的质量验收方法自然也就适用于电厂入厂煤的质量验收。

1. 商品煤质量验收方法要点说明

(1)商品煤质量验收方法含义

国标 GB/T 18666—2002 对此作了如下表述：由买受方从收到的、出卖方发给的一批煤中采集一个或数个总样，然后进行制样和有关项目测定，以出卖方的报告值和买受方的检验值进行比较，对该批煤质进行评定。

上述买受方即指煤炭需方的电厂及其他用户；出卖方即指煤矿或其他供煤方。

(2)检验值、报告值及质量允许差

①检验值。是指检验单位(通常就是指煤炭用户)按国家标准方法对被检验批煤进行采样，制样和化验所得到的商品煤质量指标值。

②报告值。是指被检验单位(通常就是指煤矿或其他供煤商)出具的被检验批煤的质量指标值，它包括被检验单的测定值或者供煤贸易合同的约定值、产品标准(或规格)规定值。

③质量指标允许差。是指被检验单位对一批煤的某一质量指标的报告值和检验单位对同一批煤同一质量指标的检验值的差值，在规定概率下的极限值。

(3)一个总样或数个总样

由报告值的含义可知，报告值有两种情况：一是被检验单位的测定值；二是贸易合同的约定值，产品标准(或规格)规定值。

在前一种情况下，煤炭的买受方(检验单位)与出售方(被检验单位)均须对同一批煤各自采集一个总样，然后分别制样和化验，对其结果即检验值与报告值进行比较。故此时，对同一批煤采集 2 个总样，也就是供需双方各采一个总样。

在后一种情况下，煤炭买受方的检验值只是与贸易合同的约定值、产品标准(或规格)规定值作比较，也就是被检验单位的供煤方并不需要采样，此时只是检验单位即需方采集一个总样。因而在验收方法中提出一批煤中有一个或数个总样之分。

(4)采集总样数不同，验收评价标准各异

当在一批煤中采集一个或数个总样时，其质量评价标准是不同的。

如采取一个总样进行测定，其测定值在 95% 的概率下落在其值 $\pm P$ 内，P 是指采、制化的总精密度)范围内；如采取数个总样，则测定值的差值落在 $\pm\sqrt{2}P$ 范围内，判为合格。这就是该标准制定质量评定允许差的理论基础。

2. 商品煤质量验收项目的规定

对电力生产影响最大的煤质特性指标。通常认为即 GB/T 7562—2010《发电煤粉锅炉用煤技术条件》中所规定的全水分 M_t、灰分 A_d、挥发分 V_{daf}、发热量 $Q_{net,ar}$、全硫 $S_{t,d}$、哈氏可磨性指数 HGI 及灰熔融软化温度 ST 7 项。

GB/T 18666—2002 中根据所掌握的煤质资料及各指标的重要性，提出发热量 $Q_{ar,d}$（灰分 A_d）及全硫含量 $S_{t,d}$作为商品煤质量验收指标。

而商品煤的验收包括质量验收与数量验收两大部分，且二者是同时进行的。煤中全水分 M_t 与商品煤量直接相关。由于发热量采用干基高位作为发热量的验收指标，故全水分 M_t 就与煤质无关。故商品煤验收时，仍要采集测定全水分的煤样，并及时报出准确的检测结果，供验收入厂煤量之用。

（1）发热量（灰分）

发电厂购买煤炭，就是利用煤燃烧产生的发热量，使热能转为电能。电厂买煤实质上就是买进热量，故发热量在入厂煤众多特性指标中占据特殊重要地位，而煤的发热量与灰分之间具有良好的相关性，它们均为煤炭计价的主要依据。

关于各项煤质特性的主要指标对电力生产的影响参见本书第一章第五节。

GB/T 18666—2002 规定，煤中干基高位发热量 $Q_{ar,d}$（或灰分 A_d）作为评价商品煤质量的主要特性指标之一，要加以检验与评定。

特别需要指出的是：该标准规定发热量是采用干基高位而不是传统的收到基低位发热量作为评价指标，它们之间的关系见式(2-1)及式(2-2)

$$Q_{gr,d} = Q_{gr,ad} \times 100/100 - M_{ad} \tag{2-1}$$

$$Q_{net,ar} = (Q_{gr,ad} - 206H_{ad}) \times \frac{100 - M_t}{100 - M_{ad}} - 23M_t \tag{2-2}$$

式中 M_t——煤中含水分，%；

M_{ad}——煤中空干基水分，%；

H_{ad}——煤中空干基氢，%。

由式(2-1)及式(2-2)可以看出：收到基低位发热量 $Q_{net,ar}$受煤中水分及氢含量很大影响，而煤中水分在储存及运输过程中会发生变化，如有雨雪天气则水分增大；如风吹日晒则水分减小，故水分不宜作为煤质评定指标。另一方面，煤中氢含量的测定相当麻烦，一般电厂不具测试条件，因而采用收到基低位发热量来作为商品煤质量评价指标也是不适宜的。

现举一实例说明不同基准间高、低位发热量的换算及水分、氢含量对收到基低位发热量的影响。

设某煤样 $Q_{gr,ad}$ = 24800J/g，H_{ad} = 3.80%，M_t = 9.5，M_{ad} = 1.44%，则 $Q_{net,ar}$为

$$Q_{net,ar} = (24800 - 206 \times 3.80) \times \frac{100 - 9.5}{100 - 1.44} - 23 \times 9.5 = 21835\text{J/g}$$

如上例中各项参数不变，只是全水分由 9.5% 增至 10.5%，则 $Q_{net,ar}$

$$Q_{net,ar} = (24800 - 3.80 \times 206) \times \frac{100 - 10.5}{100 - 1.44} - 23 \times 10.5 = 21568\text{J/g}$$

计算表明，当煤中全水分含量增加 1%，即由原来的 9.5% 增大至 10.5%，则 $Q_{net,ar}$由原来的 21835J/g 降至 21568J/g，即下降了（21835 ~ 21568）= 267J/g（约相当于 63.9cal/g）。

在对入厂煤全水分测定中，其结果相差1%（绝对值）甚至更大一些，是司空见惯的，这往往是造成供需双方对发热量产生争议与纠纷的主要原因。如果以干基高位发热量 $Q_{gr,d}$ 作为验收评价指标，则水分的变化对热量的影响也就不存在了。

同样道理，煤中氢含量的变化对收到基低位发热量的影响也是不容忽视的。

煤中氢含量增加1%，其他参数不变的情况下，收到基低位发热量 $Q_{net,ar}$ 为

$$Q_{net} = (24800 - 206 \times 4.80)\frac{100 - 9.5}{100 - 1.44} - 23 \times 9.5 = 21645(J/g)$$

计算表明，当煤中氢含量增加1%，即由原来的3.80%增至4.80%，那么 $Q_{net,ar}$ 由原来的21835J/g降至21645J/g，也就是下降了(21835 - 21645) = 190J/g（约相当于45.5cal/g）。

标准GB/T 18666—2002规定采用干基高往发热量 $Q_{gr,d}$ 取代以往常用的收到基低位发热量 $Q_{net,ar}$ 作为商品煤质量检收指标，其优点在于：

①干基高位发热量能更好地反映煤燃烧的本质特征。

②干基高位发热量计算不用水分及氢的数据，大大减少供需双方在发热量方面的争议与纠纷。

③煤中全水分只与商品煤验收中的煤量有关，而与煤质无关，这样使得电厂中煤质与煤量验收成为相对独立的两部分，有助加强入厂煤的验收管理。

本书在第一章已经指出：对同一煤源来说灰分 A_d 与干基高位发热量 $Q_{gr,d}$ 之间具有良好的负相关性。在煤质验收中如不具备发热量的测定条件，如一些小型企业或用户，则可用灰分 A_d 作为煤质验收特性指标。不过对电力行业来说，仍应采用 $Q_{gr,d}$，作为煤质验收指标。

(2)全硫

硫在煤中是普遍存在的，煤中硫对电力生产危害很大，这在第一章第五节中已作了简要说明。

再一点是硫在煤中又是分布最不均匀的成分之一，因此加强对煤中全硫的监控具有重要的实际意义。

GB/T 18666—2002中规定煤中硫含量作为入厂煤质评价的主要指标之一，无疑将大大促进对煤中硫的监控力度，降低煤中硫对环境及电力生产的危害。

值得注意的是：燃料公司购煤时往往考虑煤价而购进高硫煤；而对电厂运行带来的损害及支付更多的二氧化硫排放费用则是电厂生产与财务部门的事。因此，加强煤中全硫量的监控涉及电厂多个部门，应进行协调统一管理。防止各部门只顾自身利益而致使国家和企业蒙受更大损失的情况发生。

(3)全水分

由于采用干基高位发热量作为煤质验收的评价指标，故煤中全水分含量与煤质无关，但它却与煤量验收密切相关，因而在签订供煤合同时，还是要约定煤中全水分含量。

有人认为，既然采用干基高往发热量作为评价煤质的特性指标，全水分就不必在合同中约定了，这是不对的。如果没有全水分数据，将会影响煤量的验收。

3. 单项及批煤的质量评定

(1)单项质量指标评定

GB/T 18666—2002中规定，当买受方与出卖方分别对同一批煤采样，制样和化验时，如

出卖方报告值和买受方的检验的差值满足下述条件，则该项质量指标评为合格；否则，评为不合格。

①灰分(A_d)：(报告值－检验值)大于或等于表 2－4 中的规定值。

②发热量($Q_{gr,d}$)：(报告值－测定值)小于或等于表 2－4 中的规定值。

③含硫($S_{t,d}$)：(报告值－检验值)大于或等于表 2－5 中的规定值。

表 2－4　灰分及发热量的允许差

煤的品种	灰分 A_d/%（以检验值计）	允许差(报告值－检验值)	
		△Ad/%	$\Delta Q_{gr,d}$/(MJ/kg)
原煤、筛选煤	>20.00～40.00	－2.82	+1.12
	10.00～20.00	－0.141A_d	+0.056A_d
	10.00	－1.41	+0.56
非冶炼用精煤	—	－1.13	按原煤、筛选煤计
其他洗煤	—	2.12	

表中：ΔA_d 为干燥基灰分允许差；

$\Delta Q_{gr,d}$为干燥基高位发热量允许差。

表 2－5　全硫允许差

煤的品种	全硫（以检验值计）$S_{t,d}$/%	允许差%（允许值－检验值）
冶炼用精煤	<1.00	－0.16
	≥1.00	－0.16$S_{t,d}$
其他煤	<1.00	－0.17
	1.00～2.00	－0.17$S_{t,d}$
	>2.00～3.00	－0.34

由于表 2－4 和表 2－5 中规定的是制定煤炭质量是否达至某一标准（值）的允许差，故是单向的，即只要被验收煤的品质达到和优于报告的品质就算合格。在商品贸易中，无论是质量还是数量，允许差定为双向，也是没有实际意义的。商品的出卖方不可能把多于规定的数量及优于规定质量的商品无偿提供给买受方，这是一般性常识。

GB/T 18666—2002 同时还规定，有贸易合同值 或产品标准（或规格）规定的商品煤质量指标评定，以合同约定值或产品标准（或规格）规定值和买受方的检验值按表 2－4 及表 2－5 规定进行评定，但各指标的实际允许差按式(2－3)修正。

$$T = T_0/\sqrt{2} \tag{2-3}$$

式中　T——实际允许差，% 或 MJ/kg；

T_0——按表 2－4、表 2－5 规定的允许差，% 或 MJ/kg

当合同约定值或产品标准（或规格）规定值为一数值范围时，灰分和全硫取合同约定值或规定值的上限值 为出卖方的报告值，发热量取下限值为报告值。

(2)批煤质量评定

GB/T 18666—2002 中指出出原煤，筛选煤和其他洗煤（包括非冶炼用煤）：以灰分计价者,干燥基灰分和干燥基全硫都合格,该批煤质量评为合格;否则,该批煤质量评为不合格。以发热量计价者,干燥基高位发热量和干燥基全硫都合格者,该批煤质量评为合格 ;否则,该批煤质量评为不合格。

4. 煤质验收发生争议进的解决方法

GB/T 18666—2002 对煤质验收时发生争议作出这样规定:当买受方的检验值和出卖方的报告值不一致(二者差值超过标准规定的允许差)并发生争议时,先协商解决,如协商不一致,应改用下述两种方法之一进行验收检验。在此情况下,买受方将收到的该批煤单独存放。

①双方共同对买受方收到的批煤进行采样制样和化验,并以其检验结果进行验收。也就是说的采用共同采制化的方法来验收。

②双方请共同认可的第三公正方(一般是指获得国家计量合格证书或中国实验室认可委员会认可的权威煤质检验机构)对买受方收到的批煤进行采样,制样和化验,并以此结果进行验收。

电厂用煤,往往一批煤量达数千吨甚至更多,如要求单独存放,将涉及卸煤或运转的人力,机械及费用,存煤场地及保管等诸多实际问题。由于标准中的上述规定可操作性不强,除非合同中预先加以约定或后有协议补充,否则该条款的执行将有相当大的困难。因此,协商解决应成为解决煤质争议的基本方法,这是符合中国国情的。

5. 入厂煤质验收中应注意的问题

(1)搞清商务合同与验收标准之间的关系

电厂购买煤炭,是买卖双方的商务活动,应由双方当事人按我国合同法的要求签订买卖合同。1999 年 3 月 15 日国家颁布的合同法第十二条规定:合同的内容由当事人约定,如在合同中约定煤质验收按 GB/T 18666—2002 规定执行,那么该标准就不是推荐性的,而是强制性的。否则,违约方就得承担由此造成的法律责任;如合同中质量一款,双方不执行该标准的相关规定而另有约定,则该标准就与合同无关。总之,商务活动买卖双方必须履行合同规定。该标准的有关条款是否成为合同的一部分的内容,则由双方商定。

(2)对其他约定指标的要求

除发热量(灰分)及全硫外,其他约定指标一般为挥发分,哈氏可磨性指数及灰熔融软化温度,可根据实际需要,选择一项,两项或全部作为约定指标。由于上述指标目前尚无足够的试验数据来制定科学的,合理的质量指标允许差,这毕竟对该标准的贯彻有不便之处,作者根据质量评定的一般原则,结合电力生产要求提出了上述各特性指标评定允许差的参考值。

贯彻实施 GB/T 18666—2002,实质上也就是全面贯彻实施入厂煤的采制化各项标准,这在其后的章节中将会详细说明,故不再细述。

二、电厂入厂煤质日常生产监督

做好入厂煤质监督是做好电力生产全过程煤质监督的基础与前提,本节前文已经阐述了入厂煤质验收中的问题,其中对煤质检测人员来说,最为重要的是按相关标准要求做好入厂煤(也包括入炉煤)的采制化工作,保证入厂煤质符合供煤合同要求。

采样,制样和化验是煤质检测工作中相互联系又相对独立的三个环节,它们对煤质检测结果的影响来说，以采样影响最大，制样次之，化验最小，故各级煤质管理及检验人员来说，都必须对煤的采制样予以高度重视，认真学习理解并贯彻标准的规定与要求，切实掌握电煤的采制样技术，这也是电厂煤质监督关键所在。

1. 加速实现入厂煤采制样的机械化

由于大中型电厂日进煤数千吨至数万吨，凭人工采制样，一是难以保证质量；二是劳动强度很大，工作效率很低，入厂煤实现机械化采制样是必然的发展趋势。

电力行业标准 DL/T 246—2006《化学监督导则》明确提出：对大中型电厂应实现入厂煤机械化采制样。机械化采制样设备经权威机构检验合格后方可投入运行，并进行定期检验；应加强检修和维护，投入率不低于 90%。对于上述规定与要求，如何解读，理解和执行，本书第六章燃煤的采制样中将有详细分析与说明，在此就不专门细述。应该注意：我国电力系统自 1995 年正式提出：电厂入炉煤应实施机械采制样，时隔 20 年后的 2006 年，则提出电厂入厂煤应实施机械化采制样，这在我国机械化采制样的发展进程上，具有里程碑式的意义。

提出上述要求不难，但如何保证绝大多数电厂能实施这一目标并非易事。必须要有切实的配套措施，加强监督，不断推进入厂煤机械化采制样的进程，这一目标的实现，将是我国燃煤电厂在今后若干年内煤质监督的重点，必须持续予以努力。

2. 入厂煤质量监督的具体要求

(1) 每天每批进厂商品煤，按国标要求做到车车采样（包括火车及汽车）、批批化验。每批煤至少应进行常规特性指标的分析：包括对煤全水分、空干基水分、灰分、挥发分、高位发热量及全硫含量的测定。

(2) 对新进煤源来说，则应先掌握上述特性外，还应加测元素分析，哈氏可磨性指数、灰熔融性、灰成分等项目，以确认该煤源是否可用于本厂锅炉。经检测证明可用者，方可签订合同，组织进煤。

(3) 每半年及年终，必须按煤源对入厂煤混合样进行一次煤及灰的全分析，也就是包括 (2) 中规定的检测项目均需测定，如本厂不具测试条件，则可委托煤检中心或其他有资格的煤质试验室来测定。这样不仅可积累煤质资料，而且有助于掌握各矿煤质的变化趋势，从而为以后选择煤源提供依据。

(4) 如某矿源煤质量下降或以次充好，更应加大监督力度，尤其是把好入厂煤采制样关，缩短全分析的检测周期，以便更好地摸清情况，及时中止这一煤源入厂或采取其他措施，以确保入厂煤质量及维护电厂的正当经济权益不受损害。

(5) 积极创造条件，将煤灰熔融性的检测纳入入厂煤（也包括入炉煤）的日常生产的常规检测项目，煤灰熔融温度过低是锅炉结渣的最主要煤质因素，同时电厂还应加强锅炉运行监督，特别是控制好二次风，保持良好的炉内动力场，以防锅炉结渣的发生。

(6) 加强对入厂煤矸石含量的监督力度。当前国家标准 GB/T 3715—2007《煤质及煤分析有关术语》中对含矸率作出如下定义：煤中粒度大于 50mm 矸石的质量分数。按照此定义，则将 50mm 以上的大粒矸石统统破碎至粒度到 50mm 以下，岂不是含矸率就成为零。这是不科学的，也不利于电厂对矸石的监督。在第七章中设专门一节谈矸石对电力生产的危害及相关理论方面问题加以分析。

对电厂煤质检验人员来说，最主要的任务就是进行入厂煤及入炉煤的质量监督，作者反复强调，在煤的采制化三个环节的监督，采样监督具有决定性的意义，任何一个电厂都要把煤的采制样(包括入厂及入炉煤)置于核心位置,切实得到加强,无论在人力、物力、财力安排上都应体现采制样这一重要环节的需要。值得注意的是:在我国不少电厂中、重化验、轻采制这种现象还是较多的存在,这是本末倒置的表现。坚持这种不当做法,就不可能搞好入厂煤及入炉煤的质量监督工作,这对电厂各级领导来说,尤其要注意这一点。

第三节 入厂煤组堆及防止自燃

电力生产具有连续性的特点,电厂在不断耗用煤炭的同时,必须及时加以补充,电厂入厂煤则储存于煤场中,通常电厂控制储煤量为15d左右的用煤量。一座装机容量2000MW的电厂,日燃用天然煤量约为(2±0.2)万t。15d的燃煤量即为30万t左右。做好煤场存煤质量监督,则是生产全过程煤质监督的重要环节。

煤场存煤太少,有可能因缺煤而发生停炉的危险;存煤太多,又增加存煤的自然损耗及管理难度,并积压流动资金。

对于煤场存煤质量监督的中心,应包括以下四个方面:一是做好入厂煤的组堆,尽量减少煤量损失及热值损耗;二是加强煤堆的测温监督,防止煤堆自燃的发生;三是做好入炉煤的配煤掺烧,充分利用煤炭资源,又确保锅炉安全经济运行;四是做好煤场存煤盘点工作,提高电厂经济指标计算的可靠性,这些就是构成了煤场存煤监督的主要内容。

煤场存煤的监督管理,是电厂入厂煤与入炉煤之间的中间环节,是电厂生产全过程中煤质监督的重要组成部分,这对电厂降低生产成本,充分利用煤炭资源,提供符合锅炉设计煤质的入炉煤,具有重要的实际意义。

一、电厂储煤场的设置要求

电厂为了存储入厂煤,必须设置储煤场。储煤场必须具备如下条件:

1. 要有足够大面积

例如,一长为500m宽为120m的空地(地面坚固,可以承重),其面积为60 000m^2,设煤堆高为4m,煤场有效利用空间为60%,则实际上该场地可存放天然煤60 000×4×60% = 14.4万m^3。如煤的堆密度平均按1.05t/m^3计,则该煤场的存煤量为1.44万×1.05 = 15.012万t,也就是说,一座装机容量2000MW机组的电厂需要设置上述规模的储煤场2个,就可满足存煤够用15d即30万t的需要。

煤场地坪应作适平整并有足够的耐压力;地坪标高应高于周围地表,地坪表面应有适当的坡度并设置排水沟。在煤场的实际使用中,由于煤堆塌落,预留车辆通道,便于各类设备的作业等,煤场空间不可能完全被有效利用。煤场实际使用容量一般仅为煤场总容量的60%~70%,即煤场操作系数为0.6~0.7。

不同品种的煤,如原煤、洗煤或劣质煤等最好按品种分煤场,至少也应分堆存放。

2. 要设置干煤储存与挡煤、防风设施

如果电厂只设有露天储煤场,如遇上雨季或雨雪天气,很可能导致输煤、组堆、制粉系统的运行障碍而影响锅炉的正常运行,故在多数电厂中应设有干煤棚或储煤罐,以满足雨雪天气锅炉用煤的需要,这在我国南方降水量较大的地区尤为必要。

除此之外,多雨地区电厂还有必要设置挡煤墙,防止煤堆被雨水冲塌而造成大量存煤流失,且严重污染环境;而对于多风地区电厂,则可在煤场主导风向上方设置风障,以减低煤的氧化及降低风吹损失,这样有助于大大减少存煤的自然损耗。

3. 要有利于煤的存取操作

对煤场的布置进行精心规划,为输煤、卸煤、组堆、取煤等各种设备的运行提供方便条件;防止煤堆中死角的存在,以避免煤场中局部存煤因存取不便而造成长期不动的情况。对于不便取用的煤久存在煤场中,既积压资金,又易导致煤质的显著降低。如果这种存煤挥发分及含硫量较高,则又易造成煤堆存煤自燃,从而造成更大损失。

4. 要有完善的辅助设施

电厂煤场设置还包括完善的各项辅助设施:如防火消防、喷水降尘、车辆通道、煤场照明、煤场排水、煤尘处理设施等,以充分发挥储煤场应有的功能。

二、煤的组堆要求

煤的组堆应是最大限度地减少煤在存放过程中的数量及热值损耗,有效地利用煤场空间并向锅炉提供最佳的供煤条件。

煤组堆存放于煤场中,由于煤受风吹雨淋造成煤量的自然流失及因受空气氧化而导致热值损耗总是不可避免的。然而只要加强煤场的存煤监督管理,就可使这种损耗降至最低程度,加强对煤场的存煤监督,也是电厂节能降耗任务中的一项重要内容。

煤的组堆受场地、煤种、煤的品种、煤质、组堆方式、自然与环境条件等多种因素影响,不能一概而论。

一般说来,电厂存煤组堆的要求是:

1. 煤堆方向与堆形

由于我国的地理条件,组成的煤堆以南北方向较长、东西方向较短为宜,这样有助于减少太阳光的直射,减缓煤的氧化,防止自燃。因此,在选择煤场场地及规划煤场各区域的功能时,就要加以考虑。

煤堆形状以正截角锥体较为理想,煤堆角度以45°为宜,其煤堆通风范围大,顶部平整不仅有利于盘煤,也有助减少风力及雨水的冲刷损失。

正截角锥体煤堆外形参见图2-2。该煤堆的容积可按式(2-4)计算

$$V=1/6h[(2a+a_1)b+(2a_1+a)b_1] \tag{2-4}$$

设有一正截角锥形煤堆,自然堆积角45°,底基长 a 为520m,上顶长 a_1 为480m,底基宽 b 为120m,上顶宽 b_1 为102m,平均堆高为4.5m,则该煤堆容积为

$$\begin{aligned}V&=1/6\times4.5[(2\times520+480)\times120+(2\times480+520)\times102]\\&=0.75[(1040+480)\times120+(960+520)\times102]\\&=0.75[182400+150960]\\&=250020\approx25\text{万 m}^3\end{aligned}$$

煤堆角度以45°为宜,过大或过小均不好。角度过大,如60°,不同粒度的煤易产生分离即发生偏析作用,同时煤堆坡面很陡,组堆难度大,又易使煤堆坍塌;另一方面,角度太小如30°,则煤堆占地面积又太大,煤场有效利用率低,且煤与空气接触面加大,促使煤的加速氧化变质,致使煤的热值损耗增加。

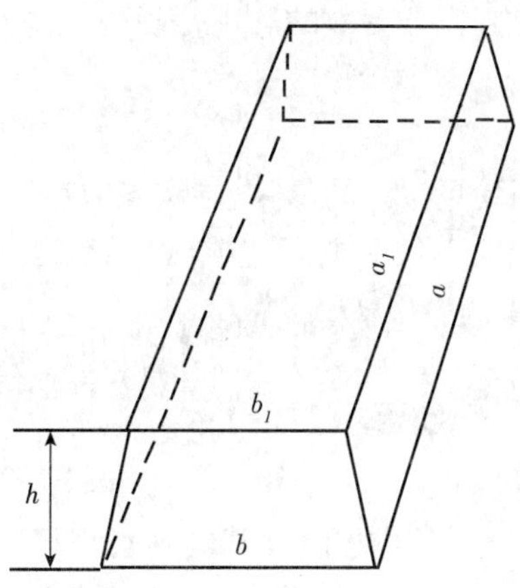

图 2－2　正截角锥体煤堆外形示意图

2. 煤堆应分层压实，不宜过大过高

组堆时最好分层压实，以减少煤堆内的空隙，有助于减缓煤的氧化，防止自燃。尤其是高挥发分煤，因其变质程度较浅，最易受空气氧化，故组堆时就要加以防范。否则，煤在存放过程中，热值损耗很大。煤堆不宜过大、过高。

对煤堆存煤的基本要求之一，是存煤应快进快出，防止久存不动，故煤堆就不宜过大。否则，煤堆上的存煤周转太差，煤堆的局部地区存煤，常因取煤不便，以至长期无法周转，那么像这样的局部地区也就不必存煤。

煤堆高度可随煤的挥发分减少而增高，存煤时间也可延长。褐煤及高挥发分烟煤煤堆高度不宜超过 2m，保存时间不超过 1 个月，特别是褐煤，易风化，热值下降很快，存放时间越短越好；对中等挥发分的烟煤，如肥煤、焦煤、弱黏煤、不黏煤等，堆高不宜超过 5m，存煤时间不得超过 2 个月；至于低挥发分的无烟煤，贫煤等，煤堆高度及存煤时间不作特别限制。但是从煤场管理及资金流动性方面考虑，不论什么煤，煤堆均不宜过大过高，存煤时间也不宜过长。

在煤堆顶部要略呈凸起状，使水分不易积存，而且这样在煤表面形成硬壳，减少空气与雨水渗入煤堆，这也是防止煤堆自燃的措施之一。

3. 不同品种的煤以及各种劣质煤应分别存放，不要混堆

电厂所用商品煤最多的品种是原煤及洗煤产品，它们要分别组堆存放；对于高灰、高硫、低灰熔融性的劣质煤，如有条件，可设置单独煤场存放，至少也得单独组堆，并作出明显标示，以便存取。

对于高挥发分的高硫煤在存放过程中最易产生自燃，宜与主煤堆隔开存放，这样一旦自燃，易于处置，不致造成主煤堆的着火燃烧。

4. 在组堆时，预埋热电偶测温

目前的煤堆测温装置通常只能测出 1m～2m 深度的温度。如果对高挥发分烟煤煤堆，自燃可能性较大，可在组堆时，在煤堆中、下部预埋若干测温热电偶（镍铬—镍硅热电偶），外套钢管管段平置于煤堆中，热电偶冷端用补偿导线引至煤堆外，并对热电偶予以编号，正负极作出标示，这样随时接上测温仪表，就可显示出煤堆深部温度。

煤的组堆是煤场监督的重要环节，它对减少存煤机械与自然损耗关系很大，同时它对防止煤堆自燃也有直接影响。把煤场存煤监督工作做好，也就可以有效地减小电厂入厂与入炉煤的热值差，使电厂入厂煤得到充分有效的利用，因而各电厂有必要切实加以重视。

三、防止煤堆自燃

煤在煤场存放过程中，不断受到空气的氧化，导致煤的热值下降，特别是燃用高挥发分、高硫煤的电厂还易发生煤的自燃，不仅对电厂造成巨大能源损耗，发电成本上升，而且还可能危及煤场 安全，造成更为严重的后果。

因此，如何防止煤场自燃以及一旦自燃又如何处置，这是煤场存煤质量监督中的重要方面，为不少电厂所关注。

1. 煤堆自燃原因及其防范措施

煤堆自燃原因很多，各电厂不尽相同，但其基本因素是相同或相似的，现将其主要因素及防范措施概述如下。

(1)易引起煤堆自燃的煤质因素

①挥发分。挥发分是煤中最易燃烧的组分，对于高挥发分烟煤及褐煤来说，在相对较低的温度下就可使挥发分逸出，煤中挥发分主要成分为 CH_4、H_2、CO 等，它们均是可燃性气体，极易发生氧化燃烧，并释放出大量热量，参见表 2 - 6。

表 2 - 6　各种煤的挥发分特性

煤　种	挥发分开始送出温度/℃	挥发分发热量/(J/g)
褐煤	130 ~ 170	约 25700
烟煤	210 ~ 390	39300 ~ 56500
无烟煤	约 400	约 69000

②可燃硫。任何煤中均含有硫，只是含量高低不同而已。我国煤中可燃硫在含硫中所占比重普遍较大，不少地区所产煤中，可燃硫(主要为黄铁硫矿)往往可高达 90% 以上，它也是引起煤堆自燃的重要因素。

煤中硫分布很不均匀，这是一个显著的特点。煤中可燃硫在温度较高的地方很易氧化成二氧化硫，它很易溶于水，形成亚硫酸，同时释放出热量，致使煤堆在该处温度升高，一方面，进一步促进氧化的进行，产生更多的二氧化硫；另一方面，温度的升高，也促使更多的挥发分逸出，为煤堆的自燃创造更为有利的条件，当堆温度达到 60℃，就形成祸源区，如达到 80℃，则煤堆的自燃则随时可能发生。

③煤的粒度。高挥发分的煤在空气中易于风化，其机械强度降低，特别是褐煤，其大块煤易裂成碎块进而裂成碎末，从而加速煤的氧化；另一方面，煤的粒度减小，将使煤的吸水能力增强，因而在褐煤及高挥发分烟煤在储存中，常因其粒度减小而出现水分增加的现象，1 体积的水能溶解 40 体积的二氧化硫，同时释放出更多的热量以致最终引发煤堆自燃。

(2)煤的组堆与防止煤堆自燃

从根本上讲，煤堆的自燃发火是由于煤的低温氧化伴随发热。在煤的自热与自燃过程中，反应物的传质和热量的传递是有助于煤堆内存在的通风条件而产生，这也就与煤的组堆密切相关。

煤的组堆自然首先要考虑的就是存煤的安全,重点应考虑的因素是通风条件、粒度偏析及煤堆倾角三个方面。

①通风条件。在空气循环的两种极端情况下,煤堆是安全的,一是无循环;一是充分循环。研究表明:通过对煤堆的压实来限制空气循环比加强通风来防止煤堆着火更有效,也可对煤场予以更有效的利用。

煤堆压实可使煤粒间空隙体积大为减小。堆内通风条件恶化,因而煤堆的自热与自燃倾向就会减弱;另一种方法是在煤堆周围设置天然或人工风障,还可采用惰性物质来覆盖煤堆表面以防自燃。

②偏析作用。在组堆过程中,发生煤的粒度偏析作用是难以避免的。煤矸石中黄铁矿较多,在组堆时易于煤粒相分离,而相对集中存在 于一个较小范围内,发火点往往就在此粒度偏析区,故当一个已经自然干燥的煤堆上再次堆煤时,发火点则多发生在两次煤堆的分界面上。

③风与煤堆倾角的作用。风对煤堆自热起重要作用。煤堆几乎都是在煤堆向风侧发火燃烧。煤堆倾角影响气流流通,在一定风速条件下,倾角越小,其煤堆的着火的危险性也越低。

上述诸因素说明煤的组堆状况对煤堆的自热与自燃有着十分密切的关系。

2. 加强煤堆的测温监督

煤堆自燃的直接原因是与煤堆内部温度密切相关。如煤堆各区域温度始终控制在60℃以下,那煤场存煤就不存在自燃危险,因此,加强煤堆测温监督,是防止煤场自燃的一项有效措施。

(1)煤堆测温方法

煤堆测温多采用热电偶深入煤堆内部,外接数字显示仪表,直接测出温度,参见图2-3,然而这种方法测温,一般也只能测出煤堆2m~3m深度的温度。

图2-3　煤堆测温仪

对于大型煤堆,要测定煤堆深部的温度,上述方法还是不行的。前文已经指出,在组堆时可预埋热电偶测温。

(2)煤堆测温范围

电厂煤堆一般占有很大面积及具有相当的高度,要对整个煤堆分层拉网式的测温是不现实的,也是没有必要的。

测温的重点范围是:

①煤矸石相对集中的区域;

②煤堆分期存煤的分界面上;

③存煤长期处于不动的区域;

④偶尔呈现自燃迹象(煤堆上方时而冒出白烟)的区域。

(3)煤堆自燃关键温度的监控

煤堆出现自燃,有两个值得关注的关键性温度,即60℃及80℃。

当发现某一点温度达到60℃左右时,应在其周围增加测点,以确定祸源区。所谓祸源区,就是指温度达到60℃左右的区域。此时还应加大测温频度,以监控温度的变化。

与此同时,即可采用适当措施加以处置,一般是推开祸源区上方的积煤,令煤堆自然降温;另外也应尽快组织燃用快自燃的煤。在处置时,切忌往煤堆上浇水降温。否则,有可能引发煤的自燃,甚至扩大与蔓延。

当发现某一点温度已达到80℃左右时,应立即对其周围区域加强测温监控,并尽快采取上述措施处置,以防煤堆起火燃烧。

综上所述,对于燃用高挥发分,高硫煤的电厂,为防止煤场存煤自燃,应采取的措施为:

①能按本节所述的组堆要求组堆:

②对高度易燃来煤独立组堆:

③对煤矸石集中存放;

④加强煤堆测温监督;

⑤煤场存煤实施快进快出;

⑥避免煤场中局部存煤只存不动;

⑦在煤场主导风向设置风障;

⑧一旦出现自燃迹象,尽快处置。

所有这些措施均有助于降低煤场存煤的自燃风险。

四、自然环境下的存煤煤质变化

煤场存煤即使不发生自燃,其热值也会呈不断下降的趋势。了解煤在自然环境下存放时煤质变化规律,采取有效防范措施,是电厂煤场存煤监督的重要组成部分。

要探求大量存煤在自然环境下的煤质变化规律具有较大难度,一是煤种不同,煤质千变万化,且煤的数量巨大;二是煤的存放必须有相当长的时间,在此期间,一直要进行观测、记录并非易事,必须观测较长时间,方能显示其煤质变化规律。因此,能够提供这方面的实际观测试验的记录资料不多,不少书刊上也只是给出一个大体的变化趋势。

1. 煤在自然条件下存放时煤质变化的一般规律

煤在自然环境下存放,发生氧化是不可避免的,这将导致热值的下降,这是一般性规律。然而不同煤种,不同煤质特性在不同组堆情况下的煤,受氧化变质程度则有很大差异。对于存放6个月的低挥发分烟煤,如贫煤、瘦煤为主的混煤,热值下降约1.8% ~2.0%;如对较高挥发分烟煤,如气肥煤、长焰煤等,其热损失可高达5%左右;而对于无烟煤,则热值变化甚微;但对褐煤来说,即使只存放1个月,其热值也会明显下降,参见表2-7。

表2-7 各种煤存放6个月后的热值变化

类 别	V_{daf}/%	热量降低/(J/g)	热值降低/%
贫煤	<17	>10	2.0
瘦煤	12~18	590	1.6
焦煤	18~26	620	1.7
肥煤	26~35	880	2.5
气煤,长焰煤	>35	1590	4.9

烟煤是电厂燃用的主要煤种,烟煤存放若干月后热值下降,其元素组成的变化见表2-8。

表 2-8　烟煤存放若干月后元素组成的变化

存放时间/月	H_{daf}	C_{daf}	$O_{daf}+N_{daf}$	S_{daf}
1	5.32	87.42	6.03	1.22
4	5.30	87.12	6.38	1.19
7	5.04	87.00	6.96	1.00
9	5.00	86.93	7.07	1.00
12	4.70	86.80	7.28	0.72
变化值	-0.62	-0.62	+1.75	-0.50

煤在自然界中由于发生缓慢氧化，导致热值降低，这是因煤中产生热值的两主要元素，碳、氢含量降低所致；煤的氧化致使煤中氧含量增加，而氮含量很少有变化；硫被氧化产生二氧化硫，天然煤中硫含量有所降低，这是不难理解。

2. 存煤煤质变化研究实例

为了研究电厂存煤在自然条件下的煤质变化规律，以确定燃煤在煤场中的最佳存放条件，计算因煤质变化而导致的经济损失，从而为电厂准确估算煤场存煤热值，探索入厂与入炉煤热值差，为改善煤场管理提供依据。作者花了一年的时间，特对某大型电厂燃用某矿区的高挥发分烟煤（$V_{daf}=38.01\%$、$S_{t,d}=1.09\%$）进行了单独组堆，在与电厂主煤场完全相同的条件下存放 12 个月，每半月观测记录气象参数，测定煤堆不同深度下的温度，同时在煤堆四侧定点采样，以进行粒度及各项特性指标包括水分、灰分、挥发分、发热量及含硫量的分析测定，从而研究其煤质变化规律。

现将试验煤质及存放一年后煤质变化结果及其规律作一说明。

（1）试验煤堆及其煤质

①试验煤堆。在电厂火车煤场清理出一块 $600m^2$（$20m\times30m$）的空地作为试验煤组堆场地，与电厂主煤场相距仅 20m。该试验煤堆与电厂用煤是在完全相同自然条件下堆成。

组堆时，将一列火车运进电厂的 1500t 某矿原煤由翻车机卸于煤槽中，由推土机推至输煤皮带上送至试验煤场附近，用斗轮机卸煤组堆，煤堆四侧均呈梯形，平均长度为 20m，宽度 12m，高 6m。

②试验煤质。在试验煤组堆前，在火车上及卸煤后进行多次采样，制样与分析，其煤质特性指标列于表 2-9 中。

表 2-9　试验煤质分析结果汇总表

特性指标	A_d/%	$Q_{gr,d}$/（MJ/kg）	V_d/%	$S_{t,d}$/%
测定均值	26.16	24.49	28.50	1.09

（2）试验结果

①煤堆温度的测量结果。由于煤堆四周无任何高建筑物及树木，煤堆全部暴露在阳光直射之下，多次观测温度出现 40℃以上高温。应用多支分层预埋的热电偶测温，其测温结果参见图 2-4。

煤堆高度 3m，即相当于煤堆中层。煤堆高度 1m（上层）及 5m（下层）的温度变化与图

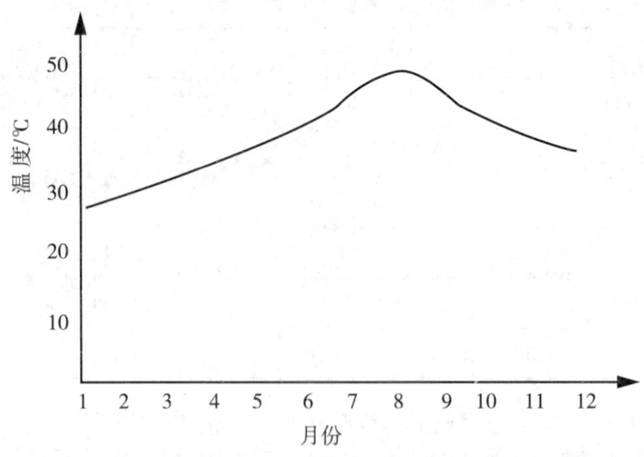

图 2－4　煤堆高度 3m 处温度变化曲线图

2－4所示的变化趋势完全相同。

本次试验从 11 月份开始，进入次年 2 月份后，煤堆各点温度多在 20℃ ～30℃范围内变化；进入6 月份后，各点温度急剧上升至40℃ ～50℃，最高点达55℃；进入10 月份后，各点温度又缓缓降低，但仍维持在 40℃左右。由此可知，煤堆内部温度基本上不受自然环境温度的影响。

②粒度分布的变化结果。煤在存放一年期间，粒度分布的变化极具规律性，参见表 2－10。

表 2－10　试验煤的粒度分布的变化％

测定时间	＞25mm	＞13mm～25mm	＞6mm～13mm	＜6mm
存煤 2 个月	20.5	22.4	24.2	32.9
存煤 5 个月	16.8	19.3	25.8	38.1
存煤 8 个月	13.7	19.1	27.3	39.9
存煤 11 个月	12.2	18.5	28.4	40.9

上述试验是在煤堆表层 0.2m 以下采样，故表 2－10 中的数据反映了煤堆近表面的粒度分布规律。

不同粒度间，其粒度所占百分比大体上均与存煤时间呈线性关系，其中较大颗粒者与存煤时间呈负相关性，而较小颗粒者则呈正相关性，参见表 2－11。

表 2－11　试验煤粒度与存煤时间的关系

粒度区间/mm	一次线性方程	相关系数 γ
＞25	$y_1 = 22.8 - 0.93x$	－0.984
＞13～25	$y_2 = 22.8 - 0.88x$	－0.878
＞6～13	$y_3 = 22.9 + 0.47x$	＋0.997
＜6	$y_4 = 31.5 + 0.86x$	＋0.935

结果表明，大粒度者与存煤时间呈负相关性，>25mm 大粒度煤变化速度最快。在其所占百分率减小的同时，小粒度者所占百分率相应增大，理论预测与实际测定结果相一致。也就是说，煤在自然界存放过程中，存在风化现象，对高挥发分煤尤为明显，从而导致大粒度者不断减少，小粒度者不断增加。

表 2 - 11 中的一元线性方程表示煤的存放时间（月）与粒度百分率之间的关系。存放时间 x 为自变量，粒度百分率 y 为因变量。例如对粒度 >25mm 的煤来说，$x_1 = 4$，$y_1 = 22.8 - 0.93 \times 4 = 19.1\%$；$x_2 = 8$，则 $y_2 = 22.8 - 0.93 \times 8 = 15.4\%$。

③煤质变化结果。表 2 - 12 显示试验煤在自然界存放一年，经测定计算表明：发热量、挥发分及含硫量下降，与此同时灰分含量增高，这与理论上的推断也是一致的，这是本试验最为重要也是最具价值的成果。

表 2 - 12　试验煤堆存放一年的煤质变化

煤质指标	A_d/（%）	$Q_{gr,d}$/（MJ/kg）	V_d/%	$S_{t,d}$/%
组堆时间均值	26.16	24.49	28.50	1.09
存放一年后均值	27.48	23.94	27.86	1.04
煤质变化（绝对值）	1.32	-0.55	-0.76	-0.05
煤质变化（相对值）	5.05	2.25	2.67	4.59

表 2 - 13　试验煤堆于不同深度时煤质变化

煤质指标	A_d/%	$Q_{gr,d}$/（MJ/kg）	V_d/%	$S_{t,d}$/%
1m（堆上层）	26.80	24.15	28.19	1.07
3m（堆中层）	27.98	23.76	27.63	1.04
5m（堆下层）	27.66	23.92	27.75	1.01
各层均值	27.48	23.94	27.86	1.04

由表 2 - 13 可以看出，煤堆深 3m 的中层处灰分 A_d 值最高，而 V_d、$Q_{gr,d}$ 及 $S_{t,d}$ 值均最低，煤质变化幅度最大，这与煤堆中部温度最高密切相关；而煤堆深 1m 的上层处，受环境温度的影响相对较大，故其煤质变化幅度最小；煤堆深 5m 的下层处，煤质变化则介于上层与中层之间。

（3）试验研究结论

历经一年时间试验煤堆在自然条件下，总体煤质有所下降，这是由于煤的粒度减小，吸水性增强，煤堆内部温度升高，氧化速度加快等一系列因素综合影响所致。煤堆温度升高是其主要因素，煤的自身挥发分含量很高，含硫量不算太低则是其内在因素。

试验煤在自然条件下堆放一年，干基高位发热量 $Q_{gr,d}$ 由 24.49MJ/kg 下降至 23.94MJ/kg 下降率达到 2.25%；与此相对应，干基灰分 A_d 则由 26.16% 增加至 27.48%，上升率为 5.05%。

由于电厂燃煤量很大，例如作者进行上述试验研究的电厂日燃用天然煤量约 1.2 万 t。

煤场存煤发热值下降 2.25%，这是一个巨大的损耗，它表明煤场 存煤质量下降，所造成的经济损失是不容忽视和低估的，这也说明电厂应加强存煤质量监督的重要性。这也是本次试验研究的基本结论。

应该指出:不同产地,不同矿井所产的煤具有不同的特性,各地及各电厂的自然环境与煤场条件也各不相同,存煤在自然条件下的变化程度也有所差异,但其上述煤质变化的基本规律是一致的。

由于煤场存煤试验工作量大,周期长,影响因素多,故这种试验研究具有较大的难度,因而其试验研究结果就显得更为宝贵。本次试验研究的结果对燃用高挥发分及高硫煤的电厂来说,对如何做好煤场存煤管理,估算煤场存煤的热值损耗,防止煤堆自燃、降低发电成本等方面均具有较大的实际意义。

国外也有防止煤堆自燃的试验研究实例,最终结论是:

①在堆煤过程中,将煤充分压实,令其空隙率小于10%,是降低热损失的有效手段。

②从成本与效率方面去考虑,采用飞灰浆覆盖 是防止煤堆自燃的最佳方法。而风障法次之,其总热损失约为6%。

上述试验研究详细情况,可参阅《煤质技术》2000年5月刊登的[西班牙]V.弗尔罗等著的《防止煤堆自燃的试验研究》一文。

第三章　燃煤电厂燃烧系统

煤作为电厂生产的原料，是利用它在锅炉中燃烧产生蒸汽，用蒸汽冲动汽轮机，由汽轮机带动发电机发电。

电厂主要生产系统包括汽水系统、燃烧系统及电气系统三大部分。其中燃烧系统与煤的关系最为密切。煤在锅炉中燃烧，而锅炉则是电厂燃烧系统中的核心设备。要了解煤对电力生产的影响与作用，就必须学习电力生产、特别是电厂燃烧系统方面的知识，以便为更好学习煤质监督与节能降耗技术创造条件。

第一节　燃煤电厂生产流程及主要系统

煤质监督是电厂化学监督的重要组成部分。它们主要任务就是要配合锅炉安全经济燃烧、核实煤价、计算煤耗、核算污染物排放量及其综合利用，这是电力行业标准 DL/T 246—2006 提出的明确要求。

煤质监督与环保节能不仅仅与锅炉燃煤有关，而且与整个电厂的安全经济运行都有不可分割的联系，从事煤质监督的人员，首先就应该了解电厂的生产流程及其主要生产系统。

一、燃煤电厂生产流程

燃煤电厂生产流程可用图 3－1 简要表示。

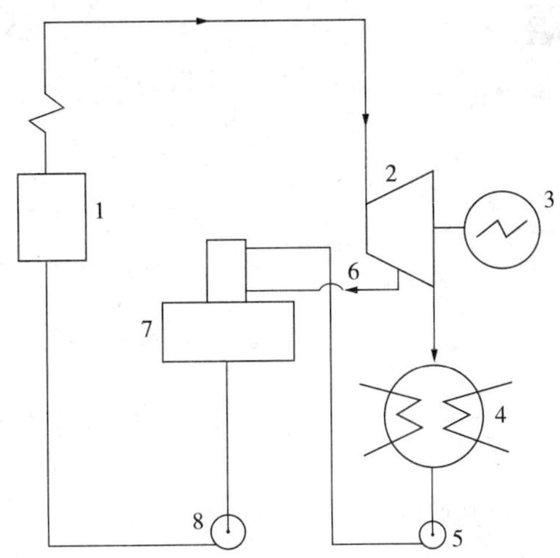

1—锅炉；2—汽轮机；3—发电机；4—凝汽泵；5—凝结水泵；6—汽轮机抽气；7—除氧泵；8—给水泵

图 3－1　火力发电厂生产流程简图

燃煤电厂生产过程及主要生产设备的分布与全貌见本书第二章图 2－1。

当今电厂中的锅炉绝大部分采用煤粉悬浮燃烧方式。特别是固态除渣的煤粉锅炉应用尤为普遍。原煤经制粉系统磨制成粉后，喷入锅炉内燃烧，借助空气助燃（二次风），燃烧释放出的热量将锅炉内的水加热成一定压力与温度的蒸汽，通过管道将蒸气引入汽轮机中膨胀做功，使汽轮机的转子带动发电机的转子转动，利用导体切割磁力线的原理使其发电，在汽轮机中做完功的蒸汽进入凝汽器凝结成水，再由凝结水泵打入除氧器。在除氧器中水被汽轮机来的抽气加热并除去氧气，然后由给水泵打回锅炉。如此反复循环，也就源源不断发出电来。

燃煤电厂就是利用原料煤燃烧产生的热能，最终转化为电能的生产企业。生产出的电能通常是不能储存的，发电机组的出力要随外界负荷的变化而变化，当然锅炉的运行也是如此，故燃煤的供应也就随锅炉负荷的波动而改变，这是电厂生产的一个很大的特点。

二、燃煤电厂的主要生产系统

燃煤电厂的主要生产系统包括汽水系统、燃烧系统及电气系统。

1. 汽水系统

电厂锅炉用水是在汽水系统中循环运行的，而整个汽水系统又由若干子系统所组成，各个子系统间又紧密相关。

汽水系统中的各个系统的循环顺序是：原水（生水）→补给水→给水→炉水→蒸汽→凝结水→返回给水系统。

电厂汽水系统流程如图 3－2 所示。

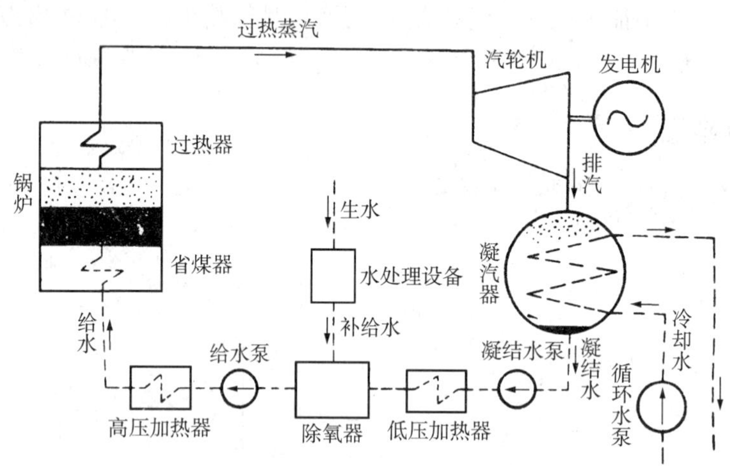

图 3－2　电厂汽水系统流程图

电厂汽水系统包括由锅炉、汽轮机、凝汽器及给水泵组成的汽水循环和水处理系统、冷却水系统等。

电厂中汽水系统的运行与煤在锅炉中燃烧情况息息相关。煤燃烧所放出的热量为炉水所吸收，使其转为蒸汽引进汽轮机，由汽轮机带动发电机发电，这样入炉煤质量、数量及其燃烧状况也就与发电生产密切相关。

2. 燃烧系统

我国电厂中绝大多数锅炉均为煤粉炉，煤粉炉燃烧系统流程图，参见图 3－3。

燃烧系统包括锅炉的燃烧部分及输煤，除灰系统等。

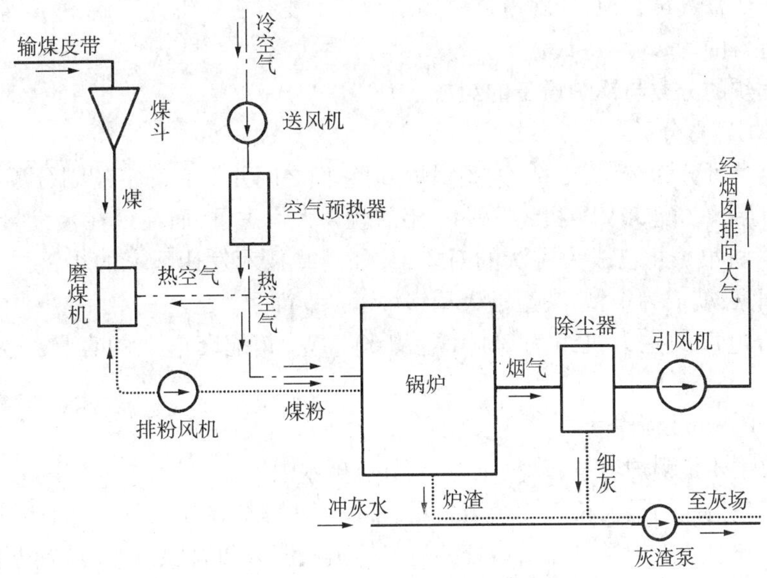

图3－3　煤粉炉的燃烧系统流程图

原煤由皮带输送到煤斗，进入磨煤机磨制成粉，然后和经过预热的空气一起喷入炉室内燃烧，烟气经除尘后由引风机抽出，经烟囱排入大气。

炉渣及除尘器底部的细灰一般通过浓缩灰浆泵送至灰场。

3. 电气系统

电厂电气系统流程如图3－4所示。

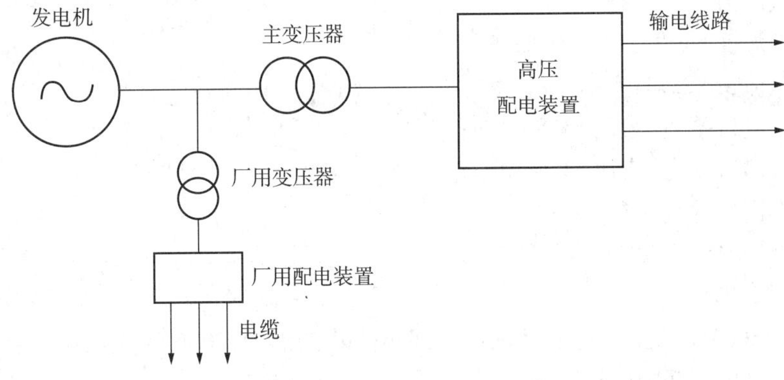

图3－4　电厂系统流程图

发电机发出的电除一小部分（约4%～5%左右）供电厂自身消耗外，一般由主变压器升高电压后，经高压配电装置和输电线路向外供电。电厂自用的那部分电经厂用变压器降低电压后，经厂用配电装置及电缆供厂内各种设备及照明等用电。

三、电厂煤粉锅炉

煤与电厂的各种设备中关系最为密切的就是锅炉，煤在锅炉内燃烧释放出热量，使水变为水蒸汽，然后蒸汽进入汽轮机，带动发电机发电。

作为煤质监督人员来说，应对电厂中的锅炉设备要有更详细地了解，这对掌握煤质监督技术是极其有益的。

1. 电厂锅炉的分类与锅炉设备的组成

(1)按锅炉容量分类

按锅炉容量可分为小型、中型、大型锅炉，但它们之间并没有确定的划分界线，例如蒸发量为220t/h的锅炉(配50MW机组)在40年前就算大锅炉了，而在现在蒸发量410t/h的锅炉(配100MW机组)，也已成为淘汰的对象；又如某些技术发达国家的小锅炉，在某些技术相对落后的国家，就成为中型，甚至是大型锅炉了。

我国现行电厂的主力机组为300MW及600MW，其配套锅炉的容量约为1000t/h及2000t/h。

(2)按锅炉蒸汽参数分类

锅炉参数主要是锅炉容量、蒸汽压力和温度、给水温度等。

锅炉容量是指锅炉最大长期连续蒸发量，常以每小时能供应的蒸汽量t/h表示。

蒸汽压力和温度是指过热器出口处的过热器蒸汽压力和温度；对于具有再热器的锅炉，蒸汽参数还包括再热蒸汽流量、压力及温度。

给水温度是指进入省煤器的水温。

锅炉蒸汽参数可分为低压、中压、高压、超高压、超超高压、亚临界、超临界压力等类型，它们对应的压力分别为：<3.8MPa、3.8MPa~5.8MPa、5.9MPa~12.6MPa、12.7MPa~15.6MPa、15.7MPa~18.3MPa及>22MPa。

例如某一台配300MW机组的电厂锅炉，其主要设计参数为：

锅炉容量(最大连续蒸发量)1025t/h；

过热蒸汽压力(表压)18.3MPa；

过热蒸汽温度540℃；

再热蒸汽流量822.1t/h；

再热蒸汽进口压力(表压)3.83MPa；

再热蒸汽出口压力(表压)3.62MPa；

再热蒸汽进口温度319.3℃；

再热蒸汽口温度540℃；

给水温度279.8℃。

该锅炉配300MW机组，属于亚临界中间再热蒸汽锅炉，2006年我国第一台配1000MW机组的超超临界压力锅炉已经建成。

锅炉参数越高，则运行越经济，目前配600MW机组的蒸发量约为2000 t/h的亚临界压力锅炉已成为我国燃煤电厂锅炉的主力炉型。

(3)按锅炉燃烧方式分类

锅炉按燃烧方式可分为层燃炉、室燃炉及旋风炉。

室燃炉是电厂锅炉的主要燃烧方式，室燃炉按所用燃料的不同，又可分为燃气炉、燃油炉及煤粉炉，我国电厂中的锅炉绝大部分为煤粉炉，而煤粉炉按排渣方式的不同又分为固态除渣炉及液态排渣炉。

当前我国电厂中的锅炉多为固态除渣的煤粉炉，采用煤粉在炉内悬浮燃烧方式。

(4)按工质在受热面流动方式分类

按工质在受热面中流动方式可分为自然循环锅炉、控制循环锅炉及直流锅炉,参见图3-5。

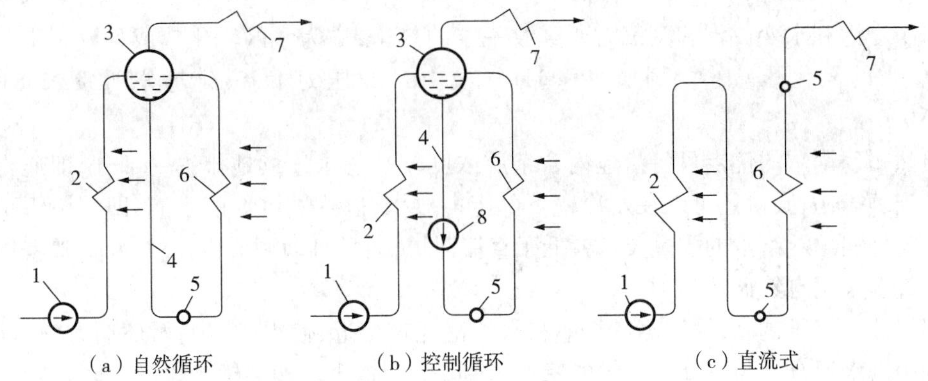

1—给水泵;2—省煤器;3—汽包;4—下降管;5—联箱;6—蒸发管;7—过热器;8—强制循环泵

图3-5 锅炉水汽系统的不同循环方式示意图

流经锅炉蒸发受热面的工质为水和汽的混合物。汽、水混合物可以一次或多次流经蒸发受热面,对于结构不同的锅炉,推动水汽混合物的流动方式也不一样。

①自然循环锅炉。自然循环锅炉与控制循环锅炉均为汽包锅炉。

自然循环锅炉的蒸发部分包括汽包、水冷壁、上升及下降管等,参见图3-6。

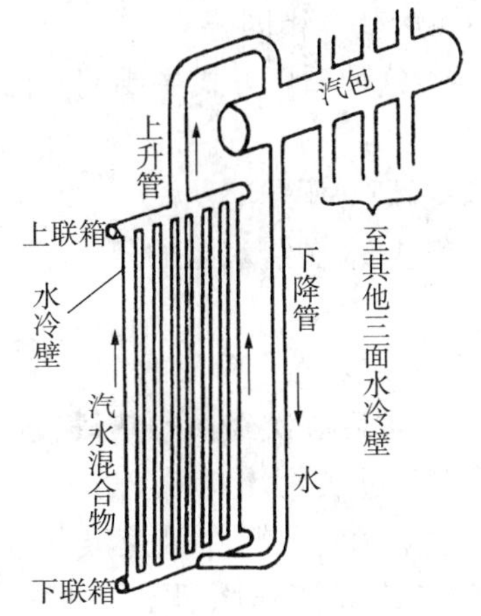

图3-6 自然循环锅炉的蒸发部分

水冷壁由炉膛四周紧靠炉膛垂直排列的钢管组成,它的作用是产生蒸汽和保护炉膛不致被烧坏。水冷壁的上、下联箱分别由上升管和下降管与汽包连接,组成回路循环,但也有的水冷壁上端直接与汽包连接,而无上联箱。

当煤在炉膛内燃烧时,水冷壁中水温逐渐升高,当水温达到沸点,也称为饱和温度。水的压力越高,水的沸点也越高,例如在0.1MPa及10MPa压力下,水的沸点分别为100℃及310℃。

水的温度达到沸点后,不再升高而开始部分汽化,形成汽水混合物,它因其密度较小,故不断上升进入汽包,汽包中的水则往下降管流入水冷壁形成循环。下降管因在炉外,不受热,故其中的水并不汽化。

在循环过程中,不断进入汽包中的汽水混合物,由于汽、水密度的不同而分离,汽包上半部为饱和蒸汽,下半部为饱和水。

每千克饱和水变成饱和蒸汽时要吸收一定的热量,称为水的汽化热或称汽化潜热。压力越高,水的汽化热减小。例如在 0.1MPa 及 10MPa 压力下,汽化热分别为 2258J/g 及 1325.6J/g。

自然循环锅炉的优点可将汽包内含杂质浓度较高的水连续地排去一部分,即通常所说的锅炉连续排污,同时还可以在水冷壁下部定期放水,以排去沉淀的水渣,即实施锅炉定期排污。这种锅炉对给水的质量要求要低于直流锅炉,而且自动调节也比较简单,故我国早期电厂中较多采用自然循环锅炉。

锅炉蒸汽汽压越高,饱和蒸汽与饱和水的密度越接近,使得炉水的循环动力(也就是指水汽壁中汽水混合物与下降管中水的密度差别)也就越小。如果锅炉设计、运行不当,就容易发生因水循环不良而引发的爆管事故。一般汽压超过 17MPa 时,就不宜采用自然循环锅炉而应用控制循环(或称强制循环)锅炉。

②强制循环锅炉。自然循环锅炉,其蒸发受热面中工质的循环是依靠下降管和上升管之间工质的密度差来实现的。直流锅炉蒸发受热面中的工质流动是依靠水泵的压力。凡是依靠水泵压力建立强迫流动的锅炉,称为强制循环锅炉。

强制循环锅炉可分多次强制循环锅炉及一次强制循环锅炉两种。

1)多次强制循环锅炉

它的结构与特性与自然循环锅炉基本相同,只是在下降管及水冷壁下联箱之间增加了锅炉水循环泵,使水循环得到保证。这种循环方式主要用于汽压为 13MPa ~ 18MPa 的锅炉,最高可用于 21MPa 的高参数大型锅炉。

2)一次强制循环锅炉(即直流锅炉)

直流锅炉的最大特点是没有汽包,水在给水泵的压力下,一次流过锅炉的蒸发部分,而不往复循环。

汽包锅炉中的汽包是加热、蒸发、过热三个阶段的总枢纽,即是上述三环节的汇合点,又是分界点。直流锅炉中,给水进入锅炉后顺次经由预热段,水温逐渐升高至沸点,然后进入蒸发段,水蒸发成饱和蒸汽,最后进入过热段,饱和蒸汽进一步加热到额定温度。蒸发段和过热段交界的区域,称为过渡区。蒸汽在过渡区中结束蒸发,开始过热。

强制强制循环锅炉简图及直流锅炉的工作原理图参见图 3 - 7 及图 3 - 8。

直流锅炉与自然循环锅炉相比,其主要优点是:节省钢材;因无汽包,制造方便;启、停炉快;受热分布置灵活等。

其主要缺点是:给水质量要求更好;自动调节要求高;汽水阻力比较大,故电耗也就较高。

(2)电厂锅炉设备的组成

锅炉设备由锅炉的汽水部分、燃烧部分、锅炉附件和锅炉辅机组成。

①汽水部分(锅)。锅本体(包括水冷壁、汽包等)、过热器、省煤器。

②燃烧部分(炉)。炉本体(包括炉膛、燃烧设备)、空气预热器。

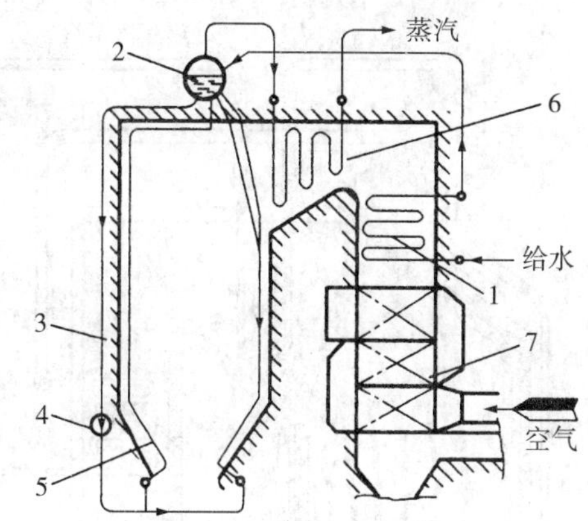

1—省煤器;2—汽包;3—下降管;4—循环泵;5—上升管;6—过热管;7—空气预热器

图3-7 多次强制循环锅炉简图

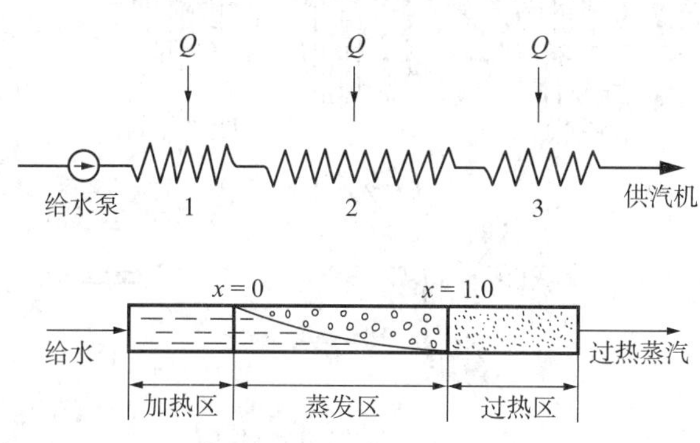

1—加热区(省煤区);2—蒸发区;3—过热区

图3-8 直流锅炉的工作原理图

③锅炉附件。包括水位计、安全门、除灰器及防爆门等。

④锅炉辅机。包括给水泵、制粉设备(磨煤机等)、通风设备(送风机、引风机)、除尘器等。

对于煤质监督人员来说,应更多地了解与煤粉燃烧及其相关设备,包括炉本体、制粉系统。

(3)自然循环锅炉与直流锅炉

自然循环锅炉的全貌参见图3-9。直流锅炉如图3-10所示。

(4)中间再热机组

提高火电厂效率除提高锅炉、汽轮机等设备的制造及运行水平外,主要是提高蒸气参数及采用中间再热技术。

进入汽轮机的蒸汽参数越高,它的含热量也越高,但排污的热损失变化不大,故当进汽参数提高时,转变为机械能的热量相对增加,从而提高了发电效率。

进一步提高蒸汽参数也会遇到一些难以克服的问题。一般当汽温提高到570℃以上,就需采用价格昂贵的特种不锈钢,可靠性却不高;另一方面,如只提高汽压而不提高汽温,则不仅效率提高有限,而且使汽轮机低压部分蒸汽中水分增多而影响安全运行。超高压以上的机组普遍采用中间再热技术参见图3-11。

中间再热就是把汽轮机内已经部分膨胀后降低了汽压、汽温的蒸汽,引进锅炉内的中间

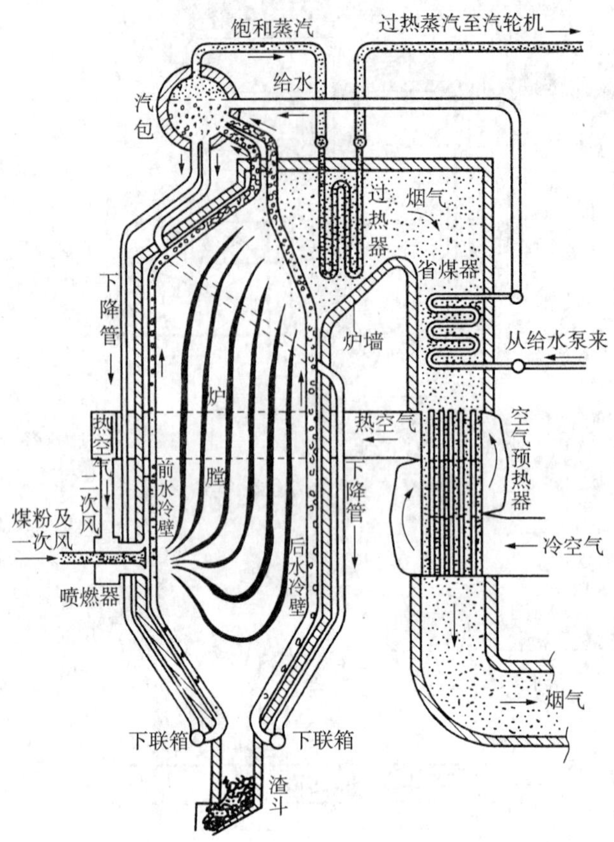

图 3-9　自然循环锅炉图

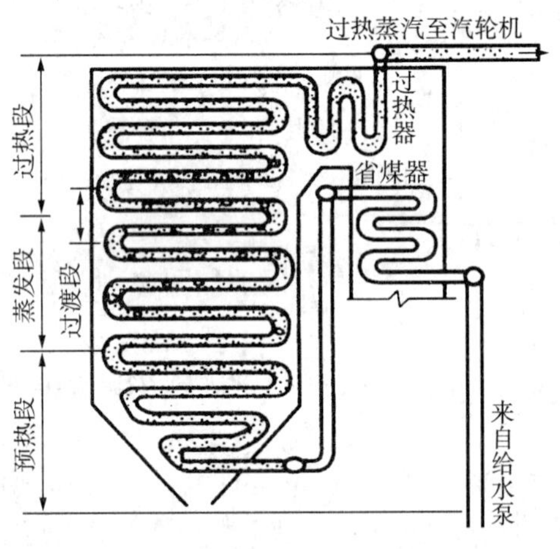

图 3-10　直流锅炉简图

再热器中重新加热，一般使汽温提高到过热蒸汽温度，然后再引回至汽轮机中的低压部分继续做功。

中间再热可提高机组效率 5% ~6%，同时又可降低汽轮机低压部分蒸汽中的水分，有利于汽轮机的安全经济运行。

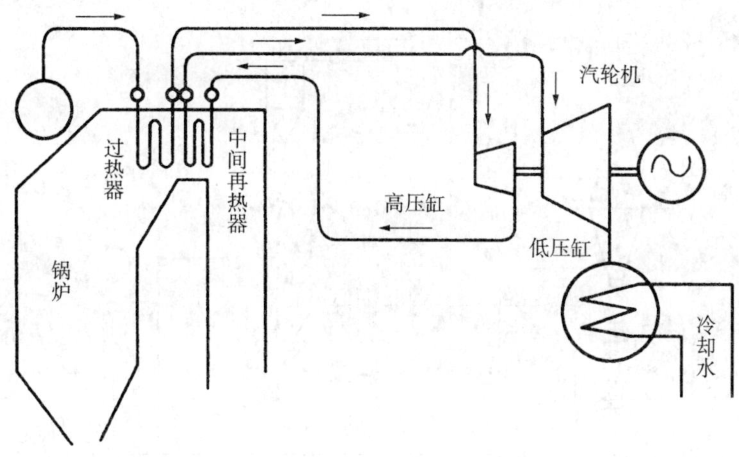

图3-11　中间再热机组简图

第二节　电厂制粉系统与磨煤机的应用

当今电厂中普遍采用煤粉悬浮燃烧的煤粉锅炉。电力用煤供锅炉燃烧之用，由于锅炉燃用的是煤粉而不是原煤，因此，煤在进入锅炉前要经历输送及制粉过程，即煤由输煤皮带输送→煤斗→磨煤机→煤粉→排粉风机→进入锅炉燃烧；燃烧后形成的气体产物及灰→除尘器→引风机→自烟囱排入大气；渣斗中的渣及由除尘器收集的灰→冲灰沟→灰渣泵→排至灰场储存。

煤粉随空气（一次风）经喷燃器喷入炉内，还要将空气→送风机→空气预热器→热风（二次风）吹入炉内助燃。

电厂的制粉系统及磨煤机的应用对锅炉运行关系密切，是电厂燃烧系统流程中的重要组成部分。

一、电厂的制粉系统

将原煤输送到磨煤机，干燥并磨制成煤粉送往锅炉燃烧设备及其管道，称为制粉系统。

煤粉由空气携带将气粉混合物即一次风将其喷入炉内燃烧，了解电厂的制粉工艺及其燃烧特性，对每一位煤质监督人员来说，是基本要求。

制粉系统通常分为中间储仓式及直吹式两种系统。

1. 中间储仓式制粉系统

中间储仓式制粉系统运行比较灵活，可靠，但较复杂，投资较多。该系统是将磨好的煤粉储存于煤粉仓中，然后再报据锅炉负荷情况，从煤粉仓经给粉机送入炉内燃烧。

该系统又可分为干燥剂送风系统及热风送粉系统，二者结构基本相同。

中间储仓式制粉系统常配用低速钢球磨煤机，参见图3-12。

在制粉系统中，需要充足的空气。输送煤粉进入炉膛的那部分空气，称为一次风；不携带煤粉而仅仅用于助燃的经燃烧器直接送入炉膛的热空气，称为二次风；在中间储仓式制粉系统中，粗粉分离器上部出来的干燥气（也称磨煤机乏气）中还含有约10%的细煤粉。为了

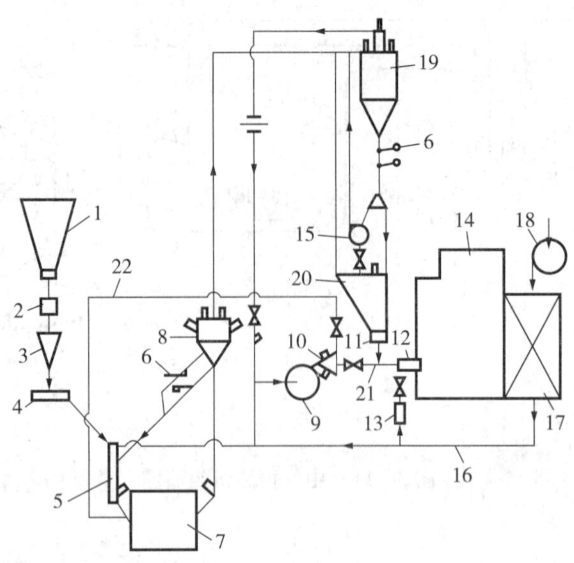

1—原煤仓;2—自动秤;3—煤斗;4—给煤机;5—干燥管;6—锁气器;7—磨煤机;8—粗粉分离器;9—排粉机;10——次风箱;11—给粉机;12—燃烧器;13—二次风箱;14—锅炉;15—螺旋送粉机;16—热风管;17—空气预热器;18—送风机;19—旋风分离器;20—煤粉仓;21——次风管;22—再循环管

图 3－12　中间储仓式制粉系统示意图

回收利用,将携带此煤粉的干燥气经由燃烧器专门喷口送入炉内燃烧,称为三次风。

2. 直吹式制粉系统

在直吹式制粉系统中,磨煤机出口的煤粉和空气混合物进入排粉风机直接送入炉膛内燃烧,没有煤粉储备。这种系统比较简单,投资较省,但磨煤机故障率相对较高,检修时要影响锅炉出力。直吹式制粉系统可以配用各式磨煤机,但是由于钢球磨煤机轴承密封较困难,它只适用于直吹负压系统而不用于正压系统。与直吹式制粉系统常常配用的为中速磨煤机及高速竖井式磨煤机。

配中速磨煤机及高速竖井式磨煤机的直吹式制粉系统参见图 3－13 及图 3－14。

二、磨煤机

磨煤机是制粉系统中的核心设备。在磨煤机中,煤被钢球或轧辊、锤子等撞击,挤压、研磨成粉,同时被热空气烘干。

磨煤机通常按其转速分成低速、中速、高速 3 种。

1. 钢球磨煤机

钢球磨煤机是一种低速磨煤机,常与中间储仓式制粉系统配套使用。

钢球磨煤机是一个直径 2m～4m,长 3m～10m 的大圆筒。筒内装有大量直径为 25mm～60mm 的钢球,筒内壁衬装波浪形锰钢护甲。筒身一端是热空气与原煤进口,另一端是气粉混合物出口,在磨煤机内磨粉与干燥是同时进行的,一般采用热空气为干燥剂,磨细的煤粉由干燥剂气流从筒体内带出。干燥剂在筒内的流速为 1m/s～3m/s,速度越大,带出的煤粉越粗,磨煤机出力越大。国产钢球磨煤机的技术参数参见表 3－1。

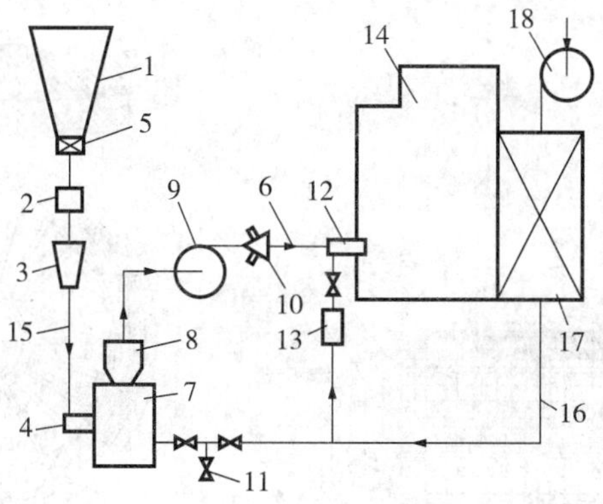

1—原煤仓;2—自动秤;3—煤斗;4—磨煤机;5—挡板;6—煤粉管;7—磨煤机;8—粗粉分离器;9—排粉机;10——次风箱;11—冷风门;12—喷燃器;13—二次风箱;14—锅炉;15—落煤管;16—热风道;17—空气预热器;18—送风机

图3-13 配中速磨煤机直吹式制粉系统示意图

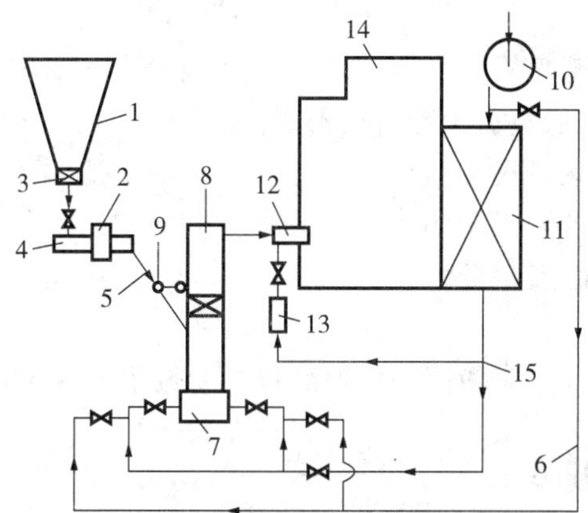

1—原煤仓;2—自动秤;3—挡板;4—给煤机;5—落煤管;6—冷风道;7—磨煤机;8—竖井;9—锁气器;10—送风机;11—空气预热器;12—喷燃器;13—二次风箱;14—锅炉;15—热风道

图3-14 配竖井磨煤机直吹式制粉系统示意图

表3-1 国产钢球磨煤机的技术参数

型号	筒身尺寸/mm		筒容积	最大装球量	筒转速	电机功率
	内径	长度	m^3	t	r/min	kW
DTM287/410	2870	4000	26.5	30	19	475
DTM287/470	2870	4700	30.4	35	19	570
DTM330/470	3300	4700	40.2	45	19	600
DTM330/550	3300	5500	47.9	55	18	900
DTM380/650	3800	6500	—	65	18	2×625

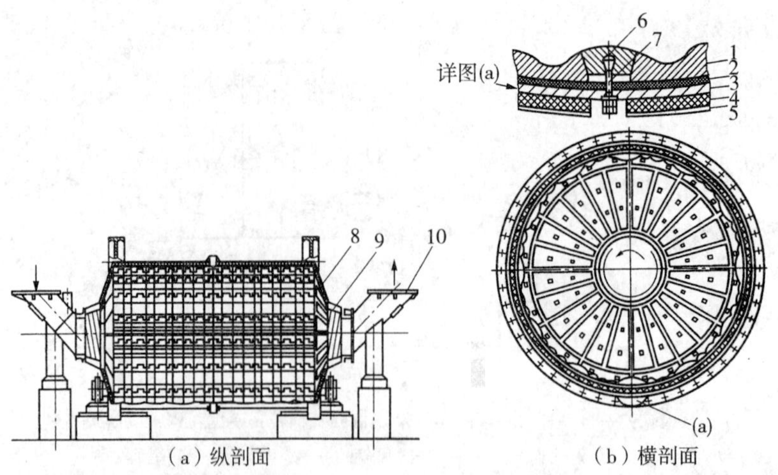

1—波形护板；2—绝热石棉垫层；3—筒身；4—隔音毛毡层；5—钢板外壳；
6—压紧用楔形块；7—螺栓；8—封头；9—空心轴颈；10—短管

图 3－15　低速钢球磨煤机剖面图

由表 3－1 可知，钢球磨煤机转速很低，装入的钢球量很大，由于筒身及钢球自重要比筒内所装煤量大得多，故它在低负荷运行时很不经济。

常与中间储仓式制粉系统配套使用的钢球磨煤机是电厂中应用最为广泛的一种磨煤机，它转速低，几乎可用于各种煤的制粉，可长时间连续可靠运行，这是其优点；不足这处则在于：低负荷运行时电耗高，且噪音大。

2. 中速磨煤机

与直吹式制粉系统常常配套使用的中速磨煤机参见图 3－16。

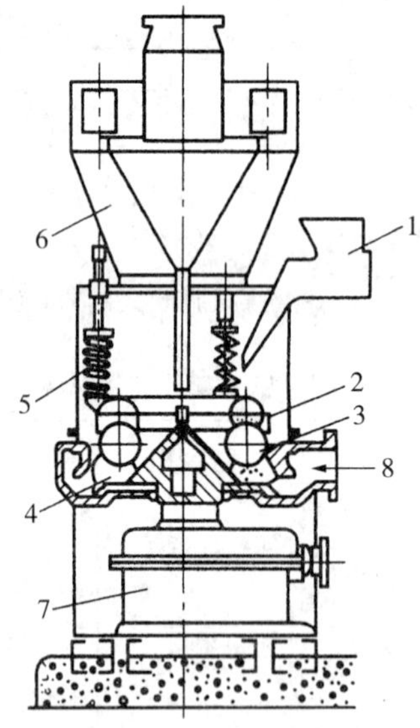

1—给煤机；2—不转的上磨环；3—钢球；4—旋转的下磨环；
5—压紧弹簧；6—粗粉分离器；7—减速箱；8—热空气进口

图 3－16　球式中速磨煤机结构图

中速磨煤机又有多种类型，如平盘磨、碗式磨、E 型磨，MPS 磨等。各种中速磨的转速为 50r/min～300r/min，它们有相同的工作原理。

各类中速磨都是由两组相对运动的碾磨部件，在弹簧力、液压力或其他外力作用下，将其间的原煤挤压并碾压成粉。磨煤机上部为粗粉分离器，将过粗的煤粉分离出来再磨，达到一定细度后，经排粉机送入炉膛。

中速磨煤机体积小，单位电耗也少，较适合磨制水分不大、灰分较少，哈氏可磨性指数较大的煤。

钢球磨煤机电耗很高，如表 3－1 中的 DTM330/550 型钢球磨煤机的电机功率为 900kW，则一天 24h 运行，耗电 21600kW·h 即 2.16 万度电，对于更大型的钢球磨煤机，自然耗电量更多。它是电厂自身耗电量较大的生产设备之一。为了节约厂用电，现在不少新建电厂都积极采用中速磨煤机，尽量扩大其应用范围。

3. 竖井磨煤机

这是一种高速磨煤机。它由机体及竖井两部分组成，煤从原煤仓经落煤管落入磨煤机，经高速锤击磨磨制成粉。热空气从风道进入磨煤机，经竖井从燃烧器进入炉膛燃烧。

竖井磨煤机投资少，运行电耗也低，比较经济，但它对煤种的适应性较差。由竖井带出的煤粉较粗，且不均匀，影响燃烧。同时设备磨损也快。竖井磨煤机较适合磨制可磨性指数大的煤，如高挥发烟煤、褐煤等。

竖井磨煤机的结构参见图 3－17。

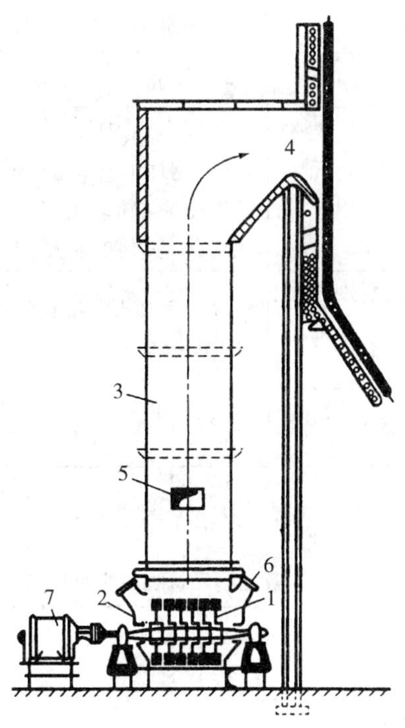

1—转子；2—外壳；3—竖井；4—磨口；5—煤入口；6—热空气入口；7—电机

图 3－17 竖井式磨煤机结构图

4. 风扇磨煤机

该机也是一种常见的高速磨煤机，其结构参见图 3－18。

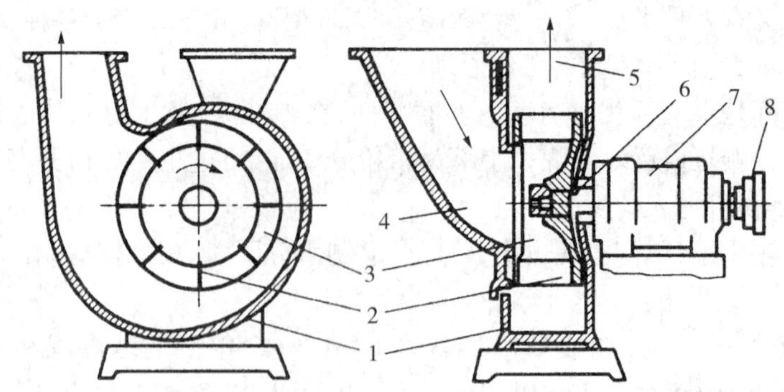

1—外壳;2—冲击板;3—叶轮;4—风、煤进口;5—煤粉空气混合物出口(接分离器);
6—轴;7—轴承箱;8—联轴节(接电机)

图 3-18 高速风扇磨煤机结构图

风扇磨煤机结构简单,尺寸小、占地少、投资低。由于体积小,储煤量也少,适应负荷变化较快;最大的不足之处在于设备磨损较严重,连续运行时间较短,同时煤粉的均匀性也较差。

各种磨煤机的性能与应用汇总于表 3-2 中。

表 3-2 各种磨煤机的性能比较与应用

项目	低速磨煤机	中速磨煤机	高速磨煤机
常用形式	钢球磨煤机	球式、辊式中速磨	锤击、竖井、风扇式
转　速	15r/min~25r/min	80r/min~100r/min	600r/min~1500r/min
特点	结构简单,维护方便,但体积大、笨重、用钢材多、耗电也多、噪声大。一般用于储仓式制粉系统	体积小,用钢材少、耗电省(约为钢球磨煤机的 60%~75%),但结构较复杂。一般用于直吹式制粉系统	结构简单。轻巧、用电最省,但磨制的煤粉较粗,部件磨损较快。用于直吹式制粉系统
适用煤种	各种煤都能磨,特别适用于较硬并要求磨得较细的煤,如无烟煤	除很硬和水分很高的煤种外,都能磨	主要用于松软,水分较大、挥发分较高的煤种如褐煤
应用情况	我国广泛采用	过去用得较少,现在应用者增多	我国用得较少

各型磨煤机的性能综合比较、汇总于表 3-3 中。

表 3-3 各型磨煤机性能综合比较

项　目	低速磨煤机 15r/min~25r/min		中速磨煤机 80r/min~100r/min			高速磨煤机 600r/min~1500r/min 风扇磨
	筒式磨煤机	中速磨煤机	RP(HP)	MPS	E	
阻力(压头)/kPa	2.0~3.0	2.0~3.0	3.5~5.5	5.0~7.5	5.0~7.5	2.16~2.56
磨煤电耗/(kW·h/t)	15~20(烟煤) 20~25(无烟煤)	20~25(烟煤) 20~29(无烟煤)	8~11	6~8	8~12	

续表

项　目	低速磨煤机 15r/min～25r/min		中速磨煤机 80r/min～100r/min			高速磨煤机 600r/min～1500r/min 风扇磨
	筒式磨煤机	中速磨煤机	RP(HP)	MPS	E	
通风电耗/(kW·h/t)	8～15	10～19	12	14～15	14～16	
制粉电耗/(kW·h/t)	22～35（烟煤）30～40（无烟煤）	30～44（烟煤）35～48（无烟煤）	20～23	20～23	22～28	13～15
磨耗/(g/t)	100～150	100～150	15～20	10～15	15～20	15～20
研磨体寿命/h	1～2 年	1～2 年	4000～15000	4000～15000	5000～20000	800～3000
煤粉细度 R_{90}/%	4～25	4～25	8～25	15～35	10～25	25～50
检测维修工作量	故障相对较多	维护件少	维护量较 MPS 磨大	更换磨辊工作量大	维护量大	更换叶轮工作量大
煤种适应性	无烟煤、贫煤	无烟煤、贫煤、磨损指数高的煤	烟煤，M_t 在 19% 以下的褐煤			褐煤

三、制粉系统中的其他设备

1. 给煤机

它的作用是将原煤按要求的数量均匀地送入磨煤机，常用的有圆盘式，刮扳式、皮带式、电磁振动式几种。其中以圆盘式给煤机应用最多，这种给煤机是一个由电机通过减速器带动的圆盘，煤由进煤管经过调节套筒落在圆盘中间，并按煤的自然倾角形成一锥形煤堆，圆盘带着煤转动，当煤经过刮板时，被刮入出煤管送往磨煤机。圆盘给煤机机如图 3－19 所示。

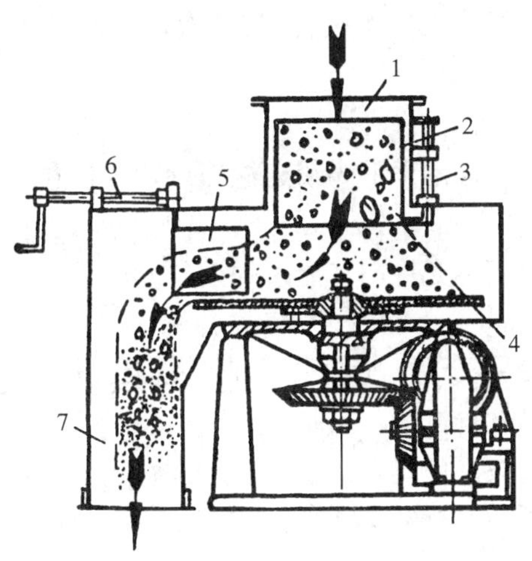

1—进煤管；2—调节套筒；3—调节套筒的操纵杆；4—圆盘；5—调节刮板；6—刮板位置调整杆；7—出煤杆

图 3－19　圆盘给煤机示意图

这种给煤机可采用多种方式来调节给煤量。用调节刮板的位置调节给煤量的原理,参见图 3 - 20。

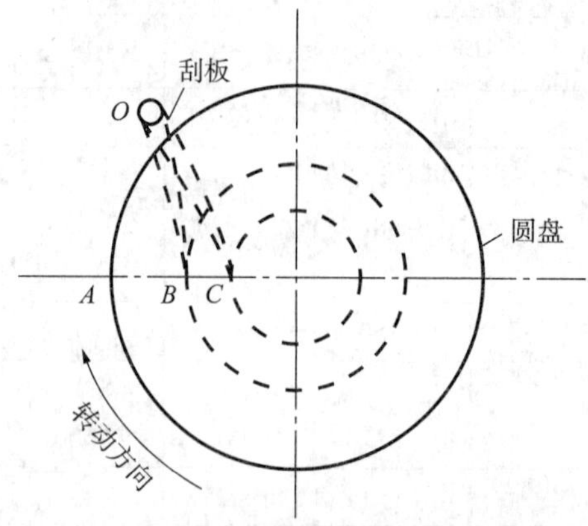

图 3 - 20　用改变刮板位置的方法调节给煤量原理

2. 粗粉分离器

由于干燥剂流速不均或煤粉粒子互相碰撞等原因,干燥剂从磨煤机中带出的煤粉颗粒总不均匀,有粗有细。为了避免过粗的煤粉带入炉膛造成不完全燃烧损失,故在磨煤机后面装上粗粉分离器。它由圆锥形外壳和内壳组成,内、外壳之间有可以转动的导向叶片。分离器依靠重力、惯性力和离心力的作用将粗粉分离出来,送回磨煤机重新磨制。

3. 细粉分离器

也称旋风分离器,它的作用是将风粉混合物中的煤粉利用离心力的作用将煤粉分离出来,储存于煤粉仓内。

4. 排粉风机

它的作用是输送煤粉空气混合物。

5. 给粉机

煤粉仓内煤粉靠给粉机送入一次风管,与一次风一起进入喷燃器。常用的有叶轮式给粉机。

6. 输粉机

它的作用是将细粉分离器落下的煤粉送往邻炉的煤粉仓。

7. 锁气器

它是只允许煤粉通过而不允许空气流过的设备。煤粉采样装置常安装在锁气器处。

第三节　煤粉特性及其质量监督

我国燃煤电厂绝大多数采用煤粉锅炉,故了解煤粉的制备,掌握煤粉的特性,加强对煤粉的质量监督对电厂锅炉的安全经济运行,节能降耗及环境保护均具有重要的实际意义。

一、煤粉特性

电厂锅炉燃用的煤粉,通常是指经磨煤机磨制并经粗粉分离器分离的煤粉,其粒度一般小于1000μm，以20μm ~ 50μm的细粉为主，粒径小于90μm的约占90%左右。

煤粉具有许多重要特性，使其适合作为锅炉燃料。

1. 细度特性

煤粉的粗细，对燃烧过程及其效果有着直接影响。煤粉越细，则煤粉单位质量的面积越大，与空气接触面加大，从而提高燃烧速度，煤粉的机械不完全燃烧损失越小，这意味着煤粉燃烧越完全，有助于提高燃烧效率。

煤粉细度是煤粉锅炉运行的主要监督试验项目，电力行业标状DL/T 246—2006《化学监督导则》规定，电厂根据需要要定期进行煤粉细度测定。一般说来，宜每班对每台炉的煤粉测定细度一次。

2. 煤粉的自燃与爆炸特性

长期存积的煤粉受空气的氧化作用会慢慢地释放热量，如散热条件不好，煤粉温度会逐渐升高到其燃点而自行着火燃烧，这种现象称为煤粉的自燃。

煤粉的自燃常引起周围气粉混合物的爆燃而形成煤粉爆炸，从而导致对人员及设备的危害。

①煤粉越细越易爆炸，爆炸时产生的压力也越高，造成的危害也越大。

②煤粉的挥发分越高，含硫量越大，越易发生煤粉的自燃与爆炸。

③气粉浓度在每千克空气中含粉0.3kg ~ 0.6kg的范围内，爆炸性最强。

④煤粉仓中的死角及一次风管的水平段或转弯处，易发生煤粉沉积而自燃。

⑤气粉混合物温度越高，则自燃爆炸的可能性越大。

⑥氧气浓度对爆炸有影响，输送煤粉的气体介质如含氧量小于16%（体积分数），则不会发生爆炸。因而在必要时可用烟气来干燥和输送煤粉，因为锅炉烟气中氧的浓度一般在4% ~ 5%，很少有超过10%的情况。

为了防止煤粉的自燃爆炸，宜采取下述些措施：

①制粉系统中应避免使用水平管道，煤粉气流速度不能太低，以防煤粉存积自燃。

②加强原煤的监督管理，防止易燃易爆物混入原煤。

③当燃用高挥发分烟煤时，制粉系统通常要避开易引起煤粉爆炸的浓度范围。

④控制好磨煤机出口温度。

中间储仓式制粉系统：对烟煤与褐煤来说，当水分大于25%时，磨煤机出口温度不大于80℃；当水分小于25%时，用空气干燥的磨煤机出口温度不大于70℃；贫煤则磨煤机出口温度不大于130℃；无烟煤则不受温度限制。

直吹制粉系统：对褐煤来说，磨煤机出口温度不大于80℃ ~ 100℃；烟煤则不大于80℃ ~ 130℃；贫煤则不大于130℃ ~ 150℃；无烟煤则不受温度限制。

3. 含水性

煤粉中的水分对供粉的连续性、均匀性、燃烧的经济性、磨煤机出力及制粉系统运行的安全性有较大的影响。

煤粉水分含量过高，将造成制粉系统运行困难；煤粉仓内的煤粉结块或被压实，造成落粉管及给粉机堵塞，煤粉输送困难；延长了煤粉着火时间。

另一方面，煤粉水分含量过低，高挥发分烟煤及褐煤自燃爆炸可能性大大增加，故煤粉中也应保持适量的水分含量。

4. 颗粒性、流动性与着火性

①颗粒性。煤粉较原煤表面积大大增加，可借空气喷入炉内燃烧。因为煤粉颗粒很细，故煤粉可呈悬浮状态燃烧，这样它可与空气充分混合，使得煤粉燃烧完全，具有很高的燃烧效率。

②流动性。煤粉表面积增大，它能吸附大量空气，在煤粉颗粒上形成一层空气膜，粉粒间彼此被空气所隔开，故煤粉与空气的混合物具有良好的流动性，因而便于应用管道输送。

③着火性。煤粉在有氧条件下，其着火温度大大降低。煤粉在锅炉中极易着火，能迅速提高燃烧室温度，增加传热效果。煤粉燃烧，锅炉调整较为方便，能较快适应锅炉负荷的变化。

正因为煤粉具有上述重要特性，故当今大多数电厂锅炉采用煤粉悬浮燃烧方式，煤粉锅炉的燃烧效率通常均可达到90%以上。

二、煤粉的质量监督

煤粉直接喷入锅炉内燃烧，它的质量与锅炉运行也就密切相关，电厂必须对煤粉质量予以监督，以确保锅炉机组的安全经济运行。

在生产中，电厂对煤粉细度的检测是对锅炉运行监督的重要试验项目。煤粉细度、煤粉的经济细度以及煤粉的均匀性是构成煤粉监督的主要内容，其中煤粉细度的检测则是监督中的重点与其他两项监督的基础。

1. 煤粉细度监督

煤粉细度的测定没有国家标准，而是执行电力行业标准 DL/T 567.5—1995《火力发电厂燃料试验方法 煤粉细度的测定》。该法是称取一定质量的煤粉置于规定的试验筛中，在振筛机上筛分完全，根据筛上残留煤粉质量来计算煤粉细度。

称取的煤粉量为25g。对样品的称量，一是在称样前样品应处于空气干燥状态；二是样品必须充分混匀；三是使用感量0.01g的工业天平称取煤粉样品。

煤粉细度测量所用试验筛，孔经分别为200μm及90μm标准试验筛，并带筛盖及底盘，标准试验筛要经国家计量机关检验格者，方可应用。

振筛机应使用垂直振击次数149次/min，水平回转220次/min或类似的其他振筛机。该型振筛机是通过电机拖动回转减速机构，使主、副偏心轴旋转，获得回转半径等于偏心距的整圆平面摇动，并通过平面凸轮产生上、下振击运动。

煤粉细度测定结果按式(3-1)及式(3-2)计算：

$$R_{200}=\frac{A_{200}}{G}\times 100 \tag{3-1}$$

$$R_{90}=\frac{(A_{200}+A_{90})}{G}\times 100 \tag{3-2}$$

式中，A_{200}，A_{90}——分别表示未通过200μm及90μm筛上的煤粉量，g；

G——煤粉试样量，g。

由式(3-1)及式(3-2)可以看出：两种煤粉试样，其A_{200}相等，则R_{200}相一致；如再由孔径90μm的筛子筛分，A_{90}不同，其A_{90}大者，则R_{90}也大，表示该煤粉中未通过90μm筛孔的粉量相对较多，即煤粉较粗；R_{90}值越小，则说明煤煤粉细。这样采用两个不同孔径的筛子筛分，就可反映出煤粉粗细情况。

2. 煤粉均匀性监督

煤粉的颗粒特性仅用煤粉细度值来表示是不全面的，因为它不能反映煤粉的均匀性，如上所述，即使两种煤粉 R_{200} 及 R_{90} 均相等，但 A 种煤粉留在筛子上的煤粉中较粗的颗粒比 B 种煤粉多，而通过筛子的煤粉中较细的颗粒也比 B 种煤粉多，这就表明 A 种煤粉中，粗的粗，细的细，均匀性差。

由于煤粉中粗粒较多，所以不完全燃烧损失较大；而煤粉中细粒较多，则磨煤的电耗及金属磨损较大，这说明 A、B 两种煤粉虽则 R_{90} 一样，但均匀性却不同。A 种煤均匀性差，燃用它也就不经济。

煤粉的均匀性可用煤粉粒度分布特性系数值 n 表示。n 值一般都在 1 附近，此值越大，均匀性越高。

煤在一定的制粉设备中磨制成粉，其颗粒尺寸是有一定的规律可循，电厂里每一套制粉系统均可通过试验找到一个 n 值，它是一个常数值。

计算 n 值的方法是先测出 R_{90} 及 R_{200}，然后按式(3－3)计算出 n 值。该式的推导，读者可参阅作者编著的《电力用煤采制化技术及其应用》一书的第 2 版，中国电力出版社，2003 年3 月。

$$n=\frac{\lg\ln\dfrac{100}{R_{200}}-\lg\ln\dfrac{100}{R_{90}}}{\lg200-\lg90} \tag{3-3}$$

n 值的变化明显地反映了煤粉细度特性的变化，这就是说，可以从煤粉细度测定结果来判断煤粉粒度分布的均匀性。当特性系数 $n>1$ 时，则煤粉粒度分布较均匀，当 $n<1$ 时，则粒度分布均匀性较差。电厂制粉系统的 n 值一般在 0.8～1.2 范围内。

各种制粉设备所制煤粉的 n 值参见表 3－4。

表 3－4　各种制粉设备所制煤粉的 n 值

磨煤机型式	粗粉分离器的形式	n 值
筒式钢球磨煤机	离心式、回转式	0.8～1.2 0.96～1.1
中速磨煤机	离心式、回转式	0.86 1.2～1.4
风扇磨煤机	惯性式、离心式、回转式	0.7～0.8 0.8～1.3 0.8～1.0
竖井磨煤机	重力式	1.12

3. 煤粉经济细度监督

煤粉越细，在锅炉中的燃尽度越高，灰渣未完全燃烧损失 q_4 值越小，同时也有助于减少锅炉的结渣；另一方面煤粉磨制越细，则制粉系统能耗越高。因此，煤粉细度也不是越细越好，综合上述因素，入炉煤粉要有一个合理的细度，此时磨煤机能耗及灰渣未完全燃烧损失均处于较低水平，这一细度称为经济细度。

煤粉经济细度的确定参见图 3－21。

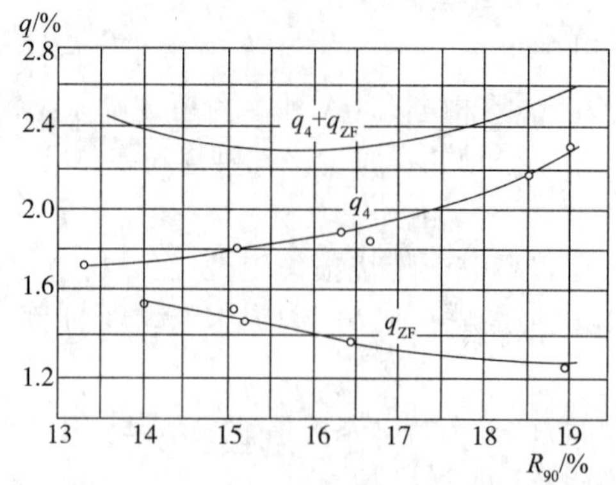

q_4—灰渣未完全燃烧损失；q_{ZF}—磨煤机能耗所折算热损失

图 3－21　煤粉经济细度的确定

图 3－21 中，以热损失 q 为纵坐标，以 R_{90} 为横坐标绘制成的曲线，反映了它们间的关系。由图看出 q_4+q_{EF}最小时对应的煤粉细度就是经济细度，其时 R_{90} 为 16%。

煤粉经济细度的数值还受煤的挥发分，煤粉的均匀性及燃烧技术的影响。

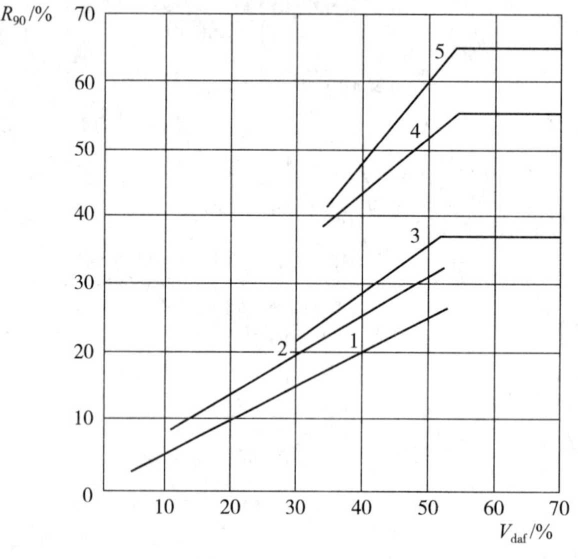

1—无烟煤、烟煤：筒式磨煤机，中速磨煤机（带离心式粗粉分离器）；2—烟煤：中速磨煤机（带回转式粗粉分离器）；3—烟煤：竖井磨煤机，褐煤：筒式磨煤机，中速磨煤机（带离心式粗分离器）；4—褐煤：中速磨煤机（带回转式粗粉分离器）；5—褐煤：竖井式磨煤机

图 3－22　煤粉经济细度 R_{90} 与 V_{daf} 的关系

由于煤种的划分主要是按煤的干燥无灰基挥发分 V_{daf} 作为依据，图 3－22 的横坐标以 V_{daf}表示。在煤粉质量监督中，入炉煤粉细度是最为重要的，有关煤粉细度测定方面的问题，将在第七章中阐述。

第四节　煤粉在锅炉内燃烧及燃烧效率

从工业分析角度来看，挥发分与固定碳是煤中可燃组分；从元素分析角度来看，煤中碳、氢、氮、硫、氧作为组成煤中可燃组分的 5 种主要元素。煤燃烧实际上能产生热量的为碳、氢、硫 3 元素，其中碳、氢为主要热源，而硫燃烧产生的热量甚微。

一、煤粉在锅炉内的燃烧条件

煤粉在锅炉内燃烧，必须满足 3 个条件：要有充足的氧气（空气量）；氧气要与煤粉充分接触与混合；要保持在一定温度以上。

1. 要有充足的氧气

煤粉在锅炉内燃烧所需氧气，主要来自外界输入的空气，其中输送煤粉进入炉膛的那部分空气称为一次风，不携带煤粉而仅仅用于助燃的进入炉膛的热风称为二次风。

(1)碳、氧、硫的燃烧

①碳的燃烧。碳的燃烧反应是

$$C + O_2 = CO_2$$

$$2C + O_2 = 2CO$$

$$2CO + O_2 = 2CO_2$$

碳在充足的空气中完全燃烧产生 CO_2，1g 碳完全燃烧产生 34040J 的热量；而在空气不足的条件下，碳不能完全燃烧而生成 CO，每 g 碳此时仅能产生 9910J 的热量；CO 也是一种可燃性气体，在充足的空气条件下，还可燃烧生成 CO_2，同时放出 24130J 的热量。

已知碳的相对分子质量为 12.01，氧的相对分子质量为 32，故 CO_2 的相对分子质量为 12.01 + 32 = 44.01。

在标准状态下，1mol 分子的理想气体，其体积为 22.4m^3，于是

$$12.01\text{kg}\quad C + 32\text{kg}\quad O_2 = 44.01\text{kg}\quad CO_2（或 22.4\text{Nm}^3\quad CO_2）$$

$$1\text{kg}\quad C + 2.667\text{kg}\quad O_2 = 3.667\text{kg}\quad CO_2（或 1.865\text{Nm}^3\quad CO_2）$$

也就是说，要使得 1kg 碳完全燃烧，需要供应 2.667kg 的氧，燃烧后生成的 CO_2 为 3.667kg 或 1.865Nm^3。

②氢的燃烧。氢的燃烧反应是

$$2H_2 + O_2 = 2H_2O$$

$$4.032\text{kg}\quad H_2 + 32\text{kg}\quad O_2 = 36.032\text{kg}\quad H_2O$$

$$1\text{kg}\quad H_2 + 7.94\text{kg}\quad O_2 = 8.94\text{kg}\quad H_2O$$

氢是仅次于碳的主要热源之一。煤中氢有两种存在形态：一是构成矿物质及水中的氢，它是不能参加燃烧的；另一种是与碳元素构成的有机组分，也就是指挥发分中的氢。每克这样的氢完全燃烧时，可释放出 143000J 的热量，约相当于同量碳放出热量的 4 倍，例如无烟煤的含碳量比烟煤高，但含氢量则少得多，故通常无烟煤的热量要低于烟煤。

③硫的燃烧。硫的燃烧反应是

$$S + O_2 = SO_2$$

$$32\text{kg}\quad S + 32\text{kg}\quad O_2 = 64\text{kg}\quad SO_2（或 22.4\text{Nm}^3\quad SO_2）$$

$$1kg\quad S + 1kg\quad O_2) \xlongequal{} 2kg\quad SO_2(\text{或}0.7Nm^3\quad SO_2)$$

煤中硫有可燃硫与不可燃硫之分。可燃硫是指煤中有机硫及黄铁矿硫，煤中不可燃硫则指硫酸盐硫。

$$S_t = S_p + S_o + S_s \tag{3-4}$$

$$S_C = S_p + S_O \tag{3-5}$$

$$S_S = S_{IC} \tag{3-6}$$

式中 S_t——煤中全硫含量，%；

S_p——煤中黄铁矿硫含量，%；

S_o——煤中有机硫含量，%；

S_s——煤中硫酸盐含量，%；

S_c——煤中可燃硫含量，%；

S_{IC}——煤中不可燃硫含量，%。

在我国所产煤中，可燃硫含量约占全硫含量90%甚至更高，煤中硫的燃烧，实际上为煤中可燃硫的燃烧。

煤中可燃硫燃烧成SO_2，它还可以进一步氧化生成SO_3

$$2SO_2 + O_2 \xlongequal{} 2SO_3$$

例如煤粉在锅炉中燃烧，煤中硫主要形成SO_2，但也有很少一部分(相当于SO_2的1%～2%)形成SO_3。

④氮的燃烧。氮是惰性元素，不易与氧反应。煤燃烧时，氮多呈游离氮随烟气逸出。如炉内燃烧温度较高(1600℃以上)，则氮与氧作用生成氮氧化物NO_x的比率迅速增大。在煤的燃烧过程中，煤中氮会或多或少地产生一些NO_x，随烟气排入大气，这对环境造成一定的污染。

煤中氮含量一般不高，通常在1%左右，由于当今电厂锅炉容量不断增大，参数不断提高，在高炉温下促进NO_x的形成，其危害也是不容忽视的。

⑤氧的助燃。氧在煤中呈化合态存在于挥发分中，它的含量随煤的变质程度加深而减少，褐煤中的氧含量可高达40%，而无烟煤仅仅为1%～2%。

煤中各元素含量的比值随煤种不同而异，参见表3-5。

表3-5 煤中各元素含量的比值 %

煤种	总碳	氢	氧	氮	有机物热量/(J/g)
褐煤	69	5.3	24	1.7	23840
烟煤	82	4.5	1.2	1.5	35125
无烟煤	95	2.2	2.0	0.8	33870

当煤的挥发分测定完毕，余下的碳则称为固定碳。随煤的变质程度加深，总碳与固定碳的差值越小；反之，煤的变质程度越浅，则其差值越大。

煤中氢、氧、氮含量比值随变质程度加深而降低。

(2)煤燃烧所需理论空气量

煤燃烧时所需空气量，通常是指1kg煤完全燃烧时所需空气量，它应该等于1kg煤中可燃成分C_{ar}、H_{ar}、S_{ar}完全燃烧时所需空气量之和。

另一方面，由于煤本身含有一部分氧 $O_{ar}/100$，故 1kg 煤完全燃烧需从空气中取得的氧量 MO_2(kg)为

$$MO_2 = 2.667C_{ar}/100 + 7.94H_{ar}/100 + S_{ar}/100 - O_{ar}/100 \quad (3-7)$$

由于氧在空气中的体积分数为 21%，氧的密度为 1.429kg/Nm³，因而 1kg 煤完全燃烧所需空气量 A_o(m³/kg)可按式(3－8)求出

$$A_o = \frac{2.667C_{ar}/100 + 7.941H_{ar}/100 + S_{ar}/100 - O_{ar}/100}{1.429 \times 0.21}$$
$$= 0.0889C_{ar} + 0.2651 + H_{ar} + 0.0333(S_{ar} - O_{ar}) \quad (3-8)$$

式(3－8)即为按煤完全燃烧反应理论推导出来的，它称为燃料燃烧的理论空气量。

煤的变质程度越深，自身含氧量越低，因而燃烧时所需理论空气量越大，故不同的煤完全燃烧时，其理论空气量是不同的。

各种煤燃烧时所需标准状态下的理论空气量参见表 3－6。

表 3－6　各种煤燃烧时所需标准状况理论空气量　m³/kg

煤　种	泥煤	褐煤	烟煤	无烟煤
理论空气量 A_o	4.5～5.0	5.5～6.0	7.5～8.5	9.0～10.0

如果实际空气量少于理论空气量，结果就会产生未燃物，煤烟及可燃气体排至大气中去，不仅造成燃料的巨大浪费，又污染环境。例如飞灰含碳量每增加 2%，则发电煤耗增高 1%；又如烟气中 CO_2 含量在煤粉炉中为 15% 左右，如果烟气中因碳燃烧不完全而形成较多的 CO，致使烟气中 CO_2 浓度下降，当烟气中 CO_2 浓度下降 1%，则发电煤耗也就增高 1%。

同时也须指出，如把过多的空气量送入炉中，也是不经济的，甚至会危及锅炉的正常运行。例如用 2 倍理论空气量的空气送进 1200℃ 的燃烧室中，火焰温度会降至 800℃，从而无法引起燃烧，更谈不上达到完全燃烧的目的。

(3)需要提供一定量过剩的空气量

从热能经济观点来看，供给燃料燃烧的空气量是十分重要的，但是利用现有的燃烧设备与技术，只是用理论空气量使煤达到完全燃烧是不可能的。如果不供给超过理论空气量的一定量的过剩空气，燃料就不可能燃烧完全，致使燃烧效率降低。故理论空气量 A_o 总是小于实际空气量 A

$$A = \alpha A_o \quad (3-9)$$

式中　α——过剩空气系数。

当然，α 值越小，燃烧越经济，煤粉锅炉过剩空气系数通常为 1.15～1.25，即超过理论空气量 15%～25% 的空气量。

过剩空气系数大小与锅炉烟气组成密切相关，参见图 3－23。

由图 3－23 可以看出，煤粉锅炉过剩空气系数在 1.15～1.25 条件下，烟气中的 CO_2 含量(体积分数)约为 15%～16.5%，O_2 含量(体积分数)为 4%～5% 左右，可燃性气体 $CO + H_2$ 几乎为零。

当在理论空气量的条件下(即 α＝1.0)的煤燃烧时，由于供氧量不足，烟气中氧含量降至 2% 左右，同时可燃性气体 $CO + H_2$ 含量迅速升高，也将达到 2% 左右，这将严重影响锅炉的安全经济运行。

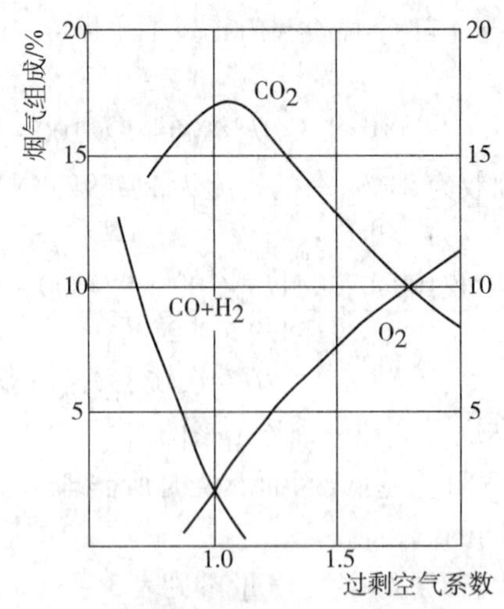

图 3-23　煤粉锅炉过剩空气系数与烟气组成

2. 氧气要与煤粉充分接触与混合

电厂锅炉所用煤粉粒度很细，其粒径一般在 5μm ~ 1000μm 范围内，通常粒径小于 90μm 者占 80% 以上，其中绝大部分粒径为 20μm ~ 60μm。

因为煤粉粒度很细，故采用悬浮燃烧方式。将煤粉与空气组成一次风，以很高的风速（25m/s ~ 30m/s）将气粉混合物喷入炉中；另一方面，热空气二次风从喷燃器吹入炉中助燃，从而使煤粉得以充分与空气接触与混合，为煤粉完全燃烧提供了良好条件。

3. 炉内要保持一定温度以上

煤粉的燃烧，不仅需要足够的空气量及与煤粉充分接触与混合，而且还需要一定的温度。煤粉的燃烧前，要使水分蒸发而消耗热量，从而降低了炉内温度。因此，煤粉能够燃烧，必须保证燃烧温度在它的着火点以上。

煤的挥发分高低，与其开始析出温度及着火温度密切相关，参见表 3-7。

表 3-7　煤的挥发分与燃烧特性间的关系

煤种	挥发分 V_{daf}/%	开始析出温度/℃	着火温度/℃
无烟煤	0 ~ 10	~400	600 ~ 700
低挥发分烟煤	>10 ~ 20	320 ~ 390	500 ~ 650
中挥发分烟煤	>20 ~ 37	210 ~ 260	400 ~ 500
高挥发分烟煤	>37	~170	300 ~ 400
褐煤	>37	130 ~ 170	250 ~ 300

煤的着火温度随测定方法而异。试验室的着火温度测值并不能反映煤的实际着火温度。但是各种煤由试验测出的着火温度值的差异，却也能反映不同煤实际着火的难易程度。由表 3-7 可知，无烟煤最难着火，褐煤最易着火，烟煤则处于二者这间，其中挥发分含量较高者，则着火相对越容易。

高挥发分烟煤煤粉的实际着火温度约为 800℃，而低挥发分煤粉的实际着火温度可达

1100℃。为了使一定量的煤粉完全燃烧，就需要一定的时间与空间，这可用炉膛热强度来表示，通常采用的单位为 $MJ/m^3 \cdot h$。煤粉锅炉膛热强度通常为 $(4.2\times10^2 \sim 6.3\times10^2)MJ/m^3 \cdot h$。

二、煤粉在锅炉内的燃烧过程

煤粉在炉膛内燃烧与其静止状态的燃烧是不同的。由于煤粉粒子运动速度较低，又由于气流方向不断变化，因此，气流与煤粉粒子之间存在相对运动，气流不断冲刷煤粉粒子，如图 3－24 所示。

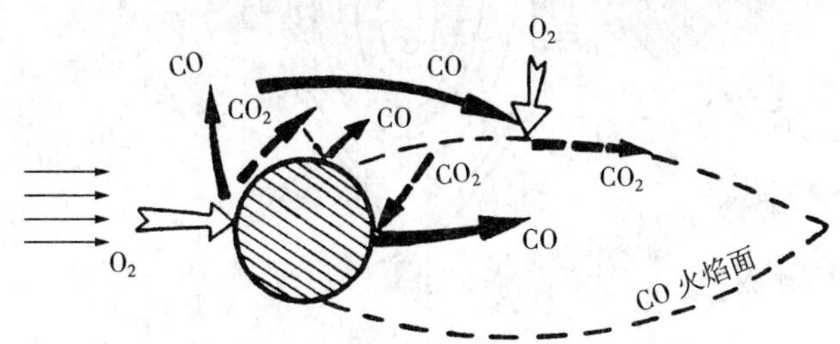

图 3－24　煤粉粒子受气流冲刷时的燃烧

煤粉粒子在燃烧时，其迎风面受气流冲刷，氧气较充分，发生下列反应：

$$4C + 3O_2 = 2CO_2 + 2CO$$

其中 CO_2 还可能与碳反应，生成 CO，而这些 CO 被气流带到后面与氧反应又生成 CO_2，所以形成背风面的 CO 火焰面。

在背风面充满了 CO 及 CO_2，但氧量不足，因而在温度较低时无显著化学反应，但当温度较高时，发生 $C + CO_2$ 反应形成 CO，而 CO 再与火焰面上的氧反应生成 CO_2。

煤粉在炉内燃烧，提高炉内温度及加强气流的混合都是十分重要的。

煤粉在炉的燃烧过程，大体经历如下几个阶段，各个阶段并不能明确区分，而是交互进行并完成的。

1. 水的蒸发与干馏阶段

吹入炉内的煤粉，由于外来辐射热等原因而受热，温度逐渐上升，水分蒸发，这时的热量几乎都用在水分的蒸发而被消耗。随着煤中水分的蒸发，表面温度继续上升，当升到某一温度时，挥发分开始析出（参见表 3－7），在此过程中，系统是吸热的。

2. 挥发分燃烧阶段

由于挥发分是煤中最易燃烧的成分，各种煤的挥发分可在 130℃ ~400℃ 范围内先后逸出，首先与其附近的氧进行反应而燃烧。挥发分的燃烧，即可燃气体燃烧。由挥发分构成的火焰在燃烧室内燃烧，称为空间燃烧。

煤粉在锅炉内燃烧，参见图 3－25。

3. 固定碳燃烧阶段

挥发分完全逸出后，残留的碳也就是固定碳和自表面渗透进来的氧进行反应而燃烧，放出大量的热量，这种燃烧称为余烬燃烧。对高灰分、高结渣性的煤，由于氧气难从表面进入，故燃烧时间要延长到燃烧终了为止。

4. 燃尽阶段

余烬燃烧完成后留下来的就是残存灰渣，通常其中多少含有一些未燃尽的固定碳，这是

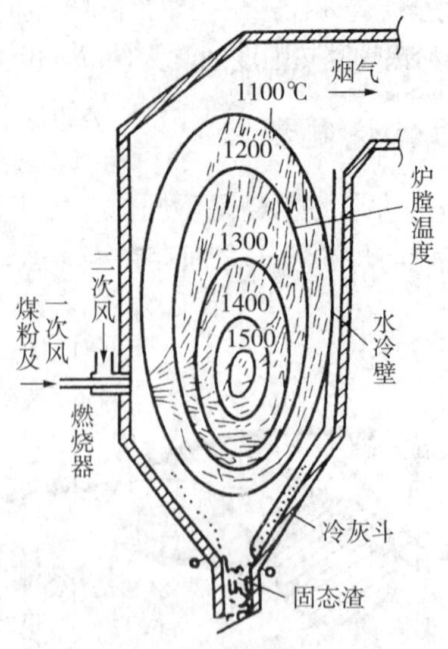

图 3-25 煤粉在锅炉内燃烧示意图

锅炉的热损失之一。

煤粉从着火到燃烧终了的时间，随煤质不同而异。挥发分含量越高的，燃烧时间越短；另一方面，也与燃烧设备与运行工况有关。

三、锅炉的热平衡与燃烧效率

1. 锅炉的热平衡

锅炉设备的输入热量与输出热量及各项热损失之间的平衡，一般称为锅炉的热平衡，其计算式为

$$Q_r = Q_1 + Q_2 + Q_3 + Q_4 + Q_5 + Q_6 \tag{3-10}$$

或者用入炉热量的百分率表示，见式(3-12)

$$q_r = q_1 + q_2 + q_3 + q_4 + q_5 + q_6 = 100 \tag{3-11}$$

$$q_1 = Q_1/Q_r \times 100\% \tag{3-12}$$

$$q_2 = Q_2/ \times 100\% \tag{3-13}$$

式中 Q_r——燃烧输入锅炉的热量，MJ/kg；

Q_1——燃烧有效利用的热量，MJ/kg；

Q_2——燃料排烟损失的热量，MJ/kg；

Q_3——燃料化学不完全燃烧损失的热量，MJ/kg；

Q_4——燃料机械不完全燃烧损失的热量，MJ/kg；

Q_5——锅炉散热量，MJ/kg；

Q_6——炉渣物理热量，MJ/kg；

q_1——锅炉有效利用热百分率，%；

q_2——锅炉排烟热损失百分率，%；

q_3——化学不完全燃烧热损失百分率，%；

q_4——机械不完全燃烧热损失百分率，%；

q_5——散热损失百分率,%;

q_6——炉渣物理热损失百分率,%。

①排烟热损失 q_2:烟气离开锅炉排入大气所带走的热量损失,称为排烟热损失,它是高压,大容量锅炉损失中最大的一项。一般为4%~8%。

影响排烟热损失的主要因素是排烟温度及排烟体积。排烟温度越高,排烟体积越大,排烟热损失也越大。对于大型锅炉,排烟温度通常在130℃~140℃上下,排烟温度每升高10℃~15℃,则发电煤耗就将增加1%。

在锅炉运行中,受热面积灰、结渣,会使吸热减少,排烟温度升高,造成排烟热损失增大;锅炉漏风,则会使排烟容积增大,这也将造成排烟热损失的增加。

②机械不完全燃烧热损失 q_4:机械不完全燃烧损失,又称灰渣不完全燃烧热损失,它是部分固体可燃物(未燃尽残碳)随飞灰和炉渣一同排出炉外造成。

机械不完全燃烧热损失是锅炉热损失中的主要一项,通常仅次于排热损失。对于固态除渣煤粉炉,机械不完全燃烧热损失 q_4 约为1%~5%。飞灰中残留的未燃碳含量每增加1%,则发电煤耗就将提高0.5%。

影响机械不完全燃烧损失 q_4 的主要因素有煤质特性、燃烧方式,炉膛结构、锅炉负荷、运行水平等。

③化学不完全燃烧热损失 q_3:化学不完全燃烧热损失,又称可燃气体不完全燃烧热损失,它是指在燃烧过程中产生的可燃气体(CO、H_2 及 CH_4 等)未能完全燃烧而随烟气排出炉外造成的热损失。

对于煤粉炉,化学不完全燃烧热损失一般不超过0.5%。

影响化学不完全燃烧热损失的主要因素是:空气过剩系数 α、煤的挥发分含量,炉膛温度及炉内空气动力场等。

④散热损失 q_5:实际测定散热损失比较困难,通常可按图3-26查出。

q_5 也可作为锅炉热平衡的剩余项目来计算,即

$$q_5 = 100 - (q_1 + q_2 + q_3 + q_4 + q_6) \tag{3-14}$$

⑤炉渣物理热损失 q_6:炉渣排出炉外所带走的热量损失,称为炉渣物理热损失。

影响炉渣物理热损失 q_6 的主要因素有煤中灰分含量、炉渣占燃料总灰量的百分率及锅炉排渣方式等。

显然,煤中灰分含量越高,炉渣占煤总灰量的百分率越大,则炉渣物理热损失越大。

2. 锅炉的热效率

锅炉输出热量占输入热量的百分率,称为锅炉热效率或锅炉效率 η 其计算式为

$$\eta = q_1 = Q_1 / Q_r \times 100\% \tag{3-15}$$

由式(3-15)可知,为求锅炉热效率,应先通过试验测出锅炉的输出热量 Q_1,这种方法称为正平衡法,利用此法测出的热效率,称为正平衡热效率。

根据式(3-11),锅炉热效率 η(%)也可由式(3-16)算出

$$\eta = q_1 = 100 - q_2 - q_3 - q_4 - q_5 - q_6 \tag{3-16}$$

上述方法称为反平衡法或热损失法。它不需要提供锅炉的输出热量 Q_1,利用此法测得的热效率,称为反平衡热效率。当前煤粉锅炉的热率多在91%~93%。

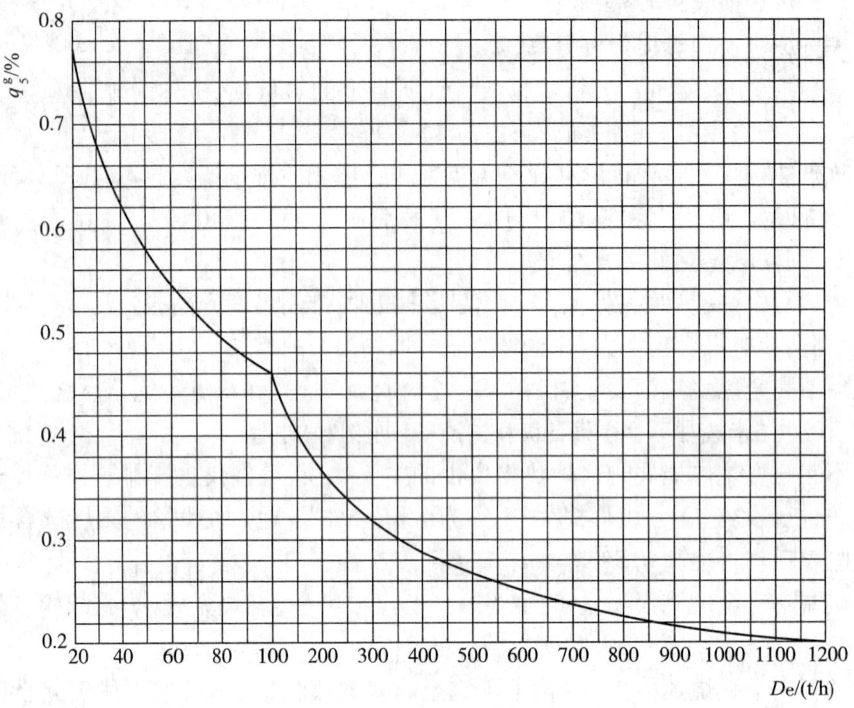

图 3－26　锅炉散热损失示意图

3. 锅炉的燃烧效率

为了说明煤在炉内的燃尽程度，可用燃烧效率 η_{rs}（%）来表示

$$\eta_{rs} = 100 - (q_3 + q_4) \quad (3-17)$$

即可燃气体及灰渣未完全燃烧热损失（分别为 q_3 及 q_4）百分率越小，则锅炉的燃烧效率越高，反之，则越低。一般说来，高参数大型锅炉的 q_3 及 q_4 均比较小，故燃烧效率较高。

第四章　煤粉燃烧产物与环境保护

环境保护是我国的基本国策。燃煤电厂的环境保护与煤粉燃烧产物密切相关。环境保护与节能降耗是我国燃煤电厂能否长期可持续发展的关键所在。

燃煤电厂中煤粉燃烧产物包括固态及气态产物。固态燃烧产物包括烟尘(飞灰)及炉渣;气态燃烧产物主要有二氧化碳、二氧化硫、氮氧化物等。其中尤以烟尘及二氧化硫对环境的污染最为严重,本章将系统、简明地阐述煤粉燃烧产物对环境的影响及其降低上述污染的途径与方法。

第一节　煤粉燃烧产物及其特点

用工业分析指标表示时,煤中可燃成分为挥发分与固定碳;用元素分析指标表示时,则为碳、氢、硫、氮、氧、煤中可燃组分的燃烧产物主要为 CO_2、SO_2、H_2O(gas)、NO_x 及剩余的 O_2 等;而煤中的灰分则是煤中矿物质经一系列化学反应而产生的残留物,它包括烟尘(俗称飞灰)和渣这一类固态燃烧产物。

在上述煤的多种燃烧产物中,尤以 SO_2 与烟尘对环境的危害最大,故如何控制烟尘及 SO_2 的排放,是当前燃煤电厂的环保监测与治理的重点内容。

一、煤燃烧的固态产物

1. 烟尘

煤在理想的条件下,可以完全燃烧,煤中碳转成二氧化碳、氢转成水汽、硫转成二氧化硫(伴有少量三氧化硫产生)。如果燃烧条件不甚理想,就会产生未燃碳粒而形成烟尘。

我国大型电厂锅炉多采用煤粉悬浮燃烧方式,燃烧后灰中的大部分以极小颗粒被烟气携带排出炉外,这种随锅炉烟气排出的细灰,通常则称为飞灰或粉煤灰,而从炉底排出的大粒或块状的灰分混合物,通常则称为炉渣。

(1)烟尘(飞灰)的特性

煤粉燃烧后由锅炉排出的飞灰及炉渣,或多或少总含有一些未燃尽的碳粒(俗称灰渣可燃物)。对于高参数大型电厂锅炉,飞灰可燃物含量一般为 0.5% ~2%,有的甚至可低于 0.5%,但当煤粉燃烧不佳,飞灰可燃物可高达 5% ~8%,甚至有的锅炉飞灰可燃物高达 10% 以上。通常在锅炉点火及负荷波动时,飞灰可燃物含量较高。

燃烧方式不仅影响烟气中的含尘量,而且会影响粉煤灰的粒度。不同燃烧方式灰、渣比例参见表 4 - 1。

表 4 – 1　不同燃烧方式时的灰、渣比例　%

炉　型	飞灰	炉渣
固态除渣煤粉炉	约 90	约 10
液态排渣煤粉炉	约 60	约 40
循环流化床锅炉	无烟煤:70 ~ 90	10 ~ 30
	劣质煤、矿石:20 ~ 40	60 ~ 80

我国电厂中绝大部分锅炉为固态除渣煤粉锅炉，液态排渣煤粉锅炉数量很少，而循环流化床锅炉（燃用煤粒）正日益增多，我国已设计生产与 300MW 机组配套的循环流化床锅炉。

不同燃烧方式生成的粉煤灰粒径也不相同，例如煤粉炉中粒径 d 为 24μm，沸腾炉为 15μm ~ 50μm。

飞灰粒径的大小与分布和入炉煤粉细度密切相关，例如某电厂 600MW 机组电除尘器出口灰粒组成见表 4 – 2。

表 4 – 2　某 600MW 机组电除尘器出口灰的粒径

灰粒粒径/μm	<2	≥2 ~ <5	≥5 ~ <10	≥10 ~ <20	≥20 ~ 45	≥45
所占比例/%	4	20	20	22	18	16

该机组形成的渣呈深褐色，其密度为 $2250kg/m^3$，充填密度为 $1350kg/m^3$ ~ $1400kg/m^3$。

破碎后渣的最大粒径 50mm，渣的平均粒径 12mm，渣粒 12mm ~ 50mm 者，占 20%，渣粒 <12mm 者，占 80%。

细度是评价灰质特性的重要指标之一。细度越细，其活性越易发挥，应用价值也越大。

含水性也是影响粉煤灰质量的重要指标之一，水分是赋存于干粉煤灰颗粒之间及局部孔隙中的游离水、化合水或气态水。干灰几乎不含水，活性高；而湿灰含水量大，其活性大为降低，我国对用于生产水泥及混凝土中的粉煤灰，对其含水量均有严格的要求。

粉煤灰的密度一般在 $1.8g/cm^3$ ~ $2.88g/cm^3$ 范围内，容重多在 $600kg/m^3$ ~ $1000kg/m^3$。粉煤灰密度大者，则小颗粒者所占比例较大，质量也就较好。

粉煤灰的另一重要物理性质是其颗粒性。粉煤灰颗粒是煤粉燃烧过程中，其灰熔融冷却所形成的。由于燃用的煤种，燃烧温度、煤粉细度不同，因而各电厂粉煤灰的颗粒性也各不相同。粉煤灰的形态组成主要是球形玻璃体、不规则结晶体及多孔碳粒等。粉煤灰中玻璃体含量一般占 50% ~ 60%，它的含量越高，则活性也越高。

粉煤灰中含有数十种元素，包括多种金属及非金属元素。除以氧化物形式存在外，还以硅铝酸盐，硅酸盐、硫酸盐等各种盐类形式存在。

粉煤灰主要来自煤中矿物质，参见表 5 – 5。

由此可知，粉煤灰的组成十分复杂，即使测定其主要成分也很困难。粉煤灰的成分，通常以氧化物的质量分数来表示，主要项目为 SiO_2、Al_2O_3、Fe_2O_3、CaO、MgO、SO_3、TiO_2、K_2O 及 Na_2O，这些就是灰渣化学成分测定的具体项目。

粉煤灰中 Fe_2O_3、CaO、MgO、K_2O、Na_2O 为碱性氧化物，而 SiO_2、Al_2O_3、TiO_2 为酸性氧化物，其比值一般在 0.1 ~ 1.0 范围内。

我国电厂的粉煤灰组成中，SiO_2、Al_2O_3、Fe_2O_3 三项成分往往占全部组成90%以上，但也有一些粉煤灰中CaO含量特别高，可达30%～50%，这样的粉煤灰特别适用于建材生产。

我国几座电厂燃用不同性质的煤，其粉煤灰的组成列于表4－3中。

表4－3　我国几座电厂粉煤灰的组成　%

电厂代号	SiO_2	Al_2O_3	Fe_2O_3	CaO	Mg	SO_3	TiO_2	K_2O	Na_2O
A	53.53	22.04	11.56	6.17	1.09	2.17	1.02	0.35	0.60
B	50.47	36.20	8.26	1.30	0.59	1.09	–	0.95	0.60
C	46.42	16.21	9.21	7.78	5.88	1.12	2.61	2.44	—

注：1. A、B、C为电厂代号。A电厂燃用低挥发分烟煤；B电厂燃用高挥发分烟煤；C电厂燃用褐煤。
2. B电厂中 Al_2O_3 含量实为 $Al_2O_3+TiO_2$ 的含量。

（2）烟尘的危害

各种燃料燃烧时，含有两种不同的类型：一是燃烧时冒烟；二是燃烧时不冒烟。即使用一种燃料，由于燃烧方式及条件的不同，其冒烟情况也有很大差异。

对于燃烧时不污染空气的各种燃料顺序参见表4－4。

表4－4　燃烧时不污染空气的各种燃料顺序

顺　序	1	2	3	4	5	6	7	8	9
燃料	天然气	液化石油气	轻质燃料油	无烟煤	焦炭	褐煤	低挥发分烟煤	重油	高挥发分烟煤

在我国电力用煤中，应用最多的恰恰是各类别的烟煤，低、高挥发分烟煤的大体比例为1:1，而如何防治烟尘的污染，是电厂环境监测与治理的重点之一。

由于烟尘对大气污染的危害程度随烟尘尘粒的减小而增大，提高除尘效率例如采用袋式除尘器，除尘效率可达到99.9%，这不仅减少了烟尘排放量及排放浓度，更重要的是电除尘器不能收集的细小尘粒可通过袋式除尘器收集下来，从而大大减轻了对大气污染的程度。

对于烟尘的污染危害，一般认为：烟尘质量浓度超过 $0.1mg/m^3$，就对健康不利，当烟尘的年平均质量浓度由 $0.08mg/m^3$ 升至 $0.10mg/m^3$，居民的支气管炎发病率增加，死亡率有增高的趋势，当烟尘浓度日均达到 $0.15mg/m^3$ 时，老弱病患老死亡率增加。

烟尘与 SO_2 结合在一起，对人类健康及植物生长尤为不利，如 SO_2 年均浓度超过 $0.11mg/m^3$，同时烟尘含量达到 $0.16mg/m^3$ 时，气管炎及肺癌患者死亡率有增高趋势。

作为电厂来说，为了降低烟尘污染，最好使用低硫煤，加强对煤中矸石的监控，不宜使用高灰煤，配置高效除尘器，以尽量减少烟尘及 SO_2 的排放量，同时采用高烟囱扩散，以降低 SO_2 及烟尘的排放浓度。由于受低硫煤供应的限制，当燃用中、高硫煤时，当前采取烟气脱硫（FGD）是保证烟气中 SO_2 达标排放的有效措施。

二、煤燃烧的气态产物

1. 二氧化碳

1t碳燃烧会生成3.667t　CO_2 或者说是 $1.866\times10^3m^3$ 的 CO_2，例如一台600MW机组，

日燃煤约6000t，设煤中含碳量为60%，则该机组每天燃碳6000×60% =3600t，则每天产生的CO_2量为3600×3.667=13201.2t或者$6717.6\times10^3m^3=6.7\times10^6m^3$。

(1)二氧化碳的性质

二氧化碳是无色略带刺鼻气味的微酸性气体，不燃烧也不能助燃，它的相对密度为空气的1.53倍，CO_2的物理性质参见表4-5。

表4-5　二氧化碳的物理性质

项　目	数　值
相对分子质量	44.01
气体密度(0℃,0.101MPa)	1.977
折射率(0℃,0.101MPa)	1.00015
气体黏度(0℃,0.101MPa)/(MPa·s)	0.0138
摩尔体积(0℃,0.101MPa)/(L/mol)	22.6
临界温度/℃	31.06
临界压力/MPa	7.382
熔点温度/℃	-56.57
三相点压力/MPa	0.518
气化热/(kJ/kg)	347.86
熔化热/(kJ/kg)	195.82
生成热(25℃)(kJ/kg)	393.7
比热容(20℃,0.101MPa)/[kJ/(kg·K)]	1.295
导热系数(0℃,0.101MPa)/[W/(m·K)]	52.75

CO_2可在三相点与临界点之间的任何温度下，用加压冷却法液化。将CO_2气体温度降到临界点31.06℃以下，加压到临界压力约7.6MPa，即临界压力7.4MPa以上，即可液化。液体CO_2的相对密度d_4^{20}为1.031。液体CO_2冷却到三相点温度-56.6℃以下，压力为0.518MPa时，就成为固体CO_2，俗称干冰。干冰吸热后直接升华为气态CO_2，CO_2形态的转化，是其重要的特点，这在众多领域中得以利用。

(2)二氧化碳与酸雨评判标准

雨水在凝结与降落过程中，与空气充分接触，在一定温度、压力下，O_2、N_2及CO_2在降水中均近于饱和。大气降水中的含溶解气体十分稳定，浓度几乎不变。但是CO_2浓度在近百年来呈不断上升的趋势。大气层中的CO_2由0.028%(体积分数)增加到0.032%，降水溶解CO_2形成碳酸，当雨雪中的饱和CO_2达到电离平衡时，其pH值通常为5.6左右。

多年来，国际上一直将pH=5.6看成是未受污染的大气水pH的背景值，把pH=5.6作为判断酸雨的界限。pH<5.6的降雨，则称为酸雨。

(3)二氧化碳与温室效应

能产生温室效应的气体，称为温室气体，常见的有CO_2、N_2O、CH_4等。温室气体只允许太阳能通过却吸收了从地球向大气辐射出的红外线能量。随着大气中CO_2浓度的增加，致使入射能量多于再辐射至室内的能量时，地球温度升高，这种现象，称为温室效应。

CO_2 的温室作用明显。据联合国统计，1950 年全球排放的 CO_2 约为 1.6×10^9t，1970 年则增加至 4.1×10^9t，而到 1986 年，则达到 5.6×10^9t。在 CO_2 的总排放量中，有 70% 来源于矿物燃料，30% 来源于植物燃料。由于近 100 年来全球 CO_2 排放量的不断增加，使中纬度地区温度升高 2℃ ~3℃，极地升高 6℃ ~10℃，给人类的生态环境造成巨大的不良影响，并可引发严重的灾难性后果。

数十年来，我国的 CO_2 排放量持续增长，其中 1995 年 CO_2 排放量为 8.2×10^8t，约占全球排放量的 13.6%，成为仅次于美国的第二大排放国。要减少 CO_2 排放量，关键在于减少矿物燃料的消耗，特别是提高燃煤电厂的发电效率，降低发供电煤耗。当今我国燃煤电厂的发电煤耗较技术发达国家同类型机组约高 50g/(kW·h) ~60g/(kW·h)。

$$1\text{kW}\cdot\text{h}=3.6\text{MJ} \tag{4-1}$$

标准煤收到基低位发热量 $Q_{net,ar}=29.27$MJ/kg

故 1kg 标准煤理应发电 29.27/3.6 = 8.13kW·h

设某电厂发电煤耗为 300g/(kW·h)，则 1kg 标准煤可发电 1000/3000 = 3.33/k W·h，故发电效率为

$$3.33/8.13\times100\% = 40.96\%$$

发电煤耗与发电效率之间的关系，参见表 4 -6。

表 4 -6　发电煤耗与发电效率间的关系

发电煤耗 g/(kW·h)	250	260	270	280	290	300	310	320	330
发电效率/%	49.20	47.35	45.51	43.92	42.44	40.96	39.68	38.44	37.27

例如发电煤耗由 300g/(kW·h) 降至 250g/(kW·h)，就可降低 1/6 的燃煤量，自然，CO_2 的排放量也就会大幅度降低。

能源行业的温室气体排放占全世界 65%，故它在解决气候变化中必然成为关键所在。据了解，全国在“十一五”(2006 ~2010 年) 期内，已关停 5400 万千瓦的小火电，每年可节约原煤 6240 万 t，减少 CO_2 排放 1.24×10^8t，减少 SO_2 排放 1.06×10^6t，对缓解温室气体排放及减轻酸雨危害起到积极作用。

中科院对我国按行业估算出 CO_2 的排放量，其中电力、热力的生产和供应业居首位，占 CO_2 排放总量的 40.1%，石油加工，炼焦及核燃料加工业占 15.7%，黑色金属冶炼及压延加工占 7.3%，非含属矿物制品业占 6.7%，化学原料及化学制造业占 6.0%。中科院专家指出：这些行业只有在技术进步上取得大的突破，才能在较短时间内走出一条跨越式的节能降耗之路。

2. 二氧化硫

世界上不存在不含硫的煤，只是各地所产煤中含硫量高低不同而已。我国多数煤的含硫量在 0.5% ~5.0% 之间，但 <0.5% 及 >5.0% 的煤也有，不过其数量较少；我国煤中硫含量分布还存在另一个特点，就是有着明显的区域特征，贵州、广西等省区煤中含硫量普遍很高，其含硫量 >5% 者也不少见；其次是四川、山东等省煤中含硫量普遍较高，较多煤中含硫量在 3% 左右；而山西、内蒙等省区所产煤中含硫量普遍较低。

我国电力用煤中含硫量的分布，参见表 4－7。

表 4－7　我国电力用煤含硫量分布

硫分分级/%	供应量/万 t	含硫量/%	所占比例/%
<0.50	10272	0.34	21.56
0.50～1.00	17965	0.75	37.69
1.01～1.50	9933	1.38	20.34
1.51～2.00	4768	7.72	10.00
2.01～3.00	1522	2.53	3.19
>3.00	3200	3.72	6.73
合　计	47660	1.12	100

应该指出：我国有一些不法供煤商为牟取暴利，人为地将煤矸石破碎至 50mm 以下掺入商品煤中，（我国标准将含矸率定义为 50mm 以上的矸石占煤的百分率，故将矸石破碎至粒度 50mm 以下掺入煤中，这样也就不致增加含矸率），由于矸石中含有大量黄铁矿，故使得煤中实际上中高含硫量的电煤的比例要远大于表 4－8 中的值。

煤中硫从形态上分，可分为有机硫与无机硫；而从燃烧特性上分，则可分为可燃硫及不可燃硫，它们这间的关系是：

$$S_t = S_O + S_P + S_S \tag{4-2}$$

$$S_t = S_C + S_{IC} \tag{4-3}$$

$$S_C = S_P + S_O \tag{4-4}$$

式中　S_t——煤中全硫含量，%；

S_P——煤中黄铁矿硫含量，%；

S_O——煤中有机硫含量，%；

S_S——煤中硫酸盐硫含量，%；

S_C——煤中可燃硫含量，%；

S_{IC}——煤中不可燃硫含量，%。

煤中可燃硫燃烧则产生二氧化硫，而我国煤中可燃硫往往占全硫含量的绝大部分，不少产地煤中可燃硫含量可占全硫 90% 甚至 95% 以上。煤中可燃硫主要由黄铁矿硫 S_P 及有机硫 S_O 组成，在有些煤中还含有一些元素硫 S_e，它也属于可燃硫的范畴。

由于 SO_2 来自煤中可燃硫，因而对电厂来说，尤要关注煤中可燃硫的含量。煤矸石中含有较多的黄铁矿硫 S_P，因此，煤中掺入矸石，往往给电厂 SO_2 的排放控制带来极大困难，而且还得增加煤场存煤自燃的风险及磨煤机磨煤能耗增高及加剧锅炉结渣等诸多弊端。

（1）二氧化硫的性质

SO_2 是一种无色有刺激性臭味的气体，其物理性质参见表 4－8。

表 4－8　SO_2 的物理性质（0℃，0.101325MPa）

性　质	数　值
相对分子质量	64.059
容积/（m^3/kmol）	21.8821

续表

性 质	数 值
气体常数 R/[J/(kJ·R)]	129
密度 ρ/(kg/m^3)	2.9275
相对密度 d(空气 =1)	2.264
质量定压热容 C/[kJ/(m^3·K)]	1.779

SO_2 易溶于水,在20℃下,一体积水解溶解40体积的 SO_2 形成亚硫酸 H_2SO_3,它是电离常数为 1.2×10^{-2} 的中强酸。

$$H_2SO_3 \rightleftharpoons H^+ + HSO_3^-$$

$$2H_2SO_3 + O_2 = 2H_2SO_4$$

SO_2 易溶于水,且又易氧化成 H_2SO_4,而 H_2SO_4 是一种强酸,具有很强的腐蚀性。这是 SO_2 的一项重要特性。

(2)二氧化硫的危害

①对人体健康的危害。SO_2 对人体健康的危害,主要是通过呼吸运系统进入人体,与呼吸器管作用,引起或加重呼吸系统的疾病,如支气管炎,支气管哮喘,肺气肿,肺癌等。

长期吸入低浓度 SO_2,往往会造成呼吸道疾病。大气中 SO_2 在低浓度时,一般不会造成人的急性中毒,但在一些不利气象条件下,可能会发生急性中毒,加速老弱病患者的死亡。许多国家的长时间调查研究表明:大气中 SO_2 浓度与支气管炎等呼吸系统疾病发生率之间基本呈正比关系。

不同浓度 SO_2 对人体的健康危害参见表4-9。

表4-9 不同浓度 SO_2 对人体健康的危害

SO_2 浓度/(mg/m^3)	对人体健康的危害程度
3~9	开始感到胸部有压迫感及闻到臭味
14	在该环境下,8h 的最高允许浓度
17~34	对鼻及咽喉会产生直接刺激并发生咳嗽
57	为刺激眼睛的最低浓度
1140~1340	使人直接产生呼吸困难,危及生命
3800	试验表明:10min 白鼠死亡

在大气中 SO_2 与飘尘结合而发生协同作用则危害性更大,飘尘中有许多重金属及其氧化物微粒,能对 SO_2 起催化作用,使之加速转为 SO_3,与湿气相结合形成硫酸雾,其毒性超过 $SO_2$10 多倍。硫酸雾对眼及呼吸道有强烈的刺激作用;同时,它对金属及农作物有着显著的腐蚀与伤害作用。

国内外研究认为,80%~90%的癌症是由环境化学因素所引起的,大气污染与肺癌之间呈明显的正相关性,此外,SO_2 通过皮肤经毛孔进入人体,通过食物和饮水经消化道进入人体造成危害。

②对植物造成的危害。植物对 SO_2 十分敏感,SO_2 主要通过叶面气孔进入植物体,在细

胞或细胞液中生成 H^+、HSO_3^-、SO_3^{2-}，如果其浓度及持续时间超过本身自解能力时，植物就会受到伤害，如叶片上出现伤斑、枯黄、落叶、落果、甚至枯死。同时植物受 SO_2 侵害，也就降低了对病虫害的抵抗能力，造成间接危害。

有资料表明：当某地区 SO_2 体积分数年均达到 $(0.01\sim0.08)\times10^{-6}$ 时，许多植物就开始受到不同程度的伤害，有些植物在更低 SO_2 体积分数下就会受到损害。美国提出：一般植物受害临界状态在 $0.01\times10^{-6}SO_2$ 浓度中暴露1年，$0.1\times10^{-6}SO_2$ 体积分数中暴露1个月、$0.2\times10^{-6}SO_2$ 体积分数下暴露4天。日本提出：农作物出现可见性伤害限度是在 SO_2 浓度 0.3×10^{-6} 下暴露10h、3×10^{-6} 下暴露10min。国外研究认为：植物受害浓度范围 SO_2 浓度为 $(0.01\sim0.105)\times10^{-6}$。

3. 氮氧化物

煤中氮通常为有机氮，其含量多在1%左右。在高温下，煤中氮可生成 NO、NO_2、N_2O、N_2O_3、N_2O_4、N_2O_5 等多种氮氧化物，统称为氮氧化物 NO_x。造成大气污染的主要是 NO 及 NO_2，电厂锅炉排出的 NO 约占 NO_x 总量的95%，而 NO_2 仅占5%左右，然而 NO_2 的毒性要远高于 NO。

NO_x 主要来自煤、油的燃烧，机动车尾气的排放及硝酸的生产等。就火电厂来说，燃油锅炉排放的 NO_x 浓度为 $600mg/m^3\sim1400mg/m^3$，固态除渣煤粉锅炉为 $600mg/m^3\sim1200mg/m^3$，锅炉温度越高，NO_x 生成量越大。计算表明，我国发电量每增加100亿kW·h，NO_x 将增加3.9万t～8.8万t。

(1)氮氧化物的危害

在 NO_x 中，主要是 NO 及 NO_2 构成对大气的污染，其中 NO_2 的毒性为 NO 的5倍。当人体接触高浓度的 NO_2，就可能危及人体健康甚至生命。

NO_2 不仅对人体，而且对多种植物也有伤害作用，不同浓度的 NO_2 对人体健康的危害参见表4－10。

表4－10　不同浓度 NO_2 对人体健康的危害

质量浓度/(mg/m^3)	对人体健康的影响
2	闻到臭味
10	闻到很强的臭味
20～31	鼻、眼、呼吸道受到刺激
103	1min内人体呼吸异常，鼻受到刺激
164	3min～5min之内引起胸痛
205～308	人在30min～620min内因肺水肿死亡
>410	人在瞬间死亡

NO_x 对人体危害，一是视其浓度高低，二是视其接触时间长短，在高浓度 NO_2 的条件下，即使时间很短也是很危险的。

4. 氮氧化物的排放特点

自然界中的 NO_x 来源于两个基本方面：一种是生物自然产生的，约占 NO_x 总量的2/3，

它的特点是 NO_x 产生的面广，点多、分散、量小，影响较小；另一种是人类生产活动如电力生产中的燃料燃烧，机动车排气等，它的特点是：集中排放，危害很大。据统计，2007 年电力行业 NO_x 排放量为 840 万 t，比 2003 年增加 340%，特别是环渤海、长三角，珠三角地区，NO_x 的排放浓度较高。为此，我国已将 NO_x 排放作为重要的大气污染物予以限量控制。

NO_x 与 SO_2 同是形成酸雨的主要来源，近年我国一些经济发达地区的 NO_x 排放对酸雨形成的份额呈上升趋势，随着电厂烟气脱硫（FGD）进程的加快，NO_x 对大气污染的问题会日益凸显。

为了降低 NO_x 的排放浓度，使其能达标排放，现有的方法一是控制在燃烧过程中 NO_x 的生成量，称为低 NO_x 燃烧技术：二是降低烟气中已生成的 NO_x 的烟气处理方法。对于酸雨形成及危害问题，将在本章第二节中加以专门阐述，而对煤的燃烧产物 CO_2、SO_2 及 NO_x 的控制与治理问题，则是本章重点内容，将在本章中分节加以说明。

第二节　酸雨的危害及电厂对大气污染物排放控制标准

煤、油、天然气均可作为火电厂燃料。在我国电源结构中，一直以火电为主，火电又以燃煤为主，这一基本格局在短时期内是不会改变的。

本章第一节已介绍了煤的燃烧产物及其特点，从而为阐述煤的燃烧产物与环境保护之间的关系创造了条件，煤的燃烧产物 CO_2、SO_2 及 NO_x 与形成酸雨均密切相关。例如对 1000MW 火电厂，在燃用不同燃料时所产生的大气污染物的数量差异很大，参见表 4－11。

表 4－11　1000MW 火电厂燃用不同燃料时能产生的大气污染物

污染物	燃煤，3×10^6t/a	燃油，2×10^6t/a	天然气，2.2×10^8t/a
TSP	3 000	1 200	510
SO_2	110 000	37 000	20.4
NO_x	27 000	24 800	20 000
CO	2 000	7 000	–
烃类	400	470	34

由上表可看出，天然气作为发电燃料，能产生的大气污染物的量远远少于燃油及燃煤，燃煤电厂排放大气污染物数量最多，对环境造成污染最为严重。在世界发电燃料结构中，以天然气发展最快，参见表 4－12。

表 4－12　世界发电燃料的预测

年　份	石　油	天然气	煤	核　能	可再生能源
2010	7.5	19.5	37.7	16.4	20.0
2015	7.2	21.0	37.2	14.7	19.9
2020	7.1	23.0	36.9	13.5	19.5
2025	6.6	25.2	37.4	11.8	19.0

燃煤电厂排放的大气污染物中，SO_2 及 NO_x 则是形成酸雨的主要来源。酸雨对水生态

系统，农业生态系统，森林生态系统，建筑物和材料、人体健康均有危害，给国家造成的损失每年高达1100亿元。每排放1t　SO_2 的污染损失超过5000元(也有人估测达20000元)，大气污染所造成的损失每年约占我国GDP的2%~3%。

据测算，如按2005年排放控制水平，到2020年，我国火电厂排放的 SO_2，NO_x 及烟尘将分别达到2100万t，1000万t及500万t以上，火电厂对大气污染物的排放越来越严重。控制燃煤电厂大气污染物的排放对改善我国大质量及控制酸雨危害意义重大。为此，我国专门制定了国标GB 13003—2003《火电厂大气染污排放标准》，该标准于2004年1月1日起实施。该标准是火电厂对大气污染物排放控制与监督的基本依据。

一、我国酸雨的特点与危害

1. 酸雨的含义

天然清洁的降雨近于中性，pH一般在6.5~7.5范围，由于大气中大量易溶于水的 CO_2 存在，产生下列平衡：

$$CO_2 + H_2O \rightleftharpoons H^+ + HCO_3^-$$

$$\frac{[c(H^+)][c(HCO_3^-)]}{p(CO_2)} = 10^{-7.8} \tag{4-5}$$

式中　$p(CO_2)$——大气中 CO_2 的分压 $=3.16\times10^{-4}$。

由此计算出 $c[(H^+)]=10^{-5.6}$，pH=5.6。

多年来，国际上一直将pH=5.6看成未受染污的天然雨水pH的背景值。将pH=5.6视为判断酸雨的界限。如雨水pH<5.6，则称为酸雨。

2. 我国酸雨的分布

引起酸雨的主要大气污染物是 SO_2 及 NO_x，它们能形成的酸雨占总酸雨量的90%以上。

我国酸雨以 SO_2 为主，NO_x 次之，但随国家采取严格的 SO_2 排放控制，电厂普遍采用烟气脱硫及机动车的增多，由 NO_x 形成酸雨的比重呈不断增高的趋势。

我国酸雨的形成与我国电源结构密切相关。长期以来，我国电源结构一直以火电为主，火电又以燃煤为主，西南地区是我国高硫煤的主要产地，也是我国主要的酸雨分布区。

我国各地区主要煤矿煤中的含硫量，参见表4-13。

表4-13　我国各地区主要煤矿煤中含硫量　%

地　区	低硫煤 $S_t \leq 1.0$	低中硫煤 $1.0 < S_t \leq 1.5$	中硫煤 $1.5 < S_t \leq 2.0$	中高硫煤 $2.0 < S_t \leq 3.0$	高硫煤 $S_t > 3.0$	合　计
华北	19.45	11.05	7.53	1.04	0	38.08
东北	11.70	1.40	0.07	0	0	13.07
华东	10.28	2.44	1.71	1.64	0.20	16.27
华南	8.17	1.05	1.98	0.27	0.64	12.11
西南	2.62	0.03	1.40	0	5.08	9.13
西北	7.49	0	0.58	1.30	1.88	11.24
全国	58.71	15.97	13.27	4.25	7.80	100

由表4-13可以看出：西南地区所产高硫煤占全国高硫煤65%（5.08/7.80），在贵州、广西等省、区，不少煤中含硫量高达5%～8%，甚至更高。

在20世纪80年代，我国酸雨发生地以重庆，贵阳、柳州为代表的西南地区，酸雨面积为170万km^2；到90年代中期，已发展到长江以南，青藏高原以东以及四川盆地广大地区，酸雨面积各扩大了100万km^2；以长沙、南昌、赣州、怀化为代表的华中地区成为全国酸雨最严重的污染区，酸雨pH<4，酸雨发生频率高达90%以上。现在我国青藏高原以东、长江干流以南地区已经继北欧、北美之后成为世界第三大酸雨区，酸雨面积占国土面积30%。

据1998年统计，我国降雨平均pH值在4.13～7.79之间，其中年均降水pH<5.6的占统计城市中的52.8%，其中南方城市约占73%。

3. 我国酸雨的特征

我国酸雨形成的主要原因是SO_2，其次为NO_x，但后者呈上升趋势。

我国南方与北方地区酸雨的成因有别，参见表4-14。

表4-14　不同地区酸雨成因因素的比较

因素	西南地区	北方地区
空气相对湿度	相对湿度高，有利于SO_2的液相氧化	相对湿度低，不利于SO_2的液相氧化
降雨量	雨量多，连续降雨时间长，有利于SO_2、SO_4^{2-}降水洗脱	雨量少，干沉降为湿沉降的10倍左右
GAPI和SO_2浓度	因燃用高硫煤，酸性污染物多，贵阳的GAPI和SO_2浓度最高，为北京的20～30倍	GAPI和SO_2浓度低
大气中NH_3含量	碱性物质NH_3很少，贵阳冬季难以检出	京津地区大气中NH_3是西南地区的10倍左右
颗粒物质性质	呈酸性，对酸没有或已失去缓冲能力	呈碱性，NH_4^+、Ca^{2+}，Mg^{2+}浓度是南方的3倍

注：GAPI是指气态酸雨污染指数，它是指大气中气态污染物使雨水酸化的能力。

由表4-14可知，我国南方地区易形成酸雨，而两北地区则较少出现酸雨。

4. 淡水资源与酸雨危害

（1）世界及我国水资源

水是生命之源，它是一种宝贵的，不可替代的自然资源，是人类及一切生物赖以生存与发展的物质基础。

地球表层水主要包括海洋，河流、沼泽、土壤、地下水、冰川水、大气水等。这些水中大部分为咸水，淡水仅占地球总水量的2.53%，其中便于人类利用的淡水更少，只占总水量的0.77%，故淡水是极其宝贵的资源，而我国是淡水资源十分缺少的国家，故淡水一旦遭到污染，将对我国人体健康及国民经济的发展产生严重影响。

地球上各种水体的储量见表4-15。

表 4-15 地球上各种水体的储量

水的种类		储量/10^4km^3	占总储量/%	占淡水储量/%
海洋水		133800	96.5	
陆地水	地下水	2340[a]	1.7	
	其中淡水	1053[b]	0.76	30.1
	湖泊水	17.64	0.013	
	其中淡水	9.1[c]0.007	0.26	
	河水	0.212	0.0002	0.006
	冰川及多年积雪	2406.41	1.74	68.7
	多年冻土底冰	30	0.022	0.86
	沼泽水	1.147	0.0008	0.08
	土壤水	1.65	0.001	0.05
	生物水	0.112	0.001	0.003
	大气水	1.29[c]	0.001	0.04
	水储量总计	138598.461	100	
	其中淡水储量	3502.921	2.53	100

[a]地面以下 2000m 内,不包括南极洲的地下水储量。

[b]绝大部分在 600m 深度内。

[c]指某一瞬间存在其中的水量。

注:表中数据引自联合国水会议文件,1997 年。

地球上的水,在太阳辐射和重力共同作用下,以蒸发降水和径流等方式周而复始,连续不断地运动交替,形成水循环。平均每年有 $577 \times 10^6 m^3$ 的水通过蒸发进入大气,通过降水又返回海洋与陆地。水文循环示意图参见图 4-1。

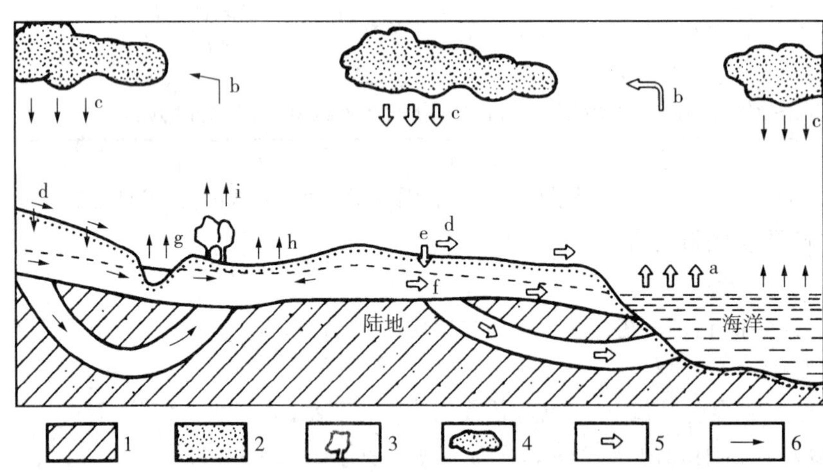

1—隔水层;2—透水层;3—植被;4—云;5—大循环各环节;6—小循环各环节;a—海洋蒸发;b—大气中水汽转移;c—降水图;d—地表径流;e—入渗;f—地下径流;g—水面蒸发;h—土蒸发;i—叶面蒸发(蒸腾)

图 4-1 水文循环示意图

我们通常所说的水资源,就是指陆地淡水资源,主要是地表水及地下水资源。据测算:我国地表水资源量为:$2.638\times10^{12}m^3/a$,地下水资源为:$0.87\times10^{12}m^3/a$。我国年平均降水量为648mm,年降水总量为$6.19\times10^{12}m^3$,我国是淡水资源短缺的国家,人均水资源占有量为世界水平的1/4,而且淡水资源分布很不均衡,南方多,北方少;东部多,西部少;春夏多,秋冬少。加上近年来水体污染包括酸雨的加剧,已对我国的经济可持续发展以及人体健康带来严重威胁。

(2)酸雨的危害

pH是水的重要性质,不仅饮用水、渔业用水、工业用水、农业用水等各种用水对其pH值均有明确要求,故酸雨的人类社会的危害绝不容低估。各种水pH值的要求参见表4-16。

表4-16 各种用水标准的pH要求

用水标准	pH值要求
生活饮用水卫生标准	6.5~8.5
地面水环境质量标准	6.5~8.5
海水水质标准	第一类7.5~8.4;第二类7.3~8.8; 第三类6.5~9.0
渔业水域水质标准	淡水6.5~8.5;海水7.0~8.5
农业灌溉水质标准	一、二类,均为5.5~8.5
污水综合排放标准	一、二、三类,均为6~9

酸雨的pH值<5.6,故它已不能直接作为生活饮用及渔业、农业用水,甚至它都超过污水排水标准的限值。例如西南某地区的酸雨pH值及其频率参见表4-17。

表4-17 我国西南某地区大气污染与降水pH值

年 度	SO_2质量浓度/(mg/m^3)	TSP/(mg/m^3)	降水pH值
1982~1984	0.44	0.50	4.02
1990	0.58	0.82	3.97
2000	0.97	1.14	3.86

西南地区为我国主要酸雨区,并与燃煤电厂用高硫煤密切相关。

清华大学对华中某省SO_2和酸雨对农作物,森林及人体健康的损失进行了评估,其结果参见表4-18。可以看出,华中某省SO_2的排放及酸雨造成的危害逐年增加的趋势;该省的污染情况也非特例。它基本上应是我国SO_2排放及酸雨的缩影。又因为大气污染物及酸雨形成主要来自矿物燃料的燃烧,特别是燃煤的影响尤为突出,表4-11正反映了这一情况,因此,燃煤发电厂为防止大气污染要付出更大努力,这也是写作本书的主要考虑之一。

表4-18 我国华中某省 SO_2 排放损失成本

项目	年份					
	1995	2000	2005	2010	2015	2020
人体健康/亿元	5.44	6.01	6.21	6.71	7.16	7.56
森林/亿元	3.79	8.36	12.99	18.57	24.08	31.17
SO_2 污染损失/(元/t)	21.23	29.83	35.90	44.59	52.96	62.80
边际损失/(元/t)	2384	3022	3509	4161	4720	5377
SO_2 排放量/万t	89.6	98.7	102.3	107.2	112.0	116.8

二、火电厂对大气污染物的排放控制

火力发电厂是我国二氧化硫,氮氧化物、烟尘等大气污染物的主要排放源。据测算,如按2005年的排放控制水平,到2020年,我国火电厂排放的二氧化硫,氮氧化物及烟尘将分别达到2100万t,1000万t及500万t以上。

为贯彻《中华人民共和国大气污染防治法》,防止环境污染,保护和改善生活和生态环境,保障人体健康,加强环境管理,我国专门制定了国家标准GB 13223—2003《火电厂大气污染物排放标准》这一强制性标准,自2004年1月1日起实施。该标准是火电厂对大气污染物排放控制和监督的基本依据。

各电厂必须充分了解该标准的内容,严格执行标准中的相关规定与要求,本节仅对该标准的主要内容加以介绍,并就该标准的特点与实施加以说明。

1. GB 13223—2003的主要内容与适用范围

(1)主要内容

本标准按时间段规定了火电厂大气污染物最高允许排放限值,适用于现有火电厂的排放管理及火电厂建设项目的环境影响评价、设计、竣工验收和建成运行后的排放管理。

(2)适用范围

本标准适用于使用单台出力65t/h以上除层燃炉、抛煤机炉外的燃煤发电厂锅炉;各种容量的煤粉发电锅炉;单台出力65t/h以上燃油发电锅炉;各种容量的燃气轮机组的火电厂,单台出力65t/h以上采用甘蔗渣,锯末、树皮等生物质燃料的发电锅炉,参照本标准中以煤矸石等为主要燃料的资源综合利用火力发电锅炉的污染物排放控制要求执行。本标准不适用各种容量的以生活垃圾,危险废物为燃料的火电厂。

2. 大气污染物排放控制要求

(1)时段的划分

该标准分为三个时段,对不同时期的火电厂建设项目分别规定了排放控制要求。

①1996年12月31日前建成投产或通过建设项目环境影响报告书审批的新建,扩建、改建火电厂建设项目,执行第1时段排放控制要求。

②1997年1月1日起至本标准实施前通过建设项目环境影响报告书审批的新建、扩建和建火电厂建设项目,执行行第2时段排放控制要求。

③自2004年1月1日起,通过建设项目环境影响报告书审批的新建、扩建、改建火电厂建设项目(含在第2时段中通过环境影响报告书审批的新建、扩建、改建火电厂建设项目,自批准之日起满5年,在本标准实施前尚未开工建设的火电厂建设项目),执行第3时时段控

放控制要求。

(2)大气污染物排放限值

①烟尘最高允许排放浓度和烟气黑度限值。各时段火力发电锅炉烟尘最高允许排放浓度执行表4-19的规定。

表4-19　火力发电锅炉烟尘最高允许排放浓度和烟气黑度的限值

时　段	烟尘最高允许排放浓度/(mg/m^3)					烟气黑度(林格曼黑度,级)
	第1时时段		第2时段		第3时段	
实施时间	2005.1.1	2010.1.1	2005.1.1	2010.1.1	2004.1.1	2004.1.1
燃煤锅炉	300[a] 600[b]	200	200[b] 500[b]	50 100[c] 200[d]	50 100[c] 200[d]	1.0
燃油锅炉	200	100	100	50	50	

[a]县级及县级以上城市建成区及规划区内火力发电锅炉执行该限值。

[b]县级及县级以上城市建成区及规划区以外火力发电锅炉执行该限值。

[c]在本标准实施前,环境影响报告书已批复的脱硫机组,以及位于西部非两控区的燃用特低硫煤(入炉煤收到基硫分<0.5%)的坑口电厂锅炉执行该限值。

[d]以煤矸石等为主要燃料(入炉煤收到基低位发热量≤12250kJ/kg的资源综合利用火力发电锅炉执行该限值。)

表中所说两控区,是指二氧化硫控制区及酸雨控制区;西部地区是指重庆市、四川省、贵州省、云南省、陕西省、甘肃省、青海省、西藏自治区、内蒙古自治区、宁夏回族自治区、广西壮族自治区及新疆维吾尔自治区;本标准中1μmol/mol(1×10^{-6})二氧化硫相当于2.86 mg/m^3二氧化硫质量浓度,NO_x的质量浓度以NO_2计,1μmol/mol(1×10^{-6})氮氧化物相当于2.06mg/m^3质量浓度。

②二氧化硫最高允许排放浓度限值。各时段火力发电锅炉二氧化硫最高允许排放浓度执行表4-2规定的限值。第3时段位于西部非两控区的燃用特低硫煤(入炉煤收到基硫分<0.5%)的坑口电厂应预留烟气脱除二氧化硫装置空间。

表4-20　火电锅炉二氧化硫最高允许排放浓度　　mg/m^3

时段	第1时段		第2时段		第3时段
实施时间	2005.1.1	2010.1.1	2005.1.1	2010.1.1	2004.1.1
			2100	400	400
燃煤及燃油锅炉	2100[a]	1200[a]			800[c]
			1200[b]	1200[b]	1200[d]

[a]该限值为全厂第1时段火力发电锅炉平均值。

[b]在该标准实施前,环境影响报告书已批复的脱硫机组,以及位于两控区的燃用特低硫煤(入炉煤收到基硫分<0.5)的坑口电厂锅炉执行该限值。

[c]以煤矸石等为主要燃料(入炉燃煤收到基低位发热量≤12500KJ/kg的资源综合利用火力发电锅炉执行限值)。

[d]位于西部非两控区的燃用特低硫煤(入炉燃煤收到基硫分<0.5%的坑口电厂锅炉执行限值)。

在本标准实施前，环境影响报告书已批复的第 2 时段脱硫机组，自 2015 年 1 月 1 日起，执行 400mg/m^3 的限值，其中以煤矸石等为主要燃料（入炉燃料收到基低位发热量≤12500kJ/kg）的资源综合利用火力发电锅炉执行 800mg/m^3 的限值。

③氮氧化物最高允许排放浓度限值。火力发电锅炉及燃气轮机组氮氧化物最高允许排放浓度执行表 4－21 规定的限值，第 3 时段火力发电锅炉须留烟气脱除氮氧化物装置空间，液态排渣煤粉炉执行 $V_{daf}<10\%$ 氮氧化物排放浓度限值。

表 4－21　火电锅炉及燃气轮机组氮氧化物最高允许排放质量浓度　　mg/m^3

<table>
<tr><th colspan="2">时　段</th><th>第 1 时段</th><th>第 2 段</th><th>第 3 时段</th></tr>
<tr><td colspan="2">实施时间</td><td>2005.1.1</td><td>2005.1.1</td><td>2004.1.1</td></tr>
<tr><td rowspan="3">燃煤锅炉</td><td>$V_{daf}<10\%$</td><td>1500</td><td>1300</td><td>1100</td></tr>
<tr><td>$10\%\leqslant V_{daf}\leqslant 20\%$</td><td rowspan="2">1100</td><td rowspan="2">650</td><td>650</td></tr>
<tr><td>$V_{daf}>20\%$</td><td>450</td></tr>
<tr><td colspan="2">燃油锅炉</td><td>650</td><td>400</td><td>200</td></tr>
<tr><td rowspan="2">燃气轮机组</td><td>燃油</td><td rowspan="2">—</td><td rowspan="2">—</td><td>150</td></tr>
<tr><td>燃气</td><td>80</td></tr>
</table>

3. 全厂二氧化硫最高允许排放速率

新建，改建和扩建属于第 3 时段的火电厂建设项目，在满足 2 中规定的排放浓度限值要求时，还须同时满足火电厂全厂二氧化硫最高允许排放速率限值要求。

火电厂全厂二氧化硫最高允许排放速率按下列公式计算：

$$Q=P\times\overline{U}\times H_g^2\times 10^3 \tag{4-6}$$

$$\overline{U}=\frac{1}{n}\sum_{i=1}^{n}U \tag{4-7}$$

$$H_g=\sqrt{\frac{1}{n}\sum_{i=1}^{n}H_{ei}^2} \tag{4-8}$$

式中　Q——全厂二氧化硫最高允许排放速率，kg/h；

P——排放控制系数；

$\overline{U}$——各烟囱出口处环境风速的平均值，m/s；

H_g——全厂烟囱等效单源高度，m；

H_{ei}——第 i 个烟囱有效高度，m；

U_i——第 i 个烟囱出口处的环境风速，m/s。

烟囱有效高度按式（4－9）计算：

$$H_e=H_s+\Delta H \tag{4-9}$$

式中　H_e——烟囱有效高度，m；

H_s——烟囱几何高度，m；当烟囱几何高度超过 240m 时，仍按 240m 计算；

ΔH——烟气抬升高度，m，按该标准附录 A 规定计算。

各地最高允许排放控制系数 P 执行表 4－22 规定的限值。

表 4-22 各地区最高允许排放控制系数 *P* 的限值

区 域	北京、天津、河北、辽宁、江苏、浙江、福建、山东、广东、海南	山西、吉林、安徽、黑龙江、江西、河南、湖北、湖南	重庆、四川、贵州、云南、西藏、陕西、甘肃、青海、内蒙古、宁夏、新疆、广西
重点城市建成区及规划区[a]	≤2.6	≤3.8	≤5.1
一般城市建成及规划区[b]	≤6.7	≤8.2	≤9.7
城市建成区和规划区外	≤11.5	≤15.4	≤15.4

[a]重点城市指国务院批复的大气污染防治重点的城市；

[b]一般城市指县级及县级以上城市。

GB 13223—2003 中列出了大气污染物的监测方法，包括基本要求、监测方法、大气污染物过剩空气系数折算值，全厂第 1 时段火力发电锅炉二氧化硫化硫平均浓度的计算、烟气抬升高度的计算等内容，本书就不拟详加介绍。

4. GB 13223—2003 实施意义与特点

(1) GB 13223—2003 实施的意义

GB 13223—2003《火电厂大气污染物排放标准》为国家污染物排放标准，已于 2004 年 1 月1 日起实施。该标准按火电建设时间划分为 3 个时间段，分别规定了大气污染物排放限值和开始实施时间。该标准的颁布与实施，对于我国经济发展和环境保护具有重要意义，对我国环境保护产业和污染治理技术市场的发展将产生重大影响。

(2) GB 13223—2003 的特点

由中国电机工程学会和中国电力出版社联合主办的《电力设备》2005 年第 5 期上刊登了专论文章《控制大气污染物排放，促进电力工业可持续发展》(作者冯波)，该文对读者学习，理解及实施该标准很具指导价值。该文指出了 GB 13223—2003 具有如下特点，特转述于此。

①对我国火电厂大气污染物的排放控制目标明确。以二氧化硫为例，据有关单位研究表明，从长远来看，我国二氧化硫排放量应控制在 1200 万 t/a，其中电力工业排放的二氧化硫应控制在 550 万 t/a 以下，在对新老机组制定排放限值时，充分考虑了长远控制目标。

②提前预告的形式。明确了 2005 年至 2010 年火电厂的二氧化硫和烟尘排放控制要求，有利于火电厂根据自身情况采取相应的控制措施。

③对现有火电机组排放控制的可操作性强。对第 1 时段火电机组的二氧化硫排放，没有规定每台机组必须达到的浓度限值，而是全厂第 1 时段的火电机组平均达到排放限值即可，这样做的好处是允许火电厂对全厂第 1 时段机组综合考虑，选择多种灵活方法达标，电厂有较大的自主权，有利于促进电厂选择剩余使用寿命长，单机容量大，具有脱硫场地的机组上脱硫效率高的装置，从而提高了标准可操作性。

④标准限值科学合理。标准中每一个控制限值均有对应的成熟，可靠的控制技术，脱硫，除尘综合考虑，使火电厂的大气污染物排放控制形成一个有机整体。

⑤完善了 GB 13223—1996 的 *P* 值法。结合我国“九五”“十五”期间大气污染控制重点，充分考虑我国地域辽阔，经济发展不平衡的特点，有利于环保部门对某一类地区进行更严格的控制，调控我国电源布局，控制电厂规模的无限制增长对环境质量的影响，同时较好

的实现了与 GB 13223—1996 标准的衔接。

⑥与国家相关政策衔接。对西电东送和资源综合利用电厂在制定排放限值时予以区别对待,体现了政策的导向作用。

⑦充分借鉴国外先进经验,制定符合我国国情的排放限值。GB 13223—2003 中二氧化硫和烟尘的控制限值逐渐接近了与发达国家与地区的要求,但还有一定的差距。

资源和环境是制约火电行业发展的重要因素,火电行业要不断提高装备技术水平和管理水平,提高能源利用效率,减少环境污染物产生与排放量,才能适应我国社会经济发展的需要。

世界各国火电行业发展历程表明:只有走可持续发展道路,妥善处理与环境保护的关系,才能够实现行业稳定、健康的发展。

第三节　高烟囱对烟气排放物的扩散作用

电厂中煤的燃烧产物烟尘,二氧化硫、氮氧化物等大气污染物最终要随锅炉烟气经烟囱这一通道排到大气中去。烟囱既可以给锅炉自然通风力,又可将烟气中的有害物排至上空稀释扩散,以减少对地面的污染。采用高烟囱排放污染物,长期以来一直是我国火电厂防止大气污染的主要措施之一,即使现在不少电厂已采用高效除尘器及安装了烟气脱硫装置,高烟囱仍能发挥它提高烟气扩散效果,以减少地面污染浓度的积极作用。

一、烟囱的通风力与烟气的上升力

1. 烟囱的通风力

烟囱产生自然通风力是由于内部烟气比周围大气温度高,从而在烟囱内形成负压的缘故。

烟囱的有效通风力因烟囱出口的烟气动压损失、烟气内部阻力损失而减小。

烟囱本身是火电厂中固有的设备。它作为防止大气污染的措施,只是适当地增加了烟囱的高度,或者改变烟囱的形式与结构。为此,投资增加不多,但其效果是无可置疑的。

2. 烟气的上升力

烟气上升的高度越高,则对大气污染物的扩散效果越好。

烟气由烟囱排出,由于它具有一定的流速,因而也就具有一定的动量,使它能继续上升;另一方面,由于烟气温度要高于环境大气温度,使它具有上升的热浮力。烟囱的实际高度加上因烟气动量与热浮力引起的抬升高度,称为烟囱的有效高度。

$$H_e = H_o + K(H_m + H_t) \qquad (4-10)$$

式中 H_e——烟囱的有效高度,m;

H_o——烟囱的实际高度,m;

H_m——排烟由于动量作用上升的高度,m;

H_t——排烟由热浮力而上升的高度,m;

K——修正系数。

计算烟气抬升高度的公式很多,本书在此一种计算烟气抬升高最为简单的计算公式,该式称为霍兰德(Holland)实验式,它适用于中性条件。

$$\Delta H = \frac{1.5\omega D + 0.1694Q_h}{v} \qquad (4-11)$$

$$\Delta H=\frac{\omega}{v}D(1.5+2.7\frac{\Delta t}{t}D) \tag{4-12}$$

式中　ΔH——烟气抬升高度，m；

Q_h——排出的烟气热量，kJ/s；

ω——烟囱出口烟气流速，m/s；

v——烟囱出口处风速，m/s；

Δt——烟囱出口烟温与大气温度之差，℃；

t——大气温度，℃；

D——烟囱出口直径，m。

计算抬升高度，也可参阅 GB 13223—2003《火电厂大气污染物排放标准》中相关规定，城市、丘陵以及平原农村采取了不同计算公式，读者可参阅。

计算地面污染物浓度的公式也很多，应用较多的为瑟顿(Sutton)公式

$$\rho_{max}=\frac{235MC_Z}{v^2H_e^2Cy} \tag{4-13}$$

式中　ρ_{max}——地面最大浓度，mg/m³；

M——SO_2 排放量，m³/s；

H_e——烟囱有效高度，m；

Cz/Cy—大气扩散系数。

根据上述公式，得知污染物的地面最大浓度与烟囱有效高度的平方成反比。故考虑烟囱扩散能力时，不仅要考虑烟囱实际高度，而且必须尽量增加烟囱的有效高度。由式(4-11)及式(4-12)可以看出，烟气的抬升高度取决于 Q_h 及、ω、v、Δt、及 D 等多项参数值，故就可采取相应的措施以充分提高烟气的抬升高度，从而达到增加烟囱有效高度，提高烟气扩散效果，降低大气污染的目的。

二、高烟囱作用分析

燃煤电厂排出的大气污染物，主要是指烟尘及二氧化硫。近 30 年来，我国大型燃煤电厂普遍采用电除尘器，除尘效率达到 99%，故烟尘污染较早得到有效控制，而二氧化硫污染问题，还是近 10 多年来不断扩大采用烟气脱硫装置而有所缓解。时至今日，采用高烟囱仍是部分电厂防止 SO_2、NO_x 污染的一项主要技术措施。

高烟囱排放是一种稀释措施，它的作用是把 SO_2 等污染物送到高空并扩散，以确保 SO_2 等污染物浓度稀释到标准以内而达到实际上合乎动植物呼吸所要求的浓度水平。

关于高烟囱的作用，长期以来存在两种不同的观点。

1. 观点之一

现代大型火电厂只要采取足够高的烟囱，在一般气象条件下，对地面 SO_2 浓度贡献份额很小。同时，据文献介绍：SO_2 大气中的半衰期为 2h，存在时间为 4h～12h，最长为 2d。大气中 SO_2 不是无限叠加。

国内外大量实践表明，采用高烟囱确实是火电厂防止大气污染的一种经济而且有效的措施。目前，国内外的大型电厂烟囱高度均在 200m 以上。美国对采用高烟囱排放来防止 SO_2 污染持保留态度，然而美国新建电厂的烟囱平均高度也在不断增加。至 1972 年，其烟囱

平均高度就达 242m。美国的米切尔电厂（2×800MW 机组）烟囱高达 368m，现在国外火电厂最高烟囱有的达 400m 以上。

由于烟囱越高，对烟气的扩散作用越大，故采用高烟囱不仅对二氧化硫，同时也对降低飘尘浓度同样起着重要作用。

火电厂大气污染物排放对人体及环境的影响，一是要考虑排放量；一是要考虑排放浓度。例如 SO_2 浓度为 $3mg/m^3 \sim 9mg/m^3$ 时，人开始感到胸部有压迫感以及闻到臭味，但浓度达到 $1140mg/m^3 \sim 1430mg/m^3$ 时，就会使人直接产生呼吸困难，危及生命。实施高烟囱排放，可使污染物得到稀释扩散，从而降低大气中污染物浓度，这有利于人的健康及使树木、农作物免受高浓度污染物损害。采用高烟囱排放降低二氧化硫等污染物浓度的做法，在国内外均已取得实效，即使火电厂安装了高效除尘器及烟气脱硫装置，继续采用高烟囱作为防止大气污染的辅助措施仍然是有益的。

2. 观点之二

另一种观点是：采用高烟囱排放虽然可解决电厂附近地区二氧化硫污染问题，但并没有减少排入大气中 SO_2 的量，而且离电厂远处，如 20μm 以外地面 SO_2 浓度基本上与电厂烟囱高度无关。故认为采用高烟囱排放的同时，还必须采取其他措施来防止大气污染，其中包括加装烟气脱硫设备。

高烟囱的扩散作用，虽然改善了电厂附近地区的大气质量，但它把烟气中的污染物送入高空，随风漂流，就有时间经历了一种人们很少了解的光化学反应形成酸雨。酸雨的面积越来越大，水中的酸度越来越高，对生态的影响是极其严重的。研究表明：酸雨是影响全球和生态系统各部分日趋严重的问题之一。我国的 60% 的酸雨归因二氧化硫，40% 的酸雨归因氮氧化物。我国青藏高原以车、长江干流以南地区已经继北欧，北美这后成为世界第三大酸雨区，酸雨面积占国土面积 30%，区域性酸雨污染严重。

关于酸雨的危害，在本章第二节中已作了阐述。我国火电厂大气污染物排放，不仅要采用高烟囱，以降低污染物的地面浓度，同时还要考虑采用烟气脱硫或其他措施，以降低电厂中二氧化硫的排放量。如能降低排放量，则地面污染物浓度也可得到进一步的降低。

当前，我国环境污染已经达到十分严重的程度，生态破坏的趋势还未得到有效遏制，主要环境排放的污染物总量还很大。例如 SO_2 排放量达 2000 万 t/年左右（2005 年，SO_2 排放曾达到 2490 万 t/年），而我国 SO_2 的环境容量仅 1200 万 t/年，故超过环境容量 60% 以上。因此，火电厂在继续采用高烟囱的同时，还应加大烟气脱硫的力度与进程，实施污染浓度与排放总量的双重控制。

三、气象条件与大气污染

电厂锅炉烟气通过烟囱排入大气，其污染物的扩散与稀释效果与气象条件密切相关。严重的大气污染事故的发生总是与当时当地的不利气象条件相联系。研究大气污染与气象之间的关系，是自然科学的一个专门学科，我国南京大学就设有污染气象专业，作者也曾在南大学习进修过污染气象学。在此，就气象条件对大气污染的影响作一简要说明。

1. 大气层结构及其特征

地球表面不同高度，存在具有不同特征的大气层，就电厂锅炉烟气扩散而言，最具实际意义的是从地表到高度为 11km 的对流层。在对流层中，其空气容积约占整个大气层中的

75%。其中空气的组成是：氮占78.06%，氧占20.05%，氩占0.93%、二氧化碳占0.03%及其他微量气体。

在整个对流层中，由于辐射及气流变动等多种因素的作用，上下温度不可能是均匀的，特别是垂直方向的温度分布对烟气扩散有很大影响。就其运动特征而言，整个对流层中空气的流动属于湍流运动，为烟气充分混合创造了条件，从而有助于烟气的稀释与扩散。

国内600MW机组的火电厂，其烟囱高度多在200m以上，与烟气扩散有关的大气为地面起高度约数百米，水平距离通常在10km范围内。大气污染主要是在低层大气中存在，所以我们应更关心接近地面的大气流动情况。

从地表计，其高度在50m～100m范围内，称为摩擦边界层；500m～1000m范围内，称为中间层；高于1000m则为自由大气层。

大气气流流动，特别是湍流流动，直接影响烟气扩散效果。在近地表的摩擦边界层内的风，风吹向气压低的方向，但由于表面摩擦，故在地表其值很小，随高度的增加而逐渐增大；中间层由于地转风及摩擦的影响，取决于气压分布与地球自转。对于电厂建有200m以上高度的烟囱，烟气的扩散基本上是在中间层进行，由于风向随高度而变动，烟气在扩散至地面前具有呈水平方向扩大的趋势，这有利于减轻污染。

2. 气温的垂直分布与烟气扩散

众所周知，气温随高度上升而降低。但我们仍需了解它们究竟遵循什么样的规律？又是如何影响大气污染的？

(1)气温的垂直分布

沿高度的大气温度变化特性，称为大气层层结温度。大气压力随高度上升而下降，如果气团按绝热条件膨胀，则温度也应下降，其相对应的温度下降值，称为干绝热梯度或称干绝热递减率。

气温垂直分布如图4－2所示，虚线表示绝热状态；负绝热，即为逆温现象。

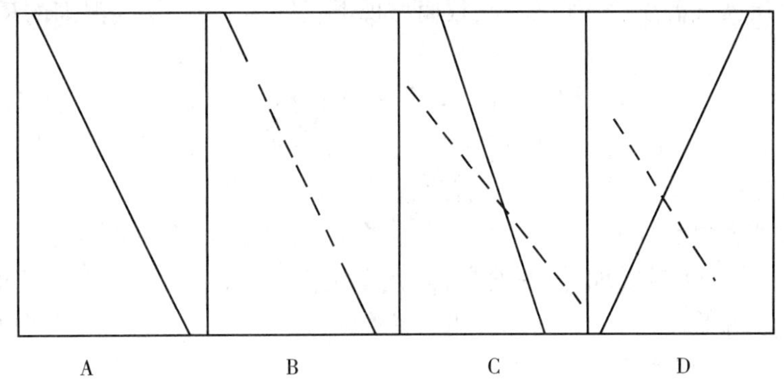

A—不稳定，过绝热；B—中性状态，绝热；C—稳定Ⅰ，准绝热；D—稳定Ⅱ，负绝热(逆湿)

图4－2　气温垂直分布示意图

干绝热递减率 r_d，每上升100m，气温大约降低0.98℃(近似1℃)，实际气温递减率 r 处于下述不同情况时则：

$r > r_d$ 不稳定；

$r = r_d$ 中性状态；

$r < r_d$ 稳定。

(2)大气稳定度与烟气扩散效果

大气稳定度对烟气扩散效果有着直接重大影响。按照常规气象条件,一般将大气扩散能力分为不同稳定度等级,参见表4-23。

表4-23 大气稳定度等分类表

地面风速/(m/s)	白天日照			阴天的白天或夜晚	夜间云量	
	强	中	弱		云量≥4/8	云量≤3/8
<2	A	A~B	B	D	-	-
2~3	A~B	B	C	D	E	F
3~5	B	B~C	C	D	D	E
5~6	C	C~D	D	D	D	D
>6	C	D	D	D	D	D

注:A—极不稳定;B—不稳定;C—弱不稳定;D—中性;E—弱稳定;F—稳定。

稳定状态具有抑制与减弱湍流的效果,图4-2中的稳定Ⅱ状态特别稳定,因越往上温度越高,故称为逆温。

在不稳定状态时,由于上下气流具有倒转的倾向,故加剧了大气湍流。此时气团温度要比周围大气温度高,因浮力继续上升从而有利于烟气扩散。

3.逆温层形成与大气污染

在上述气象条件中,要特别关注与观测逆温层的形成及其对大气污染的影响。

根据逆温形成的原因,可分为辐射性逆温、地形逆温、锋面逆温、湍流逆温等多种类型。

在近地面层,往往是晴朗无风的夜晚,由于地面的强烈辐射作用以及近地面大气温度的迅速下降,而上层大气温度因下降较慢,致使出现下层气温低,上层气温高的反常现象,它称为辐射性逆温。

在日出之后,由于受太阳辐射使近地面大气温度上升,逆温现象则逐渐减弱直至消失。辐射性逆温层常年均可出现,其厚度由数米至数百米。如果电厂排烟为逆温层所覆盖,则烟气不能向上扩散,而在逆温层下方弥漫,从而造成严重的污染。

一到夜间,地表由于辐射而冷却,开始产生逆温层,到拂晓时,其逆温层可能达到最大厚度,在大陆内部,这种逆温层,不但厚度大,而且变化也大,天阴时这种变化则略为减少。上层气温高,下层气温低而构成的逆温层,如二者温度差越大,则说明逆温强度也越大,通常它是以10m高度间的温差来表示。

由于逆温层厚度一般不超过300m,故采取高烟囱排放,就有可能使烟气排放超过逆温层高度,从而避免了近地面的大气污染,使烟气在较高层的大气中得到有效稀释与扩散。

除辐射逆温外,地形逆温也是常见的,特别是处于低洼地形的电厂来说,更是如此,例如在谷地电厂(见图4-3),由于日落后山坡散热较快,此时山坡面的冷空气沿山坡下沉,使得低洼的谷地中温度较高的大气上升而形成逆温。这时建在山谷的电厂,其烟囱高度不够高,排烟就不能突破冷热大气的交界面,从而在山谷中形成浓密的烟雾。这种现象往往发生在冬季的夜间,可能造成严重的污染。

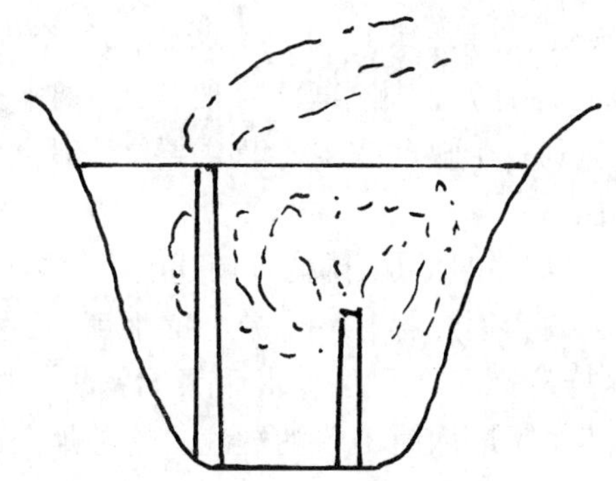

图中横线上方为热空气，此横线为冷热空气交界面

图4－3　逆湿时谷地电厂的大气污染

此外，谷地电厂的排烟还会受风的影响而发生倒罐现象，故建于地形低洼的盆地及谷地的电厂，尤其要考虑采用高烟囱，并注意提高它的有效高度，从而避免严重大气污染的产生。

除上述辐射性逆温，地形逆温外，存时还会碰到锋面逆温，湍流逆温、沉降逆温等。

锋面逆温是由冷热气团相遇，暖气团位于冷气团上方所造成。

湍流逆温是因低层空气因湍流混合作用所造成。

沉降逆温是地表上方有大规模下降高压气团向低压区流动所造成。

四、高烟囱在电厂中的应用

1. 选用多种类型的高烟囱

防止大气污染，可采用多种类型的高烟囱，既要考虑烟囱的自身高度，又要考虑如何提高烟气的抬升高度，即提高烟囱的有效高度。

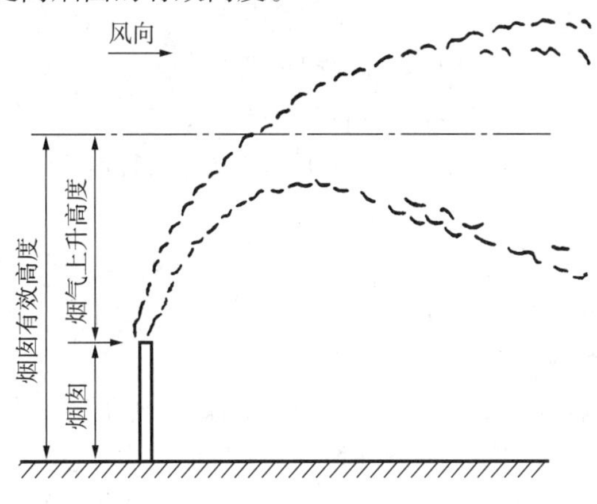

图4－4　烟囱有效高度示意图

（1）多台锅炉合用一个烟囱

一个烟囱所排出烟气的热量越多，则烟气的热浮力越大，故一个电厂几台锅炉合用一个烟囱是有利的，例如国外某电厂装有2×800MW机组，就合用一个高度为368m的高烟囱，这与两个高428m而较细的烟囱具有相近的排烟效果，然而合用一个烟囱则大大降低了烟囱造价。

几台锅炉合用一个烟囱的缺点是,其中一台锅炉停用时,烟囱出口烟速就会太低,在风的作用下,烟气与空气容易混合而失去热浮力(一般认为,烟囱出口烟气流速在23m/s～30m/s之间对排烟上升有利);另一个缺点是,当烟囱需要维修时,整个电厂就要停止运行。

(2)采用多筒集中式烟囱

为解决几台锅炉合用一个烟囱的不足,国内外新建电厂较多地采用多筒集中式烟囱,参见图4－5中(a)。其特点是:每台锅炉各有一个单独的烟筒,几个烟筒紧靠在一起,套在一个钢筋混凝土的外壳内。这样从排烟热浮力来讲、和几台锅炉合用一个大烟囱相似;同时任何一台锅炉的停用,不影响其他锅炉烟筒出口的烟速。这种烟囱的外壳和烟筒之内装有电梯、平台及各种仪表。

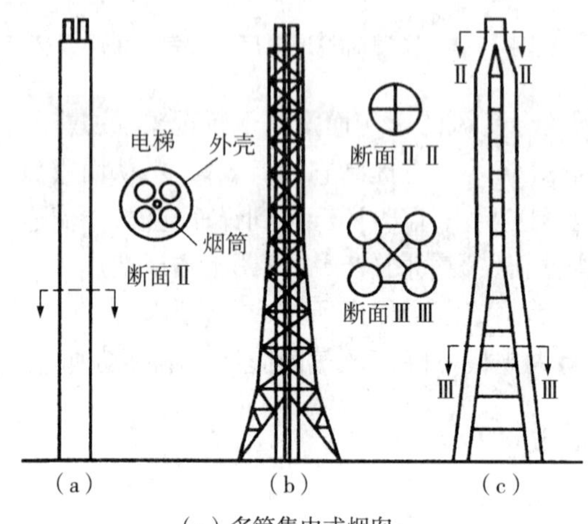

(a)多筒集中式烟囱;

(b)多筒铁塔式烟囱;

(c)特殊型式烟囱

图4－5　几种新型烟囱示意图

多筒铁塔式烟囱与多筒集中式烟囱设计原理相似,铁塔起承重结构的作用,烟囱则由钢板制成,这如图4－5中(b)所示,这种型式的烟囱在德国,日本应用较多。

(3)特殊型式的烟囱

这种烟囱一般由4个烟筒组成一个整体钢结构,顶部合并成一个分隔成4部分的烟囱,参见图4－5中(c)。这种烟囱多用于常发生地震及多台风地区。

2. 力求提高烟囱的有效高度

前已指出:烟气由烟囱排出,由于它具有一定的流速、因而也就具有一定的动量,使它继续上升;另一方面,由于烟气温度要高于环境大气温度,它具有上升的热浮力。烟囱的实际高度加上因烟气动量及热浮力所引起的烟气抬升高度,就是烟囱的有效高度。

烟囱排出烟气继续上升的高度取决于:烟囱的实际高度,烟气的热量、烟囱出口烟速及风速等因素。当烟囱排出一定量的二氧化硫时,地面SO_2浓度大致与烟囱有效高度的平方成反比。

英国一座2000MW电厂,假设全厂采用一个烟囱,风速为7m/s时,烟囱高度计算如表4－24所示。采用高烟囱时,力求提高烟囱的有效高度,这对防止大气污染具有重要的实际意义。

表4－24　2000MW电厂烟囱高度计算结果

煤中含硫量/%	要求烟囱的有效高度/m	烟气上升高度/m	烟囱高度/m
2	550	350	200
3	675	415	260
4	775	460	315
5	865	505	360

从烟囱有效高度计算方式(参见式4－10、式4－11、式4－12)可知,要提高烟囱有效高度,可采取如下措施:

①增高排烟温度。扩大烟囱出口烟温与环境大气温度的温差,因而采用干式除尘器比湿式除尘器有利,但湿式除尘具有5%～15%的烟气脱硫作用;同时应尽量减少烟气及烟囱的热损失。

②增大烟囱出口烟速。这一措施对动力上升极为有效,但是它促进了烟气与空气的混合,反而减少了热浮力的上升高度;出口烟速还涉及风机的能耗,故要选择一个技术经济上最佳值。国内外新建电厂出口烟速多采用23m/s～30m/s。

③防止下降涡流。在烟气的排出口处,烟囱迎风面背后常产生负压区,在此范围内一部分风卷进烟囱时,部分烟气就会沿烟囱下降,会使烟囱有效高度降低。为了防止这种下降涡流,最有效的办法就是使烟气的喷出速度达到出口风速的2倍以上。如增加烟囱高度有困难,那么在烟囱顶部设置一喷嘴状的排出口,以增加喷烟速度,既可防止下降涡流,又可增加由动量上升的烟气上升高度。

④增大排烟量。即使同样的烟温及烟速,只要增加排烟量,对动量上升及热浮力上升均有效果。

另外,一些国家还试验了一种不必增加烟囱高度,而借助自动阀门系统喷射烟圈的烟囱,此法形成的环状烟圈能使烟气上升3000m的高空,然后才自由扩散,使污染物稀释至安全浓度。这种方法在我国上海也曾进行过试验。

在国内外,普遍采用高烟囱排放,且烟囱高度呈不断增高的趋势。世界上最高的电厂烟囱高度,已达400m以上。

3. 采用高烟囱排放的主要优缺点

综上所述,电厂锅炉烟气实施高烟囱排放,其优点与缺点并存。

(1)高烟囱排放的主要优点:

①有助于烟气的扩散与稀释。对于电厂锅炉烟气中污染物的排放,既要控制排放量也要控制排放浓度。实施高烟排放,降低了污染物的落地浓度,减轻了电厂周围的大气污染。当煤中含硫量较低时,也可满足环境质量标准要求。

②高烟囱相对于建造烟气脱硫装置来说,投资费用很低,高烟囱的建造费用约为电厂投资的1%～2%,而建造烟气脱硫装置所需费用则相当于电厂投资的15%～20%。例如某电厂建设总投资为22亿元,而烟气脱硫装置为4亿元,占电厂全部投资约18.2%。

③高烟囱构造简单,占地少,建造快,易于维修。鉴于这一原因,我国燃煤电厂长期以来普遍采用高烟囱作为防治大气污染的主要措施,这也比较符合我国国情。

(2)高烟囱排放的主要缺点:

①尽管高烟囱排放有助于烟气在大气中扩散与稀释,它可以降低污染物落地浓度,但不能减少污染物的排放总量,大气污染问题依然存在,不能从根本上解决大气污染问题。

②由于高烟囱排放经常受到地理,气象等一系列因素的影响,不能保证稀释扩散达到设计要求。我国现在在酸雨范围不断扩大,酸度不断增高,这正是我国未能从根本上根治大气污染所造成的。

为了解决大气污染日趋严重的状况,我国实行 SO_2 排放总量及各烟囱排放浓度的双重控制,因此,就得采取高烟囱的同时,大力普及推广采取烟气脱硫工艺,这样双管齐下、相辅相成,有助于从根本上控制我国大气污染日趋恶化的局面。

高烟囱排放不能减少污染物排放总量,但它毕竟使污染物得以稀释扩散,降低排放浓度的有效方法,也是十分可靠,经济的措施;烟气脱硫的最大特点在于它可减少电厂中 SO_2 的排放总量。烟气中的 SO_2 来源于煤中硫的燃烧,煤中硫可以实施燃烧前、中、后进行脱除。煤中硫对电力生产的危害是多方面的。烟气脱硫作为煤燃烧后脱硫这种方式只能解决电厂烟气中 SO_2 对大气污染的问题,而不能解决煤中硫对电力生产其他方面危害。如果能在煤燃烧前就将其中硫加以有效脱除,那是更好的选择。

采用何种途径与方法来减轻电力用煤含硫量对生产及环境的危害,要根据各地区,各电厂的具体情况(包括煤中含硫量及其形态)慎重地加以选择。实施烟气脱硫并不是对任何电厂来说,都是十分理想,也不是唯一的途径。

电厂即使采取烟气脱硫措施,还需要继续采用高烟囱相配合,以使电厂排出的大气污染物(包括烟尘、SO_2、NO_x 等)冲出逆温层,从而有效避免局部地区在恶劣气象条件下可能出现严重的大气污染情况。

第四节　燃煤电厂除尘器的应用

煤粉在锅炉中燃烧产生的灰渣包括炉渣与烟尘两部分。炉渣是指锅炉底部排出的渣;烟尘则包括黑烟及粉煤灰,粉煤灰俗称为飞灰,是指除尘器底部灰斗中所排出的灰以及由省煤器,空气预热器底部灰斗所排出的灰,飞灰的主要来源则来自除尘器所收集的灰。

在我国多数城市中,大气中粉尘为第一位污染物,而燃煤电厂排放的粉尘又占各行业的首位。例如 2000 年,全国各行业排放的粉尘为 1034×10^4t,而火电厂排放的烟尘为 311×10^4t 占全国排放总量的 30%。国家标准 GB 13223—2003 规定排放浓度由 300mg/m^3 ~600mg/m^3 降至 200mg/m^3,这就要求燃煤电厂在除尘方面要采取更有力措施以确保烟尘达标排放。

一、除尘器及其技术性能要求

1. 除尘器的含义

将烟尘从含尘的烟气中分离并捕集的设备,称为除尘器。

2. 除尘器的技术性能要求

除尘器的性能包括技术性能指标与经济性能指标。技术性能指标主要是指处理烟气流量,压力损失(即阻力)、除尘效率、漏风率等;经济性能指标主要包括设备投资、运行维护费用,占地面积与空间,使用寿命等。

对于除尘器的技术性能指标:

(1)处理烟气流量

所谓处理烟气流量,是指除尘器在单位时间内可以处理含尘烟气的流量,一般用体积流量(m^3/s)或(m^3/h)表示。大型电厂锅炉每小时排放的烟气量达数百万立方米,故电厂必须选用能处理大流量烟气的除尘器,静电除尘器就具有这一特点,这也是它能在电厂中得以普遍采用的主要原因之一。

(2)压力损失

除尘器压力损失是表示该设备能耗大小的一项技术指标。

在除尘器内运送处理烟气所具有的机械能,由于与除尘器内壁的摩擦、折流、扩散时发生涡流作用而变成热能,由于这些因素的作用而引起压力损失,其中低阻除尘器压力损失 Δp 为 500Pa～2000Pa。压力损失 Δp 越小,动力消耗就越小,除尘器运行费用越低。风机或送风所需要的耗电量可根据压力损失及处理烟气量计算而得。

处理烟气量越大,压力损失越大,则耗电量越大。故压力损失(或称阻力)也是选用除尘器应考虑的主要技术性能指标之一。

(3)除尘效率

除尘效率是处理烟尘效果最为重要的技术指标。除尘器效率是指单位时间内除尘器捕集煤尘质量占进入除尘器煤尘质量的百分率,通常以符号 η 来表示

$$\eta = (1 - C_2/C_1) \times 100\% \tag{4-14}$$

式中　C_1、C_2——入口与出口的全断面平均煤尘浓度,g/Nm^3;

η——除尘效率,%。

如果知道由除尘器被分离出来的煤尘浓度 C_0,也可由式(4－15)来求除尘效率

$$\eta = \frac{C_0}{C_1} \times 100\% \tag{4-15}$$

式中　C_0——由除尘器分离出来的煤尘浓度,g/Nm^3。

除尘器在运行中,设备漏风率的大小将影响除尘效率。不计漏风时,进口烟气量 Q_1 = 出口烟气量 Q_2、除尘效率如式(4－15)所示;如计漏风,$Q_1 \neq Q_2$,则除尘效率按式(4－16)计算

$$\eta = (1 - Q_2 C_2/Q_1 C_1) \times 100\% \tag{4-16}$$

当前大型电厂普遍采用具有大处理烟气量、低阻、高效除尘器,除尘率普遍要求达到 99% 以上,电除尘器,袋式除尘器正具有上述特点,故为电厂所广泛采用。

二、除尘器的类型

根据主要除尘机理,目前常用的除尘器可分为机械、湿式、电器、袋式除尘器四种类型。

1. 机械除尘器

机械除尘器,包括重力沉降室、惯性与旋风除尘器等,当今大中型电厂中有时还用到旋风除尘器,主要用于中、小电厂锅炉除尘及作为流化床锅炉的分离器。

旋风除尘器是利用旋转使含尘烟气产生离心力,将烟尘从烟气流中分离出来的除尘装置。

普通旋风除尘器单体结构参见图 4-6。电厂中应用较多的为多管旋风除尘器,它有立式与卧式之分,一般多用立式。它是由多个结构和尺寸相同的旋风子组成,并装在一个壳体内的装置。多个旋风子可根据处理烟气量组合,其旋风子直径较小,除尘效率较高。立式多管旋风除尘器参见图 4-7。

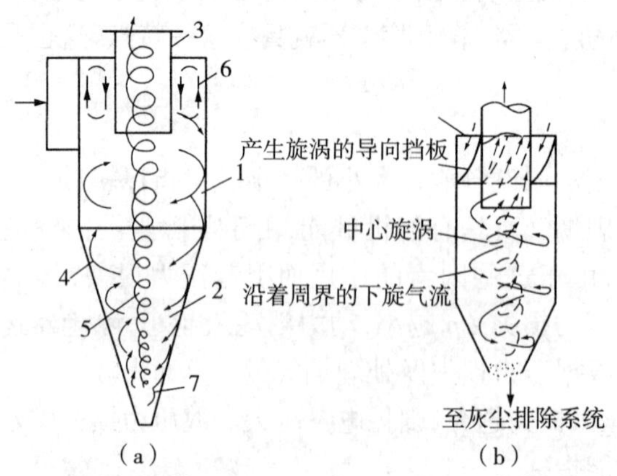

(a)典型单管除尘器结构;(b)轴向进气单管除尘器结构

1—筒体;2—锥体;3—排出管;4—外涡旋;5—内涡旋;6—上涡流;7—下涡流

图 4-6　普通旋风除尘器单体结构

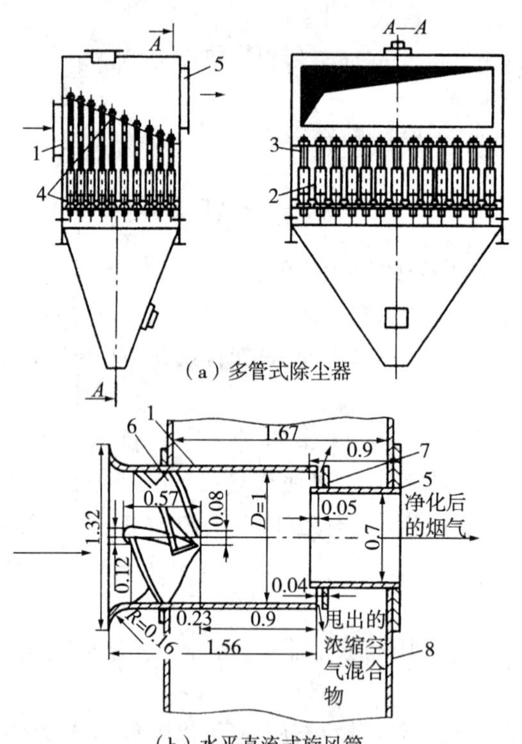

1—入口短管;2—旋风筒外壳;3—旋风筒出口管;4—管板;
5—出口短管;6—喷头;7—圆盘板;8—外壳

图 4-7　立式多管旋风除尘器

多管旋风除尘器可处理含尘量较高的气体,能有效分离粒径 5μm ~ 10μm 的尘粒。立式多管除尘器的入口风速为 10m/s ~ 20m/s,烟尘浓度可高达 $100g/m^3$,压力损失为500Pa ~ 800Pa。

2. 湿式除尘器

湿式除尘器是使含尘气体与液滴或液膜进行碰撞或接触,把尘粒捕获至洗涤水中进行分离的一种除尘方法。

湿式除尘器的除尘机理是:

①由于液滴,液膜与微尘之间的惯性作用引起的碰撞黏附;

②由于微尘扩散造成的黏附;

③由于增湿作用引起粒子凝集性增加;

④由于气泡引起的尘粒黏附;

⑤由于蒸汽使尘粒形成凝结核。

上述各项中,以第①项即碰撞产生的集尘作用最大。

湿式除尘器大致可分为水封式,加压式及旋转式三种类型。

我国电厂中应用较多的为加压式湿式除尘器。加压式是使加压后的水进行喷射,以碰撞或扩散作用捕捉尘粒的方式,它有文丘里除尘器、用水喷射器吸引含尘气体的喷射洗涤除尘器及喷雾塔式除尘器,分别参见图 4 - 8 ~ 图 4 - 10。

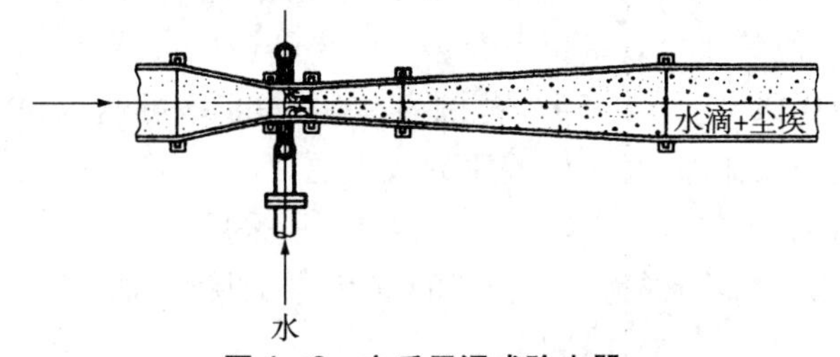

图 4 - 8　文丘里湿式除尘器

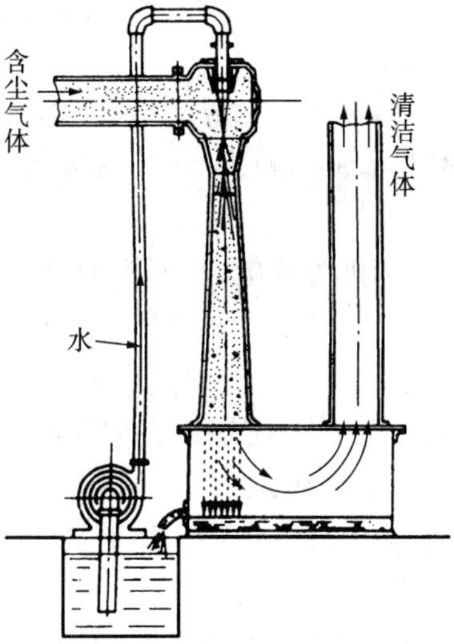

含尘气体
清洁气体
水

图 4 - 9　喷射洗涤湿式除尘器

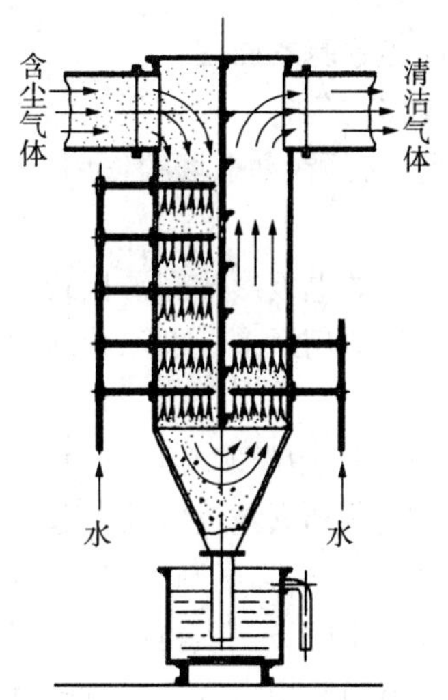

图 4 - 10　喷雾塔式除尘器

在上述加压湿式除尘器中,尤以文丘里湿式除尘器在我国电厂中应用较多,它具有较优越的性能而受到关注。在旋风分离器的气体吸入部位插进文丘里管,将喉部达到50m/s ~60m/s的高速,从其周围的喷嘴如把气液比为 0.5m^3/s ~1.5m^3/s 的洗涤液连续垂直地注入,由于高速气流作用使液体雾化,又由于扩散管中的激烈乱流作用与气体接触,然后用旋风分离器使之分离,可获得高除尘率。

文丘里温式除尘器的优点是:设备造价较低;如选用特种机型,能高效地捕集到 0.1μm 的微尘;湿式除尘器有一定的脱硫作用,如水膜式除尘器可脱除烟气中约 5% 的 SO_2,而文丘里湿式除尘器能脱除烟气中约 15% 的 SO_2。

湿式除尘器的一个突出缺点是用水量相当大,1m^3 气至少要用 0.05L 水,用水量随机型而异;这类除尘器压力损失较大,也就是说除尘能耗较高;再一点是湿式除尘器降低排烟温度,从而降低烟气的抬升高度,不利于污染物的扩散。鉴于上述不足,现在火电厂中大型机组多采用于式高效的电除尘器及布袋除尘器。

3. 电除尘器

电除尘器是利用电晕放电,使含尘气体中的尘粒带电,而通过静电作用时行尘粒与烟气分离的装置。电除尘器是当前我国大中型电厂中应用最为普遍的一种除尘器。

4. 袋式除尘器

这是过滤式的一种除尘器。虽然电除尘器具有高效、低阻、适用处理大烟气量及收集尘粒范围大等诸多优点,但其除尘效率仍不及袋式除尘器(HF),特别是后者具有捕获细小尘粒的优势。在粒径为 0.003μm ~0.5μm 范围内,它的捕获率可达到 99.7% 。前已指出,大气中细小尘粒可直接吸入肺部,对人体健康的危害更大。因而采用袋式除尘器作为电厂防止大气烟尘污染的措施,正在被越来越多的大型电厂所采用。

袋式除尘器及电除尘器同样为本书介绍的重点,袋式除尘器将在本节四中加以介绍。

三、电除尘器

1. 电除尘的基本原理

电除尘器的集尘主要是利用电晕电场中尘粒带电后移向异电极而从气流中分离出来的原理。为此,必须在高电场的作用下,首先要使气体电离,使尘粒带点,然后带电尘粒移向集尘电极。

电除尘器的电极形式有平板式及管式两种。通常阳极为放电极,阴极为集尘极,其中平板式电除尘器应用最多。电除尘器的电极形式及平板电极的电场示意图参见图 4 –11 及图 4 –12。

图 4 –12 中,中间实心圆点为高压放电电极,在此电极上受到数万高伏电压时,放电极与集尘极之间达到火花放电前引起电晕放电,空心绝缘被烧坏,电晕放电后产生的正离子在放电极失去电荷,负离子则黏附于气体分子或尘粒上,由于静电场的作用而被捕集在集尘极上。当静电集尘电极上尘粒达到相当厚度时,利用振打装置使尘粒落入下部灰斗。

电除尘器由除尘室及高压供电设备两大部分组成。除尘室主要有放电电极(电晕线)、收尘电极(阴极板)、清灰设备及外壳组成;高压供电设备一般选用 50kV ~90kV 的直流电,接到除尘器除尘室放电电极上。电除尘器有卧式与立式之分。卧式电除尘器结构参见图 4 –13。

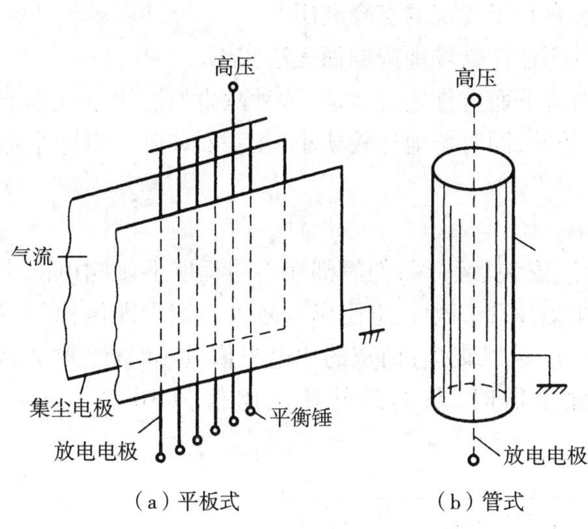

图4－11　电除尘器的电极形式

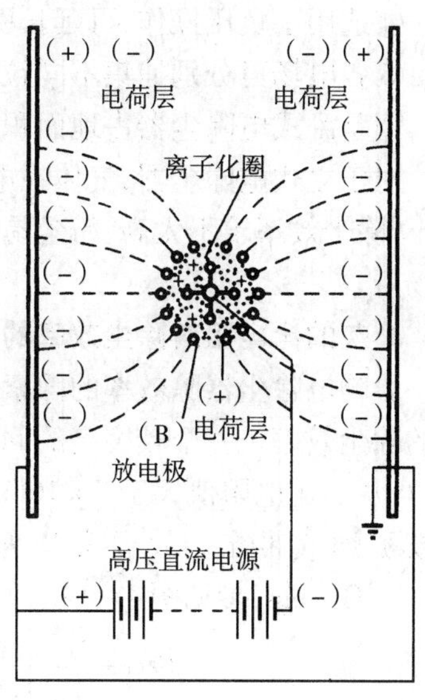

图4－12　平板式集尘电极的电场

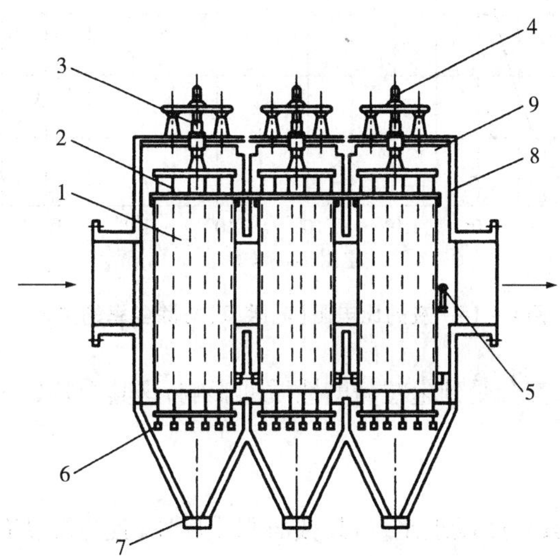

1—阳极板；2—电晕线；3—电晕线虑吊管；4—电晕极振打装置；5—阳极板振打装置；
6—电晕线吊锤；7—排灰装置；8—外壳；9—除尘室

图4－13　卧式电除尘器结构示意图

2. 卧式与立式电除尘器

对于卧式电除尘器，气体在除尘器内沿水平方向运动，由于它较立式电除尘器具有下述多项优点，因而在当今电厂中广为采用。

卧式与立式电除尘器相比，优点在于：

①可根据除尘器内的工作电场，对各个电场分别施加不同电压，以充分提高除尘效率；

②可根据所要求达到的除尘效率，任意增长电场长度；

③在处理大烟气量时，易于保证气流沿电场断面分布均匀；

④适用于负压操作，可延长引风机寿命；

⑤各电场可分别捕集不同粒径的粉尘，有利于飞灰的综合利用。

但是卧式电除尘器占地面积大，有的电厂往往受场地限制而无法使用。

对于立式电除尘器，气体在电除尘器内自下而上作垂直运动，这种除尘器适用于气体流量小，除尘效率求不太高，粉尘易于捕集的条件，同时场地比较狭小，无法安装卧式电除尘器的场所。

3. 灰的比电阻对除尘效率的影响

影响电除尘器除效率的因素很多，设计、安装、运行条件等都在不同程度上影响电除尘器的除尘效率。一个较突出的问题是：除尘效率受烟尘比电阻影响较大。烟尘即俗称的飞灰，当灰的比电阻值大于 $5\times10^{10}\Omega\cdot cm$ 时，就难以集尘；而灰的比电阻值过小时，尘粒又易重新被烟气带走。故通常认为选用电除尘器时，灰的最佳比电阻值为 $10^4\Omega\cdot cm\sim5\times10^{10}\Omega\cdot cm$，参见图 4－14。

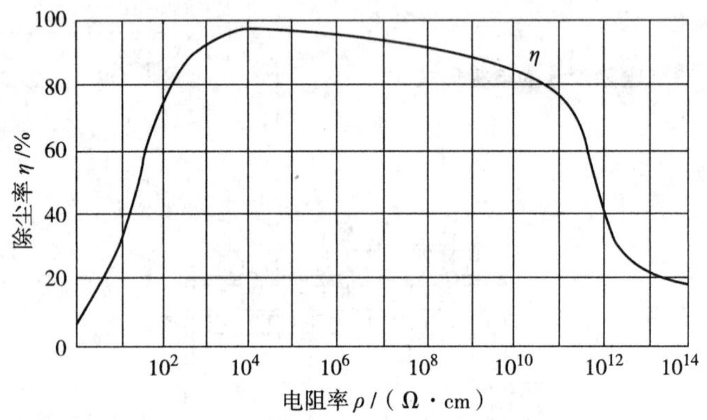

图 4－14　灰的比电阻（电阻率）与除尘率的关系

无论何种电除尘器，都会受到尘粒静电性质的影响，这其中特别重要的就是灰的比电阻或称电阻率。

（1）灰的比电阻

各种材料的电阻与其长度成正比，与其截面积成反比，且与温度有关。

$$R=\rho\frac{L_R}{A_R} \tag{4-17}$$

式中　R——材料在某一温度下的电阻，Ω；

ρ——材料的比电阻或电阻率，Ω · cm；

L_R——材料的长度，cm；

A_R——材料的截面积，cm^2。

在式（4－17）中，当 L_R 及 A_R 为一个单位时，则 $R=\rho$。故一种材料的比电阻，就是其长度与截面积各为 1 个单位时的电阻。

根据灰的比电阻对电除器性能的影响，大致可分为下列 3 种情况：

①$\rho<10^4\Omega\cdot cm$ 者，属低比电阻灰，也有将 $\rho<(10^5\sim10^6)\Omega\cdot cm$ 者列入此类；

②$10^4<\rho<5\times10^{10}\Omega\cdot cm$ 者的灰粒，适用于采取电除尘器集灰，它带电稳定，集尘率高；

③$\rho > 5 \times 10^{10} \Omega \cdot cm$ 者，属于高比电阻灰。

过高或过低比电阻的灰粒，如不采取预处理措施，就不宜采用电除尘器。

(2)影响灰比电阻值的因素

灰的比电阻在一定范围内，除尘效率随比电阻的增大而降低，如图 4-14 所示。

在导电性灰层中显示高值放电电流，一般就表示在灰层中电晕电流稳定，集尘效率高；比电阻 ρ 在 $10^{11} \Omega \cdot cm$ 左右时，电晕电流就会急剧变化并减小；集尘效率在比电阻 $\rho > 5 \times 10^{10} \Omega \cdot cm$ 时，则几乎呈直线下降。

灰是煤的燃烧产物，在煤质特性方面，煤中含硫量的高低对灰的比电阻有较大影响。煤中可燃硫燃烧后生成二氧化硫，并伴有少量三氧化硫产生。如温度过低，三氧化硫会吸附在灰粒上就大大降低灰的比电阻值，故煤中含硫量高者要比含硫量低者，其灰的比电阻值要小。此外，灰的粒径分布，其密度，堆积密度，黏附性等对电除尘器的运行均有一定的影响。

在设计电除尘器时，还要考虑温度，湿度等因素。一般说来，调节烟气的温度、湿度及添加三氧化硫，可降低灰的比电阻值，从而提高电除尘器的除尘效率。温度、湿度对比电阻值的影响参见图 4-15。

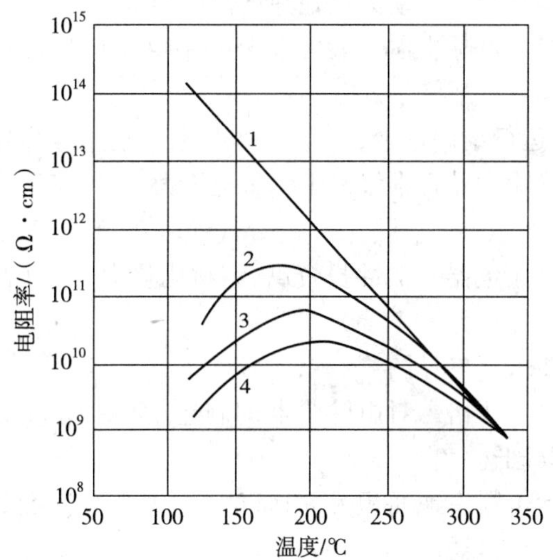

1—干燥烟气；2—含水 6.6% 的烟气；3—含水 13.5% 的烟气；4—含水 20% 的烟气

图 4-15　温度，湿度对灰电阻率的影响

比电阻是煤灰的一种重要物理性质。由于温度对灰的比电阻值有明显影响，在锅炉设计时，必须提供不同温度下灰的比电阻值。例如某大型锅炉设计时，提供的某褐煤煤灰的比电阻实测值为：

18℃时，为 $5.70 \times 10^{9} \Omega \cdot cm$；

80℃时，为 $4.10 \times 10^{10} \Omega \cdot cm$；

100℃时，为 $4.00 \times 10^{11} \Omega \cdot cm$；

120℃时，为 $9.50 \times 10^{11} \Omega \cdot cm$；

150℃时，为 $3.10 \times 10^{11} \Omega \cdot cm$；

180℃时，为 $4.10 \times 10^{10} \Omega \cdot cm$。

关于灰的比电阻测定方法可参阅《电力用煤采制化技术及其应用》第2版(中国电力出版社,2003年3月)。

4. 电除尘器的特点

国内电厂中普遍安装电除尘器,作为控制烟尘排放的主要措施,这是由于它的特点所决定的。

(1)电除尘器的主要优点

①除尘效率高。如满足一定条件,除尘效率可达到99%。

②阻力小,故能耗低。电除尘器由于电场力直接施加于尘粒,而不是施加在全部烟气上,故它属于低阻除尘器,阻力仅200Pa~300Pa,能耗少、运行费用低。

③适应处理大烟气量。对于600MW机组,其烟气量在$200 \times 10^4 m^3/h$以上,应用电除尘器并不困难。

④所收集的烟尘尘粒范围大。即使对于<0.1μm的微粒,电除尘器仍有较高的除尘率,同时,烟尘浓度也允许高达每立方米数十至数百克。

⑤烟尘浓度过高时可采用两级除尘。如烟尘浓度过高,还可设置重力沉降或旋风除尘器进行预除尘,即使这样两级除尘,动力消耗并不会增加很多。

⑥适合处理高温烟气。电除尘器一般可在350℃~400℃下工作,采取某些措施,其耐温性还可提高。

⑦自动控制程度高,运行维修量少。在大型电厂所用的电除尘器中,装置都实施自动控制,因而可远距离操作;电除尘器日常维修工作量也不大。

(2)电除尘器的主要缺点

①一次性投资高。电除尘器一次性投资高,钢材用量大,但由于运行费用低,通常运行5年左右,即可得到补偿。

②对灰的比电阻有要求。参见图4-14。

③制造、安装、运行要求严格。对电除尘器的制造、安装、运行要求严格,否则不能维持所需电压,而使除尘效率降低。

④占地面积大。电除尘器占地面积大,因而对老厂改造往往受到场地限制,只好向高空发展而采用立式如双层电除尘器。

四、袋式除尘器

电除尘器虽有较多的优点,但其除尘率仍不及袋式除尘器(HF),特别是后者具有捕获细小尘粒的优势,在粒径0.003μm~0.5μm范围内,它的捕集率可达到99.7%。前已指出:大气中的微细尘粒可直接吸入肺部,对人体健康的影响更大,因而采用袋式除尘器作为电厂防止大气污染的措施,为越来越多的电厂所采用。

1. 袋式除尘的基本原理

袋式除尘器是一种过滤型集尘装置。是将含尘气体通过过滤材料使烟尘分离的装置。滤袋多用化学纤维或玻璃纤维加工而成。

开始时尘粒黏附于滤布而被分离,形成初始黏附层,包括尘膜。这一过程时间很短,仅为数秒至数分钟;然后通过烟尘自身成层作用捕集到1μm左右的细小尘粒,除尘效率就可达到99%。由于压力损失逐渐增大,烟尘开始坠落,但因保留了初始黏附层,所以不会引起效率的降低。滤袋初始黏附层如图 4 – 16 所示。

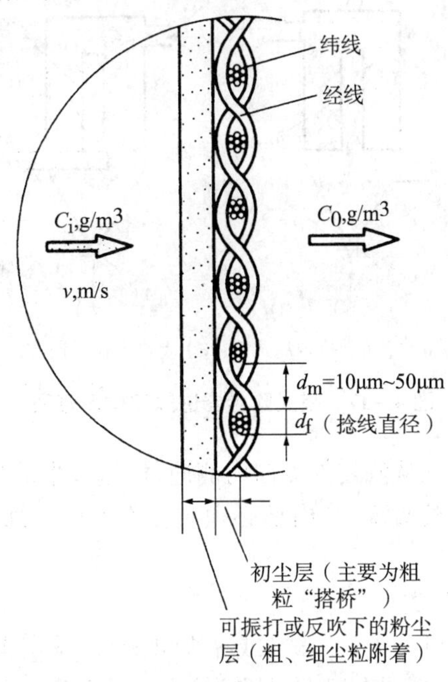

图 4 – 16　滤袋初始黏附层示意图

含尘气体进入除尘器后，通过并列的滤袋，大于滤袋孔的尘粒被阻留在滤袋内表面，净化后的气体从上口排出。随着袋内表面尘粒的积聚，烟气通过滤袋的阻力增加当其阻力增至一定值后，就要清灰。

袋式除尘器的过滤作用，是多种除尘原理联合作用的结果，这已包括筛滤作用，惯性碰撞小灰粒的布朗运动造成的扩散作用，大灰粒的拦截作用及静电作用等。

2. 袋式除尘器的分类

袋式除尘器可按滤袋形状，进风位置，过滤方式及按袋滤室压力状态分类。

(1) 按滤袋形状分类

按滤袋形状分类，一般可分为圆形及扁形袋两大类。

多数袋式除尘器选用圆形滤袋。这种袋呈圆筒形，制造简单，费用较低，圆形滤袋直径为 100mm ~ 600mm，长度为 2m ~ 12m，滤袋长度与直径之比一般为 15 ~ 25。直径过小，易于阻灰；而直径过大，则有效空间内利用率太低。

(2) 按进风位置分类

按进风位置可分为上部及下部两种进风方式，参见图 4 – 17。

下部进风袋式除尘器较上部进风合理，故普遍使用。

含尘烟气由下部进入后，由于空间突然增大，气流速度降低，烟尘中较粗颗粒直接沉降，只有细小尘粒进入滤室。因而减轻了对滤的磨损，延长了清灰周期，同时设备的安装，维修也比较方便。

(3) 按过滤方式分类

按过滤方式，袋式除尘器分为内滤式及外滤式两类。

所谓内滤式，是指含尘气体由滤袋内侧向外侧过滤，烟气中的尘粒在滤袋内表面被捕

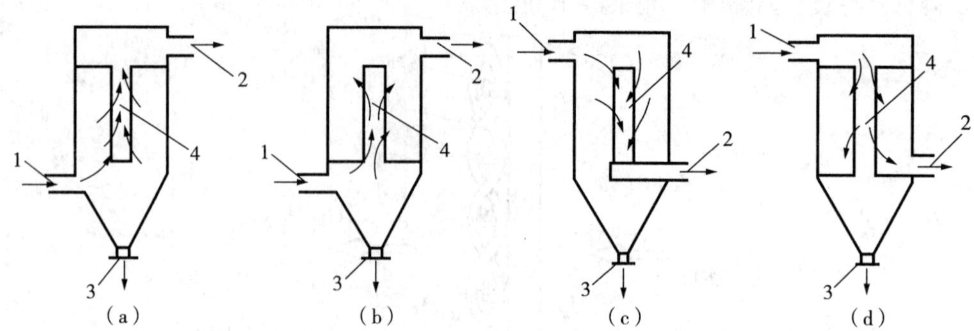

(a) 下进上排外滤式；(b) 下进上排内滤式；(c) 上进下排外滤式；(d) 上进下排内滤式

图 4-17　袋式除尘器进风部位示意图

集；所谓外滤式，则是含尘烟气从滤袋外侧向内侧通过，烟气中的尘粒在滤袋外表面被捕集。对外滤式除尘器为防止滤袋被吸扁，其内部必须有支撑龙骨。通常采用的脉冲式清灰的除尘器多为外滤式。

(4) 按滤袋室压力状态分类

按滤袋室压力状态分类可分为负压式（或称吸出式）以及正压式（或称压入式）。

所谓负压式，是指袋式除尘器布置在引风机之前，使袋式除尘器在负压下运行。这样含尘烟气先经袋式除尘器净化，已净化的烟气进入引风机，减少了对风机叶片的磨损。电厂所用的袋式除尘器，大多为负压式；所谓正压式它是指袋式除尘器装在引风机后，使除尘器在正压状态下运行，这样对引风机磨损严重，故一般很少采用。

3. 袋式除尘器的清灰方式

袋式除尘器可分为机械式清灰，脉冲喷吹清灰及逆气流清灰三种方式。

(1) 机械清灰

采用机械装置振打或摇动使灰下落，一般过滤风速为 0.6m/min ~ 1.6m/min，相应阻力为 800Pa ~ 1200Pa。

(2) 脉冲喷吹清灰

利用压缩空气经脉冲喷吹结构喷入滤袋，使其膨胀和冲击振动来清灰。通常气源压力为 0.5MPa ~ 0.7MPa，喷吹间隔时间为 60s ~ 180s，脉冲宽度为 0.1s ~ 0.25s，过滤风速一般为 2m/min ~ 4m/min，相应阻力为 1000Pa ~ 1500Pa。

(3) 逆气流清灰

它是利用与过滤气流相反方向的气流使滤袋变形，从而致使粉尘脱落的一种清灰方式。

根据实际情况，也可用不同清灰方式来联合清灰。

4. 袋式除尘器的应用

我国电厂广泛应用脉冲喷吹袋式除尘器，参见图 4-18。这种袋式除尘器一般采用圆形滤袋，下进风、上排风、外滤式。

MC 型袋式除尘器采用脉冲喷吹清灰方式，清灰效果好，可采用较高的过滤风速（2m/min ~ 4m/min），相当阻力为 1000Pa ~ 1500Pa。

MC-1 型脉冲喷吹袋式除尘器的技术性能指标列于表 4-25 中。

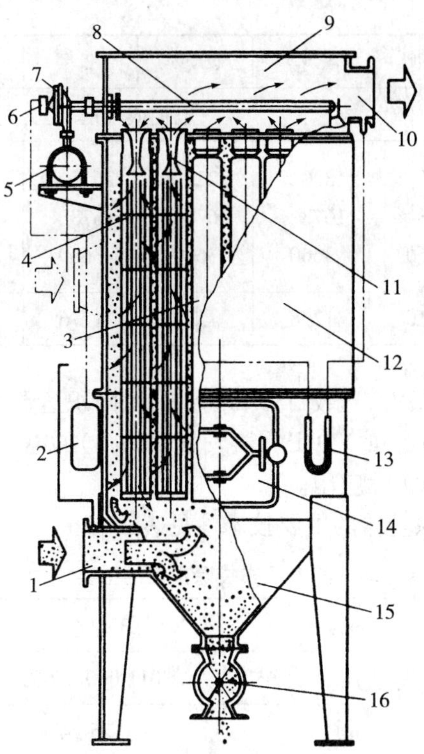

1—进气口；2—控制仪；3—滤袋；4—滤袋框架；5—气包；6—控制阀；7—脉冲阀；8—喷吹管；9—净气箱；10—净气出口；11—文氏管；12—中箱体；13—U 形压力计；14—检修门；15—集尘斗；16—排灰装置

图 4－18　脉冲喷吹袋式除尘器

表 4－25　MC－1 型脉冲喷吹袋式除尘器的技术性能

技术性质	24 型	36 型	48 型	60 型	72 型	84 型	96 型	120 型
过滤面积/m^3	18	27	36	45	54	63	72	90
滤袋数量/条	24	36	48	60	72	84	96	120
滤袋规格（直径×长度）mm×mm	$\phi120\times2000$							
设备阻力/Pa	1000～1500							
除尘效率 η/%	99～99.5							
入口含尘浓度/(g/m^3)	3～15							
过滤风速/(m^3/h)	2～4							
处理风量/(m^3/h)	2160～4320	3250～6500	4320～8640	5400～10800	6450～12900	7550～15100	8650～17300	10800～21600
脉冲阀数/个	4	6	8	10	12	14	18	20

续表

技术性质	24 型	36 型	48 型	60 型	72 型	84 型	96 型	120 型
脉冲控制仪表	电控或气控							
最大外形尺寸(长×宽×高) mm×mm×mm	1025×1678×3660	1425×1678×3660	1820×1678×3660	2225×1678×3660	2625×1678×3660	3025×1678×3660	3585×1678×3660	4385×1678×3660
设备质量/kg	850	1116	1258	1572	1776	2028	2181	2610

大型电厂锅炉，烟气量很大，达数百万 m^3/h，过滤面积达数万 m^3，滤袋数量达数千至数万条，现以国内某电厂(机组容量 220MW，蒸发量 670t/h)的电除尘器改为布袋除尘器为例，说明袋式除尘器在电厂中的实际应用。

该电厂#3 及#4 炉布袋除尘器的主要技术参见表 4-26。

表 4-26　某电厂布袋除尘器的主要技术参数

项　目	单位	#3 炉除尘器	#4 炉除尘器
处理烟气量	m^3/h(标状)m^3/h(165℃)	1 011 000/1 600 000	1 011 000/1 600 000
过滤面积	m^3	25 740	24 600
单元数	个	4(4 室)	4(12 室)
滤袋尺寸	mm×mm	ϕ130×7000	ϕ130×6500
滤袋材质		PPS 针刺毡	PTFE 基布，PPS 针刺毡覆膜
滤袋耐温	℃	≤190	≤190
进口粉尘浓度	g/m^3	25±2	20±2
除尘设计阻力	Pa	≤1500	≤1500
设计本体漏风	%	≤1	≤1
设计过滤风速	m/min	1.05(165℃运行) 0.95(145℃运行) 1.27(1/4 单元离线检修，145℃)	1.18
清灰方式		脉冲喷吹(在线)	脉冲喷吹(在线)
清灰压缩空气	MPa	0.3~0.5	0.3~0.5
脉冲阀数	个	600	624
滤袋数量	条	9000	9360

该电厂#3 炉的电除尘器改造成袋式除尘器，取得了明显效果，参见表 4-27。

表 4－27　某电厂#3 炉除尘器改造效果一览

项目	电除尘器	袋式除尘器
除尘效率/%	98.5	99.9
烟尘排放浓度/(mg/m³)	600～800	18.6
烟尘排放标准/(mg/m³)	50	50
超标情况	超标	达标
折算烟尘排放量/(t/a)	2025	185
烟尘排放收费/万元	55.8	3.72
烟尘超标收费/万元	223.2	0
收费合计/万元	279	3.72
减少烟尘排放量/(t/a)		1800
减少烟尘排放费/万元		275.3

采用袋式除尘器后，不仅除尘效率大为提高，而且由于进入引风机的烟气中几乎不含尘粒，风机叶片的磨损大为减轻，引风机可延长周期运行 2 年以上，为电除尘器使用时产 4 倍。由此每台炉 3 台引风机在 2 年内可减少约 9 次对叶轮补焊维修或更换；另外，2 年内每台炉可减少机组降负荷或停运 9 次，保证机组稳定运行，这将给电厂带来更为可观的经济与社会效益。

5. 袋式除尘器的特点

(1) 主要优点

①袋式除尘器的除尘，除了纤维层的过滤作用外，还有撞击，惯性、扩散、静电、重力沉降等作用，因而可捕集到不同粒径的灰粒，其除尘效率可达到 99.9%。

②袋式除尘器捕集细灰能力强，粒径仅仅为 0.0025μm 的微尘也能捕集，故减少了排入大气中的微尘量。袋式除尘器除灰，实际上提高了除灰质量，特别是减少了大气中悬浮微粒及重金属的污染。

③袋式除尘器处理烟气量大，每小时可达数百万标立方米，可与大型锅炉配套。特别是对高比电阻的烟尘来说，使用袋式除尘器尤为有利。

④袋式除尘器除尘效率不受烟尘化学成分变化的影响，效率稳定，当除尘器阻力 <1000Pa时，入口含尘浓度即使有较大变化，对其阻力及除尘效率的影响也不明显。

⑤实行分室过滤，可在运行中检修与换袋，发生故障一般不必停炉。如果配合喷雾或喷干粉烟气脱硫系统，分别具有 20% 及 70% ～80% 的脱硫作用。

(2) 主要缺点

①滤袋使用寿命较短。更换玻璃纤维滤袋约占除尘器运行费用的 1/5～1/4。高温及潮湿烟气摩擦会使滤布受到局部磨损，装配不良等而发生漏风。滤袋的耐蚀性、吸湿性、耐热性及机械强度等随滤料不同而异，性能优良的滤料则价格昂贵。

②设备投资大，消耗钢材多、安装工作量也大。

③袋式除尘器阻力较电除尘器高，故能耗较大，它约比三电场的电除尘器高 20% ～30%。

随着国家对环保要求的提高，电厂要更多燃用低硫煤，其灰的比电阻值比较高，使用电除尘器的费用由此增大;另一方面,滤袋质量,袋式的设计及运行水平的提高,传统滤袋的使用寿命已大为延长。1997 年以来,美国袋装有袋式除尘器的电厂迅速增多,配套的机组容量也很大,特别是燃用低硫煤的电厂,安装袋式除尘器的工程造价将低于电除尘器,从而显示了良好的应用前景。

第五节 燃煤电厂的烟气脱硫

各种煤中均含有硫,只是含量高低不同而已。煤中硫从燃烧特性区分,可分为可燃与不可燃硫。我国所产煤中可燃硫含量往往占全硫含量中的大部分,不少地区所产煤中,可燃硫可占全硫含量的 90% 以上。可燃硫的燃烧产物主要为二氧化硫,并伴有少量三氧化硫产生(SO_3 含量约相当于 SO_2 含量约 1% ~2%)。电厂烟气中 SO_2 浓度较低,一般在(500 ~1500) $\times 10^{-6}$范围内,即相当于 0.05% ~0.15%。由于 $1\times 10^{-6}SO_2$ 为 2.86mg/m^3,故(500 ~1500) $\times 10^{-6}$ SO_2 相当于(1.43 ~4.32)g/m^3,然而我国规定大气中的 SO_2 日均浓度为 0.15mg/m^3(0.025 $\times 10^{-6}$),故烟气中 SO_2 浓度要比国家规定的日均浓度高出 9530 ~28660 倍。因此,必须采取措施以脱除烟气中的 SO_2,并将其迅速有效地稀释至标准以内,以免造成大气污染。

为防止大气污染,我国实施对 SO_2 排放总量与排放浓度的双重控制,关键是排放总量的控制。如果排放总量下降,则排放浓度相应就会降低。为了降低 SO_2 排放总量,我国采取的主要措施是:一是叫停小火电机组,例如“十五”期间,我国关停小火电机组已突破 5400 万 kW,提前一年半完成了“十一五”关停 5000 万 kW 小火电的任务;二是建设烟气脱硫设施,近年来国家环保部加大了火电厂 SO_2 以及 NO_x 控制与治理力度。2005 年前完成“两控区”内 137 座火电厂的烟气脱硫项目。经过约 30 年的探索实践,我国的烟气脱硫工作取得了长足的发展,工程造价不断降低,从早期的 1000 元/kW 以上降至上世纪 90 年代中期的 600 元/kW左右,至当前已降至 200 元/kW 左右甚至更低。至 2008 年底,我国火电厂烟气脱硫装机总容量达到 3.79 亿 kW,约占煤电总装机量的 66%,成为世界上烟气脱硫装机规模最大的国家;三是换烧低硫煤,然而低硫煤受煤资源的限制供不应求。上述三项控制二氧化硫总量排放的措施中,带来排放效果分别占削减规划的 13.6%、66.6% 及 19.8%,故实施烟气脱硫是控制二氧排放总量的关键所在。

煤中硫可采取燃烧前,燃烧中及燃烧后三种不同途径加以脱除。煤在燃烧后脱硫,即烟气脱硫(Flue Gas Desulfurization)简写为 FGD,是目前唯一可大规模商业应用的脱硫方式,是控制 SO_2 排放的唯一实际可行的技术。本节将说明烟气脱硫的基本原理,工艺特点与应用前景。重点是对典型的烟气脱硫工艺作一介绍。

一、烟气脱硫的基本方式

电厂所用烟气脱硫的方法有数百种之多,烟气脱硫方面的文献资料浩如烟海。在各种烟气脱硫方法中,其中技术较成熟,能较长时间稳定运行,较为经济合理的方法也仅有 10 余种。

烟气脱硫工艺的基本方式有湿法脱硫及干法脱硫(包括半干法脱硫)两大类。从脱硫产物的处置方法划分,又分为回收法及抛弃法两大类。

SO_2 是酸性氧化物，易溶于水形成亚硫酸。在烟气脱硫过程中，采用易和 SO_2 反应的碱性化合物，溶解于水形成悬浊液作为吸收剂来洗涤排出的烟气，称为湿法脱硫；采用固体或非水液体作吸收剂来去除烟气中 SO_2 方法，如利用石灰或白云石粉在炉内去除 SO_2 的方法，其脱硫后的最终反应产物呈干态，即为干法脱硫。

利用各类吸收剂进行烟气脱硫是最主要的工艺方法之一。此外，也可利用吸收剂及催化剂的烟气脱硫工艺。

①钙基吸收剂。主要是指石灰石、石灰、消石灰，白云石也属于此类。这是应用最为广泛的一种吸收剂，它既可用于湿法，也可用于干法脱硫。

②钠基吸收剂。主要指碳酸钠，碳酸氢钠，它们用于湿法脱硫。

③氨基吸收剂一般以氨水及氨液形式作吸收剂，用氨来吸收 SO_2 属酸碱中和反应。

除此以外，还有铵基吸收剂、碱基吸收剂、金属氧化物吸收剂等。主要的烟气脱硫工艺方法参见表4－28。

表4－28　主要烟气脱硫工艺方法一览

方法分类		方法名称	吸收剂	产物
吸收法	石灰石－石灰法	湿式石灰石－石灰－石膏法、湿式石灰/亚硫酸钙法、喷雾干燥法	$CaCO_3$ $Ca(OH)_2$	石膏、亚硫酸钙
	氨　法	氨酸法	NH_3 铵盐	石膏
		氨－亚铵法 氨－硫铵法		浓 SO_2、硫酸铵、亚硫酸铵
	钠　法	亚钠循环法 亚钠法 钠盐－酸分解法 钠盐－石膏法	Na_2CO_3、 NaOH、 Na_2SO_4	浓 SO_2、石膏
	铝　法	碱性氧化铝－石膏法 碱性硫酸铝－二氧化硫法	碱性氧化铝	石膏、浓 SO_2
	金属氧化物	氧化镁法 氧化锌法 氧化锰法	$Mg(OH)_2$、ZnO、 MnO_2	浓 SO_2、锰、稀硫酸
吸附法	活性炭法	活性炭吸附法	活性炭	稀硫酸、浓 SO_2
	分子筛法	分子筛吸附法	分子筛	浓 SO_2
催化转化法	催化氧化法	干式氧化法	V_2O_5（催化剂）	硫酸
		湿式氧化法	水、稀硫酸	石膏
	催化还原法	斯科特法	异丙醇胺	硫磺

用于烟气脱硫的常用吸收剂有碳酸钙、氧化钙、氢氧化钙、碳酸钠、氢氧化钠、氨、氢氧化铵、碳酸氢铵、氧化锌、氧化锰等。烟气脱硫工艺发展很快，除传统的湿式与干式脱硫外，现在又出现了多种新的工艺方法，如电子束法、海水法、脱硫与脱硝的组合工艺法等。

二、烟气脱硫工艺的选择

选择烟气脱硫的工艺，必须充分考虑脱硫工艺的环境指标、经济指标及技术指标。同时还应考虑电厂燃煤含硫量及其变化、煤中硫的存在形态、机组特性与运行要求等因素。

1. 烟气脱硫工艺选择指标

(1)环境指标

根据相关排放标准的规定，脱硫后的烟气能否保证达标排放。

(2)经济指标

这包括工程总投资、年运行费用、脱硫成本、售电电价的增加等。

(3)技术指标

这包括脱硫效率、吸收剂的利用率、吸收剂的可获得性与易处理性、脱硫副产品的处置与可利用性、对锅炉和烟气处理系统的影响、对机组运行方式的适应性、对周围环境与生态的影响、占用场地和空间的大小、工艺流程的复杂程度、能源消耗、工艺成熟程度和商业业绩、施工的可行性等。

综合上述各项指标的分析，从而对本厂拟采用的烟气气脱硫工艺作出选择。

2. 常用烟气脱硫工艺性能的比较。

常用烟气脱硫工艺性能比较，参见表 4 - 29。

表 4 - 29　常用烟气脱硫工艺性能的比较

项　目	石灰/石膏湿法	喷雾干燥法	炉内喷钙法	海水法	电子束法	氧化镁法
技术成熟程度	最成熟	成熟	成熟	成熟	不够成熟	成熟
工艺难易程度	较复杂	较简单	简单	较简单	复杂	复杂
应用业绩	80% 以上	较多	较少	少	—	少
适用煤源	不受含硫限制	中、低硫煤	中、低硫煤	低硫煤	中、低硫煤	中、低硫煤
脱硫效率%	>90	70 ~ 85	60 ~ 80	>90	>90	>90
机组适应性	无限制	中小机组	中小机组	中小机组	—	—
吸收剂种类	石灰/石灰	消石灰	石灰石	海水	氨	氧化镁
吸收剂来源	来源很广泛	来源困难	来源较广泛	受海水条件影响大	受条件限制	受条件限制
废水处理要求	多数要处理	无废水	无废水	废水量较大	无废水	要处理
Ca/S 比	1.02 ~ 1.1	1.3 ~ 1.4	2.5	—	—	—
占地面积	较大	较小	小	较大	较大	大
总投资	较高	较低	低	较低	较高	高
运行成本	较低	较高	高	低	较高	高
副产品	石膏	$CaSO_3$ 等	$CaSO_3$	无	$(NH_4)_2SO_4$/ NH_4NO_3	$MgSO_4$ $MgSO_3$
副产品出路	作建材	难以综合利用	难以综合利用	废水存在收费问题	可作化肥	可作化肥

由于近年我国烟气脱硫工艺发展很快，脱硫设备的国产化程度大大提高，由此脱硫投资迅速下降，从而为电厂采用烟气脱硫装置创造了有利条件；另一方面，新脱硫工艺不断出现，某些原只用于中小型机组的脱硫工艺如今在大型机组上也已采用，如海水脱硫不只是用于中小机组，2009 年投产的广东华能海门电厂 1000MW 机组也已配用了海水脱硫装置。此外，如电子束法脱硫也有较快发展。

我国某些电厂中所采用的烟气脱硫装置情况参见表 4－30。

表 4－30　我国某些电厂烟气脱硫装置的情况

电厂代号	A	B	C	D	E	F	G
脱硫工艺方法	石灰石/石膏湿法	石灰石/石膏湿法	石灰石/石膏湿法	海水法	灰－钙再循环法	电子束氨法	电子束氨法
烟气处理量/($m^3 \cdot h^{-1}$)	1 184 000	—	—	1 100 000	300 000	300 000	630 000
装机容量 MW	—	2×300	125	—	—	—	—
燃料含硫量 %	4.02	1.6	1.06～1.4	0.63	0.96	2.04	1～2
脱硫/脱硝效率/%	>80	95	>90	92	80	80/10	90
静态总投资/万元	23446	—	7500	18718	1474.8	9430	9895
单位比投资/(元·kW^{-1})	651	650	556	624	243	1150	660
运行费用/(元/kW·h)	0.028	—	0.021	0.02	－0.005	0.013	<0.01
脱硫成本/(元/t)	2307	—	—	5188	422	1000	600
副产品	石膏	石膏	石膏	—	$CaSO_3$	$(NH_4)_2SO_4$	$(NH_4)_2SO_4$

三、典型的烟气脱硫工艺(FGD)

无论在国内还是国外，湿法脱硫工艺占有绝对优势，一般占总量的 85%～90%，其中尤以石灰石－石膏法应用最为广泛。

1. 石灰石(石灰)－石膏湿法烟气脱硫(回收法)

在各种烟气脱硫工艺中，石灰石(石灰)－石膏湿法是开发最早、技术最成熟，在国内外应用最广泛的一种工艺方法。

该法以石灰石或石灰为吸收剂，分别称为石灰石－石膏湿法及石灰－石膏湿法；根据脱硫后的产物是否利用，则该法又分为抛弃法及回收法。

(1)烟气脱硫机理及典型工艺流程

①吸收剂

1)石灰石。石灰石即碳酸钙,在自然界储量甚丰,为提高化学反应速率及其利用率,必须事先将其磨制成细粉,相对密度为2.70g/m^3~1.95g/m^3,不溶于水但易于酸,放出二氧化碳。在以 CO_2 饱和的水中溶解而成为 $CaHCO_3$,石灰石在 815℃ 前完全分解成 CaO,放出 CO_2。

我国天然石灰石中,$CaCO_3$ 的含量一般在90%以上,参见表4-31。

表4-31　我国某地石灰石的化学成分　　%

化学成分	SiO_2	AI_2O_3	Fe_2O_3	SO_3	$CaCO_3$	$MgCO_3$
质量分数	0.92	0.16	0.38	0.24	94.25	3.57

又如我国某电厂烟气脱硫所用石灰石,其化学成分如表4-32所示。

表4-32　我国某电厂FGD所用石灰石成分

成分	质量分数/%	成分	质量分数/%
CaO	>50.4(相当于 $CaCO_3$ >90)	Fe_2O_3	0.39~0.49
MgO	1.28~1.69	p	0.015~0.024
SiO_2	2.70~3.65	S	0.36~0.47
AI_2O_3	0.83~1.62	烧失量	40.86~41.60

2)石灰。石灰即氧化钙,是最常见的碱性氧化物,它并不存在于自然界,而是经石灰石煅烧而成。石灰较石灰石具有更高的活性,是一种高效脱硫剂,适用于喷雾干燥法脱硫。

②烟气脱硫机理

湿式石灰石(石灰)-石膏脱硫工艺流程,其主要原理是利用石灰石、石灰等碱性浆液,在吸收塔中对烟气进行洗涤,从而去除烟气中的 SO_2。

$$CaCO_3 + SO_2 + 1/2H_2O \xlongequal{} CaSO_3 \cdot 1/2H_2O + CO_2$$

$$CaO + SO_2 + 1/2H_2O \xlongequal{} CaSO_3 \cdot 1/2H_2O$$

烟气进入顺流格栅式填料吸收塔,烟气中的 SO_2 被吸收而成为 H_2SO_3,此时 H_2SO_3 被离解成 $H^+ + HSO_3^-$ 离子,一部分 HSO_3^- 被烟气中的 O_2 氧化成 H_2SO_4,再和循环液中的 $CaCO_3$ 进行中和反应成为 $CaSO_4 \cdot 2H_2O$;另一部分 HSO_3^- 在吸收塔贮槽中被空气氧化成 H_2SO_4,再和原料中的 $CaCO_3$ 中和,形成 $CaSO_4 \cdot 2H_2O$。

SO_2 吸收剂为 $CaCO_3$,浆液由制备系统进入吸收塔贮槽底部。此部分新鲜吸收液与塔内未反应完成的吸收液与部分石膏体混合,经吸收塔再循环泵送入吸收塔上部,继续进行吸收反应。吸收反应生成石膏晶液,经吸收塔贮槽下部的排出送至石膏制备系统。上述烟气脱硫的全部化学反应是在吸收塔与吸收贮槽两部分内完成的。

石灰石石膏湿法FGD反应机理如图4-19所示,典型的工艺流程如图4-20所示。

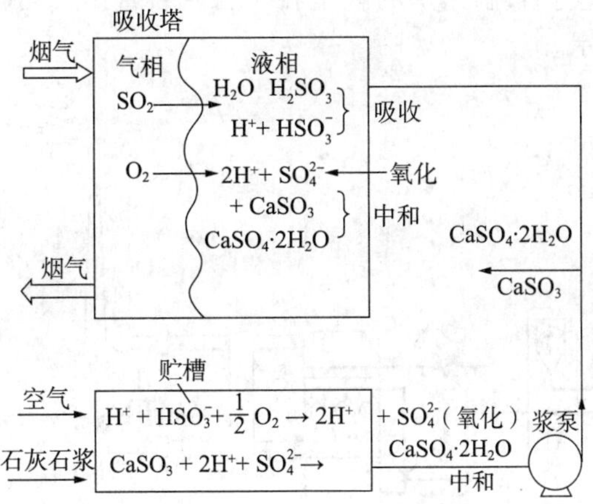

图4-19　石灰石-石膏湿法FGD反应机理

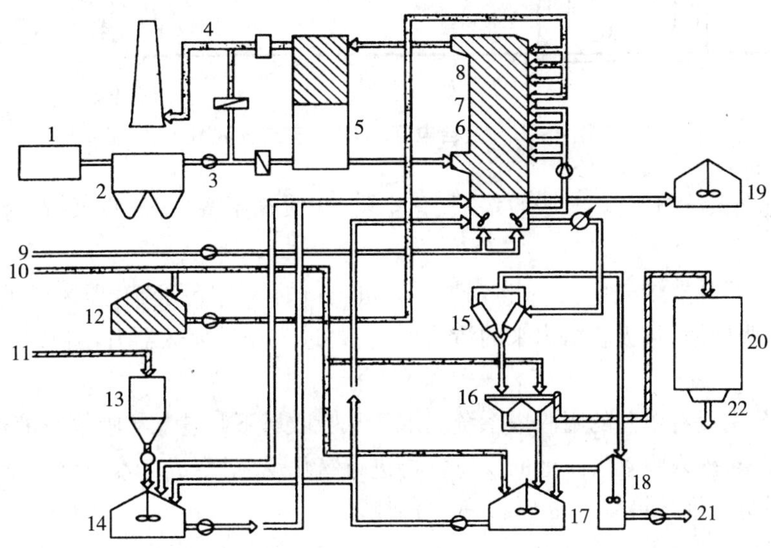

1—锅炉；2—电除尘器；3—未净化烟气；4—净化烟气；5—热交换器；6—吸收塔；7—吸收塔底槽；8—除雾器；9—氧化用空气；10—工艺用水；11—粉状石灰石；12—工艺用水；13—粉状石灰石储仓；14—石灰石中和剂储箱；15—水力旋流分离器；16—过滤机；17—中间储箱；18—溢流储箱；19—维修用塔槽储箱；20—石膏储仓；21—溢流废水；22—石膏

图4-20　典型石灰石-石膏湿法FGD工艺流程

（2）石灰石-石膏湿法FGD工艺的主要优缺点

湿式石灰石-石膏法FGD工艺具有技术成熟，运行可靠，对煤中含硫适应性强、吸收剂石灰石来源多、价格低等一系列优点，因而在国内外得到广泛应用、成为烟气脱硫最具代表性的方法。但是采用湿法脱硫，烟气温度降低，烟气热浮力减小甚至丧失，在不良的气象条件下，可能影响电厂附近的大气质量；另一方面，大量的脱硫污水需要处理，否则会形成新的污染。

湿式脱硫方法很多，它们都是在锅炉的空气预热器与烟囱之间进行脱硫。

（3）湿式石灰石-石膏FGD工程示例

作者所在地区的华能山东黄台电厂烟气脱硫工程是对该厂#7及#8炉（均为300MW机

组配套锅炉）全烟气量进行脱硫，采用的就是石灰石－石膏湿式回收法工艺，该厂烟气脱硫工艺流程如图4－21所示。

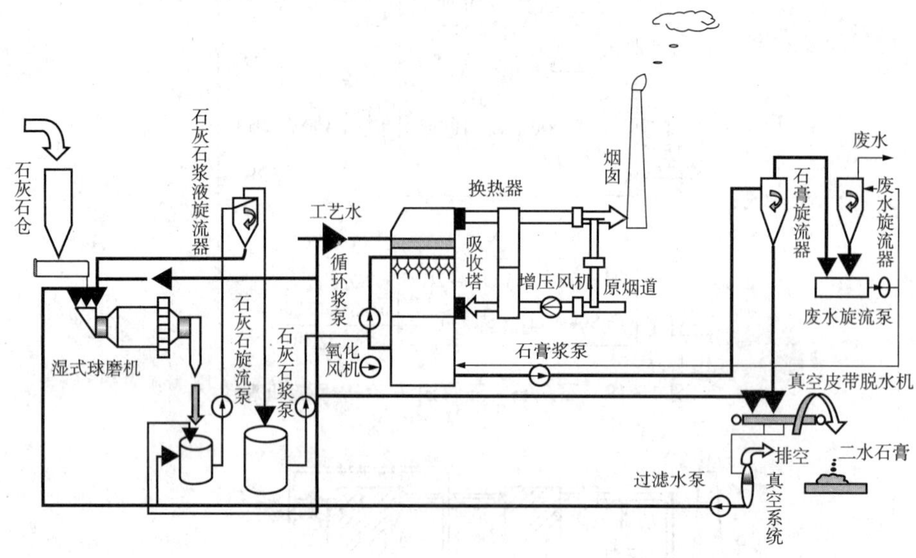

图4－21　黄台电厂FGD工艺流程简图

烟气脱硫全系统包括：烟气吸收塔、氧化空气、吸收剂制备、石膏脱水、石膏炒制及控制等各个子系统。

#7、#8炉设置独立烟气系统，来自锅炉引风机出口的烟气经脱硫升压风机进入烟气换热器降温后进入吸收塔，从吸收塔出来的清洁烟气，再进入烟气换热器升温侧，加热75℃经烟囱排入大气。

#7、#8炉分别设有单独的吸收塔系统。烟气从吸收塔下侧进入与吸收浆液逆流接触，在塔内进行反应，对落入吸收塔浆池的反应物再进行氧化反应，生成二水石膏。烟气通过除雾器除去雾滴后进入烟气热交换器GGH的升温侧。

为充分、迅速氧化吸收溶浆池内的亚硫酸钙，设置了氧化空气系统。考虑到检修后脱硫系统快速启动，设计容量为2100m^3的事故浆罐。对于该电厂FGD系统中的其他子系统，如工艺水、吸收剂制备、石膏脱水、石膏炒制、控制等各个子系统情况，本书不作进一步说明。

黄台电厂FGD工程的主要技术指标是：

处理烟气总量：约2600000m^3/h；

脱硫效率：≥95%（燃煤含硫量1.6%）；

设备国产化率：85%以上；

装置利用率：≥95%；

保护投入率：100%；

自动投入率：100%；

钙硫比：≤1.05；

电耗：脱硫系统厂用电率≤1.236%；考虑石膏炒制部分，厂用电率≤1.302%；

水耗：平均循环水排污水125m^3/h，自来水27m^3/月；

工程单位投资:650 元/kW。

该厂#7、#8 炉 FGD 后,SO_2 及烟尘排放见表 4－33。

表 4－33　黄台电厂 FGD 后 SO_2 烟尘排放比较

项　目	SO_2			烟　尘		
	排放量 t/h	年排放 t	排放浓度 mg/m³	排放量 t/h	年排放 t	排放浓度 mg/m³
脱硫前	7.926	40739.6	3209	0.741	3808.7	300
脱硫后	0.396	2035.4	160	0.185	950.9	74.8
脱硫后减排	7.53	38704.2	3049	0.556	2857.8	140

表 4－33 中的数据按年运行 5140h,煤中全硫含量按 1.6% 计算。由表 4－33 可以看出:黄台电厂采取烟气脱硫装置后,电厂每年向向大气环境排放的 SO_2 及烟尘将分别减少 3.87 万 t及 2858t。

(4)石灰石(石灰)－石膏湿式回收法脱硫工艺评价

①主要优点

1)技术成熟、脱硫效率高;

2)对煤中含硫适应性强;

3)适合处理大烟气量;

4)吸收剂来源多,价格低;

5)系统运行比较稳定,对负荷变动适应性较好;

6)副产品石膏是较好的建筑材料。

②主要缺点

1)投资大,占地多;

2)系统十分复杂;

3)用水量大,且需要时脱硫排水进行处理;

4)系统的结垢、腐蚀较严重。

前已指出:湿法脱硫有抛弃法与回收法之分。下面再简要介绍石灰石(石灰)－石膏抛弃法湿式烟气脱硫。

应该指出:近年来,各种烟气脱硫工艺的研究取得很大进展,石灰石(石灰)－石膏湿式脱硫法(包括回收法与抛弃法在内)在烟气脱硫中所占比重呈下降趋势,干法(半干法)脱硫工艺、海水脱硫工艺等显示了良好的发展前景。

2. 石灰石－石膏湿法烟气脱硫(抛弃法)

石灰石－石膏湿式烟气脱硫按照脱硫后的产物是否利用,可分为回收法与抛弃法,尤其是在美国,石灰石(石灰)湿式脱硫多采用抛弃法。回收法与抛弃法的区别就在于脱硫生成物的处理方式上。

石灰石(石灰)抛弃法,其脱硫副产品是未经氧化处理的亚硫酸钙与自然氧化产物石膏的混合物。这种固体产物实际用途不大,只好作舍弃处理,这样也使 FGD 系统流程有所简化,节省投资,是一种可供选择的方法。

(1)基本原理

①石灰石作吸收剂。脱硫反应是

$$CaCO_3 + 1/2H_2O + SO_2 = CaSO_3 \cdot 1/2H_2O + CO_2$$

②石灰作吸收剂。脱硫反应是

$$CaO + SO_2 + H_2O = CaSO_3 \cdot 1/2H_2O + 1/2H_2O$$

在烟气中有氧存在,通常其含氧量多在5% ~10%,因而 $CaSO_3 \cdot 1/2H_2O$ 可生成石膏,其反应是

$$CaSO_3 \cdot 1/2H_2O + 1/2O_2 + 3/2H_2O \rightleftharpoons CaSO_4 \cdot 2H_2O$$

(2)典型的工艺流程

典型的石灰石(石灰)抛弃法工艺流程如图4-22所示。

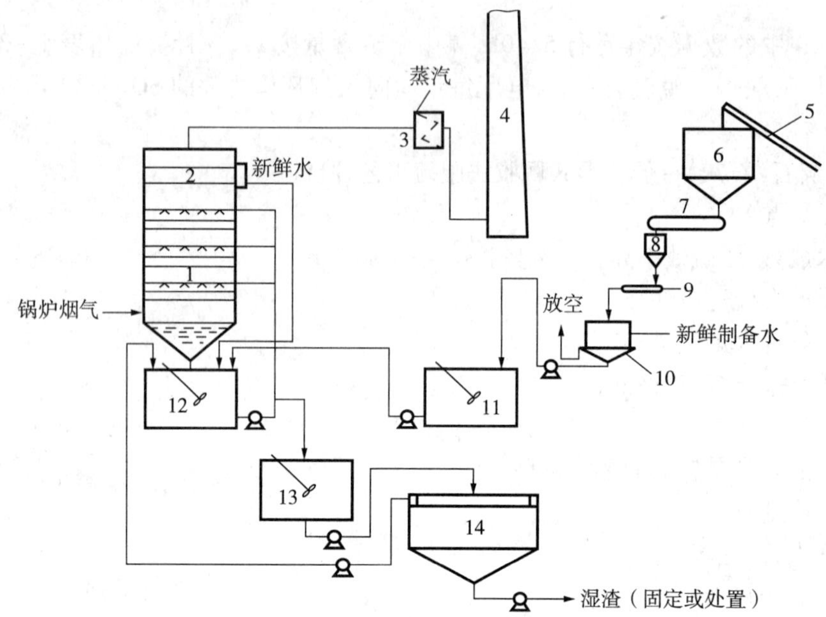

1—吸收塔;2—除雾器;3—换热器;4—烟囱;5、7—输料机;6—给料器;8—进料器;9—自动倾卸运送器;10—储灰仓;11—水箱;12、13—搅拌器;14—沉淀器

图4-22 石灰石(石灰)抛弃法烟气脱硫工艺

抛弃法与回收法相比,各有优缺点。回收法的副产品是石膏,必须纯度相当高,否则实际用途不大,但FGD系统抛弃法复杂得多,投资与运行费用明显增大,故综合考虑各方面的因素,抛弃法仍有它的可取之处。

3. 干法(半干法)FGD工艺

石灰石(石灰)湿法FGD工艺具有显著的优点,但其缺点也是相当突出的,因而开发研究更为经济的FGD工艺具有重要的实际意义。

所谓干法烟气脱硫技术,是指无论加入的脱硫剂是干态还是湿态,但脱硫的最终反应产物是干态的。

干式FGD脱硫工艺通常最具代表性的方法是:喷雾干燥法,炉内喷钙法及循环流化床脱硫法。这三种工艺方法在我国电厂中均有应用,且发展很快。

(1)喷雾干燥脱硫工艺

①基本原理。干法 FGD 工艺是利用喷雾干燥原理去除烟气中的 SO_2 常用的吸收剂为石灰或碳酸钠。

现以石灰作吸收剂为例,说明烟气脱硫的化学反应过程。当雾化的浆液在吸收塔中与烟气接触后,吸收剂开始蒸发,烟气冷却并增湿,石灰浆与 SO_2 反应生成干粉状产物,整个反应分成气、液、固相三种状态。其反应式如下:

1) SO_2 被液滴吸收

$$SO_2(g) + H_2O \rightleftharpoons H_2SO_3(l)$$

2)吸收的 SO_2 与吸收剂反应

$$Ca(OH)_2(l) + H_2SO_3(l) \rightleftharpoons CaSO_3(l) + 2H_2O$$

3)液滴中 $CaSO_3$ 达到过饱和状态,即开始结晶析出

$$CaSO_3(l) \rightleftharpoons CaSO_3(s)$$

4)部分溶液中的 $CaSO_3$ 与溶于液滴中的氧反应

$$CaSO_3(l) + 1/2O_2(l) \rightleftharpoons CaSO_4(l)$$

5) $CaSO_4$ 溶解度低,从而结晶析出

$$CaSO_4(l) \rightleftharpoons CaSO_4(s)$$

6)随着脱硫过程中溶解的 $Ca(OH)_2$ 不断消耗,更多的 $Ca(OH)_2$ 固体进一步溶解以维持脱硫反应的进行

$$Ca(OH)_2(s) \rightleftharpoons Ca(OH)_2(l)$$

上述各反应式中的 g,l,s,分别代表气态,液态及固态。

②应用实例。山东黄岛电厂的喷雾干燥法脱硫装置装于210MW 机组的电除尘器之后,处理烟气量为 $300000m^3/h$,与未处理烟气混合的半干式旋转喷雾干燥法脱硫工程,见图4-22。

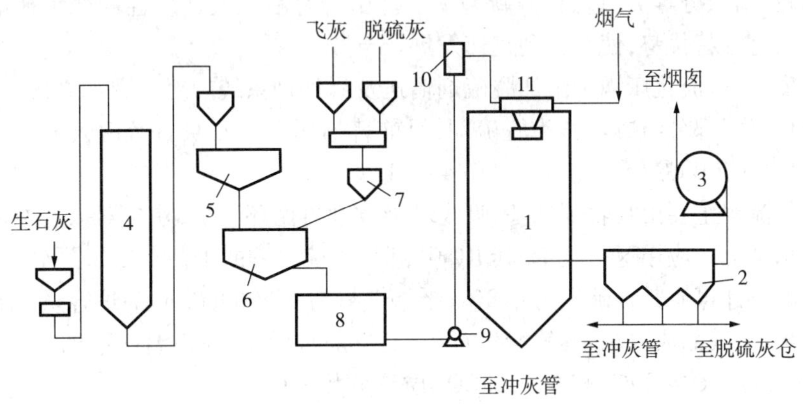

1—吸收塔;2—电除尘器;3—脱硫风机;4—石灰仓;5—计算仓;6—熟化器;
7—脱硫灰仓;8 浆液供给罐;9—供浆泵;10—旋转喷雾器

图4-23　黄岛电厂旋转干燥喷雾 FGD 工艺流程

1)脱硫装置主要设计参数

a. 处理烟气量(湿态):$300000m^3/h$;

b. 入口烟气 SO_2 浓度(干态):$5720mg/m^3$;

c. 入口烟气含尘量(干态):600mg/m^3;

d. 出口烟气含尘量(干态):300mg/m^3;

e. 入口烟气温度:145℃;

f. 出口烟气温度;烟气绝热饱和温度 12℃ ~15℃以上;

g. 脱硫率:吸收塔出口,65%以上;除尘器出口,79%以上;

h. 钙硫比:≤1.4;

i. 生石灰纯度:70%;

j. 生石灰耗量:307t/h。

2)经济评价。黄岛电厂在设备改进后,处理烟气量为 25 万 m^3/h 条件下的运行经济分析结果。黄岛 FGD 工程总投资 1.08 亿人民币,每千瓦投资 1300 元,如扣除工业性试验费用,总投资为 7400 万元,每千瓦投资 889 元。该工程运行费统计参见表 4-34。

表 4-34 黄岛电厂 FGD 运行材料耗量测定结果

处理烟气量/(m^3/h)	30 万	25 万
数据收集时间	1995 年 10 月 ~12 月	1997 年 5 月
耗生石灰(298 元/t)	1.69t/h	1.3t/h
耗工业水(1.68 元/t)	15.6t/h	13.3t/h
耗电(0.37 元/kW·h)	782kW·h/h	781kW·/h
耗蒸气(200 元/t)	0.9t/h	0.45t/h

(2)烟气循环流化床脱硫工艺

循环流化床锅炉(CFB)是 20 世纪 80 年代发展起来的高效率、低污染、综合利用效果良好的燃用高硫,高灰分等劣质燃料的新型锅炉。由于它在煤质适应性和变负荷能力以及污染物排放上具有独特优势,使其得到迅速发展。

为了实现脱硫,流化床锅炉附加脱硫剂输送及添加剂系统。对于典型系统,是由气力输送、贮槽、给料机三部分组成。作为脱硫剂,目前普遍用天然石灰石及白云石。典型的再循环流化床锅炉(RCFB)脱硫工艺流程见图 4-24。

上述工艺流程主要由吸收剂制备,吸收塔吸收剂再循环系统,除尘器以及控制设备所组成。我国广东某电厂应用这一技术,其 RCFB 烟气脱硫工程的工艺布置如图 4-25 所示。

该厂锅炉设计煤质其含硫量为 0.8%,干烟气量为 652960m^3/h,锅炉容量为 680t/h。脱硫剂为生石灰,对其品质要求是:软煅生石灰,石灰加水后 4min 内温度达到 60℃,石灰粒径≤2mm,CaO 质量分数≥80% ±15%,$CaCO_3$ 质量分数 <1%。

该工程的脱硫装置性能指标:

①燃用设计煤质时,脱硫效率≥85%;

②钙硫比≤1.3;

③ESP_2(脱硫后电除尘器)出口烟尘质量浓度≤299mg/m^3(在干态,标准状态下含氧量为 6% 体积分数);

④从吸收塔进口至 ESP 2 出口系统压降≤2500kPa;

⑤能适应锅炉负荷 40% ~110% 变动,调节率为实际最大负荷的 5%/min;

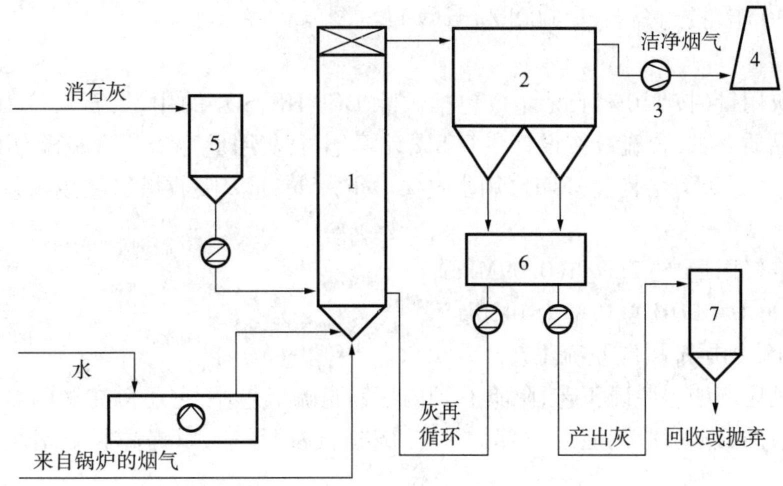

1—回流式循环流化床;2—布袋/电除尘器;3—引风机;4—烟囱;5—消石灰仓;6—灰斗;7—灰库

图 4-24　典型的 RCFB 脱硫工艺图

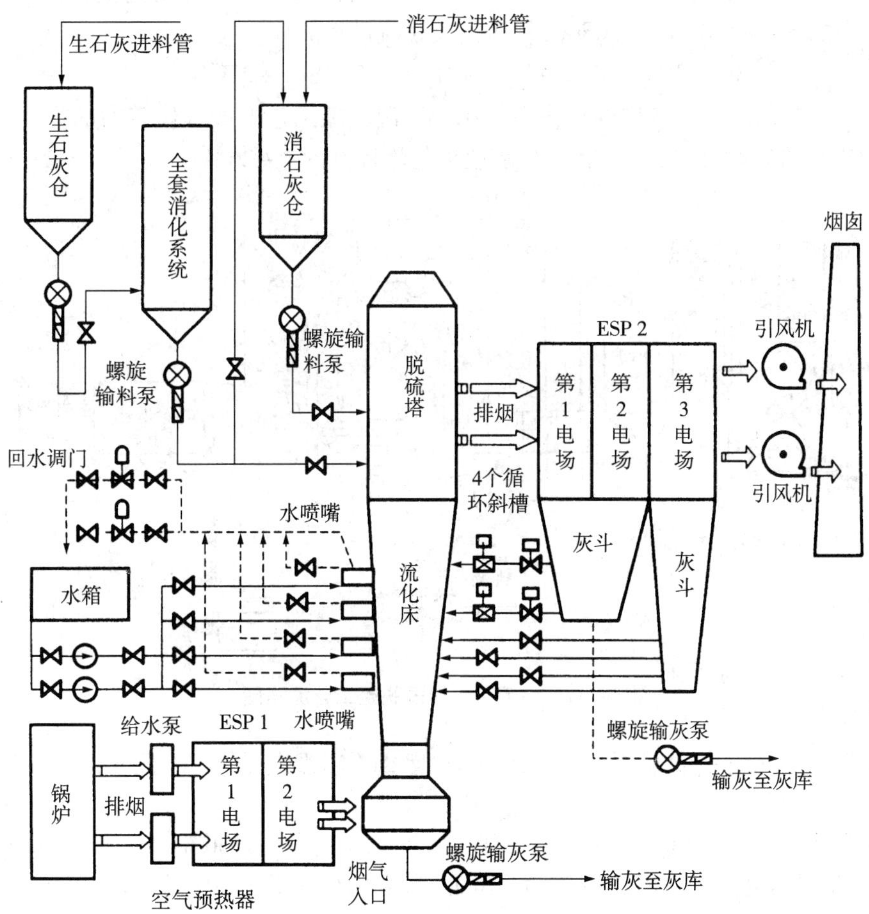

图 4-25　广东某电厂 RCFB-FGD 工艺流程

⑥寿命 30 年(按约合运行 8000h/a 计算);

⑦物耗指标

a. 生石灰用量(按 110% 工况计),包括去除 HCl、HF、SO_3 的用量,石灰按 100% 活性和界定的石灰品质要求,含硫量按设计量 0.8% 计算,生石灰用量为 2t/h(Ca/S 为 1.3)。

b. 耗水量,石灰消化装置(LDH)用水量 $2m^3/h \sim 5m^3/h$。吸收塔区域用水量为 $7m^3/h \sim 25m^3/h$。

c. 压缩空气用量,约 $2m^3/h$(0.09MPa)。

d. 电耗,FGD + LDH 总功率为 1480kW。

(3)炉内喷钙尾部增湿脱硫工艺

炉内喷钙尾部增湿脱硫工艺,除具有炉内喷钙脱硫工艺外,它还得在炉内喷钙脱硫过程中未完全反应的石灰吸收剂通过尾部增湿一步进行脱硫反应,以提高脱硫率及吸收剂的利用率。

①基本原理。喷钙脱硫技术的第一步是将石灰用气力喷射到炉膛上方,$CaCO_3$ 受热分解生成 CaO 及 CO_2,CO_2 随烟气流动与其中 SO_2 反应去除烟气中一部分 SO_2;然后烟气在活化器内进行增湿,使部分未反应的 CaO 与水反应生成在低温下具有很高活性的 $Ca(OH)_2$,它和烟气中的 SO_2 反应,生成 $CaSO_4$,从而完成脱硫过程。

$$2Ca(OH)_2 + 2SO_2 + O_2 = 2CaSO_4 + 2H_2O$$

②典型的工艺流程。典型的炉内喷钙尾部增湿脱硫工艺中最具代表性的方法是由芬兰开发的 LIFAC 法,即炉内喷钙和氧化钙活性工艺流程见图 4-26。

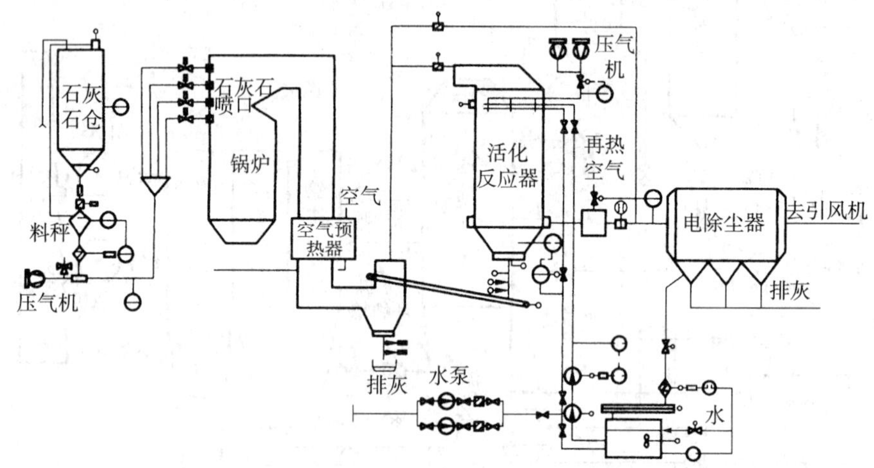

图 4-26 LIFAC 烟气脱硫工艺流程图

LIFAC 工艺系统中脱硫效率与 Ca/S 比及 Δt(烟温与露点的温度差)的关系参见图 4-27。

该法最先在我国南京下关电厂采用,处理烟气量为 $543600m^3/h$,设计脱硫效率为 >75%;广州恒运电厂应用该法处理烟气量为 $783400m^3/h$,设计脱硫效率达 85%。

在众多的 FGD 工艺中,无论是国内或国外,石灰石(石灰)- 石膏湿法工艺均处于绝对优势地位,应用最为广泛。然而这种 FGD 工艺也存在投资多、占地面积大,系统庞大复杂,耗水量大而且还须对脱硫废水进行处理等一系列不足之处,因而促使对 FGD 其他工艺的研

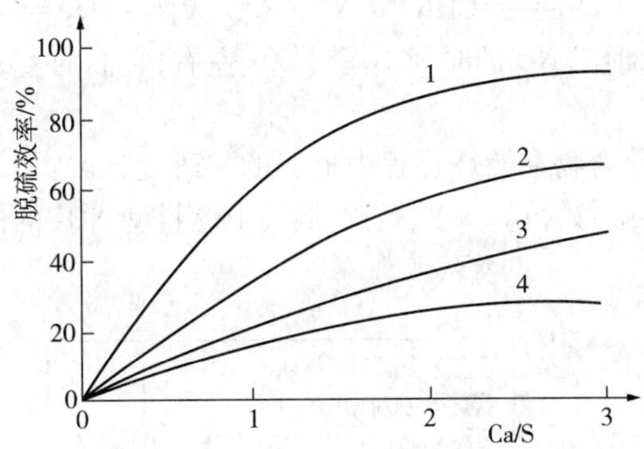

1—活化反应器，$\Delta t=5℃$；2—活化反应器，$\Delta t=20℃$；
3—炉腔喷石灰石，$\Delta t=5℃$；4—炉腔喷石灰石，$\Delta t=20℃$

图4-27　LIFAC法脱硫效率与Ca/S及Δt的关系

究并取得显著的成果，如美国开发的威尔曼-洛德法、日本开发的千代田法以及近期开发的海水脱硫法、电子束脱硫/脱硝法等。关于这些FGD工艺方法在《燃煤电厂环境保护》（中国质检出版社，中国标准出版社，2011年8月出版）中有较详细介绍，本书不细述。

第六节　燃煤电厂的烟气脱硝

煤中氮含量不高，通常在1%左右。煤中氮均有有机氮，在高温下，可能生成NO、N_2O、NO_2、N_2O_3、N_2O_4、N_2O_5等多种氮氧化物，统称NO_x。造成大气污染的主要是NO及NO_2。电厂锅炉排出的烟气中NO约占NO_x总量的95%，而NO_2仅占5%左右，然而NO_2的毒性要远高于NO。

对燃煤氮氧化物的净化技术，又称为脱硝技术。由于NO_x与SO_2同为产生酸雨的主要来源，故NO_x的排放也要严格加以控制。大气中氮氧化物主要来自煤与油的燃烧、机动车尾气的排放及硝酸的生产等。就火电厂来说，燃油锅炉排放的NO_x浓度为600mg/m^3～1400mg/m^3，固态除渣煤粉锅炉为600mg/m^3～1200mg/m^3，锅炉温度越高，NO_x生成量越大。计算表明：我国发电量每增加100亿kW·h，则NO_x的排放量得增加3.9万～8.8万t。

一、煤粉燃烧过程中NO_x的形成

煤粉在燃烧过程中生成的NO_x，有下述三方面的来源：

1.热反应型NO_x

这是由于燃烧用助燃的空气中的氮，在高温条件下氧化而产生的。

在高温下氧分子能离解成氧原子，然后再发生下述反应

$$O + N_2 \xlongequal{} NO + N \qquad 2NO + O_2 \xlongequal{} 2NO_2$$

当温度低于1500℃时，NO生成量很少，但超过1500℃温度每增高100℃，则生成NO的反应速率得增大6倍以上，故温度对热反应型NO的形成具有决定性作用。

2.瞬时反应型NO_x

这是由于燃料挥发物中的C、H化合物在高温分解生成的CH自由基与空气中的氮反应

$$-CH + N_2 \longrightarrow CHN + N \qquad 2N + O_2 \longrightarrow 2NO$$

上述反应速率很快,形成 NO 的时间不超过 60s 左右,它们的生成与温度关系不大。

3. 燃料型 NO_x

这是燃料中的含氮化合物在燃烧过程中形成的。研究推断:如果燃料中的氮能全部转换成燃料型 NO_x,则燃料中每含 0.1% 的氮,在烟气中燃料型 NO_x 的体积分数为 130×10^{-4},参见图 4-28。

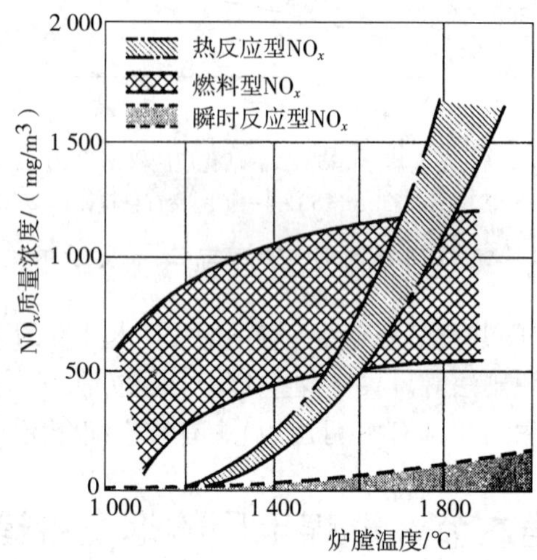

图 4-28　煤粉锅炉燃烧中不同类型 NO_x 生成量与炉膛温度的关系

对于燃煤锅炉燃烧过程中产生的热反应型及快速型 NO_x 中的氮,均来自助燃剂空气中的氮,见图 4-28。

由于固态除渣煤粉锅炉炉膛温度一般在 1500℃ 以下,故上述两种类型的 NO_x 占整个燃烧过程中的产生的 NO_x 比重不大,而燃料型是各种燃料燃烧生成 NO_x 的主要来源,通常可占 NO_x 总生成量的 60% ~80%。

燃料型 NO_x 生成量与过剩空气系数关系极大,而对燃烧温度的影响则较小,参见图 4-29。

由图 4-29 可知,NO_x 的转换率随过剩空气系数 α 的增大而增加。例如燃煤电厂通常过剩空气系数为 1.15 ~1.25,其转换率在 20% ~25%。

二、氮氧化物的排放控制

为了降低 NO_x 的排放浓度,使其能达标排放,现有的方法一是控制在燃烧过程中 NO_x 生成量,称为低 NO_x 燃烧技术;二是降低烟气中已生成的 NO_x 烟气处理方法。

1. 减少燃煤锅炉燃烧中 NO_x 的生成量

要减少燃烧锅炉燃烧中 NO_x 的生成量,可采取下述措施:

①煤中含氮量要较低;

②锅炉温度不能太高;

③锅炉燃烧过剩空气系数要较小。

当采用不同炉型,采用不同低 NO_x 燃烧技术,可以降低 NO_x 的生成量。

低 NO_x 燃烧技术可分为六点:即空气分级燃烧、烟气再循环、燃料分级燃烧、低过剩空气

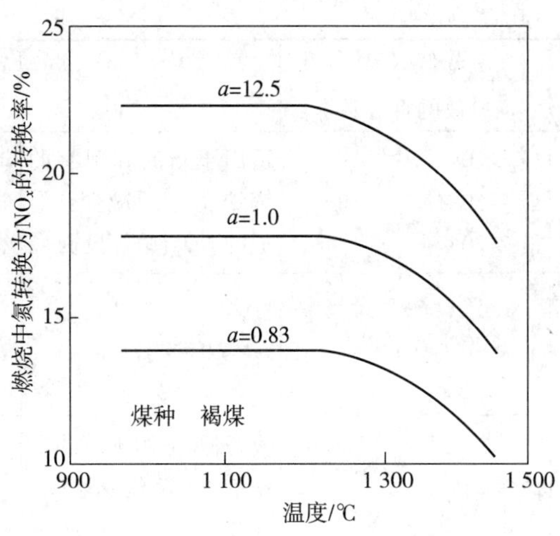

图 4－29　燃料型 NO_x 生成转换率与温度和过剩空气系数的关系

系数、低 NO_x 燃烧器和降低流化床燃烧温度技术。其中前 4 项可适用于煤粉炉及循环流化床炉。低 NO_x 燃烧器仅适用于煤粉炉，自然降低流化床燃烧温度仅适用于循环流化床锅炉，参见表 4－35。

表 4－35　不同燃烧设备低 NO_x 燃烧技术比较

低 NO_x 燃烧技术		降低 NO_x 排放的百分数	优点	缺点
煤粉炉	低过量空气系数	根据原来的运行条件，最多降低 20%	投资最少，有运行经验	会导致飞灰含碳量增加
	降低投入运行的燃烧器数目	15%～30%	投资低，易于锅炉改装，有运行经验	有引起炉内腐蚀和结渣的可能，并导致飞灰含碳量增加
	空气分级燃烧	最多 30%	投资低，有运行经验	并不是对所有锅炉都适用，有可能引起炉膛腐蚀和结渣，并降低燃烧效率
煤粉炉	低 NO_x 燃烧器	与空气分级燃烧合用时可达 60%	适用于新的和现有锅炉改造，中等投资，有运行经验	结构比常规燃烧器复杂，有可能引起炉膛腐蚀和结渣，并降低燃烧效率
	烟气再循环	最多 20%	能改善混合和燃烧，中等投资	增加再循环风机，使用不广泛
	燃烧分级燃烧（再燃）	最多 50%	适用于新的和现有的锅炉改装，可减少已形成的 NO_x，中等投资	可能需第二种燃料，运行控制要求高，没有工业运行经验
常规链条炉	烟气再循环 燃料分级燃烧 低过量空气系数	最多 20% 最多 50% 最多 20%		

续表

低 NO_x 燃烧技术		降低 NO_x 排放的百分数	优点	缺点
流化床锅炉	烟气再循环 燃料分级燃烧 低过量空气系数	最多 20% 最多 50% 最多 20%	适用于新的和现有的锅炉改装,可减少已形成的 NO_x,中等投资	可能需第二种燃料,运行控制要求高,没有工业运行经验
	降低流化床燃烧温度	最多 20%		不利于用石灰石在床内脱硫,运行控制要求高,使用不广泛
	空气分级燃烧	最多 25%	投资低,适用于新的和现有的流化床锅炉改装	有可能降低燃烧效率并引起炉膛腐蚀

现以采用二段燃烧法来降低 NO_x 的生成为例加以说明。

锅炉烟气中 NO_x 含量与煤的燃烧火焰温度直接相关。由于大型锅炉中非常强烈的燃烧过程,促成了氧与煤中氮的化合条件。

研究表明,影响 NO_x 生成的最为重要的因素是炉膛燃烧中心温度水平及煤在高温下的停留时间,同时还与过剩空气系数有关。为了控制 NO_x 的生成,可采取下述措施:

①在锅炉设计中,增加炉膛容积,降低炉膛容积热负荷,扩大燃烧器间距,以加强燃烧器周围的冷却能力,降低燃烧温度;配合制造厂,设计低氮燃烧器,并将燃烧器分成高、低浓度燃烧喷口的燃烧器组,以降低 NO_x 的生成量。

②抽取部分烟气送入炉膛或掺进热空气中,以降低燃烧温度;降低 NO_x 生成量,更多的是采用二段燃烧法。

所谓二段燃烧,是指采取主燃烧器送入需要空气量的 90% ~95% 使其不完全燃烧;再将不定量的空气,以锅炉燃烧器上方送入炉膛,延长完全燃烧的时间,以降低燃烧温度(二次燃烧)。

排烟混合燃烧、二段燃烧法如图 4 – 30 所示。

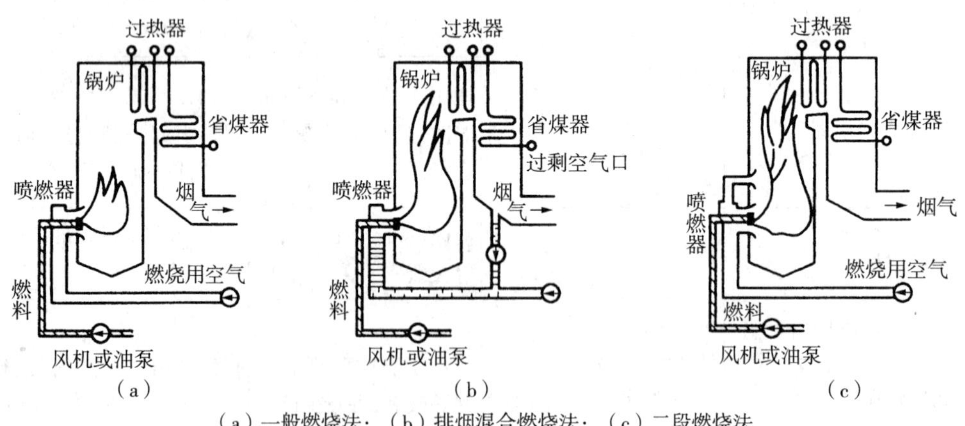

(a)一般燃烧法; (b)排烟混合燃烧法; (c)二段燃烧法

图 4 – 30 排烟混合及二段燃烧法示意图

二段燃烧法的原理是：德国设计的某电厂600MW机组所配用的2000t/h燃煤锅炉上采取了二段燃烧。为此，对每个燃烧量12t/h的24个煤粉喷燃器进行了改造，方法是在喷燃器外圆上各加装一圈三次风喷口，参见图4－31。

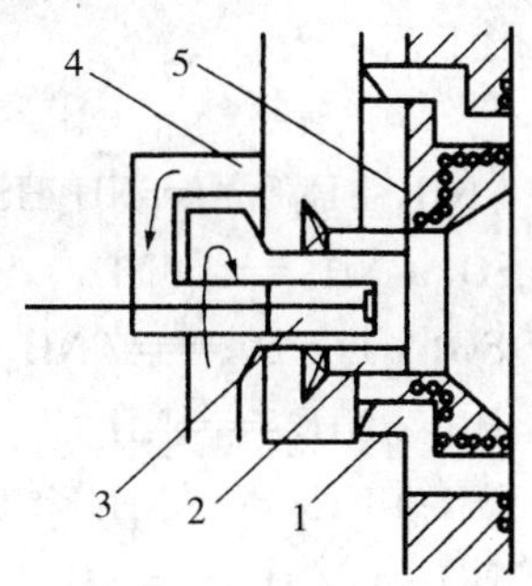

1—三次风；2—二次风；3—喷油用时的一次风；4——次风；5—冷却水管

图4－31 德国某电厂大型煤粉锅炉二段燃烧器断面图

二段燃烧法的燃烧过程：第一阶段是煤粉由一次风送入燃烧室与流经二次风通道数量不足的空气在喷燃器口混合入炉燃烧，由于此过程燃料缺氧，很少生成NO_x；当燃烧着的气粉流扩散到与水平喷出的三次风相遇时，燃烧进入第二阶段，在此阶段燃料因接触到充足的氧气而得到完全燃烧，炉温相对升高。此时烟气中存在的过剩氧能与游离氮结合成NO_x，但采用了二段燃烧法后，由于延缓了燃烧过程，致使炉膛温度水平下降，因而使NO_x的生成量大大减少。

上述德国某电厂的2000t/h煤粉锅炉采用了二段燃烧法后，使烟气中NO_x由原来的700×10^{-4}降至400×10^{-4}，即降低约43%。

2. 实施烟气脱硝处理

烟气脱硝有干法与湿法之分。最成熟的为干法脱硝，采用氨作还原剂。其中有的系统是在低温下经催化表面完成的，有的则在高温下完成。

对燃煤机组而言，烟气中的SO_2及尘粒对催化表面具有敏感性。由于催化表面理想的位置是在省煤器出口与空气预热器进口之间，故如处理过程中出现问题，将直接影响锅炉的运行。

（1）干法脱硝

①催化分解法。该法反应如下

$$NO \xrightarrow{\text{催化剂}} 1/2\ N_2 + 1/2\ O_2$$

②选择性催化还原法。该法反应如下

$$4NH_3 + 4NO + O_2 = 4N_2 + 6H_2O$$

$$4NH_3 + 2NO_2 + O_2 = 3N_2 + 6H_2O$$

上述反应中的催化剂，可以是金属基的，也可以是碳基的，它们的价格均相当高，同时系统都要进行加热以达到控制还原的温度（300℃～400℃或200℃～250℃）。

③选择性非催化还原法。该法是指氨在一定温度下，不用催化剂也能把NO_x转化为氮和水。反应如下：

$$4NH_3 + 4NO + O_2 = 4N_2 + 6H_2O$$

氨加入的最佳温度为1010℃，但把氮气在紧靠氨气处的下方喷入时，最佳温度可降至730℃左右。该法可脱除烟气中60%～70%的NO_x；但该法适合的温度范围太小，又要使用易燃易爆的氢气及大量的氨，故工业上应用受到限制。

(2)湿法脱硝

烟气中 SO_2 及 NO_x 均为酸性氧化物，它们均可与碱性物质反应，NH_3 作为 SO_2 及 NO_x 的吸收剂，可采用湿法氨气脱硫脱硝工艺。

①反应原理。反应如下

$$SO_2 + NH_3 + H_2O = NH_4HSO_3$$

$$NH_4SO_3 + NH_3 = (NH_4)_2SO_3$$

$$(NH_4)_2SO_3 + 1/2\ O_2 = (NH_4)_2SO_4$$

$$HCl + NH_3 = NH_4Cl$$

$$HF + NH_3 = NH_4F$$

$$NO + 1/2\ O_2 = NO_2$$

$$2NO_2 + 2NH_3 + H_2O = NH_4NO_2 + NH_4NO_3$$

$$NH_4NO_2 + 1/2\ O_2 = NH_4NO_3$$

②工艺流程。德国某电厂采用的湿法氨气脱硫脱硝工艺流程，参见图 4－32。

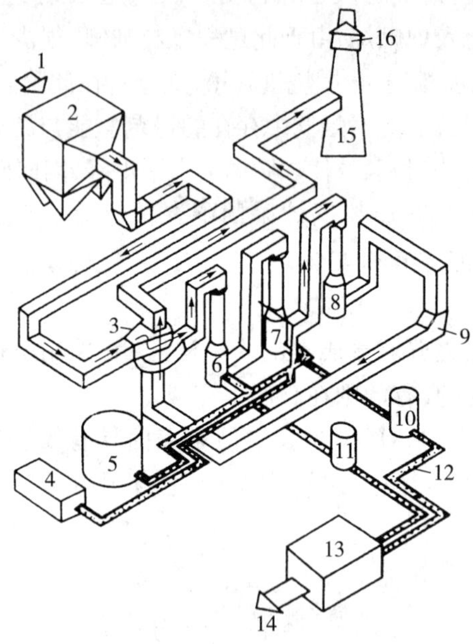

1—烟气；2—电除尘器；3—热交换器；4—臭氧发生器；5—氨水箱；6—SO_2 洗涤器；7—快速洗涤器；8—NO_x 洗涤器；9—引风机；10—氧气罐；11—硫酸铵溶液；12—硝酸铵溶液；13—生产化肥；14—化肥；15—烟囱；16—净化烟气

图 4－32　德国某电厂氨气脱硫脱硝工艺流程图

由图 4－32 可以看出，经除尘后的烟气首先通过热交换器，从上方进入吸收塔，与体积分数 25% 的氨并流而下，用泵抽入吸收塔内循环喷淋烟气；烟气则经喷雾器除雾后进入另一台洗涤塔脱除 NO_x；脱除 NO_x 后的烟气再进入一高效洗涤塔，将残存的盐溶液洗涤出来；最后经热交换器加热后的清洁烟气被排入烟囱。

③工艺特点

该工艺用于烟气脱硫脱硝，具有如下特点。

1)该工艺流程具有很强的适应性,任何形式的锅炉均可采用。

2)该工艺采用氨气脱硫,化学反应快而且彻底,脱硫效率高。

3)由于化学反应强烈,吸收塔的烟气流速可高达20m/s,故其体积可大大缩小。

4)吸收 SO_2 的适应性强,煤中含硫量高低不同,均可采用此工艺。

5)工艺可靠性高,出口的 SO_2 与进口 SO_2 浓度无关。

6)该工艺处理烟气,不产生废弃物,副产品为 $(NH_4)_2SO_4$ 与 NH_4NO_3 混合化肥。

7)该工艺无污水,所有水均可循环使用,同时该工艺无需外加热源,应用烟气－烟气热交换器来加热洁净烟气。

该工艺在德国早已在火电厂大型机组上应用,烟气中的 SO_2 由 2 200mg/m^3 降至 180 mg/m^3,同时可脱除部分 NO_x。

3. 循环流化床脱硫脱硝

煤的流化床燃烧是继层煤燃烧及粉煤悬浮燃烧以后发展起来的新的燃烧方式。流化床中颗粒为煤粒(含灰粒),从分散板流动的流体为空气,则其组织的燃烧,即为流化床燃烧。采用这种燃烧方式的锅炉,则称为流化床锅炉。

流化床锅炉按其流态分为鼓泡流化床及循环流化床锅炉。

现今电厂中越来越多地采用循环流化床锅炉,国内设计布置有外置式换热器(FBHE)循环流化床锅炉(CFB)结构,如图 4－33 所示。

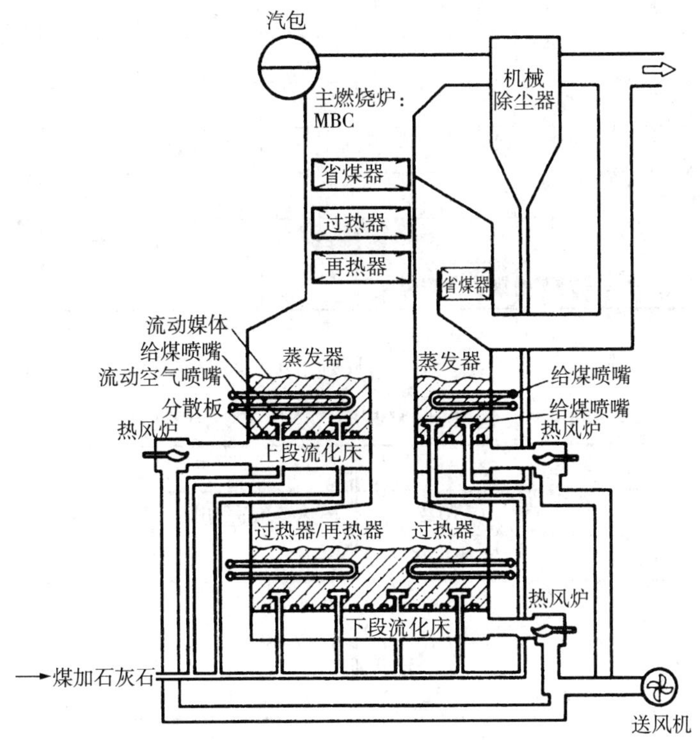

图 4－33　国内设计布置有外置式换热器循环流化床锅炉结构图

(1)循环流化床锅炉与煤粉锅炉的比较

循环流化床锅炉与煤粉锅炉的特性差异参见表 4－36。

表 4 – 36　循环流化床锅炉与煤粉锅炉的特性差异

比　较　项　目	煤粉锅炉	循环流化床锅炉
燃烧效率/%	99 ~ 99.5	97 ~ 99
燃烧温度/℃	1 300 ~ 1 500	850 ~ 900
脱硫效率达 90% 的脱硫方法	烟气脱硫装置	炉内加入脱硫剂
NO_x 排放质量浓度/(mg/m^3)	616 ~ 821	246 ~ 308
不用油时负荷调节比	2∶1	4∶1
负荷变化响应时间/s	30 ~ 60	
炉膛截面热负荷/(MW/m^3)	3.5 ~ 5.0	3 ~ 4.5
可用率/%	95 ~ 98	
冷态启动时间/h	2.5 ~ 5.0	3 ~ 4.5
燃料颗粒尺寸/mm	0 ~ 1	0 ~ 12
煤种适应性	有限度	很宽
燃用其他固体燃料的适应性	窄	宽
煤粉制备系统	复杂	简单
灰渣处理系统	简单	复杂
炉膛结渣概率	高	无
积灰概率	大	小
炉膛的吹灰	需要	不需要
燃料水分要求	需干燥到 1% ~ 3%	不需要或适度干燥
炉膛烟气流速/(m/s)	4.5 ~ 9	4 ~ 6
预热空气	必需	不一定
开展脱硫时单位容量的成本(以煤粉锅炉为准,%)	100	50 ~ 80

目前,我国设计的 300MW 机组配套的循环流化床锅炉的设计参数列于表 4 – 37 中。

表 4 – 37　国产 300MW 循环流化床锅炉设计参数

项　　目	数据	项　　目	数据
额定蒸发量/(t/h)	1025	再热蒸汽进/出口压力/MPa	3.82/3.64
主蒸汽压力/MPa	17.35		
主蒸汽温度/℃	540	再热蒸汽进/出口温度/℃	325/540
再热蒸汽流量/(t/h)	851.8		
给水温度/℃	272	二次风温/℃	200
锅炉热效率/%	90.6	连续排污率/%	1
排烟温度/℃	135	NO_x 排放值/(mg/m^3)	≤200
脱硫效率/%	90(Ca/S = 2.2)	冷渣器排渣温度/℃	≤150
一次风温/℃	200		

(2)循环流化床锅炉的特点

①燃料适应性强。它可以燃用各种劣质煤。如高灰煤、高硫煤、低热值的石煤、油母页岩等。循环流化床锅炉用煤灰分可达50%左右,甚至更高一些。

②燃烧效率高。它因气固相混合好,较小颗粒煤处于流化状态下,气固、固-固充分混合的一系列流动,有充足的时间燃烧,其大部分未燃尽的煤粒经高温分离后又返回炉膛继续燃烧,即使常压流化床锅炉,燃烧效率也可达到95%~99%。

③灰渣有利于综合利用。流化床的低温燃烧特性使具所产生的灰渣具有良好的活性,可作为水泥熟料及其他建筑材料的掺合料。由于燃烧温度较低,燃烧过程中钾、磷挥发很少,故灰渣中钾、磷含量较高,有利于灰渣在改良土壤等农业上的应用。

④具有脱硫脱硝作用。作为环保工作来说,循环流化床燃烧具有脱硫脱硝作用而更为人们所关注,这也是流化床锅炉的基本特点之一,也正是本书的关注问题。

1)易于实现炉内高效脱硫。流化床内气-固混合均匀、充分,而其温度850℃~950℃恰好处于钙基脱硫剂与SO_2反应的最佳温度,脱硫效率高;无需庞大的脱硫系统设备;只是在燃烧过程中加入廉价的石灰/石或白云石,使可实现炉内的高效脱硫。例如,国产300MW循环流化床锅炉设计脱硫效率为90%(Ca/S=2.2)。

2)具有脱硝作用。流化床是一种有效低温活化燃烧方式,抑制了NO_x的生成。例如常压循环流化床锅炉的NO_x排放水平($\times10^{-6}$)为50~200,而煤粉锅炉却为400~600。

当前,我国烟气脱除NO_x的注意力比较集中于炉内处理,上述循环流化床燃烧技术、低NO_x燃烧技术是最常用的方法。至于对烟气的脱硝治理中,国内对活性炭法、选择性催化还原法即俗称SCR法以及电子束法受到更多的关注。炉内脱硝与烟气脱硫组合工艺是低投资的脱硫脱硝技术。例如采用上述循环流化床锅炉燃烧及电子束法等均具有脱硫脱硝的双重作用。关于电子束法脱硫脱硝情况,参阅《燃煤电厂环境保护》中国标准出版社,2011年8月。

锅炉烟气治理技术日新月异,发展迅速,在我国电厂中已普遍实施烟气脱硫的情况下,烟气脱硝就显得更为迫切,“十二五”期间,我国已经NO_x纳入总量控制范围。据不完全统计,到2009年6月,我国已有90多座火电厂约200台装机容量为1.05亿kW的机组已通过环评,其中已建、在建和拟建的火电厂烟气脱硝项目达到5745万kW装机容量。

第五章　灰渣的特性、排放与利用

任何一种煤，也不论其质量如何，它们均是由其可燃组分的挥发分及固定碳，不可燃组分的水分及灰分所组成。当煤燃烧后，燃烧产物主要为二氧化碳等气态产物，煤中水分转化为气态水蒸汽，煤燃烧后的残渣也就是煤中的灰分。

我国火电厂一直以燃煤为主，全国年产50%的煤炭都是用作发电用煤。按我国电煤年用量15亿t，灰分平均含量30%计，则全年电厂中产生的灰渣总量达4.5亿t之多，锅炉生成的灰渣包括灰和渣两部分。灰或煤飞灰，主要是指由除尘器底部灰斗排出的灰，另外少量的灰来自省煤器，空气预热器底部灰斗排出的灰；炉渣则是指由锅炉下部排出的渣。

电力生产过程中，产生大量的灰、渣是燃煤电厂的基本特点之一，对于灰渣的排放与处置则是电力生产过程中的一个重要环节。灰渣弃之为害，用之为宝。对于灰渣特性的监测与排放，利用对电厂的节能环保具有重要的实际意义，故本书将其列为专门一章，就灰渣的特性、排放与利用问题加以较系统阐述。

第一节　灰渣的形成及其特性

我国火电厂多采用煤粉锅炉，煤粉燃烧后的固体残留物即粉煤灰及炉渣。

一、粉煤灰及炉渣的形成

燃烧电厂煤粉锅炉燃烧系统流程示意，如图5－1所示。

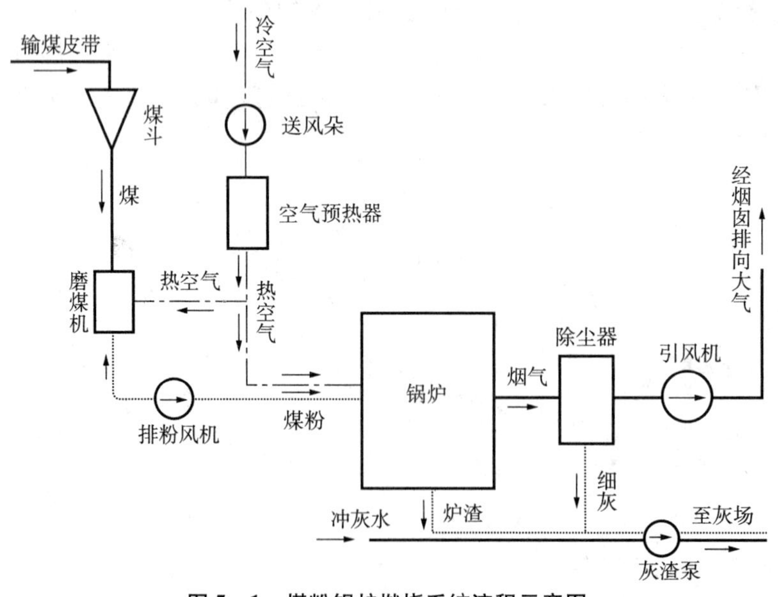

图5－1　煤粉锅炉燃烧系统流程示意图

由图5－1可以看出，煤由输煤皮带输送→煤斗→磨煤机→煤粉→排粉风机→煤粉进入锅炉燃烧；燃烧后形成的灰及气体产物→除尘器→引风机→自烟囱排入大气；渣斗中的炉渣及由除尘器捕集的灰→冲灰沟→灰渣泵→灰（渣场）。

在煤粉燃烧时，还要将空气→送风机→空气预热器→热风（二次风）吹入炉内助燃。各种锅炉的灰渣生成量如表5－1所示。

不同燃烧方式锅炉产生的灰、渣比例如表5－2所示。

我国火电厂中，仍以固态除渣的煤粉锅炉占绝大多数；而循环流化床锅炉增速较快，它们的容量多在300MW以下。

表5－1　各种参数锅炉灰渣生成量

装机容量/MW	发热量/(J/g)									
	12 600		14 700		16 700		18 800		20 900	
	灰分/%									
	40	45	35	40	30	35	25	30	20	25
	灰渣量/(t/h)									
100（高温高压）	34.2	38.4	25.8	29.4	19.5	22.7	14.6	17.6	10.7	13.2
125（超高压）	39.2	44.1	29.6	33.7	22.4	26.0	16.7	19.9	12.2	15.1
200（超高压）	63.2	70.9	47.6	54.3	36.0	41.8	22.3	36.1	19.7	24.3
300（亚临界压力）	92.7	104	69.9	79.7	52.8	63	39.6	47.2	28.9	36.7
600（亚临界压力）	184	206	138	157	105	121	78.3	93.3	57.2	70.7

表5－2　不同燃烧方式锅炉产生的灰与渣

炉型	飞灰/%	炉渣/%
固态排渣煤粉锅炉	约90	约10
液态排渣煤粉锅炉	约60	约40
循环流化床锅炉	与煤质有关， 无烟煤：70～90 劣质煤、矸石等：20～40	 10～30 60～80

电煤燃烧后，形成的固体残留物为粉煤灰及炉渣，此外，由于煤中混入的矸石无法磨碎，特别是对中速磨来说，它们被称为石子煤排出。这在电厂也要与对待灰、渣一样予以妥善处置利用。

二、灰渣一般性质

只有充分了解灰、渣的物理化学特性，才可能对它们采取适当排放与处置方法，同时有助于为其寻求合理综合利用途径。

1. 粉煤灰特性

对于固态除渣煤粉锅炉所排放的灰渣中，其中粉煤灰（飞灰）约占90%，炉渣约占10%，故粉煤灰的排放与利用始终是其重点。

(1)物理性质

①颜色与含碳量。干粉煤灰一般呈浅灰色,含碳量越高,则颜色越深。

粉煤灰含碳量变高,不仅降低锅炉运行经济性,而且对其应用价值影响很大。飞灰可燃物每升高1%,则发电炉耗约增高0.5%;灰中含碳量越低,则其实际应用价值也就越大。

对于600MW以上的大型高参数锅炉,锅炉燃烧效率较高,粉煤灰中的含碳量一般在0.5%~2%。锅炉点火、负荷波动及运行恶化时,粉煤灰中的含碳量会明显升高,甚至可超过5%。

②细度是评价灰质特性的重要指标之一。细度越细,其活性越易发挥,应用价值也越大。

粉煤灰是煤粉的燃烧产物,故其细度自然与煤粉细度密切相关。但灰的细度不同于煤粉细度的表示方法,灰的细度是用80μm方孔筛的筛余百分率来表示的。

对电除尘器来说,二电场收集的粉煤灰粒径<80μm者,占92%以上;三电场收集的粉煤灰粒径<45μm者,占80%以上。

某电厂电除尘器收集的粉煤灰粒径分布,参见表5-3。该电厂粉煤灰粒径<46μm者,占全部粉煤灰量的84%以上,其实多数电厂粉煤灰的粒径与该电厂也大体相似,细粉煤灰的中径粒径一般为5μm,粗粉煤灰的中径粒径为25μm。

表5-3　某电厂电除尘器收集的粉煤灰粒径

粉煤灰粒径/μm	0.5~2.0	2.0~10	10~25	25~40	46~101	101~331	>331
组成/%	8.55	33.27	30.59	11.71	8.21	4.20	0

③颗粒特性。粉煤灰颗粒是煤粉在燃烧过程中,待熔融冷却而形成的。由于煤种、燃烧温度、煤粉细度的不同,因而各电厂的粉煤灰的颗粒特性也各不相同。

粉煤灰的形态组成主要是球形玻璃体、不规则结晶体及多孔碳粒等。

球形玻璃体一般是指高铁玻璃体、低铁玻璃体、多孔玻璃体等;不规则晶体一般是指石英、莫来石、磁铁矿等。通常认为球形玻璃体是粉煤灰中主要活性组分。粉煤灰中玻璃体含量越高,则活性也就越高。我国粉煤灰中玻璃体含量一般为50%~60%。

④含水性。含水性是影响粉煤灰质量的重要因素之一。粉煤灰中的水分是贮存于干粉煤灰颗粒之间及局部孔隙中的游离水的含水或气态水。

干灰几乎不含水,活性高,而湿灰含水量大,活性大为降低,我国对用于水泥或混凝土中的粉煤灰,其含水量有严格的要求。

⑤密度。密度一般说是指单位体积内该物质的质量。粉煤灰的密度一般在1.8g/cm^3~2.8g/cm^{3}范围内;堆密度多在600kg/m^3~1000kg/m^3。粉煤灰密度大者,表明小颗粒组分较多,灰的质量也就较好。我国某发电厂灰的密度、细度等性质列于表5-4中。

表5-4　我国某发电厂灰的密度、细度等性质

数值	表观密度 g/cm^3	真密度 g/cm^3	堆密度 g/cm^3	80μm筛余量 %	45μm筛余量 %	透气比表面积 cm^3/g	标准细度需水量 %
范围	1.92~2.85	1.8~2.1	0.5~1.3	0.6~77.8	2.7~86.6	1176~6531	27.3~66.7
均值	2.14	2.1	0.75	22.7	40.6	32.55	48.0

⑥其他性质。其他特性还包括灰的润湿性、磨损性、荷电性、导电性、导热性、离析性、安息角与滑动角等。本书就不一一细述。

(2)化学性质

粉煤灰中含有数十种元素,既有金属元素,也有非金属元素。它们除以氧化物形成存在外,还以硅酸盐、硅铝酸盐、硫酸盐等各种盐类形成存在。

粉煤灰的组成主要来自煤中矿物质参见表5-5。

表5-5　煤中主要矿物质组分一览表

类别	典型矿物质及近似化学式	说明
页岩	钾云母石 $K_2O \cdot 2Al_2O_3 \cdot 6SiO_2 \cdot 2H_2O$; 钠云母石 $NO_2O \cdot 3Al_2O_3 \cdot 2H_2O$; 黏土 $(Mg \cdot Ca)O \cdot Al_2O_3 \cdot 6SiO_2 \cdot nH_2O$	粉煤灰中主要矿物成分
高岭土	高岭土 $Al_2O_3 \cdot 2SiO_2 \cdot 2H_2O$ $Al_2O_3 \cdot 2SiO_2 \cdot 4H_2O$	粉煤灰中主要矿物成分
碳酸盐	石灰石 $CaCO_3$; 白云石 $MgCO_3$; 铁白云石 $2CaCO_3 \cdot MgCO_3 \cdot FeCO_3$; 菱铁矿 $FeCO_3$	在815℃前,碳酸盐矿物分解完全
硫(氯)化物	黄铁矿 FeS_2; 氯化钠 NaCl;氯化钾 KCl	粉煤灰中普遍存在,但量不多
其他矿物	石英 SiO_2;石膏 $CaSO_4 \cdot 2H_2O$; 长石 $(K \cdot Na)O \cdot Al_2O_3 \cdot 6SiO_2$; 磷灰石 $9CaO \cdot 3P_2O_5 \cdot CaF_2$; 赤铁矿 Fe_2O_3;磁铁矿 Fe_3O_4; 角闪石 $CaO \cdot 3FeO \cdot 4SiO_2$;锆石 $ZrSO_4$	它们常与页岩同时存在,较量较少,但种类很多

炉渣与粉煤灰的组成与化学特性基本相同。

由表5-5可以看出,粉煤灰的组成极为复杂,即使测定其中主要成分也不容易。

灰渣成分,常以氧化物的质量分数来表示,包括 SiO_2、Al_2O_3、Fe_2O_3、CaO、MgO、SO_3、TiO_2、K_2O、Na_2O,这些就是灰渣化学组成测定的具体项目。通常它们的总和为97%~99%,其他成分实际上含量甚微。

煤灰中 FeO_3、CaO、MgO、K_2O 及 Na_2O 为碱性氧化物,而 SiO_2、Al_2O_3、TiO_2 为酸性氧化物,它们的比值一般在0.1~1.0范围内。

我国电厂粉煤灰组成中,SiO_2、Al_2O_3、Fe_2O_3 三项成分之和往往占全部组成的90%以上,但也有一些粉煤灰中的CaO含量特别高,可达30%~50%,这样的粉煤灰特别适用于作为生产建材的材料。

我国某发电厂粉煤灰的组成列于表5-6中。

表 5－6　我国某发电厂粉煤灰的组成　　%

电厂	SiO_2	Al_2O_3	Fe_2O_3	CaO	MgO	SO_3	TiO_2	K_2O	Na_2O
A 用低挥发分烟煤	53.53	22.04	11.56	6.17	1.09	2.17	1.02	0.35	0.60
B 用高挥发分烟煤	50.47	23.20	8.26	1.30	0.59	1.09	–	0.95	0.60
C 燃用褐煤	46.42	16.21	9.21	7.78	5.67	5.88	1.12	2.61	2.64

B 电厂中 Al_2O_3 含量实为 $Al_2O_3+TiO_2$ 总量。

(3)其他特性

除了粉煤灰的物理化学通性外,它还具有其他的特性有利于它的开发利用。

①粉煤灰的活性。粉煤灰中含有较多的活性氧化硅与活性氧化铝,它们能与氢氧化钙在常温下反应,生成较稳定的水合硅酸钙及水合铝酸钙。

$$x\mathrm{Ca(OH)_2}+\mathrm{SiO_2}+m\mathrm{H_2O}\longrightarrow x\mathrm{CaO}\cdot\mathrm{SiO_2}\cdot m\mathrm{H_2O}$$

$$x\mathrm{Ca(OH)_2}+\mathrm{Al_2O_3}+m\mathrm{H_2O}\longrightarrow x\mathrm{CaO}\cdot\mathrm{Al_2O_3}\cdot m\mathrm{H_2O}$$

粉煤灰是一种人工火山灰活性材料。由于粉煤灰是一种大小不等的粒状体,其中大部分为玻璃球体颗粒,因而具有其他火山灰材料所没有的优点,使拌合物和易性得以改善,很适用于作筑路材料。

②漂珠的特性。粉煤灰中存在大量的中空封闭型玻璃球体,呈灰白色。这种可漂于水面的空心微珠,我国称为漂珠,它是一种优质耐火及保温材料。某电厂漂珠的粒度分布参见表 5－7。漂珠的物理性质列于表 5－8 中。

表 5－7　某电厂漂珠的粒度分布

粒级/μm	<90	90～154	155～180	181～280	281～450	451～900	>900
含量/%	5.9	15.8	14.2	35.0	19.4	8.0	1.7

表 5－8　某电厂漂珠的物理性质

项目	测定值	项目		测定值
密度/(kg/m³)	340～380	色泽		银白色
相对密度	0.57	壁厚/μm		5～8
比表面积/(m²/g)	0.36～0.32	热导率〔W/(m·℃)〕	常温	0.115
耐火度/℃	1250		500℃	0.126
荷重软化温度/℃	1200		800℃	0.152
熔点/℃	1560		1000℃	0.187

该电厂粉煤灰中的漂珠,其化学组成参见表 5－9。

表 5－9　某电厂漂珠的化学组成

成分	SiO_2	Al_2O_3	Fe_2O_3	CaO	MgO	TiO_2	SO_3	K_2O	Na_2O	MnO_2	P_2O_5
质量分数/%	54.30	40.37	2.50	1.34	0.52	1.05	0.19	2.50	0.44	0.01	0.13

漂珠主要由 SiO_2、Al_2O_3、TiO_2、CaO、MgO 等耐高温的氧化物组成,该电厂漂球中 SiO_2 与 Al_2O_3 两项成分就高达 94.67%;漂珠的热导率较小,与石棉粉的热导率0.106W/(m·℃)～

0.208W/(m·℃)相近,故它具有良好的耐火保温性能外,同时它还有较好的耐酸性,耐磨性及绝缘性。

2. 炉渣特性

炉渣在电厂所排灰渣中的比例与炉型相关,对固态除渣的煤粉炉来说,炉渣均占全部灰渣的10%左右,而对于流化床锅炉,当燃用劣质煤及矿石等时,飞灰仅占20%~40%,而炉渣却高达60%~80%。

炉渣外观粗糙,几何形状不规则,有棱角、多孔、呈灰黑色,渣的粒度组成:

破碎后渣的最大粒径50mm;

破碎后渣的平均粒径12mm;

渣粒12mm~50mm占20%;

渣粒<12mm占80%。

炉渣密度一般为0.7t/m^3~1.0t/m^3。

炉渣的化学组成与粉煤灰大体相似。

根据炉渣的特性,多用于建筑材料中的粗细骨料,可生产炉渣空心砌块、炉渣砖等,其综合利用率相对较高。

电厂灰渣还有一项重要特性,就是它们在高温下的流动特性,即灰渣的熔融性与流动性,这与电厂燃煤锅炉的安全经济运行密切相关,防止固态除渣锅炉严重结渣及保证液态排渣锅炉顺利排渣对电厂的节能降耗具有重要意义。

第二节　灰渣的排放与贮灰场的作用

当前,我国电力用煤量每年高达15亿t左右,按其灰分平均含量30%计算,年产灰渣总量达4.5亿t,其中90%为粉煤灰,10%为炉渣,如除尘效率按99%计算,则年产粉煤灰为4.5×90%×99%=4.0亿t,炉渣约0.45亿t,其余的则为排往大气的烟尘。一般估算,一亩地可存放灰渣约1万t,那么存放4.5亿t灰渣,就需占地4.5万亩①。根据环保要求,不允许向江湖河海排灰,故我国电厂普遍建有占地很大面积的贮灰(渣)场,以满足电厂排灰、贮灰的需要。

一、燃煤电厂的除灰及除渣

我国电厂的除灰系统,一般可分为水力除灰系统及气力除灰系统。

我国多数电厂采用水力除灰;部分电厂为配合灰的综合利用采用气力除灰。

1. 水力除灰渣系统

水力除灰渣系统由排渣、冲灰、碎渣、输送等设备组成。在这种系统中,将锅炉排出的灰和渣,沿倾斜的灰沟用喷嘴喷出的高速水流冲至灰渣泵房,经碎渣机后,用灰渣泵或油隔离泵经灰管打到贮灰场,参见图5-2。

按照输送灰渣设备的不同,水力除灰渣系统分为灰渣泵、喷嘴、油隔离泵除灰渣三种不同的系统。

---

① 1亩=666.7m^2。

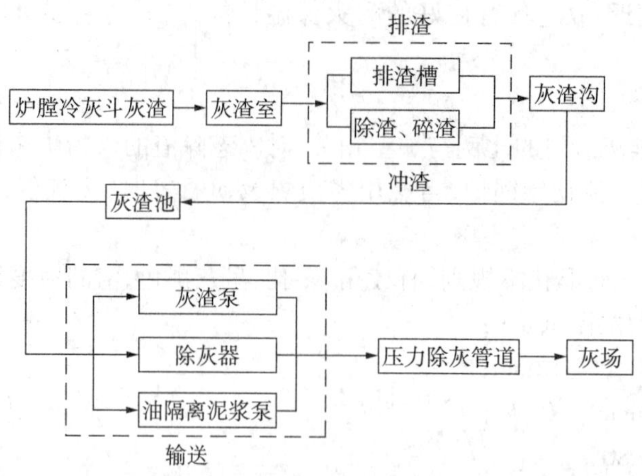

图 5-2　水力除灰系统流程图

水力除灰渣系统耗水量很大，传统的水灰比高达 1/15~1/16，即输送每 t 灰渣耗水量达 15t~16t。现今电厂多采用油隔离泵，它是以往复活塞泵产生输送压力，以隔离油作为中间介质的一种粉料输送设备，其水灰比大为降低，实际上输送的为浓缩灰浆，节水效果显著。油隔离泵参见图 5-3。

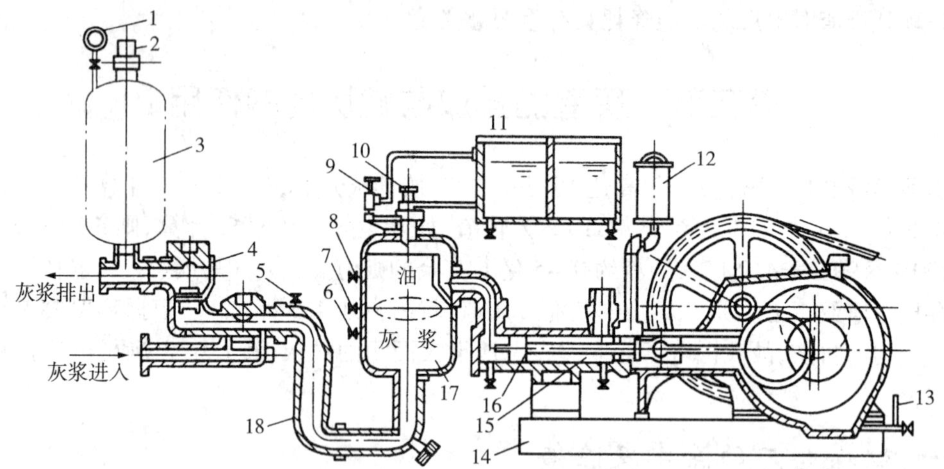

1—压力表；2—安全阀；3—空气室；4—阀箱；5—高压水进口；6—灰浆观察阀；7—油面观察阀；8—油观察阀；9—排气阀；10—供油阀；11—油箱；12—油杯；13—油位计；14—机座；15—活塞缸；16—活塞；17—油水分离罐；18—Z型管

图 5-3　某型油隔离泵结构图

2. 气力除灰系统

气力除灰系统又分正压除灰与负压除灰。

(1)大仓泵正压除灰系统(见图 5-4)

仓泵即仓式气力输送泵，它是一种压力罐式容器，其本身并不产生动力，而是借助于外部提供的压缩空气对灰料进行混合，经输送管运送到灰库、中转仓或用户。

系统工艺流程。仓泵又有上引式仓泵与下引式仓泵之分，前者又称为大仓泵，后者则又称为气力喷射泵。上引式仓泵结构如图 5-5 所示。下引式仓泵结构如图 5-6 所示。

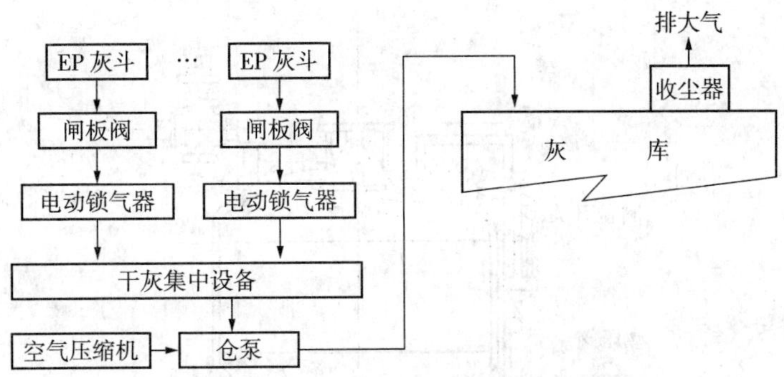

图 5-4 大仓泵除灰系统工艺流程框图

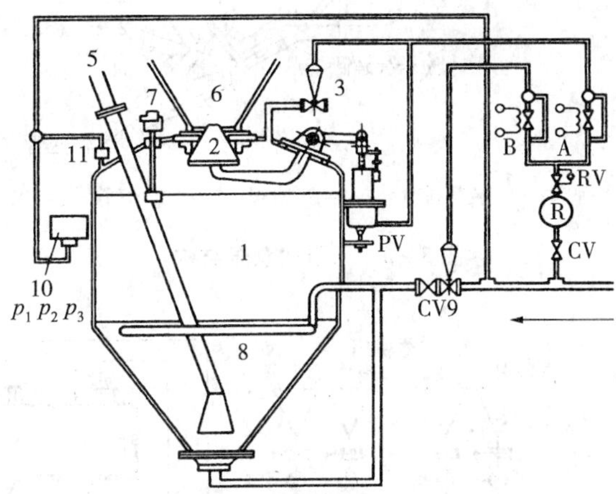

1—罐体；2—进料阀；3—排气阀；4—底阀；5—排料管；6—进料斗；7—料位计；8—环形吹松管；9—进风阀；10—压力传感器；11—平衡阀；A、B—电磁阀；PV—汽缸

图 5-5 上引式仓泵结构

(2)系统布置

某燃煤电厂大仓泵正压除灰系统布置,如图 5-7 所示。

该电厂单炉的双除尘器,一电场 8 只灰斗,二、三电场 16 只灰斗,采用粗细灰分输分储方式。一电场为粗灰,8 只灰斗共用一条母管输送到粗灰库;二、三电场为细灰,18 只灰斗用一条母管输送到细灰库。二、三电场灰量约占总灰量的 20%。

(3)负压除灰系统(见图 5-8)

典型的负压气力除灰系统布置,参见图 5-9。

3. 除渣系统与除灰系统示例

某电厂的除渣系统是:锅炉除渣为特旋式输渣机,实施连续排渣。省煤器排灰同渣共进一个渣浆池,省煤器为定期排灰。渣水混合物是渣浆泵输运至脱水仓,定期用自卸汽车将渣运至灰场。脱水仓溢流水进入高效浓缩机,浓缩后的浆水再返回水仓,浓缩机的溢流水排进沉淀池,沉淀后,清水由回水泵运往厂内供冲渣循环使用。

某电厂除渣系统布置如图 5-10 所示。

除渣系统采用集中控制,阀门操作备有就地手动按钮,并没有防止脱水过程中进料的保

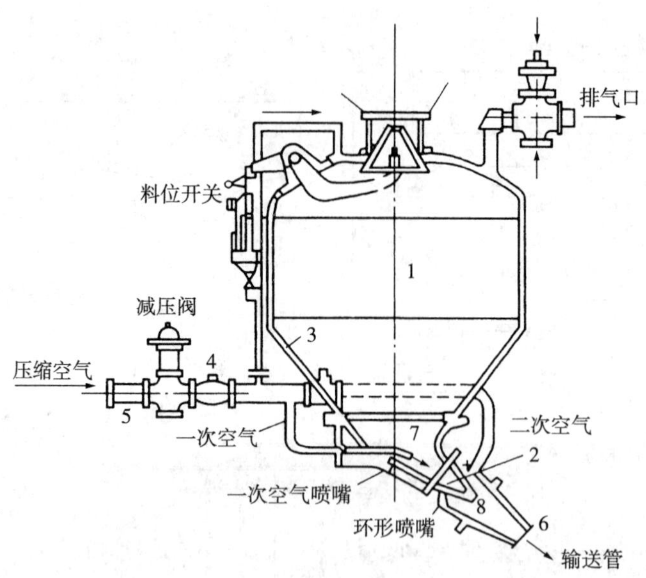

1—泵体；2—锥形钟阀；3—装料排气管；4—止回阀；5—加压气管；6—出料口；7—喷嘴

图5－6　下引式仓泵结构

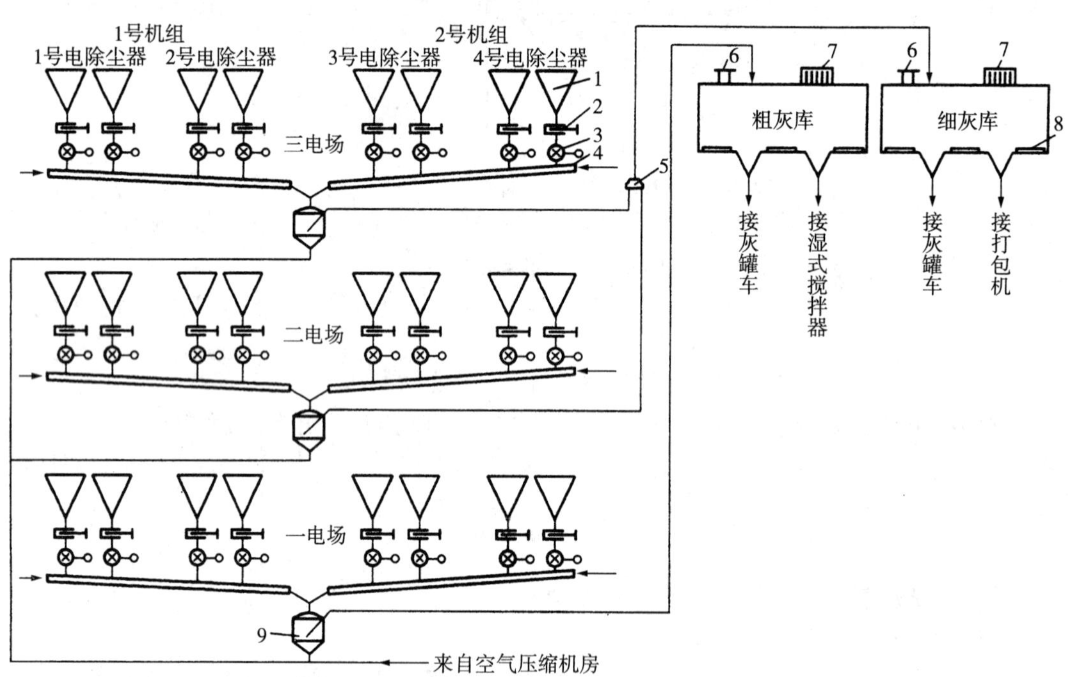

1—灰斗；2—挡板；3—给料机；4—空气斜槽；5—三通；6—排空管；7—袋式除尘器；8—库底斜槽；9—仓泵

图5－7　大仓泵正压气力除灰系统布置

护，脱水后灰渣含水量为20%～25%，装车运出。

该电厂的除灰系统是：电除尘器干灰经空气斜槽，将灰浆中送入仓式泵、正压输送至距

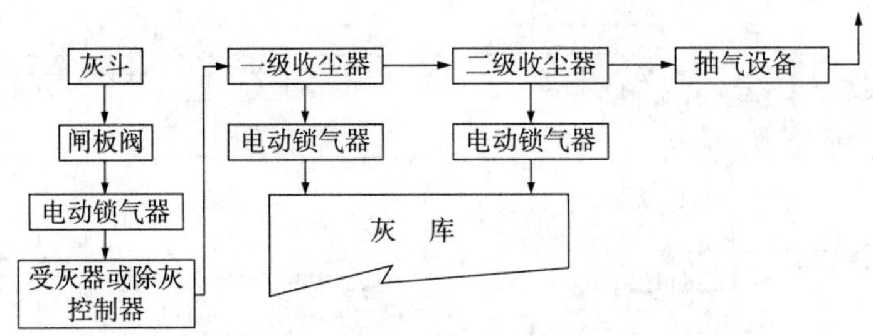

图 5-8　负压除灰系统工艺流程框图

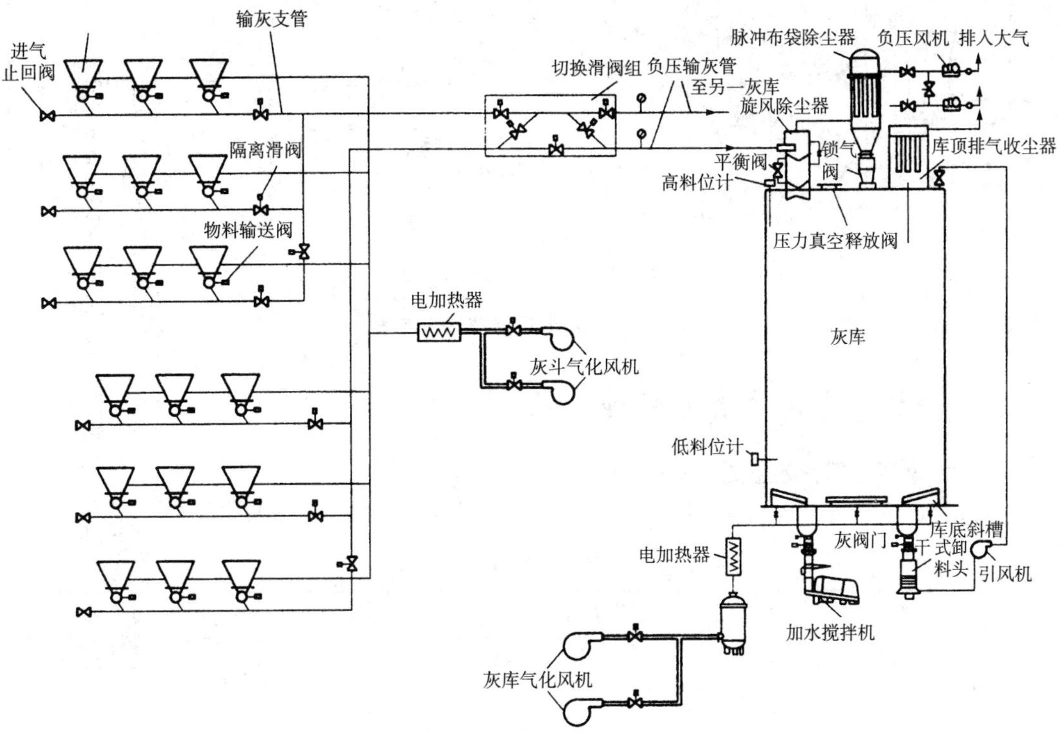

图 5-9　典型的负压气力除灰系统布置

厂内 700m 的贮灰库，乏气经库顶袋式除尘器排入大气。灰库出灰经湿式搅拌机加水搅拌后，用自卸汽车运往灰场进行碾压。其系统参见图 5-11。

上述诸图均摘引自《燃煤锅炉大气污染物净化技术手册》（朱宝山等编著，中国电力出版社，2006 年 10 月），特此说明。

燃煤电厂在生产过程中，持续地产生并排放灰渣，且其数量巨大，对灰渣的排放、贮存、监督与利用是电厂节能降耗及环境保护工作的重要方面。灰渣弃之为害，用则为宝。前已所述，电厂除灰有水力及气力之分，干灰具有更高的活性，具有更大的应用价值，但实际上受各种条件限制，采取气力除灰，直接利用干灰的电厂并不是很多。大多数电厂仍采用水力除灰，将灰渣用水力运往贮灰（渣）场贮存，因此，多数电厂均建有占地相当大的贮灰场。

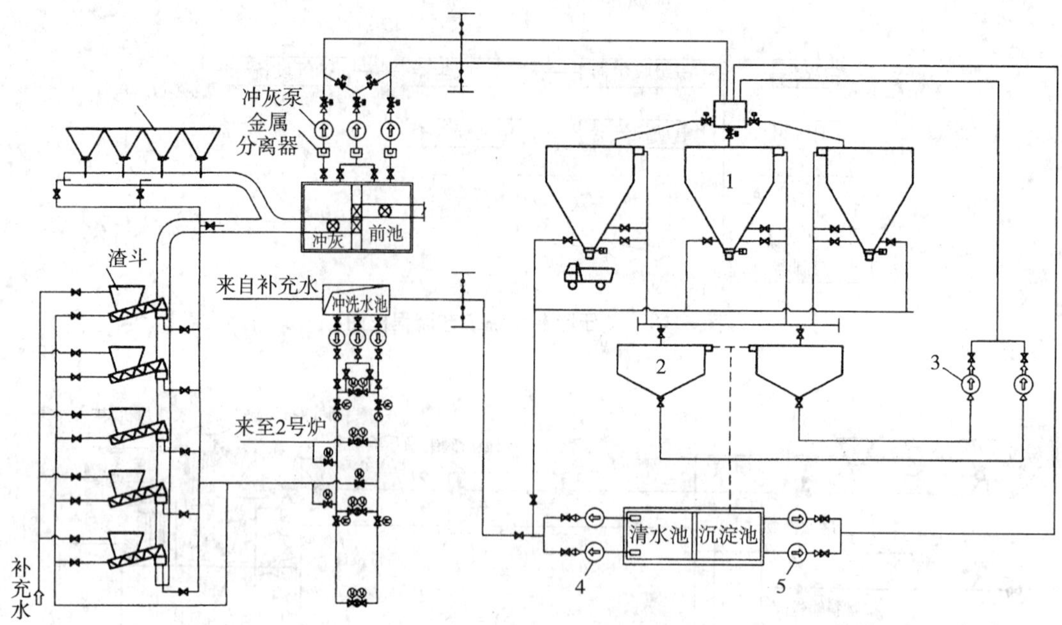

1—贮水仓；2—高效浓缩机；3—泥浆泵；4—回水泵；5—立式排污泵

图 5 – 10　某电厂除渣系统布置

二、贮灰场存灰的监督管理

1. 各种燃煤电厂除灰量及灰场占地

各地燃煤电厂除灰量及灰场占地大致如表 5 – 10 所示。

表 5 – 10　各种电厂除灰量及灰场占地

电厂类型	容量/万 kW	除灰量/t		灰场占地/亩[a]		
		每日	每年	每年	15 年	
中温中压	10	200 ~ 250	7 万 ~ 8.5 万	20 ~ 30	300	450
高温高压	20	300 ~ 400	10 万 ~ 14 万	35 ~ 45	450 ~ 680	
超高压	40	500 ~ 700	20 万 ~ 25 万	60 ~ 75	900 ~ 1200	
亚临界压力	100	1000 ~ 1200	40 万 ~ 50 万	100 ~ 150	1500 ~ 2000	

[a] 1 亩等于 667 平方米

表中的灰场占地，以灰堆 5m 高估算；另一方面，该表形成于 1980 年前，近年电煤中灰分含量因人为掺入煤矸石及电厂除尘器除尘效率的提高，电厂的除灰量及灰场占地面积较表 5 – 10中的数据还会有所增大。

2. 灰渣存放对人类环境的影响

(1) 侵占土地

灰渣如不能加以利用，就必然要占地堆放。堆积量越来越多，占地也就越来越大。据估算，每堆 1 万 t 固体废弃物，约占地 1 亩。我国当前电厂排放的大量灰渣如不加以利用，堆放场 地年面积就达 4.5 万亩，从而直接影响了农业生产，妨碍了城市环境卫生，减少了植被，破

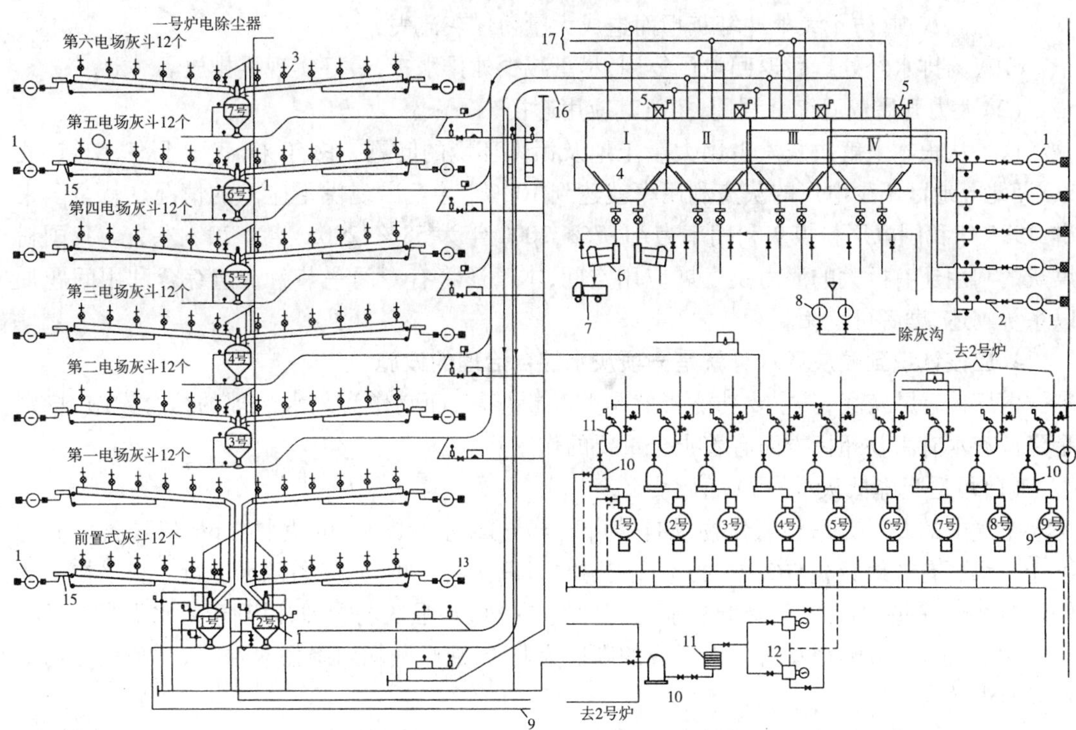

1—仓泵；2—冷冻干燥器；3—输灰管道（来自刮板除灰）；4—贮灰库；5—袋式除尘器；6—加湿搅拌机；7—运灰汽车；8—冲灰泵；9—压缩空气管道；10—压缩空气罐；11—过滤器；12—空气压缩机；13—气化风机；14—空气斜槽（输送器）；15—电加热器；16—1号炉灰管；17—2号炉灰管

图 5－11　某电厂除灰系统布置

坏大自然的生态平衡。

(2)污染大气

大量灰渣贮存于灰场中，粉煤灰遇到 4 级风，可被剥离 1cm ~ 1.5cm，尘粒飞扬可高达 20m ~ 50m；渣场中堆积的炉渣及不能被利用的石子煤（实际上多为矸石粒），因其含硫量较高，在一定条件下还可自燃产生 SO_2，污染大气。

(3)污染水体

电厂中灰渣一般通过水力输运到贮灰场，灰场排水是电厂的主要外排水，它必须符合相关标准。冲灰水 pH 值普遍较高，多在 9 ~ 11 范围内，超标率较大，为防止 pH 超标，一般是在灰水中加 H_2SO_4 处理，这样外排水中含盐量大大增加。

在水中含有多种有害物质，其中超标率最大的为 pH 值、悬浮物、化学耗氧量 COD 3 项。此外，还含有氟化物、砷等，这些都得对环境水体带来不良影响，详细情况，可参阅作者编著的《燃煤电厂环境保护》一书，这里就不多述。

3. 加强贮灰场监督管理的必要性

为了降低或消除灰渣存放对环境的不良影响，必须加强贮灰场的监督管理，提高运行水平。

(1)加强灰场的监督管理，可采取多种措施

①令贮灰场蓄水运行，减少扬尘；

②加固灰坝，防止大雨冲垮灰坝而造成大量粉煤灰流失；

③灰场排水经处理后返回电厂复用，尽量减少外排水量，最好实现零排放。

(2)大力开展灰渣综合利用，拓宽其应用途径

这是从根本上解决灰渣占用大量土地及污染环境的问题。多年来，我国上海、南京、北京、湖北等地区不少电厂的灰渣利用率就达到100%，甚至出现供不应求的情况。就全国来讲，1995年我国电厂粉煤灰利用率为41.7%，2000年为58%，2005年为70%左右。我国粉煤灰的利用还有巨大的潜力及发展应用空间，本章还将有专门一节就灰渣综合利用问题加以系统阐述，读者可参阅。

4. 应该认识到贮灰场本身就是一项灰水综合治理的设施

电厂设置贮灰场，其主要功能当然是贮存粉煤灰，而它作为灰水治理的综合设施，特别是降低灰水有害物超标方面有着十分重要的作用。

(1)可适当降低灰水的pH值

空气中的CO_2是酸性氧化物，如它为pH=7的纯水所饱和，可使水的pH值降至5.6，为了让灰水更有效地吸收空气中的CO_2，灰场的面积要大一些，让灰场蓄水运行。灰水在灰场停留时间长一些，则有助于降低灰水的pH值。另外，加强灰场管理，以利于灰水更多地吸收空气中的CO_2。由于CO_2溶于水形成的碳酸为弱酸，故贮灰场对降低灰水的pH值的作用毕竟是有限的。

一般说来，灰场出口灰水pH值要低于灰场入口灰水的pH值。

(2)有助于降低灰水中的悬浮物浓度

设置贮灰场，为减少灰水中悬浮物含量，让水、灰充分分离，为灰水澄清创造条件，这在灰场设计时就应该将灰场灰水入口到排水口有足够的距离，让灰水在灰场停留时间较长。在正常情况下，外排水应是澄清的灰水。

(3)可适当降低灰水中氟、砷含量

当灰水进入灰场后，灰场水与大气接触，pH有所下降，贮灰场中外排水含氟量略有降低；灰水经贮灰场澄清一定时间后，由于灰中某些元素对砷的吸附与沉淀，可使贮灰场外排水中含砷量明显降低。

(4)加强灰场的运行管理

在贮灰场运行中要采取蓄水运行或者保持灰面处于润湿状态，从而防止细灰飞扬；雨季时，则要加强灰坝巡查，防止灰坝垮塌而造成二次污染。

为了充分发挥贮灰场的作用，在其设计中主要采取环保方面措施，并切实加强灰场管理，制定合理的运行方式，这些都是十分重要的。

第三节　煤矸石对电力生产的危害与监督

煤矸石、简称矸石，是煤炭采、掘过程中从顶、底板或煤层夹矸混入煤中的岩石。在电厂中，煤矸石则多以磨煤机排出的石子煤形式存在。

自煤炭市场开放以来，往电厂用煤中人为掺入破碎的煤矸石的情况屡见不鲜，这给电力生产带来很大威胁，特别是对电厂的节能降耗及环境保护带来诸多危害，且电力行业现时对煤矸石又缺少必要有效的监督，致使这种情况有愈演愈烈之势，故本书将煤矸石对电力 生

产的危害及监督问题列为单独一节予以分析阐述，以期引起电力行业的关注。

一、煤矸石的来源与通性

煤矸石的来源

煤矸石是与煤伴生的矿物，是在煤矿开采和洗煤过程中被分离出来的废弃物。它实际上是含碳物（碳质页岩、碳质砂岩及少量煤）与岩石（页岩、砂岩、砾岩等）的混合物。

煤矸石的排放量约占原煤产量的15%～20%左右。

由煤矿生产出来的，未经任何加工处理的煤，称为毛煤。

矿井生产的毛煤作为商品煤出售前，必须进行拣矸。拣选矸石分为机械拣选和人工拣选两种方法。所谓机械拣选，就是利用矸石与其他物料之间的光性、磁性、电性、放射性等物理性能的差异，使被选物受到检测器械的检测。检测使其经电子技术放大处理，然后驱动执行机构，使有用矿物（矿石）与脉石矿物（废石、矸石）从主料中分离出来，从而实现性质不同的物种得以分选的一种选矿方法。手选则是最原始，也是最简单的一种拣选方法，它是利用矿石（或煤炭）与废石或矸石之间颜色、光泽、外形、密度等外观特征不同，将矸石用手拣选出来。手选需要大量人力、劳动强度大，工作条件恶劣，且人为因素影响很大。从我国实际情况出发，手选仍是目前煤矿提高煤质的重要手段之一。

手选效率与煤的粒度组成、矸石辨别的难易程度、矸石的数量及颗粒大小、运输设备的规格与运行速度等多种客观因素有关，更与拣矸操作者主观意愿相联系。如果有人想把更多的矸石掺于商品煤中，自然就可大大减少拣出的矸石量。

不少电厂所进商品煤中，含有大量经破碎的矸石，一是难以辨认；二是无法确定矸石的含量，因我国标准规定当矸石粒度破至小于50mm以下，就不计入含矸率之内，这就为不法分子在商品煤中掺杂使假，以次充好提供了有利条件。

混入电煤中的矸石，其中一部分细粉就直接进入锅炉，另一部分的矸石颗粒则磨煤机以石子煤的形式排出，例如某电厂燃用贫煤（300MW）机组，因煤中含矸量过多，导致中速磨损坏严重，维修工作量大增，同时锅炉燃烧状况恶化，炉温下降，锅炉不得不减负荷运行，仍然无济于事，锅炉频繁出现灭火。与此同时，磨煤机排出的石子煤由正常情况占入炉煤量的0.5%骤升至4%左右，足可见电煤中所含煤矸石量之多，其危害之大。

二、含矸率及其测定方法解析

对煤矸石与含矸率的正确定义，是问题的关键与前提。

1. 煤矸石

GB/T 3715—2007中对煤矸石给出了如下定义：煤矸石是采、掘煤炭过程中从顶、底板或煤层夹矸混入煤中的岩石。定义表明，矸石是采、掘煤炭过程中产生的，不是人为加入煤中；另一方面，煤矸石从本质上讲，是一种岩石，不属于煤炭的范畴。

2. 含矸率

GB/T 3715—2007中对含矸率给出了下述定义：煤中粒度大于50mm矸石的质量分数。与此定义相对应，煤炭行业标准MT/T 1—2007《商品煤含矸率和限下率的测定方法》中作出了含矸率测定方法的规定。

由含矸率的上述定义可以看出，含矸率是指煤中粒度大于50mm的矸石质量分数。那么粒度小于 50mm 的矸石是否仍称为矸石？标准未作说明；另一方面，粒度大小并不能改变矸石的本质特征，故上述含矸率的定义缺少科学性与合理性，值得深入分析讨论。

大量矸石(多经破碎至粒度小于 50mm)存在于电煤中，对电厂的安全生产构成很大威胁，对电厂的节能降耗及环境保护工作带来巨大影响。而且现在电力行业对煤中矸石又缺少有效的监督，故本书将煤矸石对电力生产的危害及监督列为单独一节加以集中分析阐述，以期引起电力行业的关注。

三、煤中矸石对电力生产的危害

煤中所含矸石，不仅仅是粒度大于 50mm 者，实际上大大小小的矸石颗粒乃至矸石粉都将对电力生产造成严重影响。这主要表现为：

①煤中混入大量矸石，不仅增加电厂在运输上的负担，而且会大大增加磨煤机能耗及加速制粉系统设备的损坏，加大维修工作量。

②煤矸石混入煤中，在组堆时易发生离析作用。这可能使得煤矸石相对集中，这往往是造成煤堆自燃的重要原因。

③煤矸石热量低，基本上属于难燃矿岩。大量煤矸石混入煤中，致使入炉煤热量降低，炉温下降，在某一时段易造成锅炉灭火。

④煤矸石中灰分含量一般在 75% ~80%，有的甚至更高，煤中灰分的增加加上含硫量的增高，将促使锅炉结渣的产生或加剧其严重程度。

⑤煤中灰分的增多，使得锅炉除尘设备负担的加重，进而影响除灰系统的运行，造成灰渣排放，贮存困难以及冲灰水可能超标等一系列问题。

⑥煤中混入大量煤矸石，致使灰渣中 SO_3 含量增加，不利于灰渣的综合利用。

四、关于制定全矸率测定方法电力行业标准的建议

1. 全矸率的含义

为真实反映煤中的含矸石的情况，首先应对含矸率作出新的定义，提出与此相对应的含矸率测定方法，并在电力生产监督中加以规定予以实施。含矸率应包括煤中各种粒度的矸石占煤量的质量分数，以% 表示。与此相应，提出这种含矸率的检测方法。

在电力用煤中，粒度大小不同的矸石，对电力生产均将产生相同的危害，制定全矸率测定方法标准，在电力生产中，才具有实际意义；另一方面，明确了全矸率的含义及确定了其测定方法，也就有可能将混入大量矸石的次煤、假煤拒于电厂大门之外。

2. 全矸率测定方法

可采取下述方法来测定煤中全矸率。

煤中全矸率可在制备分析煤样过程中分取一部分试样，也可单独采集测定全矸率的煤样。

在制备分析煤样的过程中，当破碎到一定粒度时，如小于 13mm 或小于 6mm 时，分取一部分样品来测定全矸率。

由于煤与矸石密度存在较大差异，故可选用适当浮选剂，在充分搅动的条件下，煤与矸石分层并加以完全分离，将矸石冲洗干净并干燥，根据矸石量，即可计算出全矸率，以% 表示。

电力用煤中矸石的存在，不论其粒度大小如何，均对电力生产产生危害。建议组织电力行业有关生产单位及专家讨论研究电力用煤含矸率，并能尽快制定电力行业标准，提出电厂应对入厂煤全矸率的监控要求及采取的防范措施，以进一步提高电煤的质量要求，确保电厂的安全 经济运行。

五、煤矸石的应用

目前，我国工业用煤废弃物大致组成为：尾矿占29%、粉煤灰占19%、煤矸石占17%、炉渣占12%、冶金废渣占11%、其他废弃物占10%、危险废弃物占1.5%、放射性废渣占0.3%。

我国现在存储的煤矸石量约为40亿t～50亿t。一般说在正常情况下，煤矸石排放量应占原煤产量的15%～20%。由于现在不少供煤商将大量矸石经破碎后掺入商品煤中，电厂磨煤机吐出的石子煤数量较正常排出量大为增加，因而如何对煤矸石加以合理利用，也是电厂面临的一个不容忽视的问题。

电厂的石子煤，实际上就是经破碎后的矸石粒，它弃之为害，用之为宝。就全国而言，煤矸石的综合利用率约为60%。作为电厂的石子煤来说，主要应用途径是：

1. 作为流化床锅炉燃料

如果将石子煤作为流化床锅炉燃料，应将它单独堆放，便于取用。

流化床锅炉燃料中固体颗粒处于流化状态下，具有诸如气－固和固－固充分混合等一系统流动、传热、传质和化学反应特性，从而具备与层煤燃烧和煤粉悬浮燃烧不同的性能。流化床锅炉具有明显的优越性，近年来，在我国电力行业中发展很快。它的主要特点是：

①燃料适应性强。流化床内新加的燃料和脱硫剂占床的比例很小，如循环流化床锅炉中燃料仅占1%～3%，其余为不可燃的砂、灰及脱硫剂的惰性物料。如果气－固混合均匀充分，使得燃料和脱硫剂一旦进入流化床，立刻灼烧的惰性粒子包围和稀释，使燃料很快加热至着火温度，顺利着火、燃烧和燃尽。因此，流化床炉所用煤的灰分可达40%～60%，故电厂磨煤机排出的石子煤可供流化床锅炉直接燃烧，以节约发电用煤。

②易于实现炉内的高效脱硫。流化床内气－固混合均匀，充分，而其燃烧温度恰好处于钙基脱硫剂与SO_2反应的最佳温度，脱硫效率高，它又无需庞大的脱硫系统设备，只是在燃烧过程中加入廉价的石灰石或白云石，就可实现高效脱硫。

③NO_x排放量低。流化床是一种有效低温活化燃烧方式，它的燃烧温度低（约850℃），抑制了NO_x的生成。锅炉温度越高，NO_x生成率也越高。

④燃烧效率高。流化床气固混合好，燃烧效率高。对于循环流化床锅炉，其大部分未燃尽的煤粒经高温分离后，又返回炉里燃烧，从而获得更多的燃烧时间。

⑤灰渣便于综合利用。流化床锅炉的低温燃烧特性，使其产生的灰渣具有良好活性，可用来作水泥熟料或其他建筑材料的掺和料。另外，由于燃烧温度低，燃烧过程中磷、钾等升华较少，故灰 钾、磷含量较高，可用来改善土壤或作某些肥料的添加剂。

国产布置有外置式换热器的循环流化床锅炉的结构，参见图4－33。

循环流化床锅炉相对于煤粉锅炉来说，特别是在燃料适应性、节能、环保方面显示了很大优越性，故近年来在我国电力行业中发展很快。目前，已投产的多为与200MW及以下机组配套的锅炉，其技术成熟性尚不及煤粉锅炉，积累的运行经验相对也较少。现在我国设计的 300MW 机组配套的循环流化床锅炉的主要参数列于表 4 – 37 中。

2. 煤矸石在各个领域中的应用

①含碳量较高的煤矸石，可从中回收煤或作为工业生产的燃料；含碳量较低的煤矸石可用于生产砖瓦、水泥、轻骨料、矿渣棉和工程塑料等建筑材料；含碳量极低的煤矸石可用于填坑、造地、回填露天矿和作为路基材料。

②自燃后的煤矸石经破碎、筛分，可能制胶凝材料；某些煤矸石还可用来改良土壤，做肥料和农药的载体；氧化铝含量高的煤矸石，可提取聚合铝、氯化铝、硫酸铝等化工产品。

③我国多数过火的煤矸石及经中温活性区煅烧后的煤矸石均属于优质火山灰混合材，可掺入 5% ~50% 作混合材，生产不同种类的水泥。用作 水泥混合材的煤矸石要求是灰质泥岩和泥岩、砂岩、石灰岩（CaO 含量 >70%），通常选用过火和煅烧过的煤矸石。

④煤矸石用作墙体材料行业。2007 年我国煤灰总产量为 25.23 亿 t，产生煤矸石 3.8 亿 t。建材工业利用煤矸石的重点是放在墙体材料工业上，而墙体材料工业利用煤矸石的重点考虑为砖瓦。如生产 1 亿块烧结煤矸石砖，能消耗煤矸石 20 万 t，减少占地 1.33km^2。全国一年新排煤矸石 3.8 亿 t，可制砖 1900 亿块，减少占地 2500km^2。2007 年全国有全煤矸石制造烧结煤矸石砖企业数百家，墙体材料生产企业每年利用煤矸石生产矸石砖 280 亿块以上。

电厂可根据自身与当地实际情况，选择煤矸石（石子煤）更好的应用途径，化害为利，变废为宝。

第四节　对粉煤灰的质量要求及其利用

我国电源结构的一个基本特点，就是长期以来一直以火电为主，火电又以燃煤为主。我国电力用煤量通常占我国年产煤量的 50% 左右。当前，我国电力用煤量每年高达 15 亿 t 左右，按其灰分含量平均为 30%，则每年产生的灰渣总量为 4.5 亿 t，其中 90% 为粉煤灰，10% 为炉渣，一般估算，一亩地可存放灰渣 1 万 t，那么存放 4.5 亿 t 灰渣，需要占地 4.5 万亩；另一方面，灰渣在存放过程中，还会对环境产生多方面的污染。

在我国工业固体废弃物中，粉煤灰占 19%，居各类工业废弃物的第 2 位（第 1 位是尾矿，占 29%），而在电力工业中，能排放的固体废弃物中，粉煤灰量最大，如何处置与利用粉煤灰也是电厂必须妥善加以解决的一项十分重要而且是经常性的工作，它弃之为害，用则为宝。

粉煤灰的应用途径及应用效果与其质量密切相关。一般地说，干灰比湿灰好，细灰比粗灰好，低硫及低碳灰比高硫高碳灰好。当粉煤灰用于不同方面时，对粉煤灰质量均有特定的要求。

一、应用不同领域对粉煤灰的质量要求

1. 用于水泥和混凝土的粉煤灰

用于水泥和混凝土的粉煤灰质量，参见表 5 – 11。

表 5－11　用于水泥和混凝土的粉煤灰质量

序号	指标	级别		
		Ⅰ	Ⅱ	Ⅲ
1	细度 0.045mm 方孔筛筛余/%　≤	10	12	20
2	需水量比/%　≤	95	105	115
3	烧失量/%　≤	5	8	15
4	含水量/%　≤	1	1	–
5	三氧化硫/%　≤	3	3	3

2. 用于水泥生产中作活性材料的粉煤灰

用于生产水泥作活性材料的粉煤灰质量，参见表 5－12。

表 5－12　用于水泥生产中作活性材料的粉煤灰质量

序号	指标	级别	
		Ⅰ	Ⅱ
1	烧失量/%　≤	5	8
2	含水量/%　≤	1	1
3	三氧化硫/%　≤	3	3
4	24h 抗压强度比/%　≤	75	62

凡由硅酸盐水泥熟料和粉煤灰，适量石膏磨细制成的水硬性胶凝材料，称为粉煤灰硅酸盐水泥，简称粉煤灰水泥。水泥中粉煤灰掺加量按质量分数为 20%～40%。

允许掺加不超过混合材料总掺量 1/3 的粒化高炉矿渣，此时混合材料的总掺量可达 50%，但粉煤灰掺加量不得少于 20% 或超过 40%。

3. 用于生产墙体材料的粉煤灰等的质量

墙体材料是建筑物的主要结构砌筑，是建筑物的主体材料。我国房屋建筑材料中 70% 为墙体材料。

针对我国目前墙体材料生产存在的毁田取土，高能耗与严重的环境污染等问题，国家制定了大力开发与推广节土、节能、利废、多功能有利环保，并且符合可持续发展要求的各类新型墙体材料政策。墙体材料已从烧结发展变化为几乎包括各种材料：砖类产品、砌块产品及板块类产品三大类，计有数十种甚至上百种产品，其中还包括一些轻质新型材料。

表 5－13 列出了我国现有利废墙体材料产品标准，其中很多产品应用电厂粉煤灰及炉渣。

表 5－13　我国现有利废墙体材料产品标准

利废墙体材料名称	产品标准编号	所用固体废弃物种类及制作工艺
烧结普通砖（烧结粉煤灰砖）	GB 5101—2003	以粉煤灰为主要原料，掺入煤矸石或黏土等胶结材料，经配料、成形、干燥和焙烧而成的普通砖
烧结多孔砖（烧结煤矸石砖）	GB 5101—2003	以煤矸石为主要原料，经粉碎、成型、干燥和熔烧而成的普通砖

续表

利废墙体材料名称	产品标准编号	所用固体废弃物种类及制作工艺
（烧结多孔砖）	GB 13544—2000	以粉煤灰为主要原料，掺入煤矸石粉或黏土等胶结材料，经配料、成型、干燥和熔烧而成的主要用于承重部位的多孔砖
烧结多孔砖（烧结煤矸石多孔砖）	GB 13544—2000	以煤矸石为主要原料，经选料、粉碎、成型、干燥和烧结而成的主要用于承重部位的多孔砖
（烧结空心砖与空心砌块）	GB 13545—2003	以粉煤灰为主要原料，掺入煤矸石或黏土等胶结材料，经熔烧而成，主要用于非承重部位的空心砖和空心砌块
（烧结空心砖与空心砌块）	GB 1 3545—2003	以煤矸石等为主要原料，经熔烧而成，主要用于非承重部位的空心砖和空心砌块
粉煤灰砖	JC 239—2001	以粉煤灰、石灰或水泥为主要原料，掺加适量石膏、外加剂、颜料和集料等。经坯料制备、成型，高压或常压蒸汽养护而制成的实心粉煤灰砖
炉渣砖	JC/T 525—2007	以炉渣为主要原料，掺入适量石灰、石膏，经混合，压制成型、蒸压或蒸养而成的实心炉渣砖
蒸压加气混凝土砌块	GB 11968—2006	以硅质材料和钙质材料为主要原料，允许使用符合 GB 6566 规定的工业废渣做原料。铝粉为发气剂，原材料经搅拌、浇注成型、发气稠化、预养、切割、高压蒸气养护制成
普通混凝土小型空心砌块	GB 8239—1997	以水泥为胶凝材料，砂、石作集料，经搅拌、振动加压成型、养护制成；主规格砌块尺寸为 390mm × 190mm × 190mm，砌块的空心率不少于 25%，规定可用符合技术条件的高炉重矿渣碎石作粗集料
轻集料混凝土小型空心砌块	GB/T 15229—2002	用轻集料混凝土制成的小型空心砌块。所用轻集料可用粉煤灰陶粒、煤矸石、炉渣、膨胀矿渣珠等工业废渣
装饰混凝土砌块	JC/T 641—2008	经过饰面加工的混凝土砌块
粉煤灰混凝土小型空心砌块	JC/T 862—2008	以粉煤灰、水泥、各种轻、重集料、水为主要组分（也可加入外加剂等）拌合制成的小型空心砌块。其中粉煤灰用量不应低于原材料质量的 20%，水泥用量不应低于原材料质量的 10%
石膏砌块	JC/T 698—2010	以建筑石膏为主要原料，经加水搅拌、浇注成型和干燥制成的轻质建筑石膏制品。规定可用化学石膏做原料制成石膏砌块，化学石膏系指烟气脱硫石膏与磷石膏等
粉煤灰砌块	JC 238—1991（1996）	以粉煤灰、石灰、石膏和集料等为原料，加水搅拌、振动成型、蒸汽养护而制成的密实砌块
蒸压加气混凝土板	GB 15762—2008	以硅质材料、钙质材料为主要原料，允许使用符合 GB 6566 的工业废渣做原料。以铝粉为发气剂，配以经防腐处理的钢筋网片，经加水搅拌浇注成型、预养切割、蒸压养护制成的板材

续表

利废墙体材料名称	产品标准编号	所用固体废弃物种类及制作工艺
石膏空心条板	JC/T 829 ~ 2010	以建筑石膏为基材，掺以无机轻集料、无机纤维增强材料而制成的空心条板。实际生产中大量使用工业副产石膏
工业灰渣混凝土空心隔墙条板	JG 3063—1999	以粉煤灰、经煅烧或煤矸石、炉渣、矿渣、加气混凝土碎屑等工业灰渣为集料的机制混凝土空心条板，用作民用建筑非承重内隔墙，其构造断面为多孔空心式，生产原料中灰渣总掺量为40%（质量分数）以上。以粉煤灰陶粒和陶沙等为集料制成的混凝土空心隔墙条件。可以参照此标准执行
混凝土多孔砖	JC 943—2004	以水泥为胶结材料，以砂、石等为主要集料制成的一种多排小孔的混凝土砖，规定可用符合技术条件的高炉重矿渣、碎石作粗集料

4. 农用粉煤灰质量

粉煤灰的一个重要应用方面是农业，为防止农用粉煤灰对土壤、农作物、地下水、地表水的污染，保障农牧渔业生产与人体健康，对电厂湿法排出的，经过一年以上风化的，用于改良土壤的粉煤灰，其质量要求，参见表5－14。

表5－14　农用粉煤灰中污染物控制标准（干粉煤灰）　mg/kg

项目	最高允许含量	
	在酸性土壤上	在中性或碱性土壤上
	（pH＜6.5）	（pH≥6.5）
总镉（以Cd计）	5	10
总砷（以As计）	75	75
总钼（以Mo计）	10	10
总硒（以Se计）	15	15
含盐量与氧化物	非盐碱土	盐碱土
	300（其中氯化物1000）	2000（其中氯化物600）
pH	10.0	8.7

施用符合上述标准的粉煤灰，每亩累计用量不得超过30000kg（以干灰计）。

为了更好地发挥粉煤灰的作用，GB 8173—1987《农用粉煤灰中污染物控制标准》还作出如下规定：

①粉煤灰宜用于粉质土壤，矿质土壤不宜使用。

②对于同时含有多种有害物质而含量接近本标准值的粉煤灰，施用时应酌情减少用量。

③当粉煤灰污染物中个别元素超标时，在相应减少粉煤灰的施用量后方能使用，其计算公式如下。

$$M_x = \frac{M \cdot C_{s,i}}{C_i} \tag{5-1}$$

式中　M_x——i元素超标粉煤灰每亩允许施用量，kg；

M——标准规定的粉煤灰每亩累计施用量，kg；

$C_{s,i}$——粉煤灰中i元素最高允许含量，mg/kg；

C_i——粉煤灰中 i 元素实测含量,mg/kg。

④发现因施用粉煤灰而对农业造成污染,影响农作物生长发育或农产品中有害物超过有关标准时应停用。

二、粉煤灰的应用

粉煤灰应用是多方面的,如建材行业、农业、筑路、筑坝、洼陷地回填等。其中尤以建材行业方面的应用最为普遍,产品种类也最多。现就粉煤灰在各方面的应用作一简要介绍。

1. 粉煤灰在建材行业中的应用

建材行业包括水泥工业、混凝土及水泥制造工业、墙体材料工业、平板玻璃工业、建筑卫生陶瓷工业。上述5个工业部门都可应用粉煤灰,特别是水泥工业、混凝土及水泥制造工业、墙体材料工业用量最大,生产的产品也最多。

(1)粉煤灰在水泥工业中的应用

水泥是最重要的建筑材料,它在建材行业中具有举足轻重的作用。我国水泥工业发展迅速,2000年产量为6亿t,而到2007年已达到13.6亿t,且每年供销大体平衡。

①我国水泥的种类。我国水泥按其用途与性能可分为普通水泥、专用水泥及特种水泥三类。其中通用水泥是大量用于土木建筑工程一般用的水泥,其产量占我国水泥产量的95%以上。

水泥按其混合材料掺加种类及掺加量的不同,水泥又分为硅酸盐水泥、矿渣硅酸盐水泥、火山灰质硅酸盐水泥、粉煤灰硅酸盐水泥等。

我国水泥产品以普通硅酸盐水泥及矿渣硅酸盐水泥为主,二者之和占我国水泥总产量的90%左右,参见表5-15。

表5-15　我国水泥工业不同产品结构的水泥产量

年度	硅酸盐水泥		普通硅酸盐水泥		矿渣硅酸盐水泥		火山灰质硅酸盐水泥		粉煤灰硅酸盐水泥		复合硅酸盐水泥		其他	
	数量百万t	比例%	数量百万t	比例%	数量百万t	比例%	数量百万t	比例%	数量百万t	比例%	数量百万t	比例%	数量百万t	比例%
1978		—		50.42		4.83		0.64		0.10		0.74		6.27
1985		4.79		46.99		38.02		1.52		—		0.90		8.78
1990		13.11		45.44		33.04		0.85		—		3.40		4.16
1991		12.63		46.36		33.09		0.99		—		2.91		4.02
1992		7.74		52.30		33.86		1.30		—		2.28		2.52
2000	34.44	6.00	312.83	54.50	194.586	33.90	6.314	1.10	3.444	0.60	5.74	1.00	16.646	2.90
2001	35.81	5.60	353.28	55.20	217.60	34.00	7.68	1.20	4.48	0.70	7.68	1.20	13.44	2.10
2002	39.875	5.50	402.375	55.50	246.50	34.00	7.25	1.00	5.80	0.80	15.225	2.10	7.975	1.10
2003	43.15	5.00	474.65	55.00	302.05	35.00	8.63	1.00	7.767	0.90	17.26	2.00	17.26	2.00
2004	49.47	5.04	523.80	53.46	349.20	35.64	8.73	0.90	9.70	1.00	19.40	1.98	19.40	1.98
2005	54.06	5.10	562.4	53.03	381.6	36.00	9.54	0.90	10.6	1.00	21.2	1.99	21.2	1.99

注:"其他"一项包括特种水泥和出口水泥(普通80%,复合70%)。

②粉煤灰在水泥中的应用方向。水泥工业中作为水泥混合材使用的工业废渣主要有煤矸石、粉煤灰、炉渣、冶炼废渣、部分金属尾矿等。

粉煤灰作为一种资源,已得到建材行业与电力行业的认同。混凝土的制取方式有两种:一是粉煤灰在施工现场或混凝土搅拌站直接掺入;另一种方式则是水泥厂粉磨之前掺入磨中与水泥熟料一起粉磨。

国外也主张发展高掺量粉煤灰混合水泥。因为粉煤灰在磨细过程中得到机械活化,特别是粒级减小,比面积增大之后可大大激发其化学活性,同时在水泥厂中可严格控制用量比,对于小型工程可免去贮存及运送粉煤灰的流程与设备。国内粉煤灰的应用已出现了由混凝土向水泥行业转移的趋势。粉煤灰在各种混凝土中取代水泥的最大限量应符合表5－16的规定。

表5－16　粉煤灰取代水泥的最大限量

混凝土各类	粉煤灰取代水泥最大限量/%			
	硅酸盐水泥	普通硅酸盐水泥	矿渣硅酸盐水泥	火山灰质硅酸盐水泥
预应力钢筋混凝土	25	15	10	—
钢筋混凝土;高强度混凝土;高抗冻性混凝土;蒸养混凝土	30	25	20	15
中、低强度混凝土;泵透混凝土;大体积混凝土;水下混凝土;地下混凝土;压浆混凝土	50	40	30	20
碾压混凝土	65	55	45	35

(2)粉煤灰在混凝土和水泥制品行业中的应用

水泥混凝土是当今最大宗的建筑材料之一。无论是道路、桥梁、建筑、港口、码头、大坝、机场、钻井平台等,无一不要应用混凝土。

混凝土和水泥制品材料生产伴随着巨大资源、能源消耗及带来环境污染。

混凝土及其制品是国内利用固体废弃品的一个重要方面,如商品混凝土是(应用建筑垃圾、粉煤灰、矿渣、硅灰);现场搅拌混凝土(应用建筑垃圾、粉煤灰),加气混凝土(应用粉煤灰);混凝土砌块(应用粉煤灰,建筑垃圾);混凝土墙板(应用粉煤灰、炉渣、工业副产石膏、稻秆等)。

在混凝土与水泥制品中,应用固体废弃物最多的是建筑垃圾,其次就是粉煤灰。大量粉煤灰生产建材产品,主要是在砂浆和混凝土中作掺合料,已广泛用于电力、市政、桥梁、港口、隧道的建设中。近年来粉煤灰预体混凝土、泵送混凝土、振动碾压混凝土也已广泛用于建筑工程。

我国利用粉煤灰已有很长历史了,到1979年全国已建起100多条粉煤灰制砖生产线,但粉煤灰用量远远跟不上每年电厂的排放粉煤灰的增长量。自20世纪90年代,重点开展了以大量直接利用为主要内容的粉煤灰扩大利用工作。

我国混凝土和水泥制品使用废弃物的目标是:现阶段以发展生态绿色混凝土为切入点,以利用城市建筑垃圾、粉煤灰、矿渣、硅灰等为原料生产生态混凝土,处置利用量大的废弃物为重点。2010 年我国工业固体废弃物约为 8050 万 t，混凝土企业目标是处置利用废弃物 3000 万 t，占当年产生量的 37.2%，其中应用最多的就是粉煤灰，年消耗量将达 1600 万 t，其次为矿渣、钢渣、为 600 万 t，城市建筑垃圾为 380 万 t，危险废弃物为 100 万 t，其他废弃物为 230 万 t。

2006 年我国建材工业废弃物利用的行业构成是：水泥行业占 58.94%，砖瓦建筑砌块行业则占 36.48%，其他行业仅占 4.58%。

在建材工业的各个行业中，水泥及墙体材料行业二者合计资源消耗量占建材工业资源消耗总量的 90% 以上，固体废弃物利用量占建材工业固体废弃物利用总量的 95% 以上。因此，粉煤灰在建材工业中的应用重点：一是水泥行业；二是墙体材料行业。

(3) 粉煤灰在墙体行业中的应用

墙体材料是建筑物主要结构砌筑及围护材料，是建筑物的主体材料，我国房屋建筑中 70% 的材料是墙体材料。我国墙体材料工业原以生产砖瓦为基础，现在已从烧结砖发展变为几乎包括各类材料，有烧结类的黏土、页岩、煤矸石、粉煤灰砖、多孔砖、空心砖、空心砌块；硅酸盐制品类墙体材料；石膏制品类墙体材料；工业灰渣及固体粒板等墙体材料：金属类、矿棉及岩棉类、有机类墙体材料等。

目前墙体材料包括砖类产品、砌块类产品及板类产品三大类。墙体材料可利用的废弃物包括：尾矿、冶炼渣、粉煤灰、页岩渣、磷矿渣及赤泥等。

目前在我国墙体材料中利用量最大的工业固体废弃物就是粉煤灰。粉煤灰墙体材料的发展趋势是：

①粉煤灰砖。掺灰量在 40% 以下的烧结砖，以发展粉煤灰多孔砖为主；掺灰量在40% ~ 60% 之内，以生产空心砖为主；掺灰量在 60% 以上，只考虑生产粉煤灰实心砖。

②粉煤灰非烧结砖。南方地区以发展粉煤灰蒸压砖为主，北方地区只考虑生产蒸压砖，限制或禁止生产粉煤灰蒸养砖。

③粉煤灰砌块。低掺灰量以发展承重粉煤灰混凝土砌块为主，高掺灰量砌块以发展非承重轻质保温砌块为主，大力发展加气粉煤灰混凝土砌块。

④粉煤灰陶粒。粉煤灰陶粒作为砌块和板材的粗、细骨料，也是利用废弃物发展墙体材料的发展产品之一。

2006 年，我国墙体材料工业用粉煤灰 4500 万 t。粉煤灰具有较大内表面积的多孔结构，具有潜在的火山灰特性。由于粉煤灰含有较多的活性氧化物 SiO_2 及 Al_2O_3，它们能分别与氢氧化钙起化学反应，生成水化硅酸钙及水化铝酸钙。粉煤灰与其他火山灰材料一样，当它与石灰、水泥等碱性物质混合加水搅拌成胶泥状态后，凝结、硬化并具有一定的强度。通过高温蒸汽养护，能加速水化产物的形成。有利于制品强度的增加及收缩率的降低。

(4) 粉煤灰在建筑玻璃及陶瓷行业中的应用

粉煤灰还可用于生产新一代的工业绝热和建筑保温材料泡沫玻璃，其中粉煤灰加入量可达 40% ~70%；粉煤灰与陶瓷黏土的化学成分相似，粒径小，烧结性能好，故可大量引入坯料中，粉煤灰用量可达 40% ~50%；粉煤灰还可用于生产耐火材料等，这方面情况就不一一细述。

2. 粉煤灰在其他方面的应用

(1) 粉煤灰用于筑坝

早在 60 年前，我国就将粉煤灰用于三门峡大坝工程。该工程所用混凝土中共掺用粉煤灰3.3万t,节约水泥2.13万t,不仅起到节约成本的效果,而且起到防止大坝产生裂纹,防止渗漏,增加后期活度,提高了工程质量。

(2)粉煤灰用于筑路

从我国粉煤灰利用的历史来看,利用最多的就是建材,其次就是筑路与回填。

美、英、德、法等许多国家利用粉煤灰作筑路材料。已积累了不少经验,有的用以修建机场跑道、滑行道、停机坪;有的用作道路基层;有的用于建造高速公路等。

世界上不少国家正在大量推广振压混凝土新技术。粉煤灰掺入量可达70%以上,材料费可节约20%以下,整个混凝土路面成本可降低25%左右,且路面质量良好。

(3)粉煤灰用于农业

粉煤灰用于改良盐碱地,黏土地等具有良好效果。粉煤灰用于水稻、小麦、杂粮、蔬菜作物,均有不同程度的增产效果。施用粉煤灰,能使农作物增产是由于:

①改良了土壤结构,使土壤疏松,表面土壤层颜色加深,有利于阳光的吸收,土地的保温,促进植物根系的发育生长。

②改善了土壤的通气透水性。

③由于灰本身含盐量低,施加粉煤灰可降低土壤的盐分含量。

④增加了土壤的有效养分,提高了肥力。粉煤灰中含有P、K、Fe、Mn、Na、Si、Ca等,能使农作物直接吸收其养分,同时由于土壤通气透水性得以改善,从而增强了微生物的活动,加速了有机物的分解,也间接地提高了土壤的有效养分,促进作物生长,提高农作物产量。

(4)粉煤灰用于塌陷区回填

我国有相当多老矿区经多年开采,地下挖空需要回填然后在其上覆土造地,粉煤灰可得到大量应用。

(5)粉煤灰用于提取某些稀有金属

粉煤灰还可用于提取如锗、钒等稀有金属。煤中含有的某些稀有金属,在其燃烧后富集于灰中,从而使得从灰中提取这些金属成为可能。

(6)粉煤灰还可用于生产化肥

在电厂燃煤中加入一定量的磷灰石,应用旋风炉烧制磷肥也有成功的先例,我国某电厂并建成磷肥半成品生产线。

第六章　燃煤采制样

电厂燃用煤炭，是利用其燃烧特性，而煤炭的一切性质均是通过性能检验的结果来加以评判的。为了获得煤炭的准确检验结果，就必须采取到有代表性的样品，并将其制备成可直接用于分析测量的试样。采样、制样与化验是进行煤质检验全过程中三个密切相关，而又相对独立的环节，如果所采样品没有代表性，则其后的制样与化验，也就失去任何意义。如果把燃煤质量检验误差以方差来表示的话，则采样误差占80%，制样误差占16%，化验误差则占4%。故在煤的采样、制样、化验（俗称煤的采制化）3个环节中，关键在于采样，其次就是制样。这也足以说明采制样在煤质检验中的重要性。

电厂用煤，它是一种质地非常不均匀的物料，而且每天用量特别大，这就给采样与制样带来很大难度。它涉及较深的统计抽样理论及应用统计推断技术。采样的理论基础是方差理论。什么是方差，很多人不知其意，甚至没有听说过，故采样的技术难度是不容低估的。有的电厂领导认为煤炭采样只不过是拿把铁铲在车船或煤堆上挖点煤样而已，谈不上需要什么技术，这是一种对采样认识上的误区，在我国电厂中，轻采制、重化验的情况并不少见。

鉴于采制样在煤质检验中的极端重要性以及掌握采制样技术具有很高的技术难度这一特点，现就煤炭采制样的原理、方法、设备、评价等问题加以解析说明。

第一节　煤的不均匀性与采样的代表性

所谓煤的采样，就是从一批煤中，按标准规定的方法采取一小部分在组成与性质上都能代表该批煤平均质量的试样。采样的目的，是采集到有代表性的煤样。电力用煤一般均应用灰分含量相对较高，其组成相对差异较大的原煤，而且煤的数量特别大。采样并不难，但要采到有代表性的煤样并不容易。

煤是古代植物的遗骸被埋在地下，历经亿万年，经复杂的生物化学与物理化学作用后转化而成的固体有机可燃沉积岩。煤是一种质地极不均匀的大宗散装物料，这种不均匀性不仅是古代成煤植物的不同，成煤条件的差异致使成煤的化学组成具有不均匀的特性；另一方面，在煤炭开采、运输、装卸、储存过程中，也会由于人为及自然因素的影响，成煤的成分如粒度、灰分、水分等发生变化而增加了煤的不均匀程度。

对任何物料的采样总是与该物料组成与分布上的均匀性密切相关，煤的采样原理也正是基于上述特点所提出的，故在阐述煤炭采样方法前，必须对煤炭采样的常用名词术语加以说明，对煤的不均匀性这一特点加以分析，这样有助于对采样原理与方法的理解，从而能切实地掌握煤炭的采样技术。

一、煤炭采样的常用名词术语

下述名词术语摘引自相关国家标准，对某些名词术语本书作了必要的说明，还有少数名词术语，作者持不同看法，在此一并加以讨论，让读者来加以评判是否真有道理，是否具有实际意义。

①煤样。为确定某些特性而从煤中取到的具有代表性的一部分煤。关键是能采取的一部分煤应具有代表性。

②子样。采样器具操作一次或截取一次煤流全横断面所采取的一份样。在煤流中采样时，应实施皮带全断面采样，否则所采样品不具代表性。

③初级子样。在采样第1阶段，于任何破碎和缩分前采取的子样。初级子样量往往很大，例如数十至数百公斤，甚至更多，为方便其后的制样，往往要对初级子样进行破碎缩分以减少煤样量，这样试样则称为缩分后试样。

④总样。从一个采样单元取出的全部子样合并成的煤样。一个采样单元可以只采一个总样，也可以采集2个或多个总样。例如在商品煤质量验收中，供煤方在发给用户的一采样单元中采集一个总样，而用户在收到煤后，再在该采样单元中另采一个总样，将二者分别制样与化验，作为商品煤质是否合格的评判依据。

⑤分样。由若干子样构成，代表整个采样单元的一部分煤样。

⑥批。需要进行整体性质测定的一个煤量。

⑦采样单元。由一批煤中采取一个总样的煤量。一批煤可以是一个或多个采样单元。每一个采样单元的煤经制样、化验得出一个化验结果。

⑧系统采样。按相同的时间、空间或质量间隔采取子样，但第一个子样在第一个间隔内随机采取，其余的子样按选定的间隔采取。电厂入厂及入炉煤，多采用系统采样方式采样。

⑨随机采样。在采取子样时，对采样的部位和时间均不施加任何人为的意志，使任何部位的煤都有机会采出。随机采样较系统采样更具科学性，它可有效地防止在商品煤中掺杂使假，以次充好的情况发生。

⑩时间基采样。从煤流中采取子样，每个子样的位置用同一时间间隔来确定，子样质量与采样时的煤流量成正比。

⑪质量基采样。从煤流中按一定质量间隔采取子样，子样的质量固定。

⑫多份采样。按一定的间隔采取子样，并将它们轮流放入不同的容器中构成两个或两个以上的质量接近的煤样。

⑬连续采样。从每一个采样单元采取一个总样，采样时，子样点以均匀的间隔分开。

⑭间隔采样。仅从某几个采样单元采样。

二、煤的不均匀性与不均匀度

煤是大宗固体散状物料，其粒度与组成都很不均匀，这是煤的基本特点之一。同样是大宗散装固体物料，如大米、玉米、面粉等，其均匀性要比煤炭高得多。物料越不均匀，要采到有代表性的样品，其难度越大，同时该物料的数量越大，其难度也越大。

电厂用煤的品种，主要是原煤，它的均匀性比精煤、筛选煤、洗选煤的均匀性更差；另一方面，电厂用煤量很大，对大中型电厂来说，每天少则用煤数千 t，多则数万 t，因而对电力用煤的采样具有更大的难度。

煤的不均匀性与煤的采样直接相联系。

1. 煤的不均匀性

所谓煤的不均匀性，是指粒度大小不同的煤或同一粒度的煤具有不同的物理化学特性。

煤的不均匀性是一个定性的概念。煤的不均匀性越大，或者说，就是煤的均匀性越小。

煤的不均匀性还体现在它的偏析作用上。所谓偏析作用，是指由于煤的粒度与密度的不同，在重力作用下，产生的自然分层或分离的现象。例如一堆煤，大块煤往往抛落在煤堆四周，在堆的中上部粒度较小的煤所占比例较大。由于这种偏析作用，加大了煤的不均匀性，从而给采样带来更大的困难。标准规定：不得在煤堆上采集仲裁煤样及进出口煤煤样，正是因为在煤堆上更难采集到有代表性煤样之故。

2. 煤的不均匀度

煤的不均匀度用来表示煤的不均匀程度，它是一个定量概念。

在众多的煤质指标中最能反映煤的不均匀性的指标是灰分及含硫量，如果灰分在煤中分布均匀的话，那么其他各项指标也必然分布均匀。由于煤的灰分更易测定，也更易测准，故煤的不均匀度，通常用灰分 A_d 的标准差或方差来表示。

（1）标准差是精密度的一种最佳表示方法

精密度是指在确定条件下，重复相同的操作步骤所获重复观测结果之间的一致程度，即观测值的相互接近程度。影响观测结果的随机误差越小，则观测结果的精密度越高。

精密度有多种表示方法，如平均偏差、极差、标准偏差，其中应用最多的就是标准偏差，简称标准差。标准差有两种表达方式，见式(6-1)及式(6-2)，

$$S = \sqrt{\frac{\sum_{i=1}^{n}(x_i - \bar{x})^2}{n-1}} \tag{6-1}$$

$$S = \sqrt{\frac{\sum X_i^2}{n-1} - \frac{(\sum X_i)^2}{n(n-1)}} \tag{6-2}$$

式中　X_i——观测值；

$\sum X_i^2$——各观测值的平方和；

$(\sum X_i)^2$——各观测值和的平方。

在煤的采制样中，多用式(6-2)，该式不包括平均值 $\bar{X}$；而在煤质化验中，则多用式(6-1)。

标准差 S 是对有限次数的测量而言，而总体标准差 σ，则是对无限多次数测定而言，通常至少重复测定60次以上，S 值就会接近于 σ 值。

将式(6-1)中根号内的分母 $n-1$ 改为 n，则标准差 S 就变成总体标准差 σ。

（2）方差的表示方法及其特点

方差 V 的表达式参见式(6-3)及式(6-4)

$$S^2 = \frac{\sum_{i=1}^{n}(X_i - \bar{X})^2}{n-1} \tag{6-3}$$

$$V = \sigma^2 = \frac{\sum_{i=1}^{n}(X_i - \bar{X})^2}{n} \tag{6-4}$$

方差具有加和性或称可加性的特点，它是指两个相互独立的随机变量 x 与 y 之和或差等于它们的方差和或差，参见式(6－5)

$$S^2_{(x\pm y)} = S^2_x \pm S^2_y \tag{6-5}$$

煤质检验的结果 A_d，必须通过采样、制样和化验3个操作环节方能完成，故采制化的总精密度 S_o 应由采样精密度 S_s 和制样与化验精密度 S_{da} 所构成。按照方差的加和性，则

$$S^2_o = S^2_s + S^2_{da} \tag{6-6}$$

如检测结果不存在系统误差的话，则精密度与准确度是可以通用的。故在没有系统误差的前提下，标准差 S 或 σ 与方差 S^2 或总体方差 σ^2 不仅可以表征精密度，而且可以用来表征准确度。

由式(6－1)与式(6－4)相比较可知：$V(\sigma^2)$ 值略小于 S^2 值，测定次数 n 较少，则二者差值越大，测定次数较多时，S^2 值则近似等于 σ，即 $V\approx\sigma^2\approx S^2$。

在处理较少测定数据时（通常测定次数少于60次），一般应用标准差；而在煤的采制样中，则多用方差来表示的采制样品的离散情况。

方差 V 越大，表示煤质越不均匀；V 值越小，则表示煤质越均匀。采样原理依据就是方差理论。

示例：对每一批煤（一个采样单元）各采6个子样，分别制样与化验，从而获得两组干燥基灰分 A_d 值。

第一组：A_d 的范围为26%～32%，平均值 $\overline{X}_1=28.8\%$；第二组 A_d 的范围是22%～34%，平均值 $\overline{X}_2=28.8\%$。

两组样品的灰分 A_d 的测值如下：

第一组　26　27　29　28　32　31；

第二组　22　27　28　30　32　34。

虽然两组灰分 A_d 的平均值相等，但它们的不均匀性是明显的。直观上，灰分变化幅度小的，该煤的不均匀性也小或者说，煤较为均匀；反之，灰分变化幅度大的，应该说，不均匀性也大。

当用标准差或方差来表示它们的不均匀程度时，就更清楚地显示了二者的差别。

将上述两组数据代入式(6－1)，则 $S_1=2.32$；$S_2=4.22$。标准差 $S_1<S_2$，故第二组的不均匀度要大于第一组。

由式(6－1)可以看出，标准差的单位与测定值单位相同，例如上述 S_1 及 S_2 的单位均应用%表示，标准差对测定结果的特大及特小偏差具有很高的敏感性，且它又与各次测定值相关，故它是精密度表示的最好方法。另一方面，标准差又可直接与准确度相联系。

3. 精密度与准确度之间的联系

它们之间的定量联系可用正态分布曲线来加以说明，参见图6－1。

图6－1中 μ 是曲线的最高点，它决定曲线的位置，σ 决定曲线的形状。σ 用来衡量测定值的分散程度，σ 值越大，曲线越宽，测定值分布越分散；σ 越小，曲线越窄，测定值越是集中于 μ 附近。在不存在系统误差的情况下，测定结果是服从正态分布规律的。

图6－1中 μ 代表无限多次测定结果的平均值，σ 为无限多次测定结果的总体标准差。数理统计方法表明：误差在 $\pm\sigma$ 内的测定结果占全部测定结果的68.3%；误差在 $\pm2\sigma$ 内的占95.5%；误差在 $\pm3\sigma$ 内的占99.7%。这就是说，在多次重复测定中，出现特别大的误差是

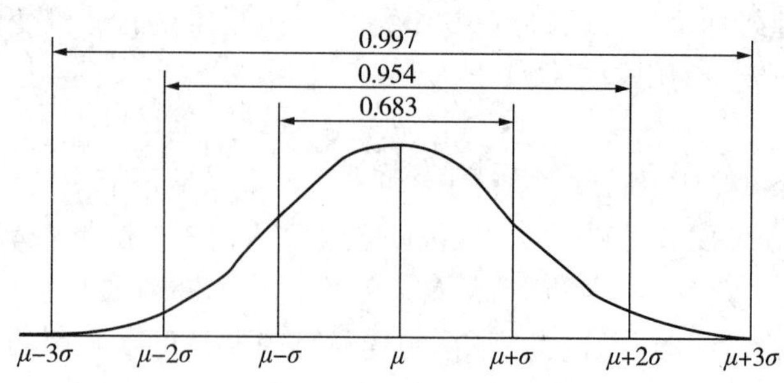

图 6-1　正态分布曲线图

极少的。

上述 68.3%、95.5%99.7%，称为置信范围或置信区间。

置信概率 P 也可用显著性水平 α 来表示，它们之间的关系是：

$$\alpha = 1 - P \tag{6-7}$$

例如置信概率为 68.3%，则显著性水平为 31.7%，说明在全部测值 x 与真值 μ 的差值中，有 68.3% 不超过 $\pm\sigma$。在煤的采制化中，多选用 $\alpha = 5\%$ 作为统计推断的准则，这种推断的置信概率为 95%，也就是在全部测定 x 与真值 μ 的差值中，有 95% 不超过 2σ。

测定值 x 与真值 μ 之间的符合程度就是准确度。测定结果准确，就是它既不偏离真值（真值的估计值），测定值又不分散的程度。如果经过多次重复测定，随机误差近于消除，则这时的测定平均值与真值之间的差异，即准确度，主要由系统误差决定。

测定结果实际上包括测定值 x 及其误差范围 $\pm\Delta x$，即 $x = \mu \pm \Delta x$，则 Δx 称为不确定度。

由于在实际测定（包括煤的采制化）中，测定不可能是无限多次，故总体标准差 σ 常用标准差 S 来代替，而煤质检验通常又取 95% 的置信概率，故不确定度 Δx 可近似地表示为

$$\Delta x \approx 2S \tag{6-8}$$

因此，$x = \mu \pm \Delta x$ 可写成

$$x = \mu \pm 2S \tag{6-9}$$

实测值是否落在 $\mu \pm 2S$ 区间内，通常计为评定准确定是否合格的依据。这样准确度与精密度就是通过标准差 S 值加以定量联系。

当不存在系统误差的情况下，精密度与准确度是可以通用的。

三、采样的代表性与采样精密度

无论采用何种方式采样，其目的就是应采集到有代表的煤样。

众所周知，物料越均匀，采样越容易，如果是一极端均匀的物料，那么在任何位置上采集少量的样品也都具有代表性，然而对于不均匀物料的采样，就不能只从一个部位上采样，而应在不同部位上分别采取样品，然后合并成一个总样，才可能具有代表性。在不存在系统误差的条件（如随机采样）下，采样的部位越多，也就是所采子样数越多，则所采样品的代表性越好。

在采样中所采集的各子样特性与这一采样单元的特性平均值（视为真值）相比，偏差总是不可避免的，但规定这种偏差不应超过一定的限度，而且正确的采样不允许有系统误差（或称偏倚）存在。

采样精密度是指采样所允许达到的偏差程度。采样代表性就是以采样精密度来衡量。如煤样的灰分(A_d)测定值与该批煤的总体平均值($\bar{A}_d$)相差越小,则说明采样精密度越高,反之,则较低。

在讨论采样精密度时,有几点需要加以说明:

①采样精密度这一名词在我国采样标准中几经变化,在1963年前,称为采样准确度;在1983年以后,称为采样精确度;而1997年2月开始实施的国标GB 475—1996,则改为采样精密度。

精密度的英文名为“precision”,用符号P表示,它是指一组观测值的相互接近程度,而准确度的英文名“accuracy”,用符号A表示,它是指观测值与真值的接近程度。当精密度好又不存在系统误差的情况下,精密度与准确度是通用的。

在强调采样精密度应符合国家标准时,不应忽视采样是否存在系统误差。

采样代表性由早期用准确度来度量,经由精确度再发展至现在用精密度度量,是采样代表性的概念逐渐科学化、清晰化的过程,是完全正确的。

②一批煤可分一个或几个采样单元,在一个采样单元中,煤的灰分含量真实值是不可知的,但借助于数理统计方法可知,在没有系统误差的情况下,采集足够多的子样,其灰分测定的总平均值就接近真值。

鉴于采样精密度用干基灰分A_d表示,对一煤样要测出灰分含量,必须经过采样、制样和化验3个环节操作,因而这里所说的采样精密度理应包括采样、制样和化验精密度,即采制化总精密度,在此简称采样精密度。

③采样精密度通常以95%的概率为前提条件。例如煤的灰分含量为28%,采样精密度为±2%,则就意味着在100次采样中,有95次可期望所采样品灰分含量在26%~30%范围内。

采样精密度P,煤的不均匀度S(单个子样的标准差)及采集子样数n三者的关系用式(6-10)表示

$$P = 1.96\frac{S}{\sqrt{n}} \tag{6-10}$$

如采样精密度为±2%,则可简化为

$$n \approx S^2 \tag{6-11}$$

标准差S表示各个子样灰分测定值与其平均值之间的离散程度。由式(6-10)可知,当采样子样数n一定时,采样的精密度P与标准差S成正比。P值越小,表示采样精密度越高。当煤的不均度一定时,即S值一定时,则采样精密度P与采样的子样数n的平方根成反比。因此,要提高采样精密度,即减小P值,即采样子样数就应增加。

因此,增加采样的子样数是提高采样精密度的主要途径。

例如同一采样单元的煤,分别采集n_1及n_2个子样,其采样精密度为P_1及P_2,故

$$P_1 = 1.96S_1/\sqrt{n_1}$$

$$P_2 = 1.96S_2/\sqrt{n_2}$$

因为是同一单元的煤,故其不均匀度$S_1 = S_2$,这样

$$P_1/P_2 = \sqrt{n_1}/\sqrt{n_2}\text{或} \tag{6-12}$$

$$P_2^2 = P_1^2 n_1/n_2 \tag{6-13}$$

例如由 60 辆汽车来运输原煤 1000t，一车采集一个子样，共采集 60 个子样，按国标 GB 475—2008 规定，采样精密度 P_1 可以达到 ±2%。如果一车改采 2 个子样，这样 60 辆汽车共采 120 个子样，此时采样精密度 P_2 为：

$$P_2^2 = 4 \times 60/120 = 2$$

故 $P_2 = \pm\sqrt{2} = \pm 1.41(\%)$

由此可知，增加子样可以提高采样精密度，另一方面，如果样量过少，则粒度较大的块煤和矸石就无法采集到，这就可能产生系统误差而影响采样的代表性。

四、采样的基本原则与要求

为了保证所采样品的代表性，必须切实掌握采样的技术要求：

首先正确合理地确定采样单元。对每一个采样单元来说，应该做到

①子样数要满足采样精密度要求；

②每个子样量要符合标准的规定；

③采样点要合理分配与正确定位；

④要使用适当的采样工具或机械。

上述 4 点是互相关联的，其中最重要的是子样数不能少，以确保采样精密度合格；其他任何一条不符合要求，也将使所采样品易产生系统误差，致使所采样品缺少甚至完全丧失其代表性。

无论是对人工还是机械采样，其采样的基本要求是完全相同的，即采样精密度必须合格，为此所采子样数不能少，一定要符合标准的规定；而在采样精密度合格的前提下，所采样品不存在系统误差，这就是说，必须保证采样具有代表性。

第二节　燃煤的人工采样方法

在电厂，燃煤的采样包括入厂煤采样及入炉煤采样。无论入厂还是入炉煤采样，又分为人工及机械采样两种不同的方法。

无论是入厂还是入炉煤，也无论采用人工还是机械采样方法，其采样目的与要求是完全一致的。也就是必须采集到有代表性的样品，或者说，采样精密度必须符合相关标准要求，同时所采样品不存在系统误差。如果是机械化采样的话，采样机的年投运率至少应达到 90% 以上。

我国电力行业标准 DL/T 246—2006《化学监督导则》规定，电厂入厂及入炉煤均应采取机械化采制样，然而机械采制样是以人工采制样为基础，二者互为补充。在当前，为了完成全部采制样工作，仍然离不开人工操作。在我国，人工采制样与械械采制样将会长期共存，故本章内容将包括人工采样、人工制样及机械化采制样三部分。

一、采样精密度要求

无论是人工还是机械采样，首先是要对采样精密度加以选定。

在一般情况下，采样精密度可按 GB 475—2008《商品煤样人工采取方法》中的基本采样方案中的规定执行，参见表 6－1。

表 6 – 1　采样精密度(灰分 A_d)

原煤、筛选煤		精煤	其他燃煤(包括中煤)
$A_d \leqslant 20\%$	$A_d > 20\%$		
$\pm 1/10A_d$,但不小于 ±1%(绝对值)	±2%(绝对值)	±1%(绝对值)	±1.5%(绝对值)

原煤是指从毛煤中选出规定粒度的矸石(包括黄铁矿等杂物)以后的煤;

筛选煤是指经过筛选加工的煤;

洗煤是指经过洗选加工的煤;

精煤是指煤经精选(干选或湿选)加工生产出来的,符合品质要求的产品。

上述四种煤均是煤炭产品的品种之一,故采样精密度是按煤炭品种进行划分的。对于原煤及筛选煤来说,还与其灰分在(A_d)含量大小有关。

精密度数值越小,则说明对其采样要求越高,从煤炭产品的均匀度来讲,精煤优于洗煤,而洗煤又优于原煤,故采样精密度要求由原煤——洗煤——精煤顺序依次增高。精密度值则按顺序依次减小。

对同一采样单元,采样精密度 P 主要取决于子样数的多少

$$P_1 = 1.96\frac{S_1}{\sqrt{n_1}}, P_2 = 1.96\frac{S_2}{\sqrt{n_2}}$$

由于 $S_1 = S_2$,故

$$P_1/P_2 = \sqrt{n_2}/\sqrt{n_1} \tag{6-14}$$

或者

$$P_1^2/P_2^2 = n_2/n_1 \tag{6-15}$$

设某一采样单元的 1000t 原煤,采集 60 个子样,采样精密度可达到 ±2%,如果增加 50% 的子样数,也就是在该采样单元采集 90 个子样,则采样精密度 P_2 为:

因为 $P_1 = \pm 2\%$, $n_1 = 60$, $n_2 = 90$,故 P_2

$$P_2^2 = P_1^2 \times \frac{n_1}{n_2} = 4 \times 60/90, P_2 = \pm 1.63\%$$

如果采样精密度要由 ±2% 提高至 ±1%,则应采子样数 n_2 为

$$P_2^2 = P_1^2 \times n_1/n_2$$

$$1 = 4 \times 60/n_2$$

$$n_2 = 240$$

由此可知,采样精密度提高一倍,由 ±2% 提高至 ±1%,则采样子样数应增加 4 倍,即由 60 个子样增加至 240 个子样。

采样精密度的高低选择是根据实际要求,由煤炭供需双方在贸易合同中约定。当约定了采样精密度,则应按此要求实施采样操作。

GB 475—2008 中对采样方案的选择作了如下说明:

采样原则上按本标准规定的基本采样方案进行(采样精密度要求参见表 6 – 1)。在下列情况下应另行设计专用采样方案,专用采样方案在取得有关方面同意后方可实施;

①采样精密度用灰分以外的煤质特性参数表示时;

②要求的灰分精密度值小于上述表 6 – 1 所列值时;

③经有关方同意需另行设计采样方案时。

无论基本采样方案或专用采样方案，都应按附录 C 规定进行采样精密度核验和偏倚试验，确认符合要求后方可实施。

灰分含量是反映煤的不均匀性的最佳特性指标，而煤的不均匀程度又直接与采样精密度有关。灰分标准差越大，说明煤越不均匀，当采集一定量子样数 n 时，则精密度值越大。说明所采煤样的代表性也就越差。现在还没有其他煤质特性指标比灰分或含硫量能更好地反映煤的不均匀性，故采样精密度选用灰分以外的煤质特性参数，并不具有优越性。

另一方面，如果要求的灰分精密度小于表 6－1 时，也不必设置专用采样方案，只要适当增加采样的子样数即可，例如原煤的灰分 $A_d>20\%$，采样精密度由 $\pm2\%$ 提高至 $\pm1\%$，子样数由 60 个增加至 240 个即可。

至于说，标准中规定的无论基本采样方案或专用采样方案，都应按附录 C 规定进行采样精密度核验和偏倚试验，确认符合要求后方可实施。

作者对上述要求提出异议，这在作者编著的《电力用煤采制化专题技术》(中国标准出版社出版，2012 年 2 月)中已作了分析讨论，本书不细述。

二、采样单元的划分

一批煤可以分为一个或几个采样单元，如一列火车共有 50 节车皮，其中 30 节装某矿的原煤，20 节装该矿的洗煤，则这一批煤应划分为两个采样单元，其中 30 节装的原煤为一采样单元，另外 20 节装的洗煤则为另一采样单元；又如 50 节车皮装的同一矿出产的同一规格的洗煤，其中 25 节车皮的煤送往 A 电厂，15 车皮的煤送往 B 电厂，10 节车皮的煤送往 C 电厂，则这一批煤应分为 A、B、C 三个采样单元。

一个采样单元中采集的子样合成一个总样，其化验结果作为煤质评定的依据。因此，采样单元如何划分，对采样操作来说，是一个前提条件，必须明确划分的原则及其具体的划分方法。如对同一煤源相同性质的一批煤，划分成不同采样单元时，其采集的子样数就不同，因而对采样的代表性评价也有所差异，这是需要认真研究的问题。

关于采样单元的划分，作者认为下述几个方面的问题最为重要：

①基本采样单元煤量多少为适宜？

②采样单元的划分是以载煤工具还是以煤量多少作为划分依据，更具科学性与规范性？

③一采样单元煤量，有无上、下限？它们是否需要加以明确规定？

④标准中规定大煤量以 5000t 为一采样单元，小煤量以 1000t 作为采样单元，能否兼顾二者，加以统一规定？

对于问题①，作者认为基本采样单元煤量应依据不同历史条件下的生产发展水平与实际情况加以确定。

早在 20 世纪 70 年代前，我国还在实行计划经济的年代，就规定 1000t 作为一采样单元煤量。其时我国火车车厢装煤多为 50t，一列火车通常由 20 节车厢组成；现在我国多用 60t 的火车车厢装煤，一列火车通常由 50 节车厢组成。从电厂燃煤量来说，每天少则数千 t，多则数万 t，而国标 GB 475—2008 仍规定 1000t 作为一基本单元煤量，这与我国生产发展情况不相适应。故作者提出：当前我国采样单元煤量以 3000t ± 300t 为宜。对此，作者还将在下文中作进一步阐述。

对于问题②,标准中是采用以载煤工具来划分采样单元划分的。例如标准在对连续采样(电厂均采用连续采样)中对起始采样单元煤量 M_0 的划分,对大批量煤(如海轮载煤)M_0 取 5000t,对小批量煤(如火车、汽车和驳船载煤)M_0 取 1000t。又如标准在采样单元中规定:商品煤分品种以 1000t 为一基本采样单元,当批量不足 1000t 或大于 1000t 时,可根据实际情况,以下煤量为一采样单元:

一列火车装载的煤;

一车或一船舱装载的煤;

一船装载的煤;

一段时间内发送或接受的煤。

海轮装载的煤量有多有少,多达数万 t 甚至数十万 t 之上;一船舱装载的煤往往就达 1 万t 以上;少则装煤量多为 1 万 t 以下,如 3000t ~ 5000t;而一列火车装载量多在 3000t 左右,重载列车装煤量可高达 1 万以上。采样单元的划分还是以煤量多少予以明确划分为宜,而不宜采用按装载工具轮船或火车作为采样单元划分的依据。

对于问题③,标准中对批煤采样单元数的确定中指出,一批煤可作为一个采样单元,也可按下式分 m 个采样单元

$$m = \sqrt{M/1000} \tag{6-16}$$

式中　M——被采样煤批量,t。

采样单元与被采样煤量的关系参见表 6-2。

表 6-2　1000t 作为一基本采样单元煤量时,采样单元的划分

采样单元数/个	1	2	3	4	5	6	7
被采样煤量/t	≤1000	1001 ~ 4000	4001 ~ 9000	9001 ~ 16000	16001 ~ 25000	25001 ~ 36000	36001 ~ 49000

这样采样单元的划分有着明确的煤量界限,这就便于实施采样的规范化操作,提高采样精密度的可比性。

例如一批煤 3000t,它可作为一个采样单元,也可按式(6-16)计算,$m = \sqrt{3000/1000} = 1.73 = 2$ 个采样单元。也就是说,以 1000t 作为一基本采样单元时,它的上限煤量是确定的。正如表 6-2 所示,当 1001t ~ 4000t,应划分为 2 个采样单元;4001t ~ 9000t,应划分为 3 个采样单元,这样计算采样单元数,其上限煤量实际上是明确的。而现在不少人将 >1000t 的批煤,也不论数量多少,统统作为一个采样单元,甚至有人将 10000t 或 20 000t 的一批煤也作为一个采样单元来计算子样数,根本就谈不上有什么代表性。

另一方面,采样单元煤量也应有一个下限,因为从一个采样单元中采集一个总样来进行煤质分析,如果采样单元下限煤量规定太少,如 100t 或 50t,则电厂对煤的制样及化验工作量就太大,从现在情况看,下限煤量有 300t 还是适宜的。

对问题④,标准中规定 5000t(大煤量)或 1000t(小煤量)来计算起始单元数,前已指出,海轮也有装载量小的,而火车也有重载的,标准中的这种采样单元划分很难规范其采样操作。作者认为,兼顾上述两种情况,我国现阶段以(3000 ±300)t 作为一基本采样单元还是比较适宜的。

如果采用 3000t 作为一基本采样单元煤量,则采样单元数的划分参见表 6-3。

表 6-3 3000t 作为一基本采样单元煤量时采样单元划分

采样单元数/个	1	2	3	4	5	6	7
被采样煤量/t	≤3000	3001 ~ 12000	12001 ~ 27000	27001 ~ 48000	48001 ~ 75000	75001 ~ 108000	108001 ~ 147000

综上所述,采样单元的适当划分,不仅有助于采样操作的规范化,避免对一批煤分成数量不等的采样单元数,这样也就增加了采样精密度之间的可比性,可以对同一批煤采样精密度高低作出统一评价,从而减少供需双方的争议与矛盾。

另一方面,一批煤划分为不同采样单元时,其子样数可能相差很大,总样量也就存在较大差异,这样还进一步影响制样工作,故采样单元作统一划分规定是必要的,故作者提出了当前我国商品煤以(3000 ±300)t 作为一基本采样单元煤量的建议。

三、人工采样操作要点

在采样单元确定以后,就可进行采样操作,其要点是确定应采的子样数,每个子样的质量、采样点的位置及使用的采样器具。

1. 子样数的确定

每一采样单元的子样数多少,也就决定采样精密度的高低,这是保证采样是否具有代表性的关键性操作。

(1)基本采样单元煤量为 1000t 时的子样数

国家标准 GB 475—2008 中规定,商品煤分品种以 1000t 为一基本采样单元。原煤、筛选煤、精煤和其他洗煤(包括中煤)的基本采样单元子样数列于表 6-4、表 6-5 中。

表 6-4 1000t 为一基本采样单元的最少子样数

品种	灰分 A_d	采样地点				
		煤流	火车	汽车	煤堆	船舶
原煤、筛选煤	>20%	60	60	60	60	60
	≤20%	30	60	60	60	60
精煤	-	15	20	20	20	20
其他洗煤(包括中煤)	-	20	20	20	20	20

表 6-5 <1000t 为一采样单元的最少子样数

品种	灰分 A_d	采样地点				
		煤流	火车	汽车	煤堆	船舶
原煤、筛选煤	>20%	18	18	18	30	30
	≤20%	10	18	18	30	30
精煤	-	10	10	10	10	10
其他洗煤(包括中煤)	-	10	10	10	10	10

采样单元大于 1000t 煤量时子样数按式(6-17)计算

$$N = n\sqrt{\frac{M}{1000}} \tag{6-17}$$

式中　N——应采子样数；

n——按表 6－4 规定子样数；

M——被采样煤批量，t；

1000——基本采样单元煤量，t。

例如 1500t 原煤作为一采样单元，该煤灰分 $A_d > 20\%$，则应采子样数为 $60 \times \sqrt{1500/1000} = 73.5 = 74$ 个。注意：子样数没有小数，如计算值带有小数，进为整数。

（2）基本采样单元煤量为 3000t 时的子样数

按 GB 475—2008 规定，对灰分 $A_d > 20\%$ 的原煤来说，如将 3000t 煤作为一采样单元，则应采子样数为 $60 \times \sqrt{3000/1000} = 104$ 个。故建议以 3000t 煤作为一基本采样单元，则应采最少子样数参见表 6－6。

表 6－6　3000t 为一基本采样单元的最少子样数

品种	灰分 A_d	采样地点				
		煤流	火车	汽车	煤堆	船舶
原煤、筛选煤	>20%	104	104	104	104	104
	≤20%	52	104	104	104	104
精煤	-	26	35	35	35	35
其他洗煤（包括中煤）	-	35	35	35	35	35

当采样单元煤量 <3000t 时，子样数按表 6－6 规定的子样数按比例递减，但最少不应少于表 6－7 中的规定数。

表 6－7　采样单元煤量少于 3000t 的最少子样数

品种	灰分 A_d	采样地点				
		煤流	火车	汽车	煤堆	船舶
原煤、筛选煤	>20%	32	32	32	32	32
	≤20%	18	32	32	32	32
精煤	-	18	18	18	18	18
其他洗煤（包括中煤）	-	18	18	18	18	18

如采样单元煤量 >3000t，例如 5000t，应分为 2 个采样单元。

每个采样单元煤量为 2500t，应采子样数为 3000∶2500 = 104∶x，x = 87 个子样。故 5000t，则采样 2 × 87 = 174 个。

基本采样单元下限煤量规定是 300t，也就是累计达到 300t 时，才采集一个总样，以完成制样与化验，报出检验结果。

采样精密度是表征采样代表性的最关键性指标。它是由采样子数所决定，采样单元中所采子样数与采样精密度之间存在下列关系：

$$P_1/P_2 = \sqrt{n_2}/\sqrt{n_1} \text{或} P_1^2/P_2^2 = n_2/n_1 \tag{6-18}$$

例如一采样单元的原煤 1000t，采集 60 个子样，采样精密度可达到 ±2%，那么如采样精密度提高到 ±1.5%，则应采子样数为 107 个子样；如采样精密度提高到 ±1%，则应采子样数为 240 个，故在实际采样操作中，子样数不能少，也就是采样时，首先要保证采样精密度符合标准规定的要求，否则，采样就不可能有代表性。即所采样精密度合格，还必须做到所采样品不存在系统误差（偏倚）。

2. 子样量的确定

GB 475—2008 规定，子样最小质量按式（6－19）计算，但最少为 0.5kg。

$$m_a = 0.06d \qquad (6-19)$$

式中　m_a——子样质量，kg；

d——被采样煤标称最大粒度所决定。

子样量的多少，由煤的标称最大粒度所决定。对于标称最大粒度，国家标准的定义是：与筛上物累计质量分数最接近（但不大于）5% 的筛子相应的筛孔尺寸。

对于上述定义，有下述两方面的问题值得研究：

①标准规定取筛上物累计质量分数最接近（但不大于）5% 的筛子相应的筛孔尺寸作为最大粒度，如果筛上物累计质量分数最接近 5%，但偏偏 >5%，那么此煤的最大粒度如何确定？标准未加说明，然而这种情况并不少见。

②筛子筛孔的尺寸通常以 mm 或 μm 表示。煤在筛分时，只有筛上物与筛下物之分。也就是说，筛上煤样粒度大于该筛孔尺寸；筛下煤样粒度小于该筛孔尺寸。而煤样粒度等于筛孔尺寸，它就正好封住筛孔，这样的筛子也就无法筛分。

例 1：对 1000t 原煤，采集 20 个子样，共 600kg，现用不同孔径的筛子筛分时，其结果见表 6－18。

表 6－8　煤的最大粒度测定记录（一）

筛子孔径/mm	150	100	50	25
筛上煤量/kg	0	0	32	125
筛下煤量/kg	600	600	568	475

600kg 的 5% 应为 30kg。例中用孔径 50mm 筛子筛分，其筛上物累计质量分数最接近 5%，但却大于 5%，那么煤的最大粒度是否确定为 100mm？例中不能同时满足最接近，但又不能大于 5% 这两项条件，如何确定最大粒度？标准中对这类情况并未作明确规定与说明，这对采样操作人员来说，往往会感到无所适从，按标准规定，最大粒度为 50mm，应采总样量 170kg；如最大粒度为 100mm，则应采总样量为 1025kg，因而大大增加采样及其后的制样工作量。

GB 475—2008 对一般煤样总样、全水分总样/缩分后总样的规定如表6－9 所示。

表 6－9　一般煤样总样、全水分总样/缩分后总样最小质量

标称最大粒度/mm	一般煤样和共同煤样/kg	全水分煤样/kg
150	2600	500
100	1025	190
80	565	105

续表

标称最大粒度/mm	一般煤样和共同煤样/kg	全水分煤样/kg
50	170	35
25	40	8
13	15	3
6	3.75	1.25
3	0.7	0.65
1.0	0.10	-

煤的粒度越大，其均匀性越差，要采到有代表性的煤样，其子样量越多，故总样量也就越大，这是不难理解的。如煤的粒度较大，而子样量越少，则大块煤就可能采集不到，这样所采样品就会出现偏倚，即出现系统误差。

例2：对1000t粒度很小的原煤，采集20个子样，每个子样量为30kg，用不同孔径的筛子筛分时，其结果参见表6-10。

表6-10　煤的最大粒度测定记录(二)

筛子孔径/mm	150	100	50	25
筛上煤量/kg	0	0	0	32
筛下煤量/kg	600	600	600	568

与例1相似，25mm筛上煤量为32kg，它最接近于5%，但又>5%，那么最大粒度如何确定？如果定为50mm，显然是不合适的，因为50mm筛上煤量为0，此例中最大粒度也只能定为25mm为宜。另一方面，煤的最大粒度用mm表示，还是用小于多少mm表示，也值得关注。

煤样筛分只有筛上物与筛下物之分。煤的粒度正好与筛孔孔径相同，如25mm、50mm等，则将筛孔封住。故煤的最大粒度宜用小于多少mm表示，这符合实际情况。

煤样粒度为50mm，应是煤样粒度全部处于50mm；粒度<50mm，则全部煤样粒度均处于50mm筛下，显然这二者含义是完全不同的。

在GB 475—1996中，一方面将最大粒度定义为一定条件下的筛孔尺寸(见标准附录B)；另一方面，又用小于多少mm来表示(见标准中的表4)。

综上所述，煤的最大粒度可定义为：在筛分试验中，取筛上物质量分数最接近5%的那个筛子尺寸，将小于该筛孔的尺寸作为煤的最大粒度。因此，例1中的最大粒度为<50mm；例2中最大粒度应<25mm。

按GB 475—2008的规定，子样量按煤的标称最大粒度确定，而且对总样量也作出了明确规定，参见表6-9，例如最大粒度100mm(实际上应为<100mm)，一般煤样和共用煤样总量应为1025kg，故每个子样量为1025/60 = 17.08kg≈17.1kg；又如最大粒度50mm(实际上应为<50mm)，则一般煤样和共用煤样总量应为170/60 = 2.83kg≈2.9kg。如果以3000t作为一采样单元，应采集104个子样(对灰分A_d>20%的原煤)，那么应采子样总量：最大粒度<100mm来说，为17.1×104 = 1778kg；对最大粒度<50mm来说，则为2.9×104 = 301.6kg≈302kg；

而对于全水分煤样量，也可按上述方法推算。例如粒度 < 100mm，则全水分煤样总量应为 190/60 × 104 = 330kg；粒度 < 50mm，全水分煤样总量应为 35/60 × 104 = 61kg；粒度 < 25mm，全水分煤样总量应为 8/60 × 104 = 14kg，余下类推。

以 3000t 煤作为一基本采样单元，一般煤样总样，全水分总样/缩分后总样最小质量参见表 6 - 11。

表 6 - 11　3000t 为一基本采样单元，一般煤样总样全水分煤样/缩分后总样的最小质量汇总一览表

标准量大粒度 mm	单个子样质量 kg	全水分煤样 kg	一般煤样和共用煤样 kg
< 150	43.3	865	4500
< 100	17.1	330	1778
< 80	9.4	183	978
< 50	2.9	61	302
< 25	0.7	14	73
< 13	0.25	5.2	26
< 6	0.06	2.2	6.2
< 3	0.01	1.2	1.2

根据 GB 475—2008 的规定，单个子样量为总样量/子样数，如粒度 < 50mm 的煤样，1000t 采集 60 个子样，而总样量为 170kg，故每个子样量为 170/60 = 2.9kg。3000t 作为一基本采样单元煤量，则应采集 104 个子样，故应采集的总样量为 2.9 × 104 = 302kg。由于每个子样量由煤的最大粒度决定，而与基本采样单元煤量无关。以 3000t 作为一基本采样单元煤量，其每个子样量仍同 GB 475—2008 的规定，但由于样品数由 1000t 的 60 个改变成为 3000t 的 104 个，故总样量相应有所增加。对全水分煤样的子样量及总样量也作同样的处理，故得出表 6 - 11 的一系列数据。

3. 采样点的定位

在采样子样数及子样量确定后，还必须对采样点正确定位，并采用适当的采样器具、采样点能否正确定位，对采样的代表性关系极大，采样点布置的基本原则是：一般采取均匀布点，被采样的任何部位都有同等机会被采集。

对于具体的采样布点，通常可采取系统采样法及随机采样法。

(1) 系统采样

所谓系统采样，是指按相同的时间、空间、质量间隔采集子样，但第一个子样在第一个间隔内随机采取，其余的子样按选定的间隔采集。

GB 475—2008 颁布以前，我国商品煤采样一直采用系统采样法；而在 GB 475—2008 中，则规定商品煤采样可采取系统采样或随机采样法采样。

由于各电厂以往一直使用系统采样法，大家比较熟悉这种方法采样，操作比较简单，但容易给供煤方掺杂使假提供条件，即在采样位置处装上好煤，而在无法采集到煤样的部位处，则装上劣质煤，甚至矸石。而随机采样法可使任何部位的煤均有机会被采出，因而对防止不法供煤商以次充好、掺杂使假是有利的。随机采样法较系统采样法更科学，更符合采样的基本原理与要求。

(2)随机采样

所谓随机采样,是指在采取子样时,对采样的部位或时间均不施人为的意志,使任何部位有机会被采出。例如一列火车装原煤3000t,每节车厢装煤60t,共50节车厢组成。将车厢分成18块(3×6),并编上号。经计算3000t原煤应采集子样104个,故每节车厢上采集2个子样。当按随机采样法采样时,则预先制作分别编有1、2……17、18的牌子装入一袋中,当对第一节车厢采样时,抽取2块牌子,例如3和9,则在相应的位置上采样;当对第2节车厢采样时,从余下的16块牌子中抽取两块,例如为5和18,则在相应的位置上采样,以此类推。当对第9节车厢采样时,袋中仅剩2块牌子,就在相对应的位置上采样。这样前9节各节车厢的采样点无一重合。从第10节到第18节车厢采样时,再重新在18块牌子的袋中,每节车厢依次地抽取2块牌子,在对应的位置上采样;如此反复循环直至全部车厢采样完毕。50节车厢共采集100个子样,余下4个子样,则在每隔12节或13节车厢中随机采集1个子样。

随机采样不是随意采样。随意采样是要想煤质检测结果好就采好煤样;要想煤质检测结果差,就采差煤样或矸石。

如果一采样单元的煤质十分均匀,采取系统采样或随机采样,是可以获得一致结果的。但是在煤质不均匀的条件下,则二者的采样结果很难保证相一致,甚至可能存在很大差异。对于掺杂使假、包心、分层的煤,当采用上述不同采样方法时,是不可能获得一致结果的。

两种采样方法可以任选是有条件的,即采用不同的两种采样方法,首先二者采样精密度要求相一致,即不存在显著性差异;在此前提下,还要证明两种方法所采样品灰分具有一致性(参见本章第七节)。否则,这两种采样方法的采样结果就不具可比性。如果是这样,还不如规定采用其中一种采样方法为好,这样可比性会更好一些。

GB 475—2008是修改采用国际标准ISO 18283:2006,国外(指技术发达国家)的商品煤多经洗选,煤质均匀性普遍较好,当采用两种不同采样方法时,只要采样精密度规定不特别严,是易于获得一致性结果的。而在我国,电力用煤占全国年煤产量的50%,主要使用原煤,很少经过洗选,故煤质均匀性较差,再加上掺杂使假情况较为严重,煤质均匀性就更差,所以同一采样单元的煤,分别按系统采样法及随机采样法采样,很难保证采样结果的一致性。这也反映出国际标准在国内应用时,必须充分体现我国国情。

GB 475—2008中指出,可采用系统采样法,也可采用随机采样法采样。那么在什么条件下采用系统采样法?又在什么条件下,采用随机采样法?在一般情况下,人工采样仍以现在一直使用的系统采样法为主,但碰到异常情况,如发现有掺杂使假迹象,装煤容器内部可能隐藏劣质煤或矸石时,则可采用随机采样法加以核验。

(3)静止煤采样方法要点

静止煤采样方法适用于火车、汽车、驳船、轮船等载煤器具及煤堆上采样。应该做到:

①无论采用何种方式采样,都应先进行偏倚试验(参见GB 475—2008中的附录C:采样精密度核验和偏倚试验),确认符合要求后方可实施。

偏倚也就是系统误差。它导致一系列结果的平均值总是高于或低于同一参比方法得到的值。实质性偏倚,是指具有实际重要性或合同各方同意的允许偏倚。

②静止煤采样应首选在装/堆煤或卸煤过程中进行,如条件不许可,也可在静止煤中直

接采样。力求避免落地采样，特别是在煤场上采样，以免造成混样。

③直接从静止煤中采样时，要采取全深度试样或不同深度（上、中、下或上、下）的试样。在保证运载工具中煤质均匀或无不同品质的煤分层装载时，也可在运载工具顶部（下挖一定深度）采样。

4. 选用合适的采样工具

在运输工具上对静止煤采样，如车厢顶部采样，一般采用尖头采样铲。采样铲或其他采样工具的开口宽度应是煤最大粒度的3倍，它们的容量应能容纳一个子样的煤量，且不会充满，不会从容器中溢出或泄漏，故尖头铲应有一定的帮高，而不是平铲。

对于较深部位采样，就得使用探管、人工螺旋钻等工具（GB 475—2008），无论何种采样工具，都必须能便于手工操作。对于标准中介绍的探管、螺旋钻等，现在市场上并无产品销售，其使用情况如何尚不得而知，但不少人对这类采样工具是否好用有所疑虑。建议采制样设备生产厂家能把人工采样工具的研制与生产纳入生产的产品范围，以满足市场的需求。

综上所述，采样时要有足够的子样数，以保证采样精密度符合标准要求：在此基础上，还必须做到每个子样要有一定的数量、采样点要正确定位，要有合适的采样工具，以保证所采样品不存在偏倚，即不存在系统误差，这样，所采煤样就能达到具有代表性这一根本要求。

第三节　燃煤人工制样含义、特点与要求

采样、制样和化验是进行煤质检验的3个相互联系又相对独立的环节，任何环节上发生差错，都将影响煤质检验结果可靠性，其中影响最大的是采样，其次就是制样，故煤质检验的关键就在于采制样。

实践表明，如果不能掌握煤样制备技术要点或操作不当而造成的制样误差，有时并不亚于采样误差，对人工或机械制样都是如此，在实际的采制样工作中，制样中存在的问题甚多，绝对不容忽视。

本节在说明制样常用名词术语的基础上，阐述制样的含义、特点与精密度要求，从而为下节讲述制样的技术要点，保证所制样品的代表性奠定基础。

一、常见制样术语

①制样。使煤样达到分析或试验状态的过程。试样制备包括混合、破碎、缩分，有时还包括空气干燥。它可分成几个阶段进行。制样就是对所采的具有代表性的原始煤样，按照标准规定的程序与要求，对其反复进行筛分、破碎、掺合、缩分操作，以逐步减小煤样粒度和减少煤样数量，使得最终所缩制出来的试样能代表原始煤样的平均质量，这一过程，称为制样。

②分级制样。我国标准规定，煤样是按粒级大小分级制备的。所谓分级，泛指将物料分成若干粒级的作业。

③煤样粒级及其上（下）限。煤样粒级就是指煤样所处的一定粒度范围。粒级的上（下）限是指给定粒级中最大（最小）的粒度。

④煤的自然级。是指未经破碎的原始煤的筛分粒级。

⑤煤样的筛分。所谓筛分是指物料通过筛面按粒度大小分成不同粒级的作业。煤样筛

分则是用选定的筛子从煤样中分选出不同粒级煤的过程。

⑥方孔筛与圆孔筛。在制样的筛分操作中所用的筛子有圆孔与方孔之分。设圆孔筛筛孔半径为 r,则其筛孔面积为 πr^2,而相同孔筛的方孔筛边长为 $2r$,则其筛孔面积为 $4r^2$,故方孔筛的筛孔面积为相同孔径圆孔面积的 $4r^2/3.14r^2=1.27$ 倍。

⑦网目筛筛孔。以单位长度或单位面积内所包含的筛孔数来表示筛孔大小的一种计量单位。

现在各国制定的标准均以 mm 或 μm 来表示筛孔的大小,我国标准也是规定以实际孔径作为筛级的名称。西方国家常用筛号表示筛孔尺寸的大小,所谓筛号,是指每平方英寸的筛孔数,如表 6－12。

表 6－12　筛号与孔径对照表

筛号	10	20	40	60	80	100	120	200
孔径/mm	2.00	0.83	0.42	0.25	0.177	0.149	0.125	0.074

⑧标准筛。按照标准网目制作,用于小筛分的套筛。作为标准筛来说,最重要的技术参数就是筛孔的实际孔径。在规定了筛孔的孔径及其允许差,筛网的金属丝直径及允许差后,就可对标准筛的规格加以确定。

⑨电煤制样与检测用筛。确定煤的最大粒度用孔径为 25、50、100、150mm 的方孔或圆孔筛;煤样制备用孔径为 25、13、6 方孔筛及 3mm 圆孔筛;哈氏可磨性指数测定用孔径为 1.25、0.63、0.071mm 标准筛;煤粉细度测定用孔径为 0.20、0.09mm 标准筛;磨损指数测定用孔径为 9.5mm 方孔筛。

⑩煤样破碎。在制样过程中,用机械或人工方法减小煤样粒度的过程。

⑪开路与闭路破碎。开路破碎,是指破碎产品中超粒不再返回破碎的作业;闭路破碎,则是指破碎产品中超粒再返回破碎的作业。所谓超粒是指破碎产品中大于规定粒度的颗粒。不设筛板的碎煤机如颚式碎煤机,即实施开路破碎;设置筛板的碎煤机如锤式碎煤机,则实施闭路破碎。

⑫一段与二段破碎。只进行一次(两次)的破碎作业,分别称为一段与二段破碎。例如联合制样机通常一级碎煤机出料粒度小于 13mm,二级碎煤机出料粒度小于 3mm,这就属于二段破碎。

⑬破碎比与总破碎比。泛指破碎机入料与出料粒度之比。各段破碎比的连乘积,称为总破碎比。

⑭破碎机。对物料进行破碎的机械。当物料为煤时,这类破碎机通常就称为碎煤机。

⑮颚式碎煤机。借助固定颚板与摆动颚板的挤压作用破碎煤的机械。在制样中,它常用以粗碎煤样,出料粒度多为 <25mm 或 <13mm。

⑯锤式碎煤机。借铰接在转子上的锤回转时的打击作用破碎煤的机械。这是制样中应用最多的一种碎煤机械,它通常用以中细碎煤样。根据筛板上筛孔的大小,出料粒度可以是 <13mm 或 <6mm 作中碎用;也可 <3mm 作细碎用。该碎煤机实施闭路破碎作业,故它可以严格控制出料粒度。

⑰环锤碎煤机。利用套装在轴上的环形锤头与棒条之间的剪切作用破碎煤的机械。这种碎煤机也是实施闭路破碎作业,它多用于采煤样机的自动制样系统中。这类碎煤机又有

立式与卧式之分,其中立式环锤碎煤机在采煤样机中应用尤为广泛。

⑱偏析作用。由于煤的粒度与密度的不同,在重力作用下,大小颗粒间产生自然分层与分离的现象。

⑲煤样掺合。按规定方法,把煤样混合均匀的过程。煤样掺合的目的,就在于期望获得特性较为均匀的煤。

⑳人工混煤。在煤的制样中,多采用人工混煤。通常将煤堆成小堆,转移煤堆至少3次,以达到混料较为均匀的要求。

㉑给煤机。按控制的数量运送煤的一种装置。机械采制煤样时,常配用给煤机。

㉒堆锥四分法。把煤样用人工从顶端均匀分布,堆成一个圆锥体,再压成厚度均匀的圆饼,并分成4个相等的扇形,取其中相对的扇形部分作为煤样的缩分方法。

㉓二分器。由一列平行而交错的宽度相等的斜槽所组成的用于缩分煤样的工具。二分器通常配套使用。它是人工制样的一种重要的缩分工具,它并具有对煤样的一定掺合作用。

㉔安息角。散状物料(如煤)堆的表面与水平面所夹的最大锐角。

二、人工制样的特点与要求

前文已对制样的含义进行了解析,真正理解制样的含义,也就有助于掌握制样的技术要点,更好地完成煤样的制备。

所采原始煤样,通常为数十千克至数百千克,而为了进行煤质检验,仅需煤粉样数十克,故必须对原始煤样加以缩制。例如用1000t原煤采集100kg煤样,采样比例为$1:10^4$(即万分之一),而100kg煤样通过制样,再取100g,其比例为$1:10^3$(即千分之一)。因此,从1000t煤中最终取出100g的煤样用以煤质分析,其总的比例为$1:10^7$(即千万分之一),也就是说,最终制得的100g分析煤样能代表1000t原煤的平均质量,其难度极大。

在煤的检测中,采样造成的误差最大,其次就是制样。实践还表明:制样误差有时并不亚于采样误差。在我国,无论是人工还是机械采制中,制样问题往往比采样问题更多,也更为严重。

1. 制样方案与操作环节

制样方案的设计,应以获得足够小的制样方差(表明制样精密度良好)及不过大的留样量为准。

(1)制样方案的设定

制样方案必须具有科学性,这也就是指按标准规定的程序与要求进行制样。

GB 475—2008中规定了水分试样制备程序、一般分析试验煤样制备程序及由公用煤样制备全水分和一般分析试验煤样程序(分别见国家标准GB 474—2008中的图9~图11)。

制样程序是制样方案中的核心部分。它反映了制样的大体框架与基本流程,但它不是具体制样的操作依据。因此,为了切实贯彻标准,各单位还应按照标准规定的制样程序,结合本单位情况,制定标准作业指导书或称操作规程,以保证标准的贯彻实施。

(2)制样的操作环节

在制样过程中,通过反复应用筛分、破碎、掺合、缩分(有时还需干燥)等基本操作,逐步减小煤样粒度和减少煤样数量,分级或称分阶段来完成制样。例如一般分析试验煤样的制备程序是:原始煤样→破碎至25mm以下→缩分出不少于40kg→再破碎至13mm以下→再缩分出不少于 15kg→进行空气干燥→再破碎到 3mm 以下→缩分出不少于 700g→再破碎至 0.2mm 以下→再取 60g ~ 100g 作为一般分析试验煤样。

上述制样程序分为 3 个阶段,分别是 < 25mm、< 13mm、< 3mm,这样的制样流程就称为三级制样或三阶段制样。

按照上述制样程序,环环相扣,细心操作,最终缩制出的少量煤样,其组成与特性能代表原始煤样的平均质量,这样也就完成了全部制样操作。

2. 制样的特点

煤样的制备具有鲜明的特点。掌握这些特点,也有利更好地理解制样标准,保证制样工作顺利进行。

①煤样的制备历经多个环节。实施分级或分阶段制样各环节环环相扣,紧密相连,任何一个环节出现问题,都得影响制样质量。

②制样程序复杂,要求严格。它与人工采样方法不同,人工制样力求更多地采用各种制样机械及工具。所谓人工制样,是指这些制样机具多为人工控制和操作。

③要设置专门用于煤样制备的制样室,并配备各项设备器具,以满足制样要求。

④人工制样尽管使用不少机械与工具,但工作量仍然很大,效率低,劳动强度高,故制样的根本出路在于实施全过程的机械化和自动化。

3. 制样室及主要制样设备

(1)对制样至的基本要求

①制样室是将采集的煤样缩制成分析煤样及制备其他的试样的专用生产场所。制样室应不受风雨侵袭及外界尘土的影响,具有完善的照明、通风、排水设施,有条件的企业,制样室内最好加装除尘设施。

②制样室面积的大小视电厂装机容量及制样工作量大小而定。在大中型电厂中,一般要求制样室面积为 $80m^2$ ~ $60m^2$(仅指安置钢板、制样设备及进行制样操作的场所),其中1/2 的面积应铺设厚度为 6mm ~ 10mm 的钢板。人工制样操作必须在钢板上进行。

③制样室宜设置在办公室或生产楼外的平房内,以防止设备噪声及粉尘对环境的影响。制样室为普通水泥地面即可,不要铺设地砖,四壁可贴瓷瓦,以有利于保持室内清洁。

④制样室除放置制样设备及工具外,还应配有磅秤、煤样桶、磁铁、各种清扫工具等。主要制样设备如各类碎煤机,振筛机等应用地脚螺栓固定在水泥台面上(台面的高度为距地面 0.4m ~ 0.6m),以便于操作,又防止运行时设备发生位移。

⑤制样室内电源有良好的接地装量。目前使用的碎煤机、制粉机等制样设备使用的 380V 电源,且功率较大,故制样室内电源容量必须满足设备需求,且要留有裕度。制样室中任何设备外壳禁止带电,否则,将对人身安全带来巨大威胁。

⑥制样室还应设有一些配套设施。如样品室、工具室、更衣室、值班室等,大型厂矿企业还应在制样室附近设有浴室,专供制样人员使用。最大限度地保持制样室内清洁,尽量降低制样室内浮尘对人体健康的危害,同时这也有助于避免煤样受其污染。

(2)主要制样设备的配置

制样的主要操作为筛分、破碎、掺合、缩分。相应地制样设备与工具主要为:各种制样用筛、各类碎煤机、掺合煤样的机具及煤样的缩分设备。

①制样筛。制样筛主要用以判别煤样的粒度。在煤的制样及检测时所用筛子主要有:

1）测定煤的标称最大粒度用筛：孔径为 25mm、50mm、100mm 方孔筛或圆孔筛；

2）制备全水分煤样及分析煤样用筛：孔径为 25mm、13mm、6mm 方孔筛及 3mm 圆孔筛，另应配有孔径 0.2mm 的标准试验筛。

注意：筛子有方孔与圆孔之分，方孔筛的筛孔面积为相同孔径圆孔筛筛孔面积的 1.27 倍，故使用筛子时，方孔筛与圆孔筛不得随意混用。

②碎煤机。碎煤机是制样中的主要设备，它有多种类型，适合破碎不同粒度、不同水分的煤样。

碎煤机的破碎作业有开路破碎与闭路破碎之分，前者出料粒度因无筛板而不能严格控制；后者加装筛板，因而可严格控制出料粒度。在人工制样中，上述两种类型的碎煤机均用；而在机械制样时，一般多使用闭路破碎的碎煤机。

人工制样中常用的碎煤机为颚式碎煤机、锤式碎煤机、密封式制粉机等。

1）颚式碎煤机为低速碎煤机，实施开路破碎作业，出料粒度一般为 <25mm 或 <13mm，供粗碎煤样之用。

颚式碎煤机结构简单，价格较低，是其优点；不足之处在于：出料口宽度调节机构易失效，颚板易磨损，致使出料粒度越来越大，工作时煤尘对环境污染较大。

2）锤式碎煤机，这是当前应用较多的一种供中碎或细碎用的密封式，实施闭路破碎作业的碎煤机。

该类型碎煤机转速较高，破碎效率较好，由于系统密封，故工作时还环境污染小。正因为实施闭路破碎作业，内有筛板，故能较严格控制出料粒度，通常其出料粒度为 <6mm 或 <3mm。

该类型碎煤机内所装筛板孔径不同，就可控制不同的出料粒度，故一台锤式碎煤机可实施一机多用的目的。

应用该类型碎煤机时，要注意由于它的转速较高，因而破碎煤样时，其水分损失较大，故一般多用于取出测定全水分煤样后余下煤样的破碎。另一方面，是煤的外在水分较大时（通常 $M_f>10\%$），碎煤机堵煤难以避免。

3）密封式制粉机。该机专门用来制备分析煤样，该机制粉效率高，如操作得当，一般仅需 1.5min ~ 2min 就可达到粒径 <0.2mm 的制样要求。

应注意，每次制样时，往料钵中的煤样加入量不要超过 100g，粒度应在 3mm 以下。否则，就难以达到上述粒度要求。

刚磨制成粉的煤样，因其温度较高，此时还可能失去部分分析水分，故不应将刚磨出的粉样立即装瓶送化验室进行分析测定，而应将磨制好的粉样先倒入方盘中摊开，置于空气中令其冷却至室温，同时又可使试样与空气湿度有充足的平衡时间，以确保试样处于真正的空气干燥状态，然后装入磨口玻璃瓶中（装入量以不超过 3/4 为宜），送化验室进行煤质测定。

如果送到化验室的煤样并未达到空气干燥状态或者煤样已处于干燥或半干燥状态，那么在这样的条件下测定，将严重影响全部煤质检验结果，这一点要特别加以注意。

③掺合设备。当前在制样时，主要还是靠人工利用各种规格的铲子来掺合煤样。

煤样是否掺合均匀，对制样精密度的影响很大。掺合煤样应在钢板上进行，不得在水泥地面上进行掺合煤样的操作。

在对煤样缩分前，至少应将煤样掺合 3 遍。也就是说，将待缩分煤样置于钢板上堆成一煤堆,用铲子一铲一铲地转移此煤堆,将原煤堆上的煤全部转至新煤堆上,称为掺合一遍。如此反复操作,直至完成掺合3遍的操作。

二分器也有掺合的功能,例如将煤样的反复通过二分器(至少3遍以上),也可将煤样掺合均匀。煤样掺合也可用各类混样器将其混匀。

④缩分机具

人工制样中的缩分方法最常用的为堆锥四分法及二分器法,这在本节一中的㉒及㉓已作了说明,现再作一点补充。

即使采用二分器缩分煤样的电厂,也要掌握堆锥四分法缩分煤样的技术,并要求配置至少大、中、小三种不同规格的十字分样板,供缩分煤样时使用。

二分器只适用于粒度<13mm的煤样缩分,如煤样粒度<50mm或<25mm,仍然要采取堆锥四分法;另一方面,当煤样水分较大时,二分器易堵,还得改用堆锥四分法。

至于二分器的使用,还应注意下述一些问题:

1)二分器开口宽度应为煤的最大粒度的3倍,最小也不应<5mm。

2)二分器必须配套使用,避免以大代小,即只用一个大号二分器,无论煤样粒度如何,皆用此二分器缩分煤样,这是不对的。

3)二分器虽然具有掺合与缩分的双重功能,但使用二分器缩分时,还是要适当对煤样加以掺合,均匀垂直地加入全部格槽中,才能保证二分器两侧煤质及煤样量较为一致。

4)二分器缩分煤样时应控制加煤速度,对于水分较大的煤样缩分,用二分器易堵,宜改为堆锥四分法缩分。

5)二分器实际上是缩分机的一种类型。对缩分机来说在使用之前,应进行精密度及偏倚(系统误差)性能检验,合格者方可使用。关于缩分机的性能检验按GB/T 19494.3《煤炭机械化采样　第3部分:精密度测定与偏倚试验》的规定。

三、联合制样机的性能与应用

在制样过程中,原煤样粒度逐步减小,煤样量逐步减少,这主要靠反复利用破碎和缩分这两项操作来实现的。破碎与缩分就是制样过程中两项关键性作业。因国际标准ISO 1988:1975《Hard Coal Sampling》指出,从原煤到最终样品之间,一般只需要一个中间粒度,通常为10mm或3mm。与此相对应的样品保留量分别为10kg及2kg,这就是现代机械制样实现成为可能的依据。

综观国外的采煤样机,实际上均为采制煤样机,其中制样系统均是按上述国际标准所提出的原则设计的。只要达到制样目的,可将国际标准中规定的上述原则用于我国商品煤的制样方法,结合国家标准的规定,对现行的制样流程予以合理简化与改进,将破碎与缩分设备组合起来,形成联合制样机,以取代人工制样方法,将会大大提高制样效率,降低制样人员劳动强度,同时促进制样系统向完全机械化和自动化方向发展。

1.国产联合制样机

(1)设计的基本原则

①该机的任何一部分设计,均是以有关标准中相应规定为依据。

②将提高系统对煤的水分适应性,确保系统可靠运行放在首位来考虑。

③在保证制样质量的前提下,大力提高制样的自动化水平与制样效率。

(2)工作流程

联合制样机系统工作流程参见图 6 - 2。该系统采用皮带给煤、二级碎煤、二级缩分流程。由本机可以直接取到测定粒度 <13mm 全水分煤样,而且也可取到用于制备分析煤样及留作存查的粒度 <3mm 的煤样。

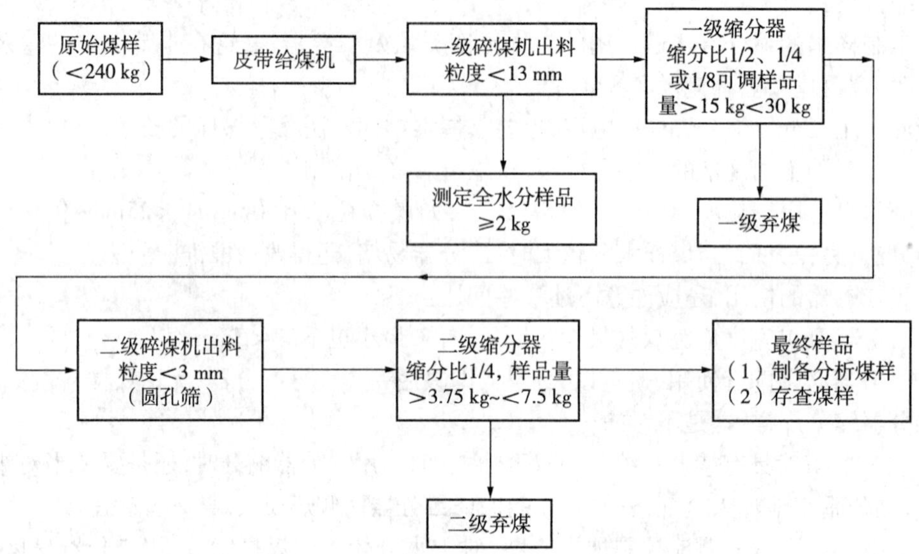

图 6 - 2　联合制样机系统工作流程框图

联合制样机结构示意图见图 6 - 3。该结构紧凑,所占空间位置小,适合在一般电厂制样室中安装使用。

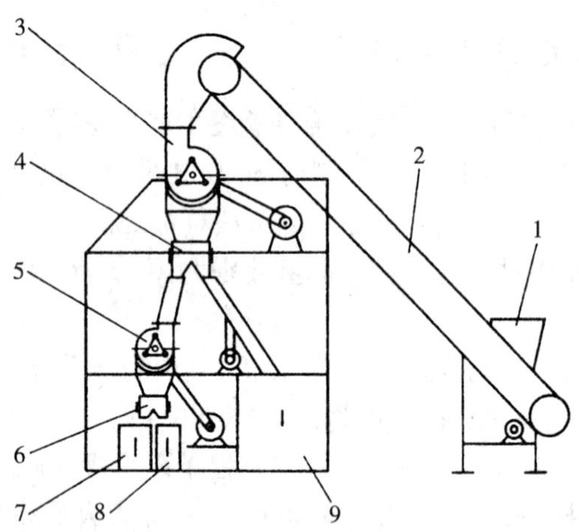

1—入料斗;2—皮带给煤机;3—一级碎煤机;4—一级缩分机;5—二级碎煤机;
6—二级缩分机;7—弃样;8—试验室煤样;9—测定全水分煤样

图 6 - 3　国产联合制样机结构示意图

此联合制样机可作为现在火车、汽车、皮带采煤样机的配套系统,各类采煤样机只要安装采样头,再与上述制样系统相组合,就是一台分体式的采煤样机。如果将上述各类采煤样机的采样头与制样系统用输煤皮带相连，那么此输煤皮带不仅作为采、制样系统的连接组带，又是初级给煤机，这将进一步提高制样系统运行的可靠性；另一方面，该联合制样机完全可以实现在制样室中制样，既保证了制样质量，又大大提高了制样效率，通常将100kg原煤样制成粒度<3mm的煤样仅需5min左右。

在设计上述联合制样机时，GB/T 1949.4—2004及GB 474—2008尚未颁布，故它是按GB 474—1996中的相关规定设计的。现在则应按新修订的标准规定，对上述联合制样机作适当的改进与完善化工作。

2. 国外典型的联合制样机

ISO 1998:1975中一种联合制样机，目前国内尚无此产品。该联合制样机也是采取二级碎煤、二级缩分制样系统。它可从最大粒度<150mm的煤样直接制取<0.2mm的样品，且可直接测出煤中全水分。因而该机比一般联合制样机具有更优越的功能。该机第一级碎煤粒度至<3mm，保留样品量为0.5kg～0.85kg，干燥粒度<3mm的样品至空气干燥状态；第二级碎煤能使煤样粒度达到<0.2mm。该机还加装对磨细样品用电热法自动测定并记录水分含量的装置。

国外典型的联合制样机参见图6－4。

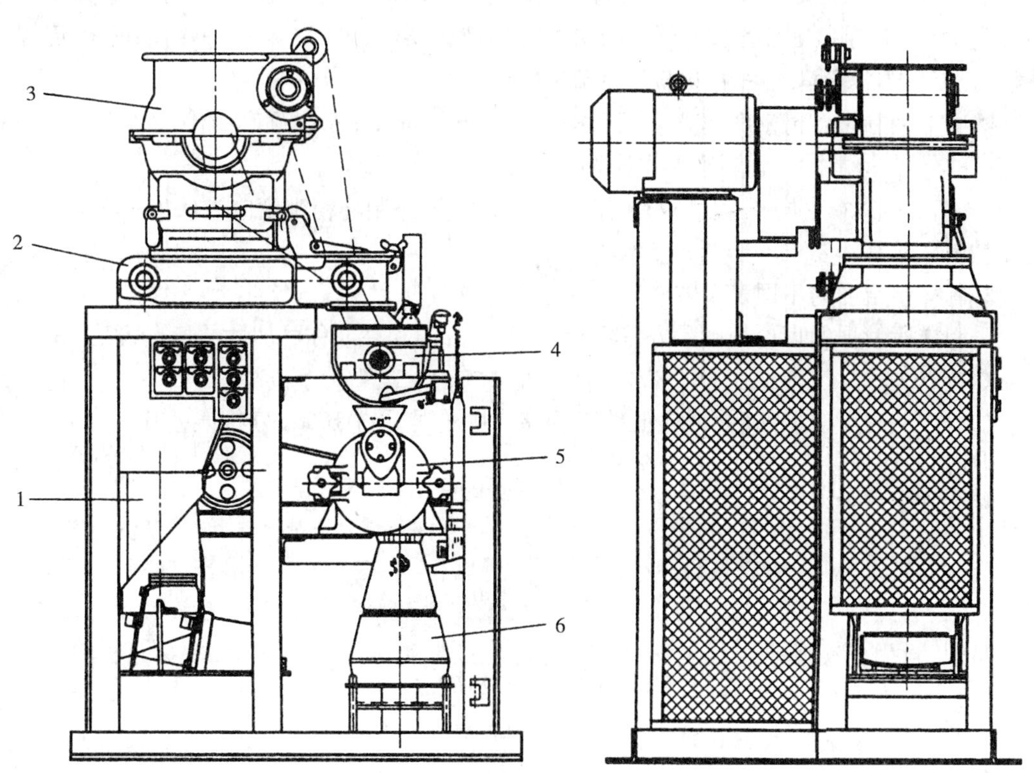

1—弃料斗；2，6—缩分机；3，5—锤击磨；4—干煤室

图6－4 国外一种联合制样机结构示意图

该机适用于煤的最大粒度<150mm，其煤的水分可达15%，处理制备150kg样品需25min。

电力用煤的人工制样，其发展方向就是在制样室内实现制样的机械化，特别是要更多地采用联合制样设备。

第四节 制样精密度及各种煤样的制备

采样、制样和化验是进行煤质检测的3个互相联系又相对独立的环节。任何一个环节上发生差错，都将影响煤质检测结果的准确性。其中影响最大的是采样，其次就是制样。实践表明：如果不掌握制样的技术要点或是操作不当所造成的制样误差，有时并不亚于采样误差，这对人工或是机械制样来说，都是如此。

采样必须满足采样精密度要求，同样制样也必须满足制样精密度要求。制样精密度是一个理论性问题，也是一个实际问题，它是制样标准中的技术要点也是难点。

一、制样精密度

1. 标准对制样精密度的要求

GB 474—1996 中煤样的制备与分析总精密度为 $0.05A^2$，并无系统误差。A 为采样、制样和化验的总精密度（简称采样精密度）；而在 GB 474—2008 中要求制样与化验的总方差目标值为 $0.05P_L^2$，制样和化验各阶段产生的误差（以方差表示），可用 GB/T 19494.3 中规定的方法检验。P_L^2 是指采样、制样和化验的总精密度。

本书中采制化总精密度用 P 表示。符号 A 是英文 accuracy 准确度的代号，P 是 precision 精密度的代号。精密度理应用 P 而不应用 A 表示。

GB 474—1996 中的 A，就是 GB 474—2008 中的 P_L^2。制样精密度应为 $0.05A^2$ 即 $0.05P_L^2$，这就是制样的基本要求。

2. 制样精密度的不同表示方法

采制样所依据的理论基础是方差理论，方差具有加和性或称可加性的特点，参见式（6－5）、式（6－6）。

如以方差表示误差的话，采样误差占80%，制样误差占16%，分析误差仅占4%，或者说，制样与分析误差占总误差的20%。

精密度 P 计算

$$P = \pm 2S = \pm 2\sqrt{S^2} \tag{6-20}$$

$$S^2 = 0.25P^2 \tag{6-21}$$

将制样与化验方差0.20代入式（6－20），

$$0.20 = 0.25P^2$$

$$P^2 = 0.80$$

$$P = \pm\sqrt{0.80} = \pm 0.89$$

如果是洗煤的话，采制化总精密度为±1.5%，则制样与化验总精密度为 $0.05\times1.5^2 \approx 0.11$。

$$0.11 = 0.25P^2$$

$$P^2 = 0.44$$

$$P = \pm 0.66$$

如果是精煤的话，采制化总精密度为 ±1%，则制样与化验总精密度为 $0.05\times1^2=0.05$，同理：

$$0.05=0.25P^2$$

$$P^2=0.20$$

$$P=\pm0.45$$

故精密度采用不同方法表示时，其数值是不同的。

GB 474—1996 及 2008 年版本中，制样精密度均用方差表示的，它应为 $0.05P^2$。灰分 $A_d>20\%$ 的原煤与精煤，采样精密度分别为 ±2% 及 ±1%。其比值为 2:1，制样精密度为 0.89:0.45；如以方差表示，则分别为 0.20 及 0.05 其比值即为 4:1，参见表 6－13。

表 6－13　不同品种煤的制样与化验总精密度

煤炭品种	采制化部精密度	制样与化验方差	制样与化验精密度
$A_d>20\%$ 原煤	±2%	0.20	0.89
洗煤	±1.5%	0.11	0.66
精煤	±1%	0.05	0.45

二、各种煤样的制备程序

各种煤样通常包括：测定全水分的煤样、分析煤样以及同时制备测定全水分及分析煤样的三种情况，实际上，这些就是电煤制样的核心工作内容，是电厂及制样人员最为关切的问题。

制样程序是制样标准的核心问题。不仅要了解制样程序，而且还要掌握每一步的操作要领。作为标准来说，不仅应具有科学性、合理性，而且还应具有可操作性。否则，该项标准是有欠缺的，有待于进一步完善。

制样程序不等于制样操作，它是制样的一个总体流程与框架，如果不对制样流程中每一步操作作出详细的规定与要求，操作人员凭自己理解各行其是，必然难以保证标准准确贯彻实施，这样不能达到操作标准化、规范化的要求，也就不能从根本上达到制样的目的。

GB 474—2008 颁布实施已 3 年多时间，其贯彻情况并不理想，其重要原因之一就在于该标准部分内容难以理解，并缺少可操作性。

GB 474—2008 对下述各种试样制备程序作出了规定：

水分试样的制备程序；

一般分析试验煤样的制备程序；

由共用煤样制备全水分和一般分析试验煤样的制备程序。这里又分两种情况：一是制备一般分析试验煤样及粒度 <6mm 测定全水分煤样；二是制备一般分析试验煤样及粒度 <13mm测定全水分的煤样。

1. 全水分煤样的制备

(1) 制备要求

①测定全水分的煤样可用水分专用煤样制备，也可在共用煤样制备过程中分取。

②图 6－4 所示制样程序仅为示例，实际制样可根据具体情况予以调整。

③制备全水分煤样应储存于密封容器中，并准确称量，速测全水分。

④制样设备和程序应根据 GB/T 19494.3 所述进行精密度和偏倚试验。

(2)制样程序

全水分样的制备程序参见图 6－5。

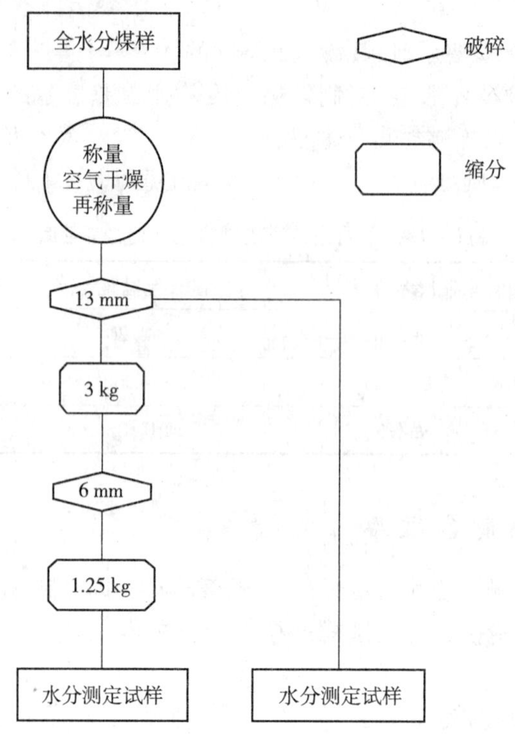

图 6－5　全水分煤样制备程序

人工制样程序不同于机械制样程序。人工制样程序不等同于人工制样方法；而机械制样中由于各项操作自动进行，故机械制样程序也可以说，就是机械制样方法。

当我们查阅 GB 474—2008 及 GB/T 19494.2 的水分制样程序时发现，二者是完全一样的。然而在人工制样标准中，不仅要给出制样程序，而且还应规定具体的操作方法。

(3)制样程序评述

在这里作者的意图是通过对制样标准中若干规定的讨论分析，将制样程序具体化，便于实施人工制样。

①全水分煤样制备要求中的④，制样设备和程序应根据 GB/T 19494.3 所述进行精密度偏倚试验，这一要求应由谁来承担？用户是否具有自行检验的能力与资格？如果说有权威部门对其进行专门检验，那么这一要求也只能是句空话，并无实施的可能。

②图 6－5 中，煤样粒度均以××或×mm 表示，煤样质量则以××kg 表示。粒度理应用<××或×mm 表示，质量理应用≥××kg 表示，这在实际操作中是完全不同的。

③标准中讲空气干燥的目的主要是测定外在水分和随后的制样过程中可能减少水分损失。

如图 6－5 中第 2 个环节空气干燥是测定外在水分是说不通的，这理应是计量外在水分在全水分测定前煤样的水分损失量，它应是煤中外在水分的一部分。

称量，再称量应注明其操作时间，它理应为所采测定全水分煤样装入容器后立即称量，而在正式制备全水分煤样前再次称量，其水分损失应计入全水分测定结果中，否则，会使全水分测定结果明显偏低。

④在图6－4中，筛分与掺合煤样的操作没有反映出来。这也是人工制样与机械制样方法操作上的主要不同点。

在人工制样中，依靠筛分判断煤样粒度。标准规定：制样是以粒度分级或分阶段进行的。不明确粒度大小，又如何分级？至于说，利用碎煤机筛板可较严格控制其出料料度，然而并不是所有碎煤机都实施闭路破碎作业，如制样时常用的颚式碎煤机实施开路破碎作业，它就无法严格控制 出料粒度。而且随使用时间的过长，颚板磨损的加重，出料粒度呈越来越大的趋势。再说碎煤机的进料粒度又如何控制？故筛分是人工制样中不可缺少的基本操作之一。

掺合均匀是缩分的前提，而且是必要的条件。影响制样精密度的最主要因素就是缩分前煤样的均匀性及缩分后的煤样留量。如图6－5中，破碎后的样品就直接进行缩分显然是不妥的。这也是人工制样与机械制样操作中又一个明显的不同之处，对煤样进行充分掺合，使其煤样达到均匀后进行缩分操作，这也是人工制样的基本特点之一。

⑤被制样品是全量破碎，还是仅对筛上物料破碎？这对机械制样来说，通常都是实施全量破碎；而对人工制样来说，则宜先全量过筛，仅对筛上物进行破碎即可，一方面，这可大大减少碎煤时间及碎煤工作量；另一方面，又可大大减少碎煤过程中的水分损失。

2. 一般分析试验煤样的制备

(1)制备要求

①一般分析试验煤样制备一般分2～3阶段进行。每阶段由干燥(需时要)、破碎、混合(需要时)和缩分构成，必要时可根据具体情况增加或减少缩分阶段。

②每阶段煤样粒度和缩分后煤样质量应符合表6－14的规定。

表6－14　缩分后总样的最小质量

标准最大粒度/mm	一般和共同煤样/kg	全水分煤样/kg
150	2600	500
100	1025	190
80	565	105
50	170	35
25	40	8
13	15	3
6	3.75	1.25
3	0.7	0.65
1.0	0.10	–

③为了减少制样误差，在条件允许时，尽量减少缩分阶段。

(2)制样程序

制样程序参见图6－5。

人工制样程序不同于机械制样程序。人工制样方法不等同于机械制样方法。在各种煤样的制备中均是如此。

在标准中仅仅规定了制样程序，是难以实施制样操作的，在这方面GB 474 的1996 年版本即GB 474—1996 要比GB 474—2008 更能反映制样标准应具有的可操作性。

(3)制样程序评述

①图6－6 中，从一般煤样制成最终样品粒度为 <0.2mm 的分析试样历经3 个阶段，即经25mm(实际上为 <25mm)、13mm(实际上为 <13mm)及3mm(实际上为 <3mm)3 个阶段。但标准中指出：一般分析试验煤样通常分2～3 阶段进行，"～"是指一范围，2～3 阶段，即大于2 至3 为止，那么2～3 阶段又是什么含义呢？这也是令人不解之处。在这里将"～"改为"或"，含义会更为明确。

只有证明采取2 阶段或3 阶段制样，均能取得一致性结果，方可由操作人员任意选择。否则，还是统一规定2 阶段或3 阶段制样为宜。这样不同单位不同人员制样更具可比性，也不致因制样程序的差异引起争议与纠纷。

②为了减少制样误差，在条件允许时，应尽量减少缩分阶段。应该指出：是什么条件？是不是在制样过程中实施一级制样也可？也就是说，从一般煤样到最终样品(粒度 <0.2mm)之间只经 <6mm 或 <3mm 一阶段即可？这对机械制样来说，确实可以。也正因为如此，制样实施机械化才成为可能。至于人工制样来说，能否可行？关键在于能否保证制样质量。现在确有一些单位在制样时，将原煤样破碎至 <13mm 或 <6mm 后，从中取出少量试样，磨制成粒度 <0.2mm 的分析试样，从而使得制样时间大为缩短，制样工作量大为减轻但所制样品的代表性却根本得不到保证。作为标准，特别是国家强制性标准，力求含义精准，用字恰当，不易为读者误解，避免使用上述"条件允许"，"2～3 阶段"等词语。

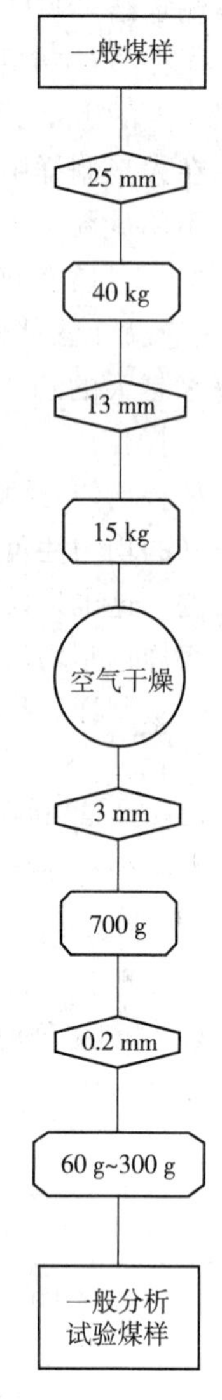

图6－6　一般分析试验煤样的制备程序

③图6－6 中，当煤样破碎到13mm(实际上为 <13mm)、质量为15kg(实际上应为≥15kg)，煤样进行干燥并不是很方便的事。标准中也未指明干燥到何种程度？如加热干燥，就应配备大型电热鼓风干燥箱。目前，在我国绝大多数电厂制样室中尚无此设备。

为干燥较大量煤样，应配置大型电热鼓风干燥箱。

④制样过程中，关于是否需要筛分及掺合操作要求如前文1－(3)－④所述，也是同样存在的问题，又如图6－6 中最后一个环节得到粒度3mm(实际上为 <3mm)、700g(实际上为≥700g)煤样要制成粒度0.2mm(实际上为粒度 <0.2mm)试样，要不要预先缩分？如图6－6所示，就是将700 粒度 <3mm 的煤样全量制成粒度 <0.2mm 试样，则花费时间很多，

操作很麻烦,实际上又无此必要。故制样程序图上,掺合(还有筛分)环节应该显示出来。

GB 474—2008 是人工制样方法标准,不是制样程序标准。作为标准,不仅对制样程序,而且要对制样的各个环节要求均要加以明确规定。作者建议,不妨参照 GB 474—1996 的煤样制备程序图对图 6 -6 加以改进与重绘。制样程序图力求简洁、准确,一看便知如何操作,做到步步相连,环环相扣。

3. 共用煤样制备全水分及分析煤样

所谓共用煤样,是指由该煤样同时制备出全水分及一般分析煤样。这在电厂中是最为常见的,这样有助于提高制样工作效率。

(1)制备要求

由于测定全水分可用粒度 <13mm 或 <6mm 的煤样,故制样程序上也有所不同。

(2)制样程序

制样程序参见图 6 -7。

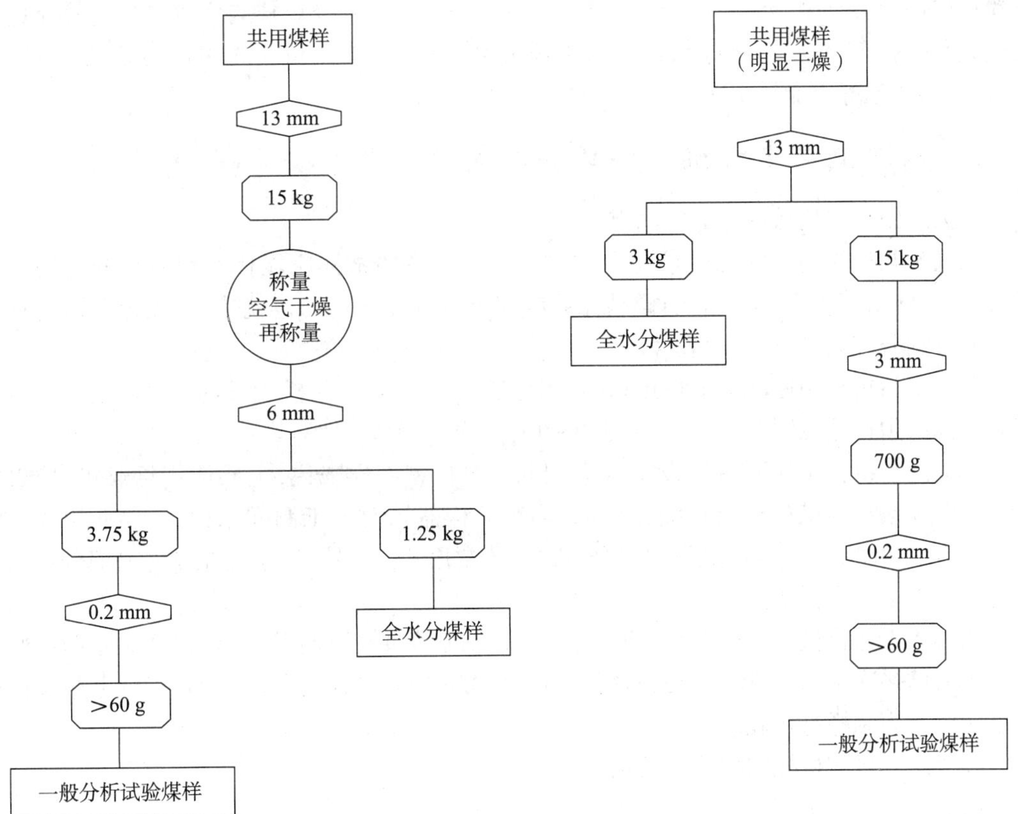

图 6 -7　由共用煤样制备全水分和一般分析试验煤样程序

(3)制样程序详述

①图 6 -7 左、右两图中,其共同煤样是不同的。制备粒度 6mm(实际上为 <6mm)测定全水分煤样时,共用煤样无明显干燥字样;而制备粒度 13mm(实际为 <13mm)测定全水分煤样时,则共用煤样下方标有明显干燥字样。因而就有这样的问题需要明确:

a. 什么叫明显干燥? 明显是定性的概念,不易掌握。如一方认为已明显干燥;另一方认为干燥不明显。

b. 是不是根据共用煤样是否明显干燥作为划分采取不同粒度的煤样作为测定全水分的依据？诚然，国际标准 ISO 13909.4《Hard coal and coke – mechanical Sampling part 4：coal preparation of test samples》中也是这样规定的。我国标准在采用国际标准时，也宜加以解释与说明。

②制样操作中的问题在前文 1(3) 及 2(3) 中已作了分析讨论，而在由共用煤样制备全水分及一般分析试验煤样也是同时存在的，故不必复述。

③当煤样破碎到粒度 6mm(实际上为 <6mm)，留样量 3.75kg(实际上为≥3.75kg)，要制成粒度 0.2mm(实际上为粒度 <0.2mm)煤样 60g，应先缩分出 60g，同时该样品必须达到空气干燥状态。否则制样工作量就太大了，而且无此必要。制样程序图中，不应省略重要操作环节，并一定要把操作程序表示清楚，以体现标准应有的可操作性。

分析试样保持空气干燥状态极其重要，为此，在用密封制粉机磨制出的粒度 <0.2mm 的煤粉可先倒入方盘中，摊平，置于空气中冷却 15min ~ 20min，令煤样与空气湿度有充足的时间达到平衡状态，然后再将煤粉样装入干燥的磨口瓶中(装入量不超过瓶容积的 3/4)，备用，这一操作最好也能在制样程序图上显示出来。

三、人工制样与机械制样的异同点

1. 人工制样与机械制样的相同点

①人工与机械制样的总要求完全相同。即所制备的试样应能代表原始煤样的平均质量，即制样精密度合格，所制取的样品无系统误差或称无偏倚。也就是说，无论采取何种方法制样，所制样品必须具有代表性。

②人工与机械制样的基本特点相同，都是分级制样，每一制样阶段的样品粒度与最少保留量之间必须遵循相同的关系，参见表 6 – 13。

③人工与机械制样所用的设备基本相同。对机械制样来说，主要使用给煤机、碎煤机(带筛板、实施闭路破碎作业)、缩分机(或多级采样器)；对人工制样来说，主要使用各式碎煤机(有闭路也有开路破碎作业)及缩分机具，最常用的二分器，用于机械制样的缩分机通常也可用于人工制样作业。

④如人工与机械采样精密度相同，那么制样精密度要求，即相当于 $0.05P^2$，也就相同。

本书已多次指出，上述采样精密度 P，实际上为采样、制样与化验总精密度；上述制样精密度实际上为制样与化验总精密度。

2. 人工制样与机械制样的不同点

(1) 标准规定的制样精密度不同

GB/T 19494.1 规定，采样精密根据采样目的，试样类型和合同各方的要求确定。在没有协议精密度的情况下，可参考表 6 – 15 确定。

表 6 – 15　机械煤炭采、制、化总精密度

煤炭品种	精密度 A_d/%
精煤	±0.8
其他煤	±1/10Ad，但≤1.6

在 GB 475—2008 中，采样精密度，实际上就是采、制、化总精密度按表 6 - 16 规定。

表 6 - 16　人工煤炭采、制、化总精密度

原煤、筛选煤		精煤	其他洗煤（包括中煤）
$A_d \leqslant 20\%$	$A_d > 20\%$		
$\pm 1/10A_d$，但不小于 ±1%（绝对值）	±2%（绝对值）	±1%（绝对值）	±1.5%（绝对值）

同是煤炭国家标准，机械采样与人工采样精密度规定却不同。例如电厂中常用的 $A_d > 20\%$ 的原煤，机械采样精密度为 ±1.6%，而人工采样精密度即为 ±2%，那么制样精密度（实际上为制样与化验总精密度）也就不同。

机械制样精密度为：$0.05 \times 1.6^2 = 0.13$；

人工制样精密度为：$0.05 \times 2^2 = 0.20$。

在我国，机械采样与人工采样将会长期共存。当前，各单位在使用机械采制样时，一旦设备出现故障，通常均是采用人工方法加以补采、补制，故作为采制样标准，二者应该规定其采制样精密度完全相同。否则，在实际操作及采制样测定结果的评定将会发生争议与分歧。机械采制样与人工采制样的根本目的与要求是完全一致的，至于采用不同的采制样方法，那只是实现上述目的手段不同而已。

故作者建议，机械与人工采制样的精密度宜作出统一的规定。对于 $A_d > 20\%$ 的原煤，采样精密度（实际上是采制、化总精密度）还是宜规定为 ±2% 为宜，当然对于精煤、洗煤来说，机械与人工采样精密度也宜作相同的规定。

（2）制样流程上的不同

①机械制样流程。一般可分为一级或二级制样流程。

1）二级制样流程、所采煤样—初级给煤机—初级碎煤机—初级缩分机（二级采样器）—二级碎煤机—二级缩分机（三级采样器）—最终样品。

对国内产品来说，初级碎煤机多选出料粒度 <13mm，至少保留煤样 15kg，或者 <6mm，至少保留 3.75kg；二级碎煤机出料粒度多选 <3mm，至少保留 0.7kg。

对国外产品而言，初级碎煤机出料粒度多选 <10mm，至少保留煤样 10kg，二级碎煤机出料粒度 <3mm，至少保留 2kg。

2）一级制样流程：所采煤样—给煤机—碎煤机—缩分机（二级采样器）—最终样品。

对国内产品来说，碎煤机出料粒度多选 <13mm 或 <6mm；对国外产品来说，碎煤机出料粒度多选 <10mm 或 <3mm，保留最少煤样量如前所述。

对于机械制样流程，无论是二级还是一级，也无论是国内还是国外产品，制取的最终样品粒度可能是 <13mm、<6mm 或 <3mm，而不是 <0.2mm。因此，实际上采用机械制样时，还要辅以在制样室应用人工制样方法制取 <0.2mm 的煤样。这也再一次说明：机械采制样与人工采制样精密度保持一致的必要性。

②人工制样流程。人工制样流程正如图 6 - 6 及图 6 - 7 所示。它包括完整的制样程序，即从原采煤样开始直到完成一般分析试验煤样制备的全过程。

（3）操作上的不同

机械制样中所用的碎煤机多为带筛板实施闭路破碎作业的碎煤机，出料粒度能较为严

格控制，故不用筛分；另一方面，依靠均匀给料及配置全量碎煤机及缩分器使煤样维持均匀而不必配用专门的掺合设备。

人工制样按煤样粒度分级或分阶段进行。每一级均包括筛分、破碎、掺合、缩分操作，这与机械制样操作有明显不同。机械制样为给煤、碎煤、缩分连续程序性作业；人工制样则是非连续性的人工作业。

人工制样并不是完全依靠人力进行的原始劳作，而是尽可能应用各类机械或工具，只不过这些设备是依靠人工控制，而机械制样所用的各类机械，则是实施程序控制，自动运行。

四、人工制样方法示例

GB 474—2008 中给出各种煤样的制备程序图，即本章中的图 6－5 ~ 图 6－7，但根据这样的程序图还难以实施制样的具体操作。对于电厂采制样人员来说，最关注的是如何按照标准的原则规定，完成各种煤样的制备，现举实例加以说明。

1. 全水分煤样的设备

例如将 40kg 测定全水分的煤样，按 GB 474—2008 中的制样程序（图 6－5）制样，其具体操作如下：

①对所采集的 40kg 测定全水分的煤样置于密封容器中，盖好盖，并称出其质量 m_1。

②对上述煤样进行空气干燥。如煤中全水分含量较大则可在原容器中令其自然干燥（宜用大口径浅深度容器）；如水分含量较小，则可免其自然干燥。

③在准备制样前，再次称量容器及煤样质量 m_2，则 m_2-m_1 就是煤样在制备前所损失的水分，它应是煤样外在水分的一部分，最后计算全水分含量时，将它计入测定结果中。

④上述煤样用孔径 13mm 的方孔筛筛分，筛上大块通过碎煤机或人工破碎至 <13mm，将二者合在一起，掺合一遍。

⑤迅速采用棋盘法，条带法或九点法取出不少于 3kg 煤样，作为测定全水分煤样。

棋盘法，九点法读者比较熟悉，故不多述，至于条带法，读者则参阅 GB 474—2008。

如果采用粒度 <6mm 的煤样测定全水分，则上述①、②、③、④操作相同。当制备到粒度 <13mm 煤样后，继续下述操作：

⑥将已破碎即粒度 <13mm 的煤样（40kg），用二分器缩分 1 次，实际保留 20kg 煤样。

⑦用孔径 6mm 的方孔筛筛分，筛上物用碎煤机破碎至 <6mm，将二者合在一起，掺合一遍。

⑧用二分器将上述粒度 <6mm 的煤样缩分 4 次，正好保留 1.25kg，作为测定粒度 <6mm 全水分煤样。

2. 一般分析试验煤样的制备

例如采集 180kg 原始煤样来制备一般分析试验煤样，按 GB 474—2008 中的制样程序（见本章图 6－6）制样，其具体操作如下：

①将采集到的 180kg 原始煤样用孔径 25mm 的方孔筛筛分，将筛上物破碎至粒度 <25mm，二者合在一起。

②在钢板上将上述煤样掺合 3 遍（转移煤堆 3 次），应用堆锥四分法缩分 2 次，第一次留样 90kg，第二次留样 45kg，注意在第 2 次缩分前，也应将煤样掺合 3 遍。

③将上述粒度 <25mm 的 45kg 煤样，用孔径 13mm 的方孔筛筛分，筛上大块用碎煤机或

人工破碎至粒度 <13mm,二者合在一起。

④用二分器将上述煤样缩分一次,留样量为 22.5kg。

⑤对上述煤样进行自然干燥,也可实施低温(40℃)干燥,干燥时间视煤样水分含量而定,煤样摊薄一些,置于阴凉通风处,自然干燥时间就可短一些。

⑥将上述经自然干燥的煤样,用孔径 3mm 的圆孔筛筛分,筛上大颗粒经碎煤机破碎至粒度 <3mm,二者合在一起。

⑦用二分器将上述粒度 <3mm 的煤样缩分 5 次,最后保留煤样 0.7kg。

⑧从上述 700g 煤样中分取出约 100g,用制粉机制成粒度 <0.2mm 的粉样,置于空气中 20min,让它与空气湿度相平衡。

⑨上述煤样已达到空气干燥状态,将其装入广口瓶中,装样量应不超过瓶容积的 3/4,作为一般分析试验煤样备用。

3. 由共用煤样制备全水分煤样及一般分析试验煤样

由共用煤样来制备全水分煤样及一般分析试验煤样,按本章中图 6－7 所示程序制样,其具体操作则可参照上述 2 个示例进行。

GB 474—2008 虽然规定了各种煤样的制备程序,但它们完全是按照机械制样的要求来阐述的,根据标准中规定的制样程序,如用人工方法是难以实施其具体操作的。也就是说,该标准并没有充分体现人工制样的特点,故它作为人工制样标准缺少应有的可操作性。

第五节　燃煤机械化采制样

当前大中型电厂日燃煤数千 t 至数万 t,要对多批大量的燃煤进行采样、制样,按传统的人工方法进行,工作量极大,工作效率很低,且劳动环境恶劣,更为重要的是采制样质量难以得到保证。不仅电厂,而且对各行各业中大量生产及用煤厂矿企业来说,都必须逐步实施采制样的机械化,这是发展的必然趋势。

一、对采煤样机的设计依据与性能要求

1. 采煤样机设计的相关标准

当今的采煤样机实际上包含采样与制样两大部分。严格讲,它应称为采制煤样机,一般简称采煤样机。

采煤样机符合相关标准要求。

(1)我国机械采制样所依据的相关标准

①在 20 世纪 70 年代中期所颁布的国际标准 ISO 1988:1975《Hard coal sampling》(硬煤采样),该标准不仅包含了人工也包含了机械采制样的内容,对我国后来的采煤样机的开发研制发挥了重要作用,该标准是采煤样机设计的最主要依据及指导原则。

在制样过程中,煤样只要选择一个中间粒度,通常为 10mm 或 3mm,其对应的样品保留量为 10kg 或 2kg,因而只要配置一台碎煤机即可。这样将大大简化制样系统流程,从而使其实现机械化成为可能。

②GB 475—1996 及 GB 474—1996 的颁布,是我国采煤样机研发史上的重要事件。这两

项标准虽然均是人工采制样方法标准，但是当时正值我国对采煤样机研发的高潮时期，各采煤样机研发生产单位纷纷采用这两项标准作为采煤样机设计的主要依据。

例如火车煤采样机就是实施车厢上斜线 3 点，下挖 0.4m 采样。按此要求设计的典型机型为振插式火车煤采样机；又如皮带采煤样机所采子样数、子样量均按 GB 475—1996 的规定设计。按此要求设计的典型机型为刮板式皮带煤采样机。

至今我国所产的各类采煤样机大多是按 GB 475—1996 及 GB 474—1996 作为设计的主要依据，加上这两项标准一直沿用了 12 年之久（1996 - 2008），这对我国采煤样机的应用产生了深远的影响。

③2001 年 12 月国际标准 ISO 13909:2001《Hard coal and coke mechanical sampling》（硬煤和焦炭机械采样）颁布。该标准包括 8 部分：分别为总论、活动煤流采样、静止煤采样、试样制备、焦炭活动流采样、焦炭试样制备、采制化总精密度测定、偏倚试验方法。这是全面阐述机械化采制样方面的权威标准。

④2004 年 3 月，我国主要依据 ISO 13909:2001 的内容，并结合我国的实际情况，编制而成我国国家标准 GB/T 19494—2004《煤炭机械化采样》。该标准共分 3 部分，即采样方法，煤样的制备及精密度测定与偏倚试验，该标准可以说是 ISO 13909:2001 的缩写本。

（2）我国电力系统对机械采制样的要求

①1993 年 11 月电力部颁布的《火力发电厂按入炉煤正平衡计算发供电煤耗的方法（试行）》明确指出：机械采制样装置是目前唯一能够采到具有代表性样品的手段，并要求入炉煤采样精密度按 A_d 计，要达到 ±1% 以内，这是第一次对电厂入炉煤采制样机械化提出了明确的具体要求。

②1995 年 5 月电力行业标准 DL/T 567.2—1995《入炉煤和入炉煤粉的采取方法》中规定：入炉煤原煤样的采取应使用机械化采样装置。该标准重申了上述①的技术要求，大大推动了我国采煤样机的研发步伐与指明了前进的方向。但该标准提出的采样精密度按 A_d 计要达到 ±1% 的要求，始终存在争议，作者在当时就认为：这一规定是不切合实际的，是难以实施的。实践证明：果然如此，这也是值得记取的经验教训。

③2006 年 9 月颁布的我国电力行业标准 DL/T 246—2006《化学监督导则》中规定：入炉煤采制样应使用机械化采制样设备，对大中型电厂实现入厂煤机械化采制样。机械化采制样设备经权威机构检验合格后方可投入运行，并进行定期检验，应加强检修和维护，投入率不低于 90%。

从 20 世纪 70 年代至 2013 年 ISO 国际标准化组织与我国的有关部门还颁发过其他一些标准，如 ISO 9411.1:1994《固体矿物燃料　移动燃料流机械化采样　第 1 部分：煤》，我国电力行业标准 DL/T 747—2001《发电用煤机械采制样装置性能验收导则》等标准，本书就不多述。

2. 对采煤样机的主要性能要求

无论是何种类型的采煤样机，对其主要技术性能要求都是一致的。

采煤样机主要技术性能要求是：

①采样精密度合格（符合相关标准规定），所采样品无系统误差或称无偏倚。

②制样精密度合格（同样指符合相关标准规定），所制取的样品无系统误差或称无偏倚。

③采煤样机运行稳定可靠，年投运率至少达到 90%，力争达到 95% 以上。

以上①和②是指采煤样机的技术性能指标，③是设备运行的可靠性。如果不能保证设备的稳定可靠运行，自然①、②两条的技术性能也就得不到保证。

需要指出的是：对湿煤的适应能力如何，是采煤样机能否正常连续运行的关键所在，值得重视与关注。

二、采煤样机的系统流程及主要部件

1. 采煤样机的系统流程

采煤样机，实际上就是采制煤样机，它包括两大部分，即采样系统与制样系统。我国采煤样机，无论是用于皮带煤，还是用于火车或汽车煤，也无论采用何种类型的采样系统，其制样系统则是相同的。

采样系统的核心部件是采样装置，俗称采样头；而制样系统可分一级流程或多级（通常为二级或三级）流程。其中一级流程应用最为普遍。

（1）皮带采煤样机系统流程

①一级流程

采样装置—给煤机—碎煤机—缩分机（二级采样器）—样品。

弃煤自排或用提升装置提至原输煤皮带带走。

②二级流程

采样装置—初级给煤机—初级碎煤机—初级缩分机（二级采样器）—二级碎煤机—二级缩分机（三级采样器）—样品。

弃煤（主要来自初级缩分器）自排或通过提升装置提至原输煤皮带带走。

（2）火车、汽车采煤样机系统流程

①螺旋采煤样机流程

采样装置—初级缩分机（二级采样器）—初级给煤机—二级缩分机（三级采样器）—样品。

弃煤排至原车厢或采用处理装置予以处理。

②其他类型的采煤样机流程

同上述（1）①。

由于螺旋采样装置所采煤样量较大，通常都在 50kg 左右，甚至更多，为制样方便，在样品采集后，首选通过初级缩分机（或二级采样器）留取少量（如 1/6）煤样进入给煤机，直至完成制样。

在我国采煤样机系统流程中，初级碎煤机的出料粒度多选 <13mm 或 <6mm，以便一并取出测定全水分的煤样。如采用二级流程，初级碎煤机多选用出料料度 <13mm，二级碎煤机出料粒度多选 <3mm（圆孔）。

再一点是无论何种类型及用途的采煤样机所制成的最终样品多为 <13mm 或 <6mm 或 <3mm，但并不能直接制备出粒度 <0.2mm 的分析试验煤样。为此，采煤样机所制取的最终样品还得在制样室用人工方法完成分析试验煤样的制备。

上述各流程中所指二级、三级采样器，即相当于初级缩分机、二级缩分机，这是相对于采样装置（采样头）而言。采样装置也就是初级采样器。

（3）典型的采煤样机系统

①皮带煤采样机

某型号的皮带采煤样机采、制样系统全图参见图 6－8。

②汽车煤采样机

国外生产的一种汽车煤采样机系统如图 6 – 9 所示。图 6 – 9 中右方局部结构放大图参见 6 – 10。

该机初级采样器为高度可调的螺旋采样器,它的传动结构简单,运行可靠性相对较高,系统流程合理,故此流程在火车、汽车煤采样机中被广泛采用。

图 6 – 9 中的二级采样器,即相当于国内产品中的缩分器,它可以进一步减少煤量,虽然二级采样器也就相当于初级缩分器(如有三级采样器,就相当于二级缩分器),但二者还是有区别的。采样器通常是不堵煤的,而缩分器则是采煤样机制样系统中最易堵煤的部件。

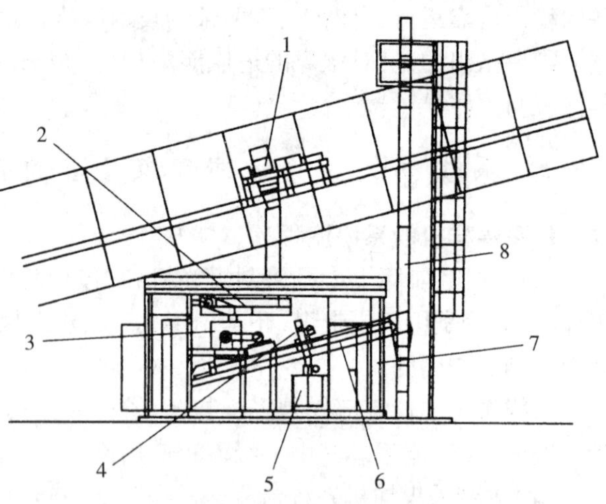

1—采样头;2—给煤机;3—碎煤机;4—缩分机;5—集样器;6—弃样输送皮带;7—整体工采样单元;8—斗式提升机

图 6 – 8　皮带采煤机采、制样系统全图

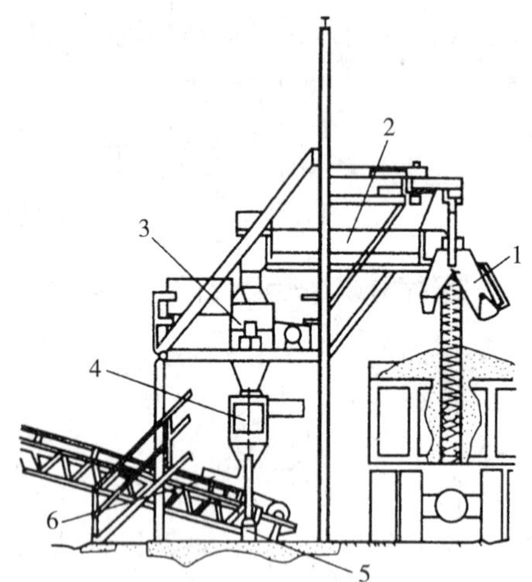

1—初级采样器;2—初级皮带给煤机;3—碎煤机;4—二级采样器(即相当于一级缩分器);5—样品收集器;6—余煤处理装置

图 6 – 9　国外汽车煤螺旋采样机总图

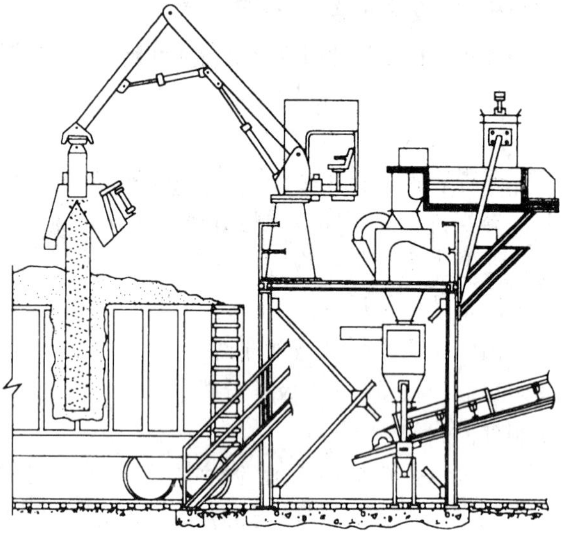

图 6 – 10　图 6 – 9 右方局部结构放大图

2. 采煤样机的主要部件

(1)采样装置(采样头)

任何一台采煤样机,采样装置(俗称采样头)都是其最重要的部件,皮带采煤样机与火车、汽车采煤样机的主要区别就在于采样装置结构与安装方面的差异,而由给煤机、碎煤机、缩分器为主要部的制样系统则是相同的。

①皮带采煤样机采样装置。皮带采煤样机配用的采样装置分两种类型:皮带中部及皮带端部采样装置。

1)皮带中部采样装置

a. 刮板式采样装置见图6－11。刮板式采样装置通常采样代表性不高,难以采集到一个完整子样,它较适合作二级或三级采样器或在低参数的小型输煤皮带上使用。

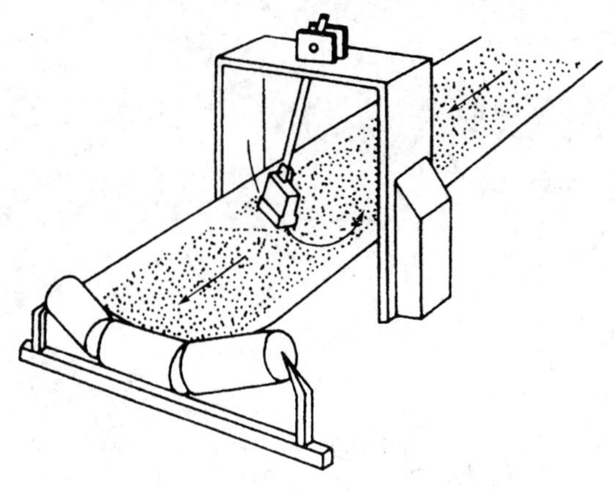

图6－11　刮板式采样装置

b. 刮斗式采样装置见图6－12。刮斗式采样头最大优点是采样代表性好,它适用于作为初级采样器使用,它可以采集到皮带全断面上的一个完整子样,是当前皮带采煤样机采样头的主要选型之一。

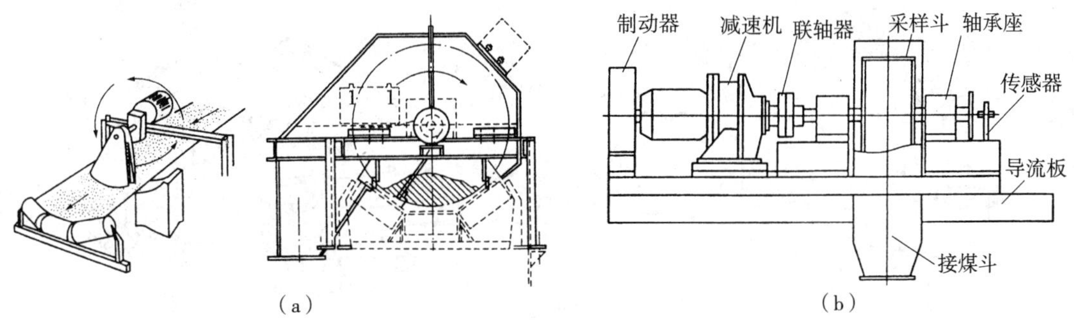

(a)　　(b)

图中(a)为刮斗式采样头示意图;(b)为刮斗式采样装置总体示意图

图6－12　刮斗式采样头及全系统总体示意图

例如,某输煤皮带额定流量为2000t/h,带速为2.5m/s,采样头开口宽度为150mm(0.15m),则1个完整子样量为:

$$\frac{2000 \times 1000}{3600} = 555.6\text{kg/s}$$

一个完整子样量 $= 555.6 \times \frac{0.15}{2.5} = 33.3\text{kg}$

皮带中部采样头一般体积较小,结构相对简单,安装位置有较大的选择余地,特别适合老电厂中安装使用。

2)皮带端部采样装置

它有多种类型,因其安装在输煤皮带端部而得名,皮带端部采样装置参见图6－13。

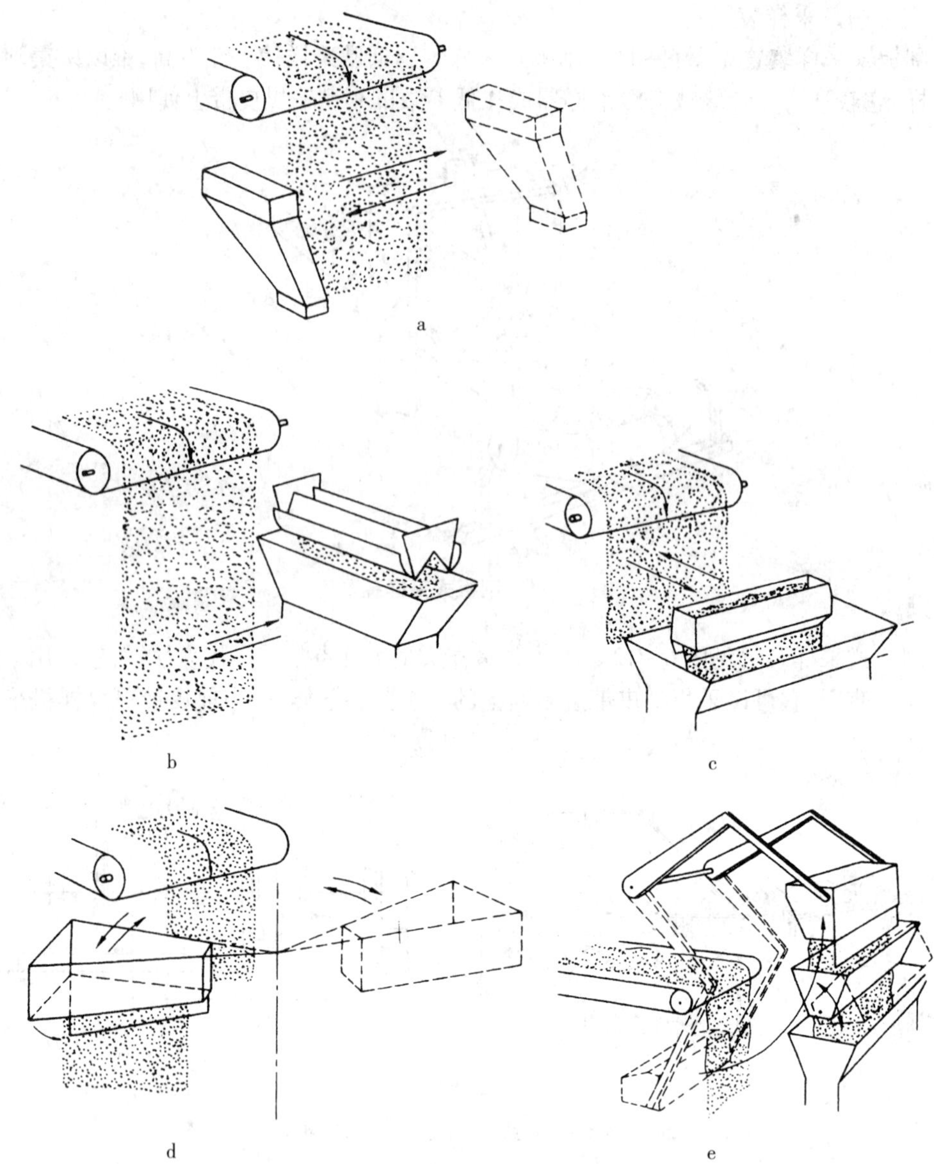

a—切割槽式；b—切割料斗式(一)；c—切割料斗式(二)；d—摇臂式(一)；e—摇臂式(二)采样头

图 6－13　皮带端部采样头示意图

皮带端部采样头如设计的料斗足够大，能容纳下一个完整子样，那么它也能采集到皮带全断面上的一个完整子样，自然所采样品也就具有代表性。然而现时一些生产厂生产的皮带端部采样器料斗过浅，当采样时，不少样品溢流到料斗外而无法收集，自然采样代表性也就受到影响，这是由于一个完整子样量往往太大，如全部加以收集，则制样系统更易堵煤而影响采煤样机的正常运行。

皮带端部采样头一般体积较大，结构相对复杂一些，它必须安装在输煤皮带端部，故安装位置没有其他选择的余地，故这类采样机多用于新建电厂，在电厂设计时就已预留了采样机的安装位置。

②火车、汽车采煤样机采样装置。火车、汽车采煤样机的采样头可以通用，只是安装位置不同而已。火车、汽车煤采样机的采样头可分为全深度采样及非全深度采样两大类型。

1）全深度采样装置。为螺旋采样器，它又有锥形螺旋与全螺旋型采样器之分，这类采样器是国际标准 ISO 13909:2001 所推荐使用的采样器。螺旋采样器见图 6－14。

2001 年硬煤机械采样的国际标准 ISO 13909:2001 颁布，该标准只承认螺旋采样器，因它能采集到煤层全深度煤样而受到重视。国内不少生产厂纷纷开始生产或转产螺旋采样器。图 6－15 为一火车煤螺旋采样器的示意图。

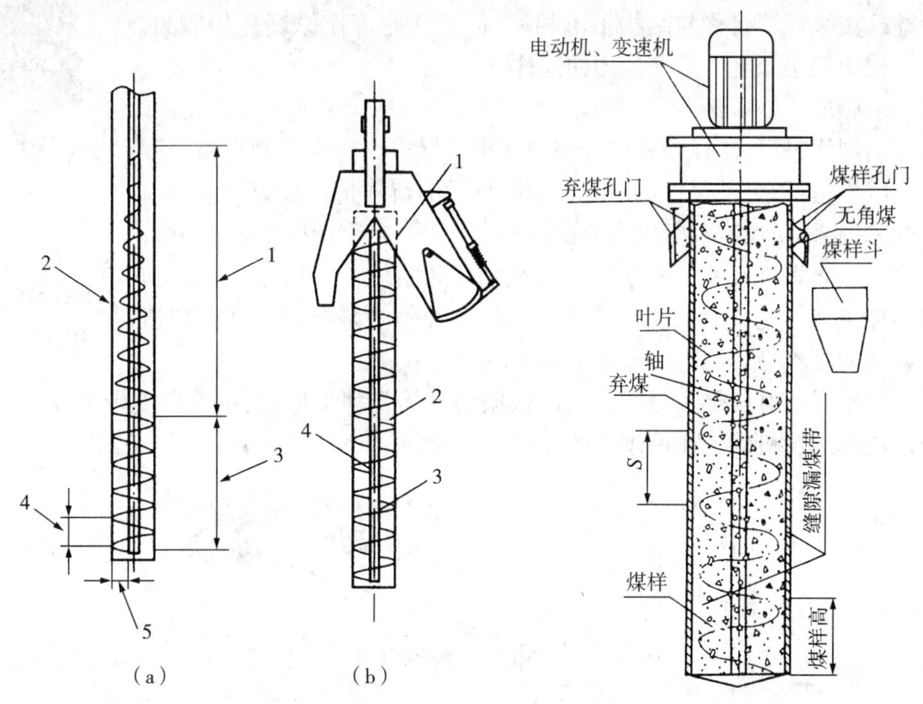

图 6－14　螺旋采样器示意图　　**图 6－15　火车煤螺旋采样器示意**

应用螺旋采样器采样。当螺旋转动时，靠液压推力将采样器钻入煤层中，在螺旋叶片和外壳的组合作用下，煤在圆筒内提升。当提升到弃煤孔时，弃煤门打开，使弃煤回落到车厢中；当螺旋提升煤样时，弃煤门关闭，而煤样门打开，则下层煤样可取出而导入集料斗中。也有的螺旋采样器，可先将弃煤输送完，再螺旋取样，然后单独提升煤样，但是是否放完弃煤和煤样，全凭操作人员视觉判断，显然这是其不足之处。

使用螺旋采样器可以采集到较深煤层，甚至是全煤层样品，这是其突出优点，也是其他类型采样器所不具备的。

螺旋采样器在实际使用中存在的问题也不少。如煤的水分较大，则采样器内部多易发生黏煤、堵煤，当采集不同样品时，易产生混煤；当草绳、塑料袋等吸入采样器时，将严重影响其运行，且处理比较麻烦等。为保护火车、汽车车厢底板，螺旋采样器下端与车厢底板仍保持一定距离，例如（150～200）mm，也就是车厢最下部铺上劣质煤或矸石，即使应用螺旋采样器，仍然采集不到它的样品。

2）非全深度采样装置。在 20 世纪末以前，我国火车、汽车煤采样器多是按照 GB 475—1996 设计的，采样深度仅为 0.4mm 以下，根本无法取得全深度煤样，如我国电厂曾广为应用的振插式采样器就属于这一类型。

当前，我国不少采样机生产厂生产可采集煤层一定深度的采样器。采样头有爪式，钻取式多种形式；根据门架结构形式的不同，又可分为门式、桥式、悬臂式等形式。

某厂生产的外螺旋双筒内运动爪式采样器如图 6－16 所示。

图 6－16　外螺旋双角内运动爪式采样器外形图

另外，还有一些厂生产钻式取样器，采样时，它在液压系统的推动下下行钻入煤层采取煤样。

上述这类采样器名称与结构虽不相同，但采样的工作原理是相似的，它们均是采集煤层深度一定区段内的煤样。

(2) 给煤机

对煤的制样来说，制样精密度合格是其重要标志。而影响制样精密度的最主要因素是：缩分前煤样的均匀性和缩分后的留样量。故煤样缩分前的均匀性，对制样质量有着至关紧要的作用，而在制样系统中安装给煤机，正是提高进入碎煤机及缩分器煤样均匀性的重要措施。我国早期生产的各种采煤样机多不配置给煤设备，实践表明：这种做法是导致制样系统堵煤及制样精密度不易达到合格要求的主要原因之一。

常用的给煤机有皮带式、螺旋式、电磁振动式等几种类型，其中尤以皮带给煤机应用最为广泛。皮带给煤机的工作原理如图 6－17 所示。

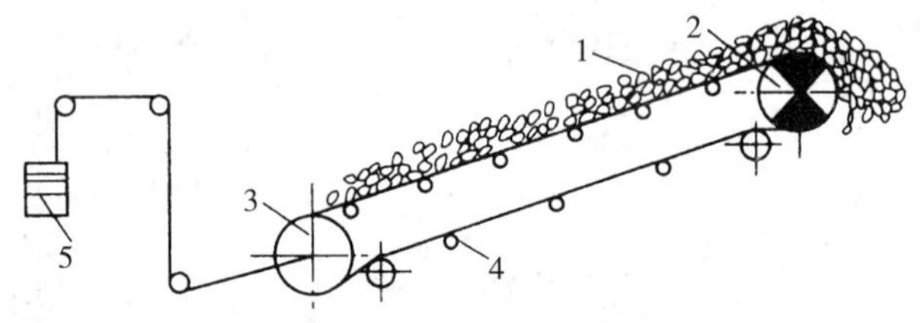

1—皮带；2—主动滚筒；3—机尾改向；4—托辊；5—拉紧装置

图 6－17　皮带给煤机的工作原理示意图

皮带绕过主动滚筒和机尾改向滚筒形成一封闭的环形带，上下两部分支承在托辊上，拉紧装置保证皮带有足够的拉力，煤样装在皮带上与皮带一起运行，实现输送物料的目的。

皮带给煤机结构简单、运行平稳、能耗小，对煤的适应性强，不发生堵煤。

作者参与研制的各类采煤样机，其制样系统均配置了小型皮带给煤机，并将皮带上的煤样拉平。皮带给煤机带长 1m，宽 30cm。控制运行速度为 0.025m/s，它既减轻了碎煤机与缩分器的压力，避免瞬间负荷过大；又使得煤样连续均匀地通过，使制样系统得以平稳运行且有效地提高了制样精密度。

在皮带给煤机运行中，控制其运行速度是至关重要的。螺旋式给煤机易堵煤，振动式给煤机实施脉动式给煤，效率较差，故不多述。

(3) 碎煤机

碎煤机是制样系统中的关键部件。碎煤机的类型很多，它们通常是通过挤、压、撞、碾等工作原理将煤样破碎，有的碎煤机具有多种复合破碎功能。

在采煤样机的制样系统中，现在多配用环锤式碎煤机，它是一种新型的碎煤机械，它可有效地破碎各种煤,应用极其广泛。

环锤式碎煤机主要利用旋转的转子上带有环锤,首先对煤样进行冲击作用使其破碎;被冲击后的煤样与煤样同时从环锤处获得动能,使煤在环锤与碎煤板、筛板之间,煤与煤之间产生冲击力、剪切力、挤压力、碾磨力,这些力大于或超过煤在破裂处碎裂前所固有的抗冲击荷载以及抗压,抗拉强度极限,从而使煤块得以破碎,破碎后合格的煤粒经筛板的筛孔漏下排出。

当遇有混在煤中的铁块或其他不能破碎的异物时,可经拨料板将杂物拨进杂物收集器(除铁器)内而后定期加以清除。环锤式碎煤机结构参见图6-18。

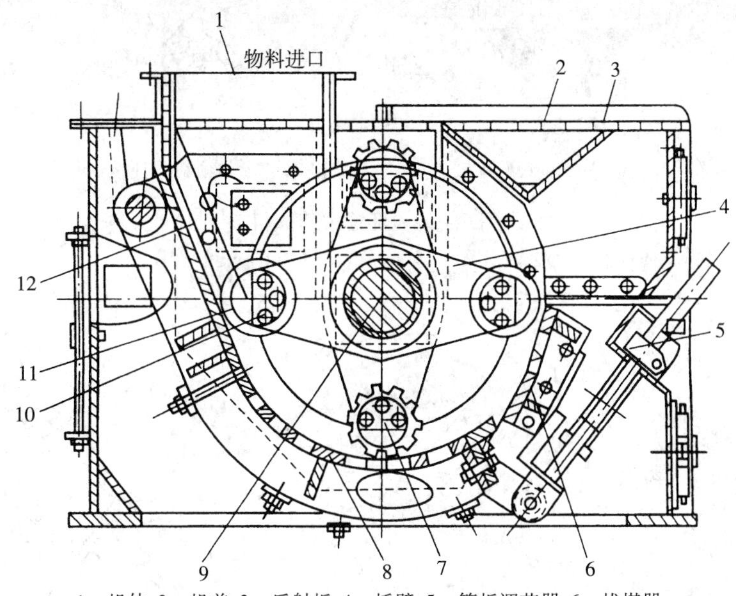

1—机体;2—机盖;3—反射板;4—摇臂;5—筛板调节器;6—拨煤器;7—齿环锤;8—筛板;9—主轴;10—环轴;11—平环锤;12—碎煤板

图6-18　环锤式碎煤机结构示意图

环锤式碎煤机有立式与卧式之分。用于采煤样机制样系统中的碎煤机主要选用立式环锤碎煤机。例如作者设计的多台采煤样机,均选用立式环锤碎煤机作为初级碎煤机。加装减速机后,转速控制在250r/min,出料粒度可<13mm;如转速控制在500r/min~550r/min,出料粒度可<6mm;如转速控制在900r/min,出料粒度可<3mm(以上系指破碎贫煤)。

采煤样机中所用的立式环锤碎煤机如图6-19中的(a)所示。

立式环锤碎机机内空间大,不易堵煤,而卧式环锤碎煤机因机内空间太小易发生堵煤。

虽说立式环锤碎煤机高度较高,但常配用的此类碎煤机高度也只有800mm~1000mm,直径更小,故所占空间位置并不大。实践表明:这是一种优良的碎煤机,很适用于各类采煤样机制样系统中作碎煤设备。

(4)缩分机

缩分机也称缩分器,它必须与碎煤机出力相匹配。缩分机是制样系统中最易产生堵煤的设备,而且往往又是所制煤样产生系统误差的主要来源,故缩分机是制样系统中最为重要的设备。

缩分机的类型很多,各有特点,常用的缩分机参见图6-20、图6-21及图6-22。

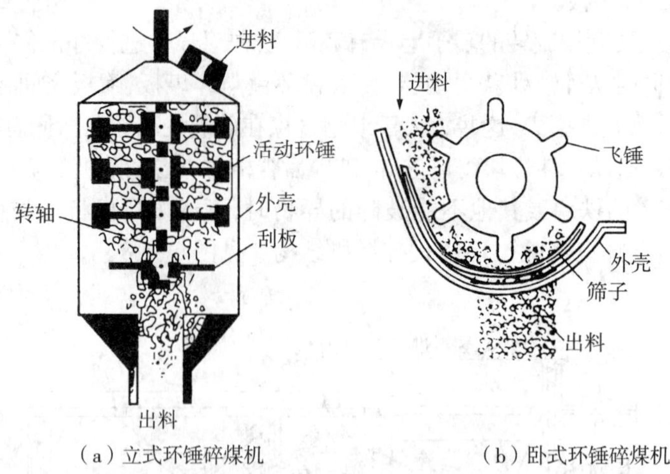

（a）立式环锤碎煤机　　（b）卧式环锤碎煤机

图6－19　环锤式碎煤机

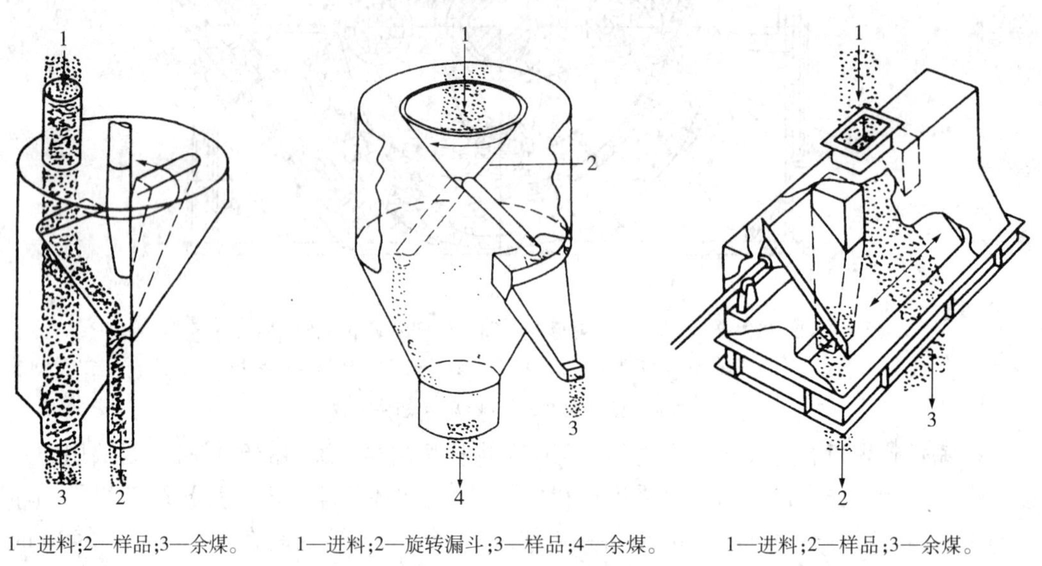

1—进料；2—样品；3—余煤。

图6－20　旋槽式缩分机

1—进料；2—旋转漏斗；3—样品；4—余煤。

图6－21　旋槽漏斗及斜槽式缩分机

1—进料；2—样品；3—余煤。

图6－22　切割槽式缩分机

在选用缩分机时，要特别注意最终样品的粒度与其保留量之间的关系，它应符合国家标准或国际标准中的相关规定以确定适合的缩分比，所谓缩分比，是指缩分出来的样品占总样的百分率。例如从20kg煤样中缩分出2kg样品，其缩分比为1:10或10:100。

缩分机一般转速为40r/min。在采煤样机中配用的初级缩分机缩分比不宜过大，例如1:180或1:360。缩分比大，看上去缩分效率高，但缩分机入口必然很小，那么粗粒煤样就进不了缩分机，致使缩分出来的样品粒度偏细，灰分偏小，热量偏高，导致系统误差的产生；另一方面，缩分口越小，则越易堵煤。如果要加大缩分比，可采用两台低缩分比的缩分机串联，例如两台缩分比均为1:10的缩分机串联后，总缩分比则为$1/10 \times 1/10 = 1/100$。

将采样头与制样系统组合起来，构成一采煤样机，它的各个部件之间必须互相匹配，以保证其正常运行。

第六节　采煤样机在电厂的应用与评价

从20世纪80年代中期开始,各种类型的采煤样机在我国电力系统中得到广泛应用。这其中多数为国产设备,主要是依据GB 474—1996及GB 475—1996的规定设计的,同时国内也有不少电厂安装了进口设备,它们主要是依据ISO 1988:1975及ISO 9411.1—1994设计的,多数设备为美国、日本、意大利等国生产。

我国电力系统中,各类采煤样机的安装率相当高。例如我国某发电公司在2007年统计,其下属的57座电厂中安装了入厂煤采样机79台,其中汽车煤采样机42台,火车煤采样机37台;有51座电厂安装了入炉煤皮带采样机109台。入厂煤采样机的安装率为73.7%,入炉煤采样机的安装率为89.5%。然而有一半以上的采煤样机停用或无法正常使用。这种情况也基本上反映了我国电力系统中应用采煤样机实况。

本节将介绍我国电厂中在不同时期所用的典型采煤样机,这包括国内及国外生产的产品,并对它们作出评价,同时较详细分析我国采煤样机在使用中的存在问题,指出其改进方向。

一、典型的各类采煤样机的应用与评价

1.皮带中部刮板式采煤样机

在1985年前,我国少数电厂已引进了一些国外生产的采煤样机,国内研制开发采煤样机的单位和部门迅速增多,大都集中在于皮带中部刮板式采煤样机的研制开发上,其间并诞生了我国第一台经有关方面技术鉴定的CYJ-A型刮板式采煤样机,其后很快投入批量生产,供应市场,该机进入市场后,当时全国约有50%的电厂安装了该设备。CYT-A型采煤样机参见图6-23。

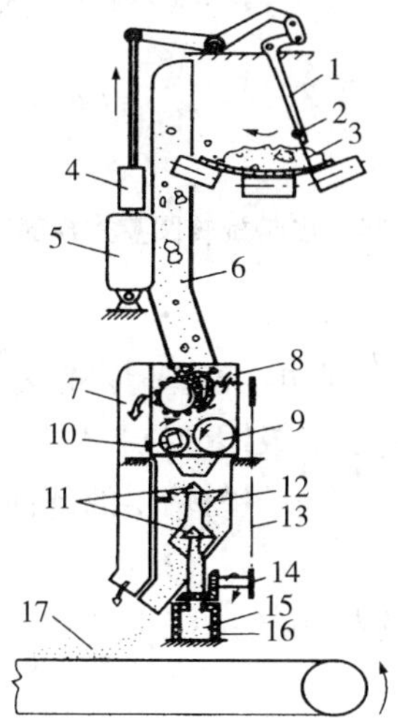

1—采样臂;2—铰链;3—刮板;4—复位重锤;5—液压推进器;6—落煤管;7—异物排放管(反转时将异物排出);8—粗碎机;9—细碎机;10—弹簧;11—圆锥配煤器;12—二级缩分器;13—链条;14—链轮;15—煤样桶;16—密封罩;17—余煤

图6-23　CYT-A型刮板式采煤样机

该机采样头由液压推进器及连杆组成,采用活动颚板与轧辊相结合的二级低速碎煤机,下接二级缩分机,缩分比可调。该机特点之一,是对金属(如煤中混入的铁器件)异物具有自动排除的功能。该机结构紧凑,较适合已投产的电厂中加装,对原煤水分的适应性约为7%。该机的主要不足之处在于:

①该机系统结构不合理。二级碎煤机与二级缩分器直接相连是不妥的,理应设计成一级碎煤——一级缩分——二级碎煤——二级缩分流程。正因为上述系统结构不合理,二级碎煤机(细碎机)负载过重,当煤中水分较大时,如达到8%~9%时,二级碎煤机轧辊上黏煤严重,从而使其上方出现堵煤,造成该处积煤从异物排放处管排出,缩分器空转而取不到煤样。

②该机没有配置给煤机。这也是造成系统堵煤的重要原因之一。在早期生产的采煤样机,较普遍的不配给煤机,后来这一弊病逐渐为人们所认

识,现在给煤机、碎煤机、缩分器(或二级采样器),被认为是采煤样机制样系统中三大主要设备而被广泛应用。

③该机采样头为刮板式,采样缺少代表性。该机采样头无法采集到皮带全断面的一个完整子样,当皮带负荷较低时,只能采到表面很少煤样,有时甚至采集不到样品。该机采样头的运行可靠性还是比较高的,以致有的电厂后来将其制样系统拆除,仍保留采样头采样,然后将所采煤样集中起来用人工方法完成制样。

④该机各部件加工水平较低,动力消耗较大。例如一个液压推动器的设计推力为180kg,而实际上施加到刮煤板上的推力仅仅20kg,系统阻力太大,这也是国产采煤样机的通病之一。

由重庆电力配件厂生产的CYJ－A型刮板式采煤样机虽有上述诸多不足,但它的研发成功并在生产实际中得到应用,这对我国采煤样机的设计与应用是具有里程碑的意义,故还是应该予以肯定的。

2. 皮带端部旋转圆盘式采煤样机

皮带端部采煤样机形式多样,各具特点。在国内电力系统应用较多的为青岛三能公司生产的旋转圆盘式采煤样机,参见图6－24。

该机的最大特点是:利用位于皮带端部落煤处安装了一开有采样孔的旋转圆盘,当圆盘旋转时,煤样从采样孔中穿过,排至集料槽进入给煤机,完成一个子样的采样。采样头结构十分简单,运行可靠性高,故受到用户的欢迎。

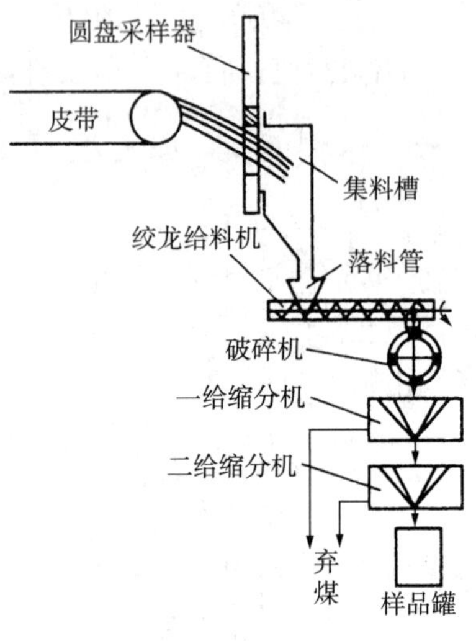

图6－24　皮带旋转圆盘式端部采煤样机

3. 螺旋汽车煤采样机

国外生产的一种螺旋汽车煤采样机对我国采煤样机的设计具有参考价值,见图6－9及图6－10。

该机初级采样器为高度可调的螺旋采样头,它的传动结构简单,运行可靠性相对较高,系统流程合理,故此类采煤样机流程在火车,汽车煤采样机中被广泛使用。

图6－9中的二级采样器,即相当于国内产品中的缩分机,它可以进一步减少煤量。虽然二级采样器就相当于初级缩分机(如有三级采样器,就相当于二级缩分机),但它们二者还是有所区别的。采样器通常是不堵煤的,而缩分机则是制样系统中最易堵煤的部件。

4. 分体式采煤样机

现在应用的各种采煤样机均是一体式的,即将采样系统与制样系统组合在一起,边采样、边制样、采样结束,制样在随后数分钟内也就完成。

一体式采煤样机,集采样与制样功能于一体,结构紧凑,是其主要优点。但是这类采煤样机每套采样系统得配用一套制样系统(也有甲、乙侧皮带上的两套采样系统合用一套制样系统),采煤样机制样系统利用率低,经济性较差;且制样系统易堵,所制取的样品易产生系统误差;设备故障率较高,维修又不太方便。

在总结分析了一体式采煤样机的运行经验与问题后,作者提出将机械采样与机械制样分开的设计思路,由采样头采集样品后,集中运至自动化制样系统完成制样,从而组成了一种分体式采煤样机,并经受了长期运行实践的检验。

该机采用皮带中部刮斗式采样头,供300MW机组入炉原煤采样之用。

(1)采样系统

采样系统流程:输煤皮带运行⟶刮斗式中部采样头每隔2.5min(采样间隔时间可调)采样头横截皮带全断面采样(随皮带流量不同,每个子样量为14kg~20kg)⟶通过落煤管收集样品。

刮斗式采样装置外形如图6-25所示。

(2)制样系统

制样系统采用二级碎煤、二级缩分流程:原煤样置于料斗中⟶将其提升至储煤仓⟶进入皮带给煤机⟶初级缩分机⟶二级碎煤缩分机⟶粒度<3mm的样品。

制样系统是一套自动的联合制样装置。它是分体式采煤样机的创新内容。制样系统全套设备如图6-26所示。制样控制柜面板如图6-27所示。该联合制样系统可安装于专门的制样室中。该分体式采煤样机经性能鉴定,采制样系统均达到设计要求,采、制样精密度均符合国家标准规定,所采、制的样品均不存在系统误差。

图6-25　刮斗式采样装置外形图

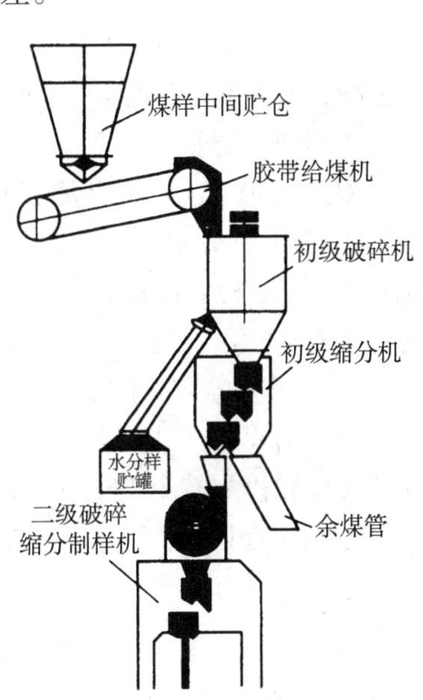

图6-26　制样系统设备全图

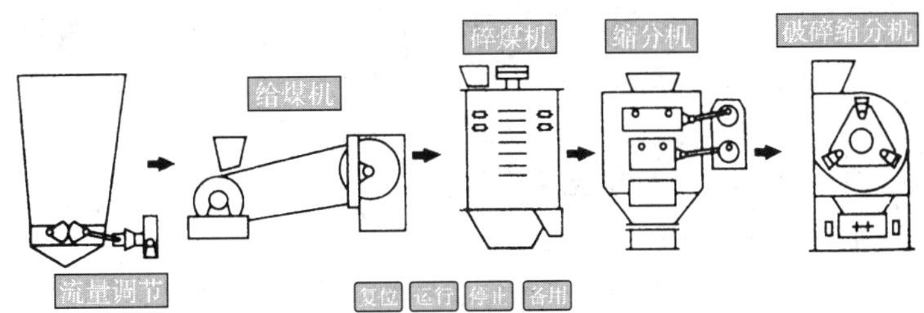

图6-27　制样系统控制柜面板图

二、采煤样机运行弊端分析

我国电力系统中，采样机安装率高，正常稳定运行率低，性能检验的合格率更低，造成这种情况的原因是多方面的，其中重要原因之一，就是对采煤样机运行监督管理上的弊病，这主要表现在如下诸方面：

1. 认识上的误区

(1)对煤的采制样缺少应有的认识

在我国电力系统中，重化验轻采制的现象相当普遍。前已指出：在煤的采制化三个环节中，关键是采样，其次就是制样。不少电厂对采制样的重要性认识不足，无论在人力、物力、财力的配备与支持上均较差，而且对采制样的技术难度也缺少正确的理解。虽则近年来，由于煤价的不断攀升及入厂煤中掺杂使假现象日趋严重，这大大影响电厂的发电成本及锅炉的安全运行，这才对采制样的认识有所提高，采制样工作有所改观。

(2)对使用采煤样机有抵触情况

不少电厂过去乐于使用煤粉样的测热结果来计算煤耗，由于煤粉样中不包括被三次风带走的一部分优质细粉，也就是煤粉样与原煤样相比，灰分偏高，发热量偏低，这样可使得电厂的经济指标——标准煤耗值处于相对较低的水平。再加上不必花费购置采制样设备，也不必增加运行维护人员。

DL/T 567.2—1995《入炉煤及入炉煤粉样品的采取方法》中指出，为达到采样精密度，入炉原煤的采样应使用机械化采样装置。入炉煤样的分析化验结果可作为评价入炉煤质量的依据；而入煤粉样的检验结果只用于监督制粉系统运行工况，不能代表入炉原煤质量，并且不能用于计算煤耗。

然而上述标准颁布 17 年后仍然有相当一部分电厂采用煤粉样的检测结果计算煤耗。而所安装的各种采煤机只是应付标准的规定与上级的要求，并没有真正发挥其作用。

(3)对采煤样机抱有不切实际的希望

当前，在我国大中型电厂中，皮带采煤样机的安装率约在 90% 左右，而火车、汽车采煤样机的安装率也达 50% 以上，并且呈迅速上升的趋势，采煤样机安装率不低，但稳定运行(至少年投运率达到 90%，甚至 95%)率不高，其设备经权威部门性能鉴定合格者，为数更少。

然而在电力系统中，有的发电公司提出两年或三年内实现电厂入厂及入炉煤采制样机械化；有的电厂燃料部门领导提出：我们的汽车采煤样机快到货了，以后就不必进行人工采制样了。在我国机械采制样与人工采制样将会长期共存，在很短时间内如 2 ~ 3 年完全实施采制样机械化是不现实的。安装上采煤样机不等于就达到了采制样机械化要求。电厂对入厂及入炉煤的采制样，不仅在理论上还是在技术上均有相当高的难度。我国近 30 年研发和使用采煤样机的历程也证明了这一点。

2. 管理问题往往对采煤样机有效应用起到关键作用

(1)入炉煤采制样管理体制上的问题

在电厂中，无论是人工还是机械采制样，就总体而言，入厂煤的采制样工作要优于入炉煤的采制样。

在多数电厂中，入厂煤采制样由燃料公司管理，燃料公司的主要任务就是电厂购煤、卸煤，保证入厂煤质量，故入厂煤的采制化是燃煤公司的主要工作之一。然而电厂入炉煤采制样多由电厂生产技术部门管理，入炉煤采制样对全电厂生产来说，则是无足轻重的，电厂不会也不太可能对它予以足够的重视，其结果就是电厂入炉煤较入厂煤采制样要差得多。

当前，在不少电厂中的入炉煤采样机采样精密度不能符合相关标准，成为电厂标准煤耗准确计算可靠性的关键因素，然而这一点还不能为多数电厂的领导所认识。

(2)采煤样机管理责任不清，互相推诿扯皮

对采煤样机的管理，最常见的是由多部门管理，结果是大家管，大家都不管，一旦出了问题，互相推诿扯皮。例如某电厂的入炉煤采样机规定由燃料公司的皮带班，电机班及电厂化学车间的煤化验班三家共同管理，设备如有问题，必须要有上述三个班的班长同时在场协商安排维修，结果有的班长有意规避，谁也不想管，致使维修工作一拖再拖，采煤样机长期处于无法运行的状态。

采煤样机必须有人管，不仅要有人天天管，而且要精心管，否则，就会出问题。总体上说，采煤样机运行故障率还是相对比较高的设备，其结构也不算太简单，系统中部件不少，尤其是制样系统很易堵煤，故电厂加强对采煤样机的运行监督维护是完全必要的。

采煤样机由一个部门管理就行，责任到人，至于入厂及入炉煤采样机，最好也由同一部负责管理。

(3)缺少健全的规章制度，对其监督考核不力

采煤样机是电厂的重要生产设备之一，它必须建立起完整的操作规程，运行及维修规章制度，并要加以监督实施与考核。有的电厂虽有各项规章制度，只是抄录设备说明书或其他专业书籍上的材料，根本不结合实际，也无法照章执行，只是流于形式。

3. 技术上的原因

我国采煤样机从研发开始到大量应用，只是二十多年的历史，技术上历经一个逐步完善与提高的过程，特别是早期生产的各类采煤样上技术上的缺陷较多，集中的反映是制样系统易堵，运行可靠性较低。从技术上分析，存在的主要问题是：

(1)购机前准备上的不足

不少电厂在采购采煤样机前，只看生产厂的产品规格型号及厂家介绍的性能指标。电厂也没有提出详细的煤质资料，皮带的运行参数及其对采煤样机的具体要求，结果采煤样机安装后就无法使用。

例如为了达到标准规定的采样精密度，采样头应多少时间间隔采集一个子样？采集一个完整子样量应为多少 kg？如不掌握这些要求，设计出来的采煤样机必然先天不足。

设某电厂燃用灰分为26%的原煤，输煤皮带额定流量为1800t/h，每班上煤时间为2h，皮带运行速度为2.5m/s，则采集一个总样应由 N 子样所组成

$$N = 60\sqrt{3600/1000} = 114$$

故每隔120/114 = 1.05min，就应采集一个子样，也就是说该机应每隔63s采集一个子样，故在设计时，可设定每隔1min采集一个子样。现在不少采样机采样间隔时间设定为每隔3min、5min、8min、10min动作一次。该机投入运行后，即使设定了3min采样头动作一次，也是无法达到采样精密度要求。

如果上述电厂输煤系统中配用的碎煤机出料粒度 <50mm，那么采样器的开口宽度宜为不小于150mm，则所采集到一个完整子样，其子样量为

$$1800 \times 10^6 / 3.6 \times 10^6 = 500\text{kg/s}$$

由于皮带运行速度为2.5m/s,故一个完整子样量为

$$500 \times 0.15/2.5 = 30\text{kg}$$

采煤样机就要根据上述计算结果为依据,且还要适当留有裕度,例如接料斗的容量可设计为36kg的装煤量,其制样系统中各主要部件的选型与规格必须在保证采样间隔时间内完成全部所采样品的制备。否则,制样系统就会发生堵煤。

我国人工采样标准GB 475—2008与机械采样标准GB/T 19494.1中规定的采样精密度并不相同。人工与机械采样精密度应该要求相一致,当前机械采样一旦出现故障,均采用人工方法补采;再说即使机械制样,最终样品粒度多为<13mm或 <6mm,如实施二级采样则最终样品粒度可<3mm,但均不能直接获得粒度<0.2mm的分析样品,后者都将在制样室采用人工方法来制取,故我国机械采制样应与人工采制样保持一致性的精密度要求,即按灰分A_d计,对灰分>20%的原煤来说,采样精密度应为±2%,制样精密度为$0.05 \times 2^2 = 0.20$,即20%。

(2)采样机流程上的不合理

我国早期生产(指1990年前)的各类采煤样机多不配置给煤机,实践证明:配置合适的给煤机,对保证采煤样机的正常运行,防止系统堵煤有着十分重要的作用,给煤机应该列入采煤样机制样系统中的主要部件之一。

又如上述CYJ－A型刮板式采煤样机中就没有给煤机,同时采取二级碎煤机与二级缩分机串联,这是明显的设计流程不合理。一级碎煤机为粗碎,理应随即通过一级缩分机,留下的少量煤样再进入二级碎煤机,通过二级缩分器获得最终样品。然而该型机中全量煤样要通过二级碎煤机(细碎),结果因其负载过大,致使二级碎煤机上方严重堵煤,缩分机空转或只能取到很少样品。

CYJ－A型采煤样机设计上的不足,对后来生产的各类采煤样机以很大启示,这种情况必须加以避免。如今生产的各类采煤样机系统流程上趋于合理,并成为大家的共识,故设计上系统流程的不合理情况也较为少见了。

(3)主要部件选型,配套不当

对于一台采煤样机,采样系统与制样系统必须匹配,制样系统中各主要部件之间也必须匹配,否则,采煤样机就无法正常运行。

我国采煤样机的运行经验表明,制样系统存在问题的现象更为普遍,其突出的表现就是制样系统易堵,其中最易堵的部件为缩分机,其次就是碎煤机,这与它们的选型配套不当密切相关。

①给煤机选型不当或选择的运行参数不当,不能充分发挥给煤机的作用。例如有的采样机生产厂配用的是振动式给煤机,这是一种廉价低效给煤机,其作用甚微;有的采煤样机生产厂虽然配用了皮带给煤机,但运行参数控制不当,仍然会导致系统堵煤。在配用皮带给煤机时,要安装犁煤器,让皮带上的煤均匀分布于整个皮带上;同时要严格控制其运行速度,如作者设计的不同类型的采煤样机皮带长度为1000mm,宽300mm,带速控制为0.025m/s,皮带上的煤样以极低的速度均匀地进入立式环锤碎煤机及较低缩分比的缩分器,自然制样系统也就有效地防止了堵煤的产生。

②碎煤机类型很多。经验表明,环锤碎煤机是较好的选择,但它有立式与卧式之分,某电厂1000MW机组采煤样配用了卧式环锤碎煤机,依然堵煤严重;即使选用立式机型,如转速不当也会造成出料粒度达不到设计要求,且缩分器易堵,最常见的情况是:立式环锤碎煤

机转速选值太高,表面上破碎效率很高,但就会出现上述弊端,例如设计出料粒度 <13mm,碎煤机转速(一般为 960r/min ~ 980r/min)必须减至 250r/min ~ 300r/min 才行。碎煤机不减速的话,出料粒度将达到 <3mm,甚至其中相当大部分可达到 <1mm 的水平,同时导致煤样中水分大量损失。

③缩分机与碎煤机必须匹配。缩分机选用不当,往往是造成制样系统堵煤的最重要原因,缩分机转速很低,一般为 40r/min,缩分机的缩分比一般可调。缩分比过高,从表面上看,缩分效率高,如缩分比为 1:100,即 100kg 煤样经此缩分机缩分后得到 1kg 样品,然而对高缩分比的缩分机其开口宽度必然很小,从而很易导致缩分机入口为煤样所堵,同时,也因缩分机开口较小,致使只有小颗粒煤粉进入缩分机,而粗粒煤粉则无法进入,自然缩分出来的煤样往往会出现灰分偏小,热量偏高的系统误差,故这样做是不可取的。

为了保证缩分效果,又避免上述问题,可采用两级低缩分比的缩分机串联即可,例如将缩分比均为 1:10 的缩分器相串联,则这两台缩分机的总缩分比就可达到 1/10 × 1/10 即 1/100(1:100)。

如在二级碎煤、二级缩分制样系统中,在初级碎煤机后方也就是二级碎煤机前方再加装皮带给煤机(即二级皮带给煤机),往往更有助于保证制样系统的稳定运行;另一方面,用多级采样器来代替缩分机,即初级缩分机为二级采样器所取代,二级缩分机为三级采样器所取代,这十分有效地防止制样系统堵煤。

④落煤管过细、过短及安装不当,也是采样机易发生堵煤的重要原因。为保持煤流畅通,落煤管管径宜大不宜小,且力求管的内壁光滑,减小煤的流动阻力,且要大角度最好垂直安装,某些采煤样机落煤管管径太小,近乎水平安装,必将导致系统堵谋;另一方面,适当加长各部件间连接管的长度,有助于提高采样机的缓冲能力。国内皮带采煤样机的总高度一般 6m ~ 8m 左右,有的甚至在 6m 以下,而国外同类型产品的总高度多在 18m ~ 22m 左右。

采煤样机运行状况不佳,技术上的原因多种多样,难以尽述,多数采样机存在先天不足,即设计上就有不少缺陷,故电厂在订购采样机前,就应向生产厂提出具体的设计要求,以免投产后问题丛生。在作者看来,采样机运行中的多数问题,在设计中就已埋下祸根,如电厂有人能对采煤样机的结构、性能、运行、维护等方面有较深入了解,预先向生产厂提出,不少问题原来是可以避免的。

(4)对采煤样机操作维修人员缺少培训考核

在一些电厂中,采煤样机运行人员只会启、停设备,而对各部件的结构、性能很少了解,一旦出了故障,就束手无策。作者去过某电厂,入炉煤采样机安装在输煤皮带上,而皮带班的正副班长说不出采煤样机的生产厂,连输煤皮带带宽、带速也说不清,甚至连碎煤机与缩分机谁在上,谁在下也分不清,这怎么能把采样机运行、维护好呢?

例如还有某电厂采煤样机只是因为电源保险坏了,致使采煤样机长期停运,反复催促采样机生产来人处理;又如有的电厂缩分器上方堵煤,却不会调节缩分比,以致采煤样机只好停运。诸如此类实例,举不胜举。

作者认为:各发电公司宜将采煤样机运行、维修、管理人员组织起来集中加以轮流培训、考核,实施持证上岗制度;同时对各电厂的采煤样机使用情况作一全面检查、摸底,排出设备维修计划,一旦恢复正常,就应提请国家有关部门进行鉴定试验,只有性能合格者,方可投入正式使用;对于恢复正常状况无望的采煤样机,则予以报废更新。

我国采煤样机在电力系统中安装率很高,总数量巨大,投资花费很多,但真正经国家权威机构对其性能鉴定合格者却不多,多数采煤样机都未能充分发挥应有的作用。合格率低下的原因如本节所述,有认识上的问题,技术上的原因,特别是设计上的先天不足,还有管理维护上的诸多弊端,这方面的经验教训很多,值得很好地总结研究。应努力提高各类采煤样机的投运率与合格率,充分发挥采煤样机应有的作用。

第七节　采煤样机的性能检验

无论是何种类型的采煤样机,对其主要技术要求都是一致的,即采样精密度必须合格,也就是符合相关标准要求,在精密度合格的前提下,还要求所采集的煤样不存在系统误差(或称偏倚);对于制样系统来说,也是如此。也就是说,必须保证采制样精密度合格,同时所采制的样品均不存在系统误差。采样精密度必须保证合格,否则,该采煤样机就判定为性能不合格,至于再对其他性能方面的检验,也就没有多大实际意义。

一、采煤样机性能检验的主要内容与检验前的装备

1. 采煤样机性能检验的主要内容

(1)采样性能检验

①采样精密度检验。这是采煤样机性能检验的核心与重点。

②所采样品系统误差检验。在采样精密度检验合格的前提下,再对所采样品有无系统误差进行检验。

(2)制样性能检验

主要检验内容同(1)①及(1)②,但采样换成制样。

(3)采煤样机运行可靠性检验

这主要根据采煤样机的运行,维修记录来加以判断,重要的应是无故障投运率,电控系统的可靠性、灵敏性、自诊断能力等。

2. 采煤样机性能检验依据

(1)各项国际标准的规定

2001 年前,主要依据 ISO 1988:1975 及 ISO 9411. 1:1994。2001 年后,则主要依据 ISO 13909:2001。

(2)我国相关标准及电力部的要求

2004 年前,为 GB 474—1996 及 GB 475—1996,DL/T 567. 2—1995 等;2004 年以后,则为 GB/T 19494、DL/T 246—2006 等。

(3)承担采煤样机性能检验的单位

有关标准均规定:采煤样机应由国家权威机构进行性能鉴定,合格者方可正式投入使用。

所谓国家权威机构,通常是指获得国家计量认证许可证或中国实验室认可委员会认可的实验室,并且它们应是专门从事能源或煤炭检验的专门机构,例如各省市电力煤质监督检验中心多具有这一资格,可委托这些单位承担采煤样机的性能检验。

在采煤样机性能检验过程中,电厂都应配合承担性能检验的单位共同做好相关工作,例

如对皮带采煤样机采样精密度检验时，要实施停带人工采样，这就需要电厂在生产调度上作出安排；又如在性能检验过程中，有大量的采制化工作，也需要电厂协助予以完成等。

3. 采煤样机性能检验前的装备

采煤样机进行性能检验，必须具备下述条件，否则，付出很大代价，却是收不到应有效果。

(1)采煤样机必须处于正常运行状态

对一台采煤样机的性能检验，通常需要12d～15d时间，在决定对该采煤样机进行性能检验前，必须保证采煤样机较长时间一直处于无故障运行状态。因此，要对采煤样机进行全面检查，并消除缺陷。

实际上，有一些采煤样机长期带病运行，又急于进行性能检验，结果在检验过程中，故障频发，致使性能检验无法正常运行。作者认为：采煤样机必须连续无故障运行10d以上，方具备对其性能检验的条件。

(2)对采煤样机性能予以预估评判

本书已多次指出：采样机的性能中最为关键性的因素是采样精密度必须符合相关标准，而采样精密度的高低主要取决于一采样单元中所采子样的多少，而每个子样量多少则与所采样品有无系统误差密切相关。

设某电厂日燃用原煤12000t，每班上煤量4000t，其灰分A_d为26%，上煤时间为2h，采样器开口宽度150mm，而皮带带速为2.5m/s，该采煤样机每隔3min采集一个子样，子样量平均为6kg，试估测该采煤样机性能如何？

解：该电厂4000t原煤作为一采样单元，故它应采子样数n为$60\sqrt{4000/1000}=120$个，也就是在2h(120min)时间内应采集120个子样，故每个子样的间隔时间恰好为1min。

要采集到一个完整子样，则皮带流量为：

$$2000\text{t/h}=2000\times10^3/3.6\times10^3=555.6\text{kg/s}$$

应采集的子样量为：$555.6\times0.15/2.5=33.3$kg

如果采煤样机采样头每隔1min动作一次，平均每次采样量不少于33.3kg，则说明有95%的可能，采样精密度可达到国标规定的±2%的要求，且所采煤样也不致存在系统误差，因它是截取皮带全断面上的一完整子样。也就是说，基本上就可以说，该机采样性能是合格的。

实际情况是：该采样机每3min才动作一次，每个子样仅仅6kg，故采样精密度明显不合格，子样量严重偏少，在这种情况下去进行采煤样机的性能检验，注定其结果是不合格的。显然，该机目前的状况远不能达到采煤样机性能检验的条件。采煤样机性能检验，一是时间长，约12d～15d；用人多，约30～40人；再一点是花费大，一次性能检验费约相当于采煤样机费用的1/10，即要6～8万元。

根据对上述采煤样机的运行参数测算，该机的采样精密度P约为：

解：该机运行2h内实际上采集子样数为40个(3min间隔采集一个子样)，如能采集120个子样，则精密度P_S可达±2%，现仅采集40个子样，则采样精密度P为：

$$P^2/P_S^2=120/40$$

$$P^2=3P_S^2=12$$

$$P=\pm\sqrt{12}=\pm3.5(\%)$$

采样精密度不合格，其他性能的测试也就没有多大的意义了。

(3)采制样精密度的自测评价

为对采煤样机进行性能检验，用户可先进行采、制样精密度自查。如自查合格，则可约请或委托国家权威机构对采样机性能予以正式检验鉴定，这样可避免根本不具备条件的设备匆忙进行性能检验工作。

对采制样精密度的自测，各个电厂依靠自己的力量均可实施，难度不大，虽要花一些人力、物力，但不需要什么费用，特在此予以介绍。

①采样精密度的自测评价。该法不仅适用于机械采样，也适用于人工采样方法。

无论何种采样方式，对一采样单元采样精密度的测定通常采用多份采样法。所谓多分采样，是指按一定的间隔采取子样，并将它们轮流放入不同的容器中构成两个或两个以上质量接近的煤样。

在测定采样精密度时，采用6个容器，实施六分法采样。为此，对一采样单元，共采集60个子样，按顺序依次轮流放进6个样品桶中，1、7……55号样品放入1号桶中；6、12……60号样品放入6号桶中，这样可得到由60个子样组成的6个分样，每个分样由10个子样组成，对这6个分样分别制样、化验，得到6个灰分A_d值（测定各分样的M_{ad}值换算而得），即可按式(6－22)计算采样精密度P。

$$P(\%) = \pm t_{a,f} \cdot \bar{S} \tag{6-22}$$

式中　$\bar{S}$——6个分样A_d的平均标准差；

$t_{a,f}$——统计量；

α——显著性水平，常取0.05；

f——自由度为$n-1$。

由t临界表查得$t_{0.05,5}=2.57$（精密度计算为双侧检验），$\bar{S}$值按式(6－23)计算

$$\bar{S} = \sqrt{\frac{1}{n(n-1)}(G - M^2/n)} \tag{6-23}$$

式中　G——各分样灰分值的平方和$\sum {A_d}^2$；

M^2——各分样灰分值和的平方$(\sum A_d)^2$；

n——分样数。

得$n=6$代入式(6－22)，而得$t_{0.05,5}=2.57$及$\bar{S}$代入式(6－24)，则

$$P(\%) = \pm 0.47\sqrt{G - M^2/6} \tag{6-24}$$

设某采样机采样头每隔1.5min采集一个子样，共采集60个，按上述方法将其按顺序依次放进6个样品桶中，这样由60个子样组成6个分样，分别制样、化验，得到6个A_d值，参见表6－17。

表6－17　6个分样的灰分A_d值　　%

煤样桶编号	1	2	3	4	5	6
M_{ad}	0.78	0.90	0.84	0.81	0.93	0.72
A_{ad}	28.15	26.88	29.32	30.05	27.77	29.06
A_d	28.37	27.12	29.57	30.30	28.03	29.27

根据表6-17中的测值,计算:

$$G=4975.23$$

$$M=172.66$$

$$M^2/6=4968.58$$

得上述数值代入式(6-21)中,求出P(%)

$$P=\pm 0.47\sqrt{4975.23-4968.58}=\pm 1.21$$

计算结果表明,采样精密度为±1.21%,优于国家标准要求。这也说明,在当前条件下,采煤样机采样头每隔1.5min动作一次采集一个子样是适宜的,且也已留有相当大的裕度。

如果自检采样精密度不合格,甚至严重不合格,在这种情况下,应先查找分析原因改进,而不是急于进行正式的性能鉴定。

②制样精密度的自测评价。设对一台汽车煤采样机的制样精密度进行检验,为此令机械制样系统处于运行状态,在每一辆车上采集一个子样,分别收集样品与弃煤(余煤)作为一组,共收集20组。在先对每一份样品进行称量和粒度分析后,分别按标准规定制样,并化验M_{ad}、A_{ad}值,然后换算成A_d值。

样品量0.05kg~1.25kg,平均0.86kg;

弃煤量3.8kg~5.4kg,平均5.0kg。样品与弃煤灰分A_d对比列于表6-18中。

表6-18　样品与弃煤灰分A_d对比表　%

组别	样品A_d	弃煤A_d	样品弃ΔA_d	组别	样品A_d	弃煤A_d	样品弃ΔA_d
1	22.10	21.61	0.44	11	16.64	17.25	-0.61
2	20.75	19.93	0.80	12	19.24	20.54	-1.30
3	22.28	21.12	1.16	13	19.87	19.90	-0.03
4	18.40	18.47	-0.57	14	16.47	17.49	-0.52
5	18.52	18.80	-0.28	15	18.36	18.47	-0.11
6	26.25	26.31	0.44	16	19.28	19.83	-0.55
7	18.89	19.34	-0.85	17	19.02	20.09	-1.07
8	19.48	19.54	-0.06	18	16.29	17.08	-0.79
9	15.78	17.47	-1.69	19	17.68	17.42	0.26
10	17.17	17.06	0.11	20	19.53	20.54	-1.01

20组平均值:样品A_d=19.15%;弃煤A_d=19.46%;样品-弃煤=-0.31%;

制样缩分比1:5.9~1:7.7,平均为1:6.8。

将1~10号样列为第1组,11~20号样品列为第2组,求出两组A_d差值的平均值$\overline{h}_1$,及$\overline{h}_2$。

$$\overline{h}_1=0.65\%,\overline{h}_2=0.64\%$$

注意:样品与弃煤A_d的差值应取绝对值计算$\overline{h}_1$及$\overline{h}_2$。

$\overline{h}_1$及$\overline{h}_2$均未超过国标规定的0.37P,即为0.71%及0.72%要求,故认为该采样机制样精密度合格。

上述采样精密度与制样精密度的自测方法既适合机械也适合人工采制样，检测方法简单可行，在采煤样机正式进行技术鉴定前不防予以自测评价。即使在日常工作中，也可利用上述方法对入厂及入炉煤采制样精密度予以监督评价。

二、数理统计方法与采煤样机的性能检验

采煤样机的性能检验鉴定一般采用数理统计方法，数理统计方法是以概率论为基础。它对煤的采制样、检测误差分析、判断检测精密度与准确度（有无系统误差）以及数据处理方面均作了规定，故数理统计方法既是煤质检测中的一门较高难度的专业基础知识，也是一种有效的工具。

先对数理统计方面的常用名词术语作一说明，然后根据对采煤样机的具体数据，就如何应用数理统计方法中的 F 检验法和 t 检验法来判断采煤样机的性能加以阐述。

（1）数理统计方法中常用名词术语

①总体与样本。我们研究对象的全体，就叫做总体，其中一个单位叫做个体。例如在煤质检测中，其测定值的全体是一个总体，而每一个测定值则是一个个体。

总体的一部分称为样本。数理统计方法就是应用概率论的结果，通过样本来了解和判断总体特征的科学方法。

②概率与数理统计。所谓概率，是反映随机事件发生的可能性大小的量。一般概率范围在 0～1 之间。必然发生的事件概率为 1（即 100%），而不可能发生的事件概率为 0，概率通常以符号 P 表示，例如 $P \leqslant 0.95$，表示事件发生的可能性≤95%。

数理统计是以概率论为基础，是概率论的具体应用，它是通过少量试验，对所得试验数据加以统计分析，研究某个随机变量的分布与统计特征。

③统计量。样本的函数，称为统计量。在数理统计中常用的统计量有样本的平均值 $\bar{x}$、标准差 S、方差 S^2（或 σ^2）、极差 R、相对标准差 RSD 等。其中平均值 $\bar{x}$，是一个集中特征值，而标准差 S 则为一个分散特征值。对一个被测定体系来说，均可用这两个特征值来表示。

④正态分布及其参数的估计。所谓正态分布，是指连续随机变量的概率分布。相同条件下，重复测定结果和检测中的随机误差均遵从正态分布见图 6－1。

正态分布总体样品出现的概率参见表 6－19。

表 6－19　正态分布总体样本出现的概率

区间 R	落在 R 内概率/%	区间 R	落在 R 内概率/%
$\mu \pm 1.000\sigma$	68.3	$\mu \pm 1.645\sigma$	90.0
$\mu \pm 2.000\sigma$	95.4	$\mu \pm 1.960\sigma$	95.0
$\mu \pm 3.000\sigma$	99.7	$\mu \pm 2.576\sigma$	99.0

知道了某一随机变量的正态分布均值及标准差，这一正态分布可完全确定。通过来自正态分布的样本，就可估计正态分布参数 μ 和 σ。

⑤显著性水平与置信水平。在统计检验中给定的很小概率 α，称为显著性水平。当原假设正确时，被拒绝的概率的最大值用 α 表示。在煤的采制化中，通常 α 取 0.05，即 5%，也有时会取 0.10、0.01 等。

置信水平与显著性水平相对应,为 $1-\alpha$ 值,参见式 6-23。例如显著性水平 α 为 0.05,则置信水平就是 0.95,它表示可以有多大把握去否定一个假设。

⑥双侧检验与单侧检验。统计检验有两种:一种是只研究总体均值 $\bar{x}$ 是否与已知值 μ 相一致,至于二者谁大谁小对研究的问题并不重要,此时的检验为双侧检验;如果要研究总体均值 $\bar{x}$ 是否显著大于或小于 μ,这时的检验为单侧检验。

⑦临界值与临界值表。在统计检验中,根据假设确定统计量 T_{α},称为显著性水平 α 时的临界值。α 取值不同,自然临界值也就不同,根据不同的检验目的与检验方法,编制了各种统计检验的临界值表。在进行统计检验时,我们将要查阅这些临界值表,以判断检验结果。

在采煤样机性能检验中,核心问题是检验采、制样精密度以及所采、制的样品是否存在系统误差,即是否存在偏倚。

在统计检验中,精密度统计检验常用 F 检验法;系统误差属于准确度的检验范围,它的检验常用 t 检验法。

⑧F 检验法及 F 临界值表。F 检验法可用来比较不同条件下,例如不同检测方法、不同仪器设备、不同操作人员、不同检测条件等所测定两组数据是否具有相同的精密度。

F 检验法的检验程序是:

1)先求出两组测定值的方差 S_1^2 及 S_2^2,再求二者的比值,但必须令 $F>1$,即

$$F=S_1^2/S_2^2(S_1^2>S_2^2) \tag{6-25}$$

2)查 F 值表(见表 6-20 及表 6-21),查出临界值 F_{α},f_1,f_2。α 为显著性水平,通常 α 取 0.05,f_1 与 f_2 分别第一及第二自由度,$f_1=n_1-1$,$f_2=n_2-1$,n_1 为大方差的一组测定次数,n_2 为小方差的一组测定次数。

3)如只要求二者无显著性差异,则应用双侧检验,查 F 表时,将选定的 α 值除 2,即查 $F_{\alpha/2,f_1,f_2}$;如果要确定两个方差中的一个显著地大于或小于另一个,则查 F_{α,f_1,f_2} 即 α 值不变。

4)当计算的 F 值小于由 F 表表查得的临界值,则认为二者精密度之间没有显著性差异;否则,则认为二者精密度有显著性不同。

表 6-20　F 临界值表($\alpha=0.025$)

f_2 \ f_1	3	4	5	6	7	8	9	10	20	40	60	120
3	15.41	5.1	14.9	14.7	14.6	14.5	14.5	14.4	14.2	14.0	14.0	13.9
4	9.98	9.60	9.36	9.20	9.07	8.98	8.90	8.94	8.56	8.41	8.36	8.31
5	7.66	7.39	7.15	6.98	6.85	6.76	6.68	6.62	6.33	6.18	6.12	6.07
6	6.60	6.23	5.99	5.82	8.70	5.60	5.52	5.46	5.17	5.01	4.96	4.90
7	5.89	5.52	5.29	5.12	4.99	4.90	4.82	4.76	4.47	4.31	4.25	4.20
8	5.42	5.05	4.82	4.65	4.53	4.43	4.36	4.30	4.00	3.84	3.78	3.73
9	5.08	5.72	4.48	4.32	4.20	4.10	4.03	3.96	3.67	3.51	3.45	3.39
10	4.83	4.47	4.34	4.07	3.95	3.85	3.78	3.72	3.42	3.26	3.20	3.14
20	3.86	3.51	3.29	3.13	3.01	2.91	2.84	2.77	2.46	2.29	2.22	2.16
40	3.46	3.13	2.90	2.74	2.62	2.53	2.45	2.39	2.07	1.88	1.80	1.72
60	3.34	3.01	2.79	2.63	2.51	2.41	2.33	2.27	1.94	1.74	1.67	1.58
120	3.23	2.89	2.67	2.52	2.39	2.30	2.22	2.16	1.82	1.61	1.43	1.43

表 6－21　F 临界值表（$\alpha = 0.05$）

f_2 \ f_1	3	4	5	6	7	8	9	10	20	40	60	120
3	9.28	9.12	9.01	8.94	8.89	8.85	8.81	8.79	8.66	8.59	8.57	8.55
4	6.59	6.39	6.26	6.16	6.09	6.05	6.00	5.96	5.80	5.72	5.66	5.60
5	5.41	5.19	5.05	4.95	4.88	4.82	4.77	4.74	4.66	4.66	4.43	4.40
6	4.76	4.53	4.39	4.28	4.21	4.15	4.10	4.06	3.87	3.77	3.74	3.70
7	4.35	4.12	3.97	3.87	3.79	3.73	3.68	3.64	3.44	3.34	3.30	3.27
8	4.07	3.84	3.69	3.58	3.50	3.44	3.39	3.35	3.15	3.04	3.01	2.97
9	3.86	3.63	3.48	3.37	3.29	3.23	3.18	3.14	2.94	2.88	2.79	2.75
10	3.71	3.48	3.33	3.22	3.14	3.07	3.02	2.98	2.77	2.66	2.58	2.02
20	3.10	2.87	2.71	2.60	2.51	2.45	2.39	2.35	2.12	1.99	1.95	1.90
40	2.84	2.61	2.45	2.34	2.25	2.18	2.12	2.08	1.84	1.69	1.64	1.58
60	2.76	2.53	2.37	2.25	2.17	2.10	2.04	1.99	1.75	1.59	1.53	1.47
120	2.68	2.45	2.29	2.18	2.09	2.02	1.96	1.91	166	1.50	1.43	1.35

⑨t 检验法及 t 临界值表。对某一物理量或化学成分的检测结果检验，也就是对检测精密度与准确度进行检验。先检验精密度，在其合格的前提下，再检验准确度，因而检测的最终结果还是根据准确度的检验加以判别。检测结果有无系统误差，属于准确度检验范畴。

准确度的统计检验，应用 t 检验法。

t 检验法常用来对被测体系平均值与真值的比较（即准确度评判）、不同测定条件的比较等。用于不同目的，检验步骤也略有不同。

t 检验法的检验程序是：

1）先按式（6－26）计算统计量 t 值

$$t = \frac{|\overline{X} - \mu|\sqrt{n}}{S} \tag{6-26}$$

式中　$\overline{X}$——测定平均值；

μ——测定真值或真值估计值；

S——测定值标准差；

n——测定次数。

2）如不考虑平均值与标准值谁大谁小，则为双侧检验；如要判断平均值是否显著地大于或小于真值，则为单侧检验，双侧检验时，查 $t_{\alpha,f}$；单侧检验时，则查 $t_{2\alpha,f}$（参见 t 临界值表）。

3）比较计算的 t 值与 $t_{\alpha,f}$，如 $t > t_{\alpha,f}$，则二者存在显著性差异。

需要指出的是：显著性水平 α 可任选，一般选 0.05，评判标准如下：

$|t| < t_{0.05}$——无显著性差异；

$t_{0.05} < |t| < t_{0.01}$——有显著性差异；

$|t| > t_{0.01}$——有非常明显性差异。

显著性水平 α 与置信概率 P 呈互补性，$\alpha = 0.01$，则 $P = 0.99$。置信概率越大，测定结果落入其中的可能性越大，测定结果准确度越低；反之，显著性水平 α 值越大，P 值越小，则测定结果落入其中的可能性越小，准确度越高，表 6－21 中所列数据正反映了这一点。

t 检验也有双侧与单侧之分。如进行单侧检验，须将 α 乘 2，即查 $t_{2\alpha,f}$ 作比较；如是双侧检验，只要查 $t_{\alpha,f}$ 即可。

检验说明，在精密度合格的前提下，如检测结果准确度不合格，实际上就是由于存在系统误差所造成的，故上述检验也可作为有无系统误差一种检验方法。

表 6－22　t 临界值表

f	α			
	0.20	0.10	0.05	0.01
1	3.08	6.31	12.71	63.66
2	1.89	2.92	4.30	9.92
3	1.64	2.25	3.18	5.84
4	1.53	2.13	2.78	4.00
5	1.48	2.02	2.57	4.03
6	1.44	1.94	2.45	3.71
7	1.42	1.90	2.36	3.50
8	1.40	1.86	2.31	3.36
9	1.39	1.83	2.26	3.25
10	1.37	1.81	2.23	3.17
20	1.32	1.72	2.09	2.84
40	1.30	1.68	2.02	2.70
60	1.30	1.67	2.00	2.66
∞	1.28	1.64	1.96	2.58

（2）采煤样机性能检验示例

现在对一台皮带采煤样机的性能检验为例，说明如何应用 F 检验法及 t 检验法对采样机的性能进行检验。

①采样性能检验

检验方法说明：根据国际标准规定，通过机械采样与停带人工采样 A_d 之间的对比试验，可对该采煤样机所采样品的代表性及其他性能作出评价。

输煤皮带在运行中进行人工采样，是不能采集到有代表性的样品的；而停带人工采样却可在皮带全断面上把所有粒度的煤作为一个完整子样全部被采集下来，故样品的代表性是无可置疑的。

对停带人工采样时，应注意以下几点：人工采样位置一定要紧挨机械采样装置，越近越好。根据机械采样的子样量确定人工在皮带上采样的区间长度，加工一简易工具（与皮带相吻合的两块弧形钢板），取下该区段的全部煤样；机械采样与停带人工采样样品必须一一对应，构成一组，切不可混淆，至少应采集 20 组样品。

按照输煤皮带的运行规程，它是不允许带负荷启动的。因为皮带启动电流很大，容易造成输煤皮带电动机温升过高，甚至被烧。在试验过程中监视电动机的温升是必要的，以防意外事故的发生。因此，如何实施停带人工采样的关键问题不是采样本身，而是如何启停皮带，既要确保安全生产，又要完成停带人工采样。

具体操作可这样进行：试验开始，人工控制皮带上煤量，例如仅让皮带 10m 区段有煤，当达到皮带端部时，采样装置动作（用手动操作），随即停带，人工从邻近采样装置的端部皮带上采集一段煤样，其量与机械采样量相近。根据采样精密度要求，相隔一定时间如 3min ~ 5min 启动皮带。再按上述方法采集以后各组煤样，直至采满 20 组。然后对各组煤样分别制样与化验，测出 M_{ad} 值及 A_{ad} 值，从而计算出各组样品的干基灰分 A_d 值。

根据机械与人工停带采样的测试结果，就可对有关数据进行计算，从而对其采样性能作出评价。

两种采样方法的对比数据列于表 6 - 23 中。

表 6 - 23　两种采样方法的对比示例　　%

组别	机械采样 A_d	停带人工采样 A_d	两种采样方法 ΔA_d	组别	机械采样 A_d	停带人工采样 A_d	两种采样方法 ΔA_d
1	27.19	26.61	10.58	11	25.57	26.38	-0.81
2	24.91	24.51	+0.40	12	25.37	25.35	+0.02
3	23.77	25.18	-1.41	13	31.06	31.46	-0.40
4	24.81	27.35	-2.54	14	30.38	30.53	-0.15
5	25.77	28.45	-2.68	15	30.08	27.87	+0.21
6	23.70	24.65	-0.95	16	31.07	29.96	+1.11
7	24.52	23.42	+1.10	17	25.43	24.03	+1.40
8	26.73	27.04	-0.31	18	26.40	29.36	-2.96
9	26.02	27.19	-1.17	19	26.08	26.32	-0.24
10	27.27	27.30	-0.03	20	26.68	25.36	+1.32

机械采样 A_d 平均值：26.64%；

停带人工采样 A_d 平均值：27.01%；

两中采样方法 ΔA_d 值：-0.37%。

1）精密度检验

应用 F 检验法对两种采样方法的精密度一致性进行检验。

机械采样灰分标准差 $S_j = 2.30$；

停带人工采样灰分标准差 $S_r = 2.28$。

$$F = S_j^2 / S_r^2 = 1.02$$

查 F 表得知：$F_{0.05,19.19} = 2.51$（显著性水平 α 取 0.05，双侧检验），由于 1.02 < F

0.05,19.19,故说明两种采样方法精密度之间无显著性差异。

2)系统误差检验

系统误差是利用两种不同采样方法所采样品 A_d 之间是否存在显著性差异来判断的。

先求出两种采样方法 A_d 差值的平均值 $\bar{d}$。

$$\bar{d} = \frac{1}{n}(A_j - A_r) \qquad (6-27)$$

再计算 A_d 差值的方差 S_d^2

$$S_d^2 = \frac{1}{n-1}\left[\sum d^2 - \frac{(\sum d)^2}{n}\right] = 1.66 \qquad (6-28)$$

$$S_d = 1.29$$

最后计算统计量 t 值

$$t = |d|\sqrt{n}/S_d = 1.28 \qquad (6-29)$$

查 t 值表,$t_{0.05,19} = 2.09$,由于 $1.28 < t_{0.05,19}$,故二者无显著性差异,机械采样不存在系统误差。

②制样性能检验

1)制样精密度检验。将一级缩分机分出的少量样品与一级余分别收集后制样并化验 M_{ad}、A_{ad},从而计算出 A_d 值,一共分析了 20 组样品与余煤,其结果列表 6-24 中。

表 6-24 一级样品与一级余煤 A_d 对比 %

组别	机械采样 A_d	停带人工采样 A_d	两种采样方法 $\triangle A_d$	组别	机械采样 A_d	停带人工采样 A_d	两种采样方法 $\triangle A_d$
1	27.69	28.29	-060	11	27.20	27.31	-0.11
2	24.61	25.76	-1.15	12	27.46	26.56	+0.90
3	26.71	26.66	+0.05	13	23.47	24.39	-0.92
4	26.54	26.07	+0.47	14	22.53	22.55	-0.02
5	26.13	26.50	-0.37	15	24.28	23.05	+1.23
6	29.90	29.16	+0.74	16	24.26	24.98	-0.72
7	22.95	24.57	-1.62	17	24.74	24.89	-0.15
8	30.95	30.43	+0.52	18	27.17	24.80	+2.37
9	23.97	24.33	-0.52	19	24.23	24.84	-0.61
10	21.67	22.68	-1.01	20	28.15	28.38	-0.23

将 1~10 列为第一组,11~20 列为第二组,求出 A_d 差值的平均值 $\bar{h}_1$ 及 $\bar{h}_2$。

$$\bar{h}_1 = 0.73\%$$

$$\bar{h}_2 = 0.73\%$$

$\bar{h}_1$ 及 $\bar{h}_2$ 均未超过国标规定的 $0.37P$,即 0.74% 的要求,故一级制样装置制样精密度合格。

2)系统误差检验。其检验方法同采样装置,计算出统计量 $t = 0.53$,由于 $0.53 < t_{0.05,19}$,故制样装置不存在系统误差。

由此可以评判,该采机采、制样精密度均合格,所采、制的样品也都没有系统误差,故该机主要技术性能合格。

如该采样机制样系统包括一级及二级制样,则对二级制样精密度及系统误差进行检验,方法同上,不再复述。

采煤样机的性能检验项目不仅仅限于采制样精密度及所采、制的样品有无系统误差的检验,它还包括众多检验项目,如对煤的水分适应性、水分损失率、采样机的运行可靠性等。

第七章　煤质特性与检测方法技术要点

煤作为发电燃料是由其煤质特性所决定的，电力生产的工艺流程的设计与生产设备的配置也是与煤质及灰渣特性密切相关。了解煤质与灰渣特性及掌握它们的检测方法是对电厂从事厂煤质管理与检测人员的基本要求。

煤质与灰渣特性指标众多，本书只是择其对电力生产影响最为密切的相关特性指标予以阐述，这主要包括煤中全水分、工业分析、元素分析、发热量、煤粉细度、煤的可磨性、灰渣可燃物、灰熔融性等；另一方面对各项特性的检测方法主要是深入解析按标准方法测定时的技术要点与难点，而不是对其操作过程详加说明。同时还将若干具有较高实用价值的煤质检测新方法红外法测硫、测碳和氢、热导法测氮等介绍给读者。

第一节　煤中全水分的测定

水分是煤中不可燃成分，它是评定电力用煤经济价值的最基本指标之一。

煤中水分随煤种、采煤方法、加工工艺及外界环境条件而异，褐煤水分最高，烟煤次之，无烟煤最低。

煤中水分含量与煤的变质程度之间的关系参见表7－1。

表7－1　煤中水分含量与其变质程度　　%

水分	煤种			
	泥煤	褐煤	烟煤	无烟煤
M_t	60～90	30～60	4～15	2～4
M_{ad}	40～50	10～40	1～8	1～2

在电力煤质量检测中，检测对象主要为全水分 M_t 及空干基水分 M_{ad}。

煤中全水分有时与收到基水分 M_{ar} 混用。所谓收到基水分，是指煤在使用状态时所存在的水分；而煤中空干基水分有时则与分析水分混用。所谓空干基水分，是指分析煤样在规定条件下测得的水分。

一、煤中水分的含义及相互关系

1. 化合水与游离水

煤中水分存在形式，根据其结合状态可分为化合态及游离态两种。化合水是以化合方式同煤中矿物质结合的水，也称结晶水，如硫酸钙（$CaSO_4 \cdot 2H_2O$）、黏土（$Al_2O_3 \cdot 2SiO_2 \cdot 2H_2O$）中的结晶水，游离水则是煤内部毛细管吸附或表面附着的水。

煤中游离水，在105℃～110℃的温度下，经1h～2h后，一般就可逸出；而化合水通常在

200℃以上才能分解析出，如高岭土（$Al_2O_3 \cdot 2SiO_2 \cdot 2H_2O$）中的结晶水要在560℃时，才能分解析出。

2. 外在水分及内在水分

煤的外在水分及内在水分的总和，称为全水分

$$M_t = M_f + M_{inh}\frac{100 - M_f}{100} \tag{7-1}$$

式中 M_t——煤样全水分，%；

M_f——煤样外在水分，%；

M_{inh}——煤样内在水分，%。

由于外在水分与内在水分煤样所处的状态不同，故全水分应按上式计算而得，不可直接相加，煤样所处状态不同，也就是基准不同，必须换算至同一基准后方可计算。

测定外在水分的煤样粒度为 <13mm；而测定内在水分煤样的粒度为 <3mm（在GB 475—1996 中，测定全水分煤样的粒度为 <6mm）。

内在水分指以物理化学方式结合的水分，其中一部分是以吸附的方式和机械方式凝结在煤的小毛细管（孔径 <0.1μm）中。内在水分的蒸汽压小于纯水的蒸汽压，因而在室温条件下这部分水不易失去。

外在水分及内在水分均是煤中的游离水。

3. 全水分与分析水分

(1) 全水分

①煤中全水分影响入厂煤量验收。GB/T 18666—2002 规定，商品煤质验收以干基高位发热量 $Q_{gr,d}$ 及干基含硫 $S_{r,d}$ 作为评定指标，而煤的全水分 M_r 则与煤量验收密切相关。

例如按合同约定，煤中全水分应为9%，供煤量为10万t，而实际上电厂收到的煤全水分为10%，数量仍为10万t，也就是电厂多收了0.1万水而少收了0.1万t干煤，则供煤方应补给电厂含全水10%的煤 $0.1 \times 100/100 - 90 = 0.11$ 万t。

煤中水分含量高，也就是把更多的不可燃成分的水运进电厂，势必增加运输量及经济负担，增高了发电成本。

②煤中全水分过高，不利于卸煤、输煤、制粉系统的运行。除褐煤外，电力因煤的全水分含量最好控制在5%～8%，最高也不宜超过10%。煤中水分含量过高，入厂煤卸煤效率下降，尤其在冬季，冻煤卸煤将十分困难；而入炉煤的输送、破碎、制粉系统易出现堵煤，致使运行障碍频发，不利于锅炉的稳定运行。

③煤中全水分过高，将降低入炉煤收到基低位发热量。例如某电煤 $Q_{gr,ad}$ 为23000J/g，H_{ad} 为3.50%，$M_t = 8.0\%$，M_{ad} 为1.20%，则收到基低位发热量为

$$Q_{net,ar} = (Q_{gr,ad} - 206H_{ad}) \times \frac{100 - M_t}{100 - M_{ad}} - 23M_t \tag{7-2}$$

$$= (23000 - 206 \times 3.50) \times \frac{100 - 8.0}{100 - 1.20} - 23 \times 8.0 = 20562\text{J/g}$$

如上述煤样中只是全水分由8.0%增至9.0%，而其他参数一律不变，则收到基低位发热量为

$$Q_{net,ar} = (23000 - 206 \times 3.50) \times \frac{100 - 9.0}{100 - 1.20} - 23 \times 9.0 = 20313\text{J/g}$$

也就是全水分增大1%，收到基低位发热量下降20562－20313＝149J/g（相当于60cal/g），这样炉温会下降，燃烧情况恶化，同时锅炉烟气量增加，由烟气带走的热量也增多，从而加大了排烟热损失及排风机的能耗。

（2）分析水分

分析水分，即空干基水分M_{ad}，它是将煤质指标换算成不同基准时的计算依据，例如在煤的采制样中，采样精密度通常按干基灰分A_d计，它是

$$A_d = A_{ad} \times \frac{100}{100 - M_{ad}} \tag{7-3}$$

如果分析水分测值不准，将直接影响各种基准的换算值，故它的重要性是不言而喻的。例如

$$V_{ar} = V_{ad} \times \frac{100 - M_t}{100 - M_{ad}} \tag{7-4}$$

$$V_{daf} = V_{ad} \times \frac{100}{100 - M_{ad} - A_{ad}} \tag{7-5}$$

二、全水分测定方法的选择

GB/T 211—2007《煤中全水分测定方法》中规定，可采用通氮干燥法、空气干燥法及微波干燥法。

从测定全水分煤样的粒度上区分，可分为粒度＜13mm及＜6mm两种不同粒度。从测定全水分时的加热程序上区分，则可分为两步法及一步法两种不同程序。

1. 通氮干燥法

该法又分为两步法及一步法，两步法是采用粒度＜13mm的煤样，先测出外在水分，然后将其破碎至粒度＜3mm，再按充氮法测定内在水分，然后按式（7－1）计算出全水分。

该法的主要优点是煤样在氮气流条件下干燥，从而避免煤样的氧化；该法可适用于各种煤中全水分测定，特别是褐煤。该法测值准确，可作为全水分测定的仲裁方法。

该法的不足之处是应用该法必须配备专用的通氮干燥箱，且它只能作为测定水分之用；测定全水分时，要使用氮气，且氮气在非城市的地区不易解决，且运输不便（氮气用钢瓶储存），试验操作较麻烦，费用也高，通氮干燥箱内所放置煤样就是粒度＜6mm（一步法）或＜3mm（两步法）。全水分亦即收到基水分，粒度＜13mm样来测定更符合收到煤的实际情况。

鉴于上述优缺点，在我国电厂中实际使用通氮干燥法者很少。不过作为承担仲裁检验的单位还是应该配备通氮干燥箱，以满足仲裁检验之需。

2. 空气干燥法

该法也分两步法及一步法。两步法是应用粒度＜13mm的煤样在40℃下测出外在水分M_f，然后将此煤样破碎至粒度＜3mm，再在105℃～110℃下测定内在水分M_{inh}，最后按式（7－1）计算出全水分M_t；一步法则是取粒度＜13mm或＜6mm的煤样在105℃～110℃下直接测出全水分。

特别是应用粒度＜13mm的煤样，一步法测定全水分最具实用性，多数电厂均选用此法。

该法的主要优点是测定全水分所用的主要仪器为电热鼓风干燥箱，箱内温度均匀，是煤

质试验室常备仪器,除用以测定水分外,还可干燥玻璃仪器,化学药品及供其他检验项目的配套使用,故其应用极为广泛;该法测定全水分,特别是一步法操作简单,可对多个煤样实施同步测定;由于干燥箱容积较大,可适用于粒度 <13mm 煤样水分的测定。粒度 <13mm 比 <6mm 煤样测全水更具优越性。

该法的主要缺点是该法适用于无烟煤及烟煤全水分的测定,但不适于褐煤。

3. 微波干燥法

该法适用于测定烟煤及褐煤全水分,而不适用于无烟煤。同时,该法只适用于粒度 <6mm煤样,而不适用 <13mm 煤样全水分的测定。

该法的主要优点是适合于批量测定,测定效率较高,现行的微波测水仪实际上实施热重法测定,将微波炉与天平组合在一起,故操作更为简便,自动化程度也是比较高的。

该法的主要缺点是必须配备专用的微波测水仪,该仪器一般价为 4 万元 ~5 万元,并非物有所值;微波炉内温度不够均匀,微波对人体健康有害。

综合上述情况,在电力系统中,应用最多的还是应用空气干燥法对粒度 <13mm 的煤样进行全水分的测定,故该法就自然成为本节阐述的重点所在。

三、空气干燥法测定全水分的技术要点

空气干燥法测定全水分,必须掌握以下技术要点:

①煤样粒度应 <13mm,称量 500g,置于面积相对较大的浅盘中。

②电热干燥箱必须具有鼓风性能,鼓风的目的一是保持箱内温均匀;一是有助于箱内水汽加速排出。

③电热鼓风干燥箱内一次可放置多个煤样,通常水分大的试样置于箱内上层,水分小的试样置于箱内下层。

④当箱内温度达到 105℃ ~110℃(一般为 106℃ ~108℃),能控温至 ±1℃,当试样达到恒重的最少时间,即为干燥时间(通过 30min 检查性检验加以确定)。

⑤试样干燥结束后从箱内取出后,必须趁热称重。在称重时可在天平盘上搁置一耐热板,将试样盘置于其上称量。最好使用感量 0.1g 的电子工业天平称量。

如干燥后的试样自箱内取出后不及时称重,而置于空气中冷却后称重,则干燥后的煤样会重新吸收空气中的水分,而使测定结果偏低,这是应用空气干燥法测定全水分的关键所在。

四、空气干燥测定全水分方法的应用

1. 内在水分 M_{inh}的计算

GB/T 211—2007 规定了煤的外在水分 M_f 及内在水分 M_{inh}的测定方法,并其测定结果按式(7 -1)计算出全水分含量 M_t;这也是空气干燥两步法测定全水分的方法。

如单独测定煤的内在水分,该法显得很不方便,首先要将粒度 <13mm 的煤样置于电热鼓风干燥箱中干燥至恒重,从而测出煤的外在水分;然后从电热干燥箱内取出煤样,再将其破碎到粒度 <3mm(这一操作相当不便),再在 105℃ ~110℃下干燥至恒重,计算出内在水分。

就测定全水分而言,显然一步法要比两步法方便、快捷,且测定准确度更高。所以采用两步法,其目的在于测定煤的外在水分及内在水分。由于全水分可按式(7 -1)计算,那么只要已知全水分 M_t 及外在水分 M_f,则内在水分 M_{inh} 也就按式(7 -1)计算出来。

设某煤样粒度为<13mm，一步法测得全水分为10.3%，另取一份粒度<13mm煤样，测出外在水分M_f为8.6%，则内在水分M_{inh}计算如下

$$10.3 = 8.6 + \frac{100 - 8.6}{100} \times M_{inh}$$

$$M_{inh} = (10.3 - 8.6) \times 100/91.4$$

$$= 1.86(\%)$$

内在水分可通过一步法测定全水分及外在水分（粒度均为<13mm），按式（7－1）求出，而不必实施两步法测定，这样操作更为简便。

2. 褐煤全水分测定结果的修正

GB/T 211—2007中规定，褐煤全水分应采用通氮或微波干燥法测定。然而鉴于上述两方法的某些不足，不少燃用褐煤的电厂也不具备测定褐煤全水分的条件，而不得不采取空气干燥法，为此，需对测定结果予以校正。

空气干燥法测定褐煤水分，通常测值偏低，为了进行校正，可选取若干褐煤不同水分含量的煤样分别应用空气干燥法及通氮干燥法进行测定对比（通氮干燥法可委托权威检验部门测定），以空气干燥法测值为自变量x，以通氮干燥法测值为因变量y，从而求出一次回归方程式（7－6）中a、b值，这样就可以对空气干燥法测定的褐煤全水分值予以修正。

$$y = bx + a \tag{7-6}$$

$$a = \frac{\sum x^2 \sum y - \sum \times \sum xy}{n\sum x^2 - (\sum x)^2} \tag{7-7}$$

$$b = \frac{n\sum xy - \sum x \sum y}{n\sum x^2 - (\sum x)^2} \tag{7-8}$$

五、褐煤水分的甲苯蒸馏法测定

对于褐煤水分（包括全水分及分析水分），除可采用国标规定的方法测定外，还可采用甲苯蒸馏法测定。

该法是称取一定量试样量于圆底烧瓶中，加入甲苯（或二甲苯）与试样共沸，分馏出来的液体在水分测定管中分层，量出水的体积（mL），计算出水的质量占试样的质量分数，即为煤样中的全水分含量。该法可测定各种煤中的全水分。

蒸馏法测定全水分的装置参见图7－1。

第二节　煤的工业分析组成的测定

煤的组成反映煤的本质特征，并决定其实际用途和价值。煤的组成可用工业分析特性指标表示，也可用元素分析特性指标表示，即

$$\text{煤的组成} = M + A + V + FC = 100\% \tag{7-9}$$

$$\text{煤的组成} = M + A + C + H + O + N + S_c = 100\% \tag{7-10}$$

在煤质试验室中，测定上述各项特性的试样为粒度<0.2mm的空气干燥煤样，也就是通常所说的分析煤样。故所测工业分析指标值应为空气干燥基水分、灰分、挥发分及固定碳；

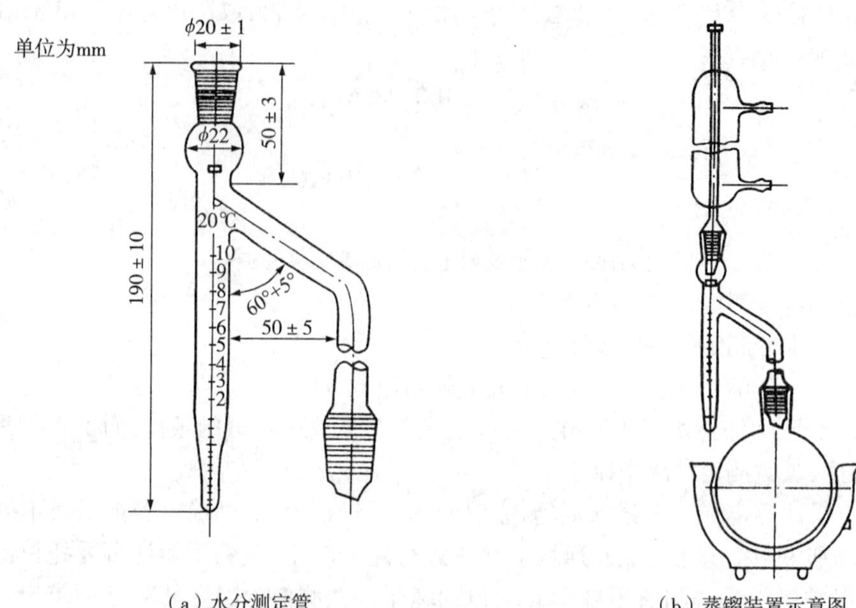

（a）水分测定管　　（b）蒸馏装置示意图

图7-1　蒸馏法测定全水分的装置示意

元素分析指标测值也应以空气干燥基表示，即

$$M_{ad}+A_{ad}+V_{ad}+FC_{ad}=100\% \quad (7-11)$$

$$M_{ad}+A_{ad}+C_{o,d}+H_{ad}+O_{ad}+N_{ad}+S_{c,ad}=100\% \quad (7-12)$$

在煤的工业分析组成的4项特性指标中，实测的为M_{ad}、A_{ad}及V_{ad}3项，FC_{ad}则根据式(7-12)计算而得。在上述4项特性指标中，M_{ad}与A_{ad}为煤中不可燃组分，而V_{ad}及FC_{ad}为可燃组分。不论何种煤，也不论其质量如何，上述4项特性指标值之和必然为100%。

一、M_{ad}的测定

M_{ad}与M_t的测定，标准规定的检测方法基本相同，也就是采用通氮干燥法、空气干燥法及微波干燥法，其中以空气干燥法应用广泛，具有实用价值。

1. 对煤样的要求

无论采用何种方法测定M_{ad}、它们对待测煤样的要求是一致的，即

①煤样的粒度必须<0.2mm；

②煤样必须处于空气干燥状态。

如不能达到上述要求，就将严重影响M_{ad}的测定结果，特别是第②点，其影响尤为突出。

所谓空气干燥状态，是指煤样置于空气中连续1h，其质量变化不超过0.1%。例如对100g煤样来说，其质量变化不应超过0.1g。

如对煤样不恰当加热，致使煤的外在水分及部分内在水分丧失，致使煤样处于半干燥甚至干燥状态，此时，所测M_{ad}值必然偏低，甚至可为零，同时其他煤质特性指标的空干基测值全部偏高；另一方面，如煤样仍含部分外在水分，也就是还未达到空气干燥状态，此时M_{ad}的测值必然偏高，而其他煤质特性指标的空干基测值则全都偏低。

在我国电厂中，前一种情况颇为常见，为了缩短制样时间，往往将煤样在较高温度下干

燥(标准规定,干燥温度应不高于40℃)致使煤样出现干燥过度的情况。

2. 空气干燥法测定 M_{ad} 的技术要点与注意事项

①应将试样置于磨口玻璃称量瓶中,用分析天平称取 1 ± 0.1g,但不必称至恰为1.0000g。

②电热鼓风干燥箱预先加热至105℃ ~110℃,控温精度应为±1℃。

③称有试样的称量瓶中(瓶盖垂直于瓶身)加热至恒重为止,每隔30min检查一次是否达到恒重。

④与测定全水分不同,干燥完毕,取出称量瓶先在空气中冷却5min~10min(应将称量的盖盖好),然后再将称量瓶转至干燥器中冷至室温(一般约为15min左右)后称重,计算出 M_{ad} 值。

⑤如 M_{ad} 的测值<0.5%,甚至仅为0.1% ~0.3%,就应对试样是否存在干燥过度(部分空干基水分已经丧失)进行检查。为此,读者可以将煤样少许倒入盘中摊薄,置于空气中30min~60min后,再进行称量,测定 M_{ad},此时的测值是比较准确的。

二、A_{ad} 的测定

M_{ad} 与 A_{ad} 同为煤中不可燃组分,灰分与发热量之间呈明显的负相关性,它是电力用煤的基本特性之一,对电力生产有着重大的影响。

灰分测定可采用经典的标准方法及快速方法。快速测定结果准确性相对较差,一般只用于例行监督试验,经典的标准方法是应用广泛,也是最为准确的方法,故作为本节的阐述重点。

1. 测定用高温电阻炉

测定煤中灰分所用的主要仪器设备为箱式电阻高温炉(俗称马弗炉),测定挥发分时也用它,只是要将炉后方的小烟囱出口封住。测定灰分用的高温电阻炉应符合下述要求:

①高温电阻炉通常功率为4kW,炉子后方装有小烟囱,采用镍铬-镍硅热电偶配温控仪测温,定期进行计量检验。

炉温应能控制815℃ ±10℃(测挥发分时,应能控制900℃ ±5℃),温控仪的控温精度达±1℃。

②高温炉应定期测定其空间温度场。

③没有烟囱的高温电阻炉,可参照市场产品,自行加工小烟囱,安装于炉子后壁上。

2. 煤在灰化过程中的变化

煤中含有数十种元素,包括多种金属及非金属元素,除以氧化物形式存在外,还以硅酸盐、碳酸盐、硫酸盐、氧化亚铁等矿物存在。煤中灰分主要来自矿物质。这些矿物主要有页岩、高岭土、碳酸盐、硫化物、氧化物及其他矿物等。

煤中矿物质是指除游离水以外所有的无机物质。它们在灰化(815℃)温度下发生一系列变化,其主要反应是:

①黏土、石膏等水合物失去结晶水

$$2SiO_2 \cdot Al_2O_3 \cdot 2H_2O = 2SiO_2 + Al_2O_3 + 2H_2O\uparrow$$

$$CaSO_4 \cdot 2H_2O = CaSO_4 + 2H_2O\uparrow$$

②碳酸盐受热分解,放出二氧化碳

$$CaCO_3 \cdot MgCO_3 = CaO + MgO + 2CO_2\uparrow$$

$$FeCO_3 = FeO + CO_2\uparrow$$

③氧化亚铁氧化成三氧化二铁

$$4FeO + O_2 = 2Fe_2O_3$$

④硫化铁氧化成三氧化二铁，放出二氧化硫

$$4FeS_2 + 11O_2 = 2Fe_2O_3 + 8SO_2 \uparrow$$

⑤硫酸钙的生成

$$2CaCO_3 + 2SO_2 + O_2 = 2CaSO_4 + 2O_2 \uparrow$$

灰分测定规定温度为815℃，其间煤所发生的主要变化是：各矿物质先后失去结晶水；低于500℃时，硫化物分解析出二氧化硫；高于500℃时，碳酸盐矿物分解。标准中经典的缓慢灰化法中规定的最终灰化温度815℃，实际上是指碳酸盐完全分解，而硫酸盐尚未分解的温度。

3. 经典的灰化法测定的技术要点

①该法实施三步法测定流程

第一步：煤样于室温下推入高温炉中，在不少于30min的时间内升至500℃；第二步：试样在500℃下保持30min，以便让炉内的SO_2尽可能排出炉外；第三步：将炉温升至815℃，维持1h后结束测定。

高温炉装有小烟囱，有助于炉内SO_2更好地排出炉外，否则，灰分测定结果可能偏高，这是因为SO_2可能与灰中CaO在有氧条件下生成硫酸钙之故。

②标准规定应进行检查性灼烧，以检验煤样是否灰化完全。每次20min，直至连续2次灼烧后质量变化不超过0.001g为止。以最后一次灼烧后的质量作为计算依据。灰分<15.00%时，可免除检查性灼烧。

4. 经典的灰化法测定中应注意的问题

①煤样必须置于灰皿中，而灰皿则应置于专门的灰皿架上推入炉中灼烧，不得将灰皿直接置于炉底上。

②按标准规定：对于每项分析试验应对同一煤样进行两次测定，通常称为重复测定。两次测值之差不超过同一试验室允许差，取其算术平均值作为测定结果。否则需进行第三次测定，以3次测值的算术平均值作为测定结果。工业分析、元素分析、发热量等各项指标的测定均需执行这一规定。对于这一规定，以后不再重复。

③由于灰分测定一般需要4h，如重复测定，就意味着同一煤样要分2炉次测定，时间很长，影响测定结果的及时报出，故在一般条件下，允许进行平行测定，即同一煤样分别称于2个灰皿中，在一炉内灼烧完成灰分的测定。但考核，仲裁等检验，还是应该进行重复测定。

④多个煤样置于一炉中灼烧，可能会影响检验结果，因此，对于重要的试验，最好在测定灰分时，炉内只对单个煤样进行测定。

⑤在灰分及挥发分测定中，高温电阻炉往往很难达到标准规定的恒温要求。对此，购买新炉后，首先应进行炉内温度场测定，以确定炉内恒温区。如高温炉生产厂厂家能提供由国家计量检定部门出具的温度场检定合格证书，这将会受到广大用户的欢迎。

三、V_{ad}的测定

挥发分是反映煤的燃烧特性最重要的指标，也是工业分析组成检测难度最大的一个项目。测定挥发分,关键是严格掌握测定的技术要点,并仔细操作,挥发分还是不难测准的。

煤中挥发分是由各种烃类所构成的有机可燃组分,是煤中最易燃烧的组分及发热量的主要来源。

煤的挥发分过高,如制样系统中存在积粉,则易导致温度的升高而引发自燃。煤粉燃烧,可能导致制粉系统的破坏。

煤的挥发分过低,虽然不会出现上述现象,但锅炉不易着火,着火后又很易灭火,难以保证锅炉的稳定燃烧。

特别需要指出的是:有些人对煤的挥发分测定的重要性认识不足,对入厂煤及入炉煤甚至长期不测挥发分,这种情况必须加以纠正。挥发分对电力生产的影响切不可低估,电厂中燃烧系统的事故往往都与煤的挥发分直接或间接相关。

挥发分是电力用煤的最重要特性指标之一。各电厂必须对入厂煤及入炉煤不仅要批批测、班班测,而且务必测准。

1. 挥发分测定的技术要点

要测准挥发分,务必要掌握测定的技术要点。在煤质检验人员的历年培训操作考核中,挥发分测定的合格率都是最低的,挥发分测定是一项规范性很强的检验,多种因素都将对测定结果产生影响。故务必认真后学习并理解标准有关规定,切实掌握技术要点,方可获得准确的测定结果。

①煤样应隔绝空气加热,故必须配用专门测定挥发分的坩埚及坩埚架

测定煤的挥发分,要用标准规定的挥发分坩埚及其配套的坩埚架,不得应用普通坩埚,也不允许将称取煤样后的坩埚直接置于炉底上。

对于挥发分坩埚,盖要严、口要圆、底要平、壁要薄,通常连盖称量,宜在 16g ~ 18g 范围内,坩埚耐热性要好,由室温⟹900℃骤冷骤热,不会发生炸裂。

挥发分坩埚及坩埚架分别参见图 7 – 2 及图 7 – 3。

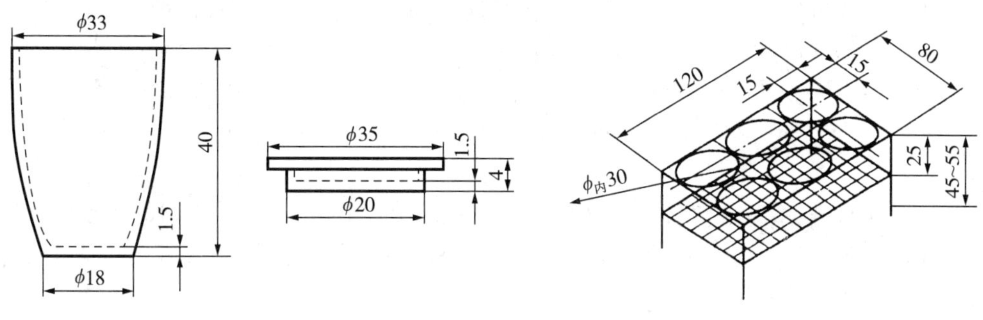

图 7 – 2　挥发分坩埚　　**图 7 – 3　挥发分坩埚架**

挥发分坩埚必须放在坩埚架上,而坩埚架多用粗镍铬丝加工而成。坩埚应置于高温炉恒温区内,每次测定一般放置 4 个坩埚,同一煤样的两个坩埚交叉放置,这样坩埚不会与炉底直接接触,又可使得各个坩埚所处的温度尽可能保持一致。

坩埚架常用的约为 4 孔或 6 孔架,其中 4 孔架应用尤为广泛,瓷质挥发分坩埚架易碎,一般不宜选用。

②加热温度与加热时间的严格控制，是挥发分测定操作的关键

严格控制加热温度（900 ±10℃）及加热时间 7min 是极其重要的。为此，在测定挥发分时，当炉温升至 920℃左右，打开炉门，迅速将放有样品的坩埚及坩埚架送入炉内恒温区，计时开始并关上炉门，准时加热 7min。坩埚放入炉内，要求炉温在 3min 内恢复至 900 ±10℃，此后一直保持此温度到测定结束，否则，此次测定作废。注意：加热时间正好为 7min，加热温度为（900 ±10）℃，二者的规定是有区别的。

2. 挥发分测定中应注意的问题

挥发分测定是规范性很强的一个试验项目，操作中稍不注意就可能导致测定结果超差或作废。对于挥发分测定时应注意的问题是：

①在测定挥发分时，拿取坩埚及称样时，都必须戴上干净的棉纱手套，不能用肉手直接接触坩埚；必须使用符合国家标准规定的专用坩埚，不得使用非标准坩埚，坩埚一定要置于坩埚架上送入炉中，不得直接置于炉底上。

②如使用测定灰分用的高温电阻炉加热，必须将炉后的小烟囱口封住（盖上一下玻璃片或坩埚盖），否则，测定结果会偏高。

③必须准确记时，如果测定挥发分时，先计时再打开炉门送入坩埚或者先将坩埚送入炉中，关上炉门后再计时，都是不对的，如果这样操作，煤样加热时间实际上就会超过了 7min，这会使测定结果偏高。

④煤样加热完毕从炉内取出后，坩埚应先置于空气中冷却约 10min 左右，再转入干燥器中冷却至室温（大约要 15 ~20min）后称量。

⑤由于煤样受热过程中，煤中空气干燥水分 M_{ad} 也随之逸出，因而计算挥发分时要进行水分校正。在挥发分测定的同时，应该测出该煤样的空干基水分 M_{ad}。

空干基挥发分 V_{ad}（%）按式（7 -13）计算。

$$V_{ad}=\frac{m_1}{m}\times 100-M_{ad} \tag{7-13}$$

式中　m_1——煤样受热后的失重，g；

m——煤样重，g。

⑥当煤样中碳酸盐二氧化碳质量分数为 2% ~12% 时，则 V_{ad}（%）按式（7 -14）计算

$$V_{ad}=\frac{m_1}{m}\times 100-M_{ad}-(CO_2)_{ad} \tag{7-14}$$

式中　$(CO_2)_{ad}$——空气干燥煤样中碳酸盐二氧化碳质量分数（按 GB/T 218 测定），%。

当煤样中碳酸盐二氧化碳的质量分数大于 12% 时，计算 V_{ad} 时，还应减去焦渣中二氧化碳对煤样量的质量分数即

$$V_{ad}=\frac{m_1}{m}\times 100-M_{ad}-(CO_2)_{ad}-(CO_2)_{ad}(\text{焦渣}) \tag{7-15}$$

⑦如果测定挥发分后，发现坩埚及其盖的外侧面有黑烟，则试验应作废（内侧有黑烟是正常的），这种情况多为煤中挥发分含量过高所致，这时可将煤样压制成饼并破成几小块后重新测定。

⑧测完挥发分的坩埚，将坩埚中焦渣倒出，并判别焦渣特征，然后将坩埚打开连同坩埚盖置于高温炉中，利用炉内余热将焦渣残留物燃尽，冷却后复用。

3. 焦渣特征的分类

测定挥发分后，坩埚内的残存物就是焦渣。当焦渣燃尽后，坩埚内余下的就是灰分，故焦渣的成分为煤中的固定碳与灰分。

焦渣按其特征分为8类，即粉状、黏结、弱黏结、不熔融黏结、不膨胀熔融黏结、微膨胀熔融黏结、膨胀熔融黏结及强膨胀熔融黏结。

通常就用上述序号（分别为1～8号）作为各类焦渣特征的代号。

焦渣特征用作煤炭分类的一项参考指标，焦渣特征与固定碳含量决定锅炉的二次风量，故它对燃烧有一定的影响。

焦渣特征反映了它的黏结性、膨胀性及熔融性。上述特性不要与煤灰熔融性混为一谈。煤灰熔融性的高低则是影响锅炉结渣（俗称结焦）的重要因素，而焦渣特性则不是。

四、FC_{ad}的计算

煤中固定碳是指煤去除了水分、灰分及挥发分的残留物。或者说，它是测定挥发分的残留物即焦渣中减去灰分后的成分。

在煤的工业分析中，水分、灰分、挥发分含量均通过实测得到，而固定碳（%）是采用差减法计算而得

$$FC_{ad}=100-M_{ad}-A_{ad}-V_{ad} \tag{7-16}$$

煤中挥发分与固定碳都是煤中可燃组分，它们也同样可以表征煤的变质程度。煤中固定碳含量随煤的变质程度加深而增多。一般褐煤 $FC_{ad}\leqslant 60\%$，烟煤为50%～90%，无烟煤高达90%以上。

煤中固定碳与挥发分的比值，称为煤的燃料比，用它同样可以表征煤的变质程度。一般无烟煤的燃料比为9～49，烟煤为1.1～9，褐煤为0.6～1.5。

第三节　煤的元素分析组成（碳、氢、氮）的测定

煤的组成决定煤的性质与实际应用。煤的组成除用工业分析方法表示外，还可用元素分析方法表示。

按元素分析方法表示，煤的组成（%）为

$$M_{ad}+A_{ad}+C_{ad}+H_{ad}+N_{ad}+S_{c,ad}+O_{ad}=100 \tag{7-17}$$

式（7-17）中，$M_{ad}+A_{ad}$为煤中不可燃成分，其他五项元素则为煤中可燃成分，所谓元素分析，就是对上述五种元素分析的总称。

元素分析数据是锅炉设计，燃烧调整，燃烧特性计算的基本参数，它们在低位发热量，硫氧化物计算中都不可缺少。硫的燃烧产物对电力生产及大气环境影响很大，电厂必须及时，准确地掌握煤中含硫量数据，故提供可靠的元素分析结果，对电力生产有着重要的意义。学习并掌握煤的元素分析技术，是对电厂煤质检测人员的一项基本要求。

煤中碳、氢的燃烧，是产生发热量的主要来源，它们一般均实施同步测定；另一方面，应用某些近代自动化检测技术，碳、氮、氢三元素也可实施同步测定，故本书将煤中碳、氮、氢测定列为一节，而对硫的测定则另列一节即七章第四节中分别加以阐述。

一、煤中碳、氢的测定(三节炉法)

煤中碳、氢含量有多种测定方法。国家标准 GB/T 476—2008 中规定可采用三节炉法及二节炉法重量法测定,也可采用电量 - 重量法测定煤中氢和碳。国外则多用三节炉法及高温燃烧法测定煤中碳、氢含量。

在上述各种碳、氢测定方法中,测定结果最准确,应用最广泛的首推经典的三节炉法,本节主要对三节炉法测定碳、氢的技术与要求加以说明。对其他测定方法则从略。

1. 测定原理与测定装置

(1)测定原理。煤样置于氧气流中,于 850℃下使其完全燃烧,碳与氢定量地转为二氧化碳和水。当它们分别用不同吸收剂吸收时,根据吸收剂的增重,就可计算出煤中碳、氢含量。

$$C + O_2 = CO_2$$
$$2H_2 + O_2 = 2H_2O$$

(2)测定装置

测定煤中碳、氢的原理简单,但测定装置相当复杂,而且全系统要靠检测人员自己组装。碳 - 氢的测定被认为是煤质检验中技术难度最大的一个项目。

三节电炉是碳、氢测定装置的核心,整套装置由氧气净化,试样燃烧及燃烧产物吸收系统所组成,如图 7 - 4 所示。

①氧气净化系统。碳、氢测定用氧,由氧气瓶直接供给。由于市售的氧气是由液化空气制取的,其生产的氧气中必然含有一部分水及二氧化碳。为此,必须把氧气中携带的水分及二氧化碳加以清除,以保证碳、氢测定结果的可靠性,故碳、氢测定装置中设置了氧气净化系统。

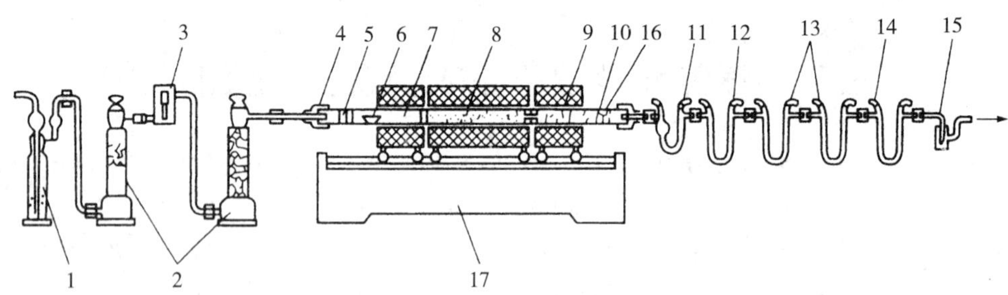

1—鹅头洗气瓶;2—气体干燥塔;3—流量计;4—橡皮帽;5—铜丝卷;6—燃烧舟;7—燃烧管;8—氧化铜;9—铬酸铅;10—银丝卷;11—吸水 U 形管;12—除氮 U 形管;13—吸收二氧化碳 U 形管;14—保护用 U 形管;15—气泡计;16—保护套管;17—三节电炉

图 7 - 4　碳、氢测定装置(三节炉法)

氧气中的水分,通常用过氯酸镁或浓硫酸加以去除,而二氧化碳则多用粒状碱石棉加以吸收,从而把净化的氧气进入燃烧系统。

为了指示与控制流速,在净化系统中还串联了一微型浮子流量计。

②燃烧系统。燃烧系统由三节电炉及装有各种试剂的燃烧管所组成,参见图 7 - 5。燃烧管多采用不锈钢管或致密刚玉管。

图7-5　三节电炉及燃烧管

第一节炉温控制为850℃，第二节炉为800℃，第三节炉温为600℃。用镍铬-镍硅热电偶测温，数字显示温度。通常应用可控硅温控仪来控制温度。

第一节炉对应管段中将在测定时放置试样；第二节炉对应管段中放置针状氧化铜，其作用是如果碳燃烧不完全时会产生一氧化碳，通过氧化铜段时可转为二氧化碳

$$CO + CuO \xrightarrow{800℃} Cu + CO_2$$

针状氧化铜由于空隙率大，便于氧气通过；第三节炉对应管段中填装粒状铬酸铅及银丝卷，以去除煤燃烧时产生的硫氧化物及氯，其反应是

$$4PbCrO_4 + 4SO_2 \xrightarrow{600℃} 4PbSO_4 + 2Cr_2O_3 + O_2$$

$$4PbCrO_4 + 4SO_3 \xrightarrow{600℃} 4PbSO_4 + 2Cr_2O_3 + 3O_2$$

$$2Ag + Cl_2 \xrightarrow{180℃} 2AgCl$$

各炉之间以及各试剂段前后均用铜丝卷隔开，同时它又起到分散气流的作用，以保证煤燃烧过程中生成的硫氧化物与燃烧管内所填装的化学试剂充分反应而被有效地加以转化和去除。

银丝卷装于燃烧管出口端（第三节炉外）温度180℃左右处，以去除煤中氯的影响。

③吸收系统。为了定量地吸收水分和二氧化碳，可采用多种吸收剂来吸收水分，常用的为过氯酸镁或浓硫酸；作为二氧化碳吸收剂，常可选用粒状碱石棉或浓氢氧化钾等。为了称量安全、方便，又减少气流阻力，一般多选用颗粒状的高效固体吸收剂。

煤中除碳、氢、硫、氯外，还有少量氮，因为煤中氮多为有机氮，在850℃下，或多或少会生成一些二氧化氮，如不加以去除，会使测定碳的结果偏高。因而在吸收系统中，位于二氧化碳吸收管前，还应加装装有二氧化锰的除氮管。

$$2NO_2 + MnO_2 \xlongequal{} Mn(NO_3)_2$$

在吸收系统末端，连接了一个装有浓硫酸的气泡计。它一方面可大体显示氧气流速，反映氧气是否通畅（如系统泄漏，则无气流通过气泡计）；同时它又可防止空气中的水分进入吸收系统。

由此可知，碳、氢测定装置还是相当复杂的，而且要保证整套装置严密，不能存在氧气泄漏情况。否则，碳、氢测定结果将会大大偏低。故在碳、氢测定中，对选用的各种玻璃仪器，燃烧管，橡胶塞、乳胶管等均有严格要求。

碳、氢测定装置不仅复杂，而且要由检测人员自己组装，同时测定操作也要求很高，故碳、氢测定被认为是煤质检验中技术难度最大的一个项目。

2. 碳、氢测定的技术要点

空白试验是碳、氢测定中的关键步骤，既是技术要点，也是技术难点。在碳、氢测定装置中，只要残存一些有机物及水分，就会影响碳、氢测定结果。然而氧气在进入燃烧系统前已经净化，去除了水分及二氧化碳，故系统中残存的水分及有机物（燃烧后生成二氧化碳）主要来自燃烧管及所装试剂。

所谓空白试验，就是指不装试样而又和试样测定完全相同的条件下，测出系统内残存的有机物及水分作为空白值。

空白试验是否符合要求，是以水分及二氧化碳吸收瓶的质量变化来衡量的。每次通氧25min，当水分吸收管前后两次质量差值不超过0.001 0g，二氧化碳吸收瓶不超过0.000 5g，则认为达到恒重，也就是完成了空白试验，这样就可正式测定煤样。否则，要继续通氧，直至达到恒重为止。

在碳、氢测定中，空白试验时存在的问题往往较多，且不易解决，为了保证以较短时间完成空白试验，应注意下述各点：

①碳、氢测定的整套装置必须严密不漏气，否则，会长时间不能达到恒重要求。如果接连3次称量，不能达到恒重，则应逐段检查系统是否存在漏气之处并加以消除，同时也应检查一下氧气净化系统中的水分及二氧化碳吸收剂是否失效。如已失效，立即更换。装吸收剂的干燥塔应采用玻璃磨口塞的，而不能用塑料帽的干燥塔。

如发现浮子流量计指示不稳，示值呈下降趋势，则表明流量计前方有漏气之处；如发现测定装置末端的气泡计不冒泡，则说明系统有漏气或堵塞之处。漏气多因橡胶塞或玻璃磨口塞未能塞紧管口或瓶口所致；堵塞多因活塞上的气孔错位或为真空脂（凡士林）所堵。在此情况下，应尽快找出受堵部位，系统因积存过多氧气，可能将管塞或瓶塞冲开而影响测定的正常进行。

②由于碳、氢含量不是电厂经常测定的项目，如三节电炉停用时间较长，可在停用期间，将各吸收瓶、管的活塞关严，乳胶管口不应与空气接触，尽可能减少空气进入测定装置。另外，可提前1d ~ 2d，将三节电炉升温通氧，以驱除测定装置中的水分与有机物，然后再按规定的时间间隔对吸收瓶、管进行称重。估计整套装置中的水分及有机物还未驱除完毕，不要一次次地称重吸收管、瓶。在这种情况下，频繁地进行称量操作，也只能是徒劳的。

为了缩短达到恒重的时间，可适当提高氧气流速。但在测定煤样时，还应按规定要求控制氧气流速为120mL/min。

③在进行空白试验时，如因天气潮湿，虽经长时间通氧，多次称重，仍无法达到恒重，此时可作如下处理：如第一次水分吸收管增加质量0.0018g；通氧25min后，第二次继续增加质量0.0016g；再通氧25min，第三次称重，又增加质量0.0020g。也就是每次增重基本是有规律性变化，则可取上述3次增重的平均值0.0018g作为空白值。在测定煤样时，可将水分吸收管的增重减去此空白值0.0018g作为计算煤中氢含量的依据。但应注意，采用此法时，前后2次吸水管的增重值应较为接近，且其最大值不得超过0.0030g。

④空白试验需每天进行。当完成空白试验后，即可进行煤样测定，以提高测试效率。煤样测定与空白试验操作完全一样，故掌握了空白试验方法也就学会了碳、氢测定操作。

当更换吸收剂时，则应重新进行空白试验。

3. 碳、氢测定中应注意的问题

①测定过程中，必须严格控制氧气流速，且氧气流不要中断，试验表明，氧气流速控制为120mL/min是适宜的。

②测定煤样时，在其上方应覆盖三氧化钨或三氧化二铬催化剂，以确保试样燃烧完全，同时有助于防止爆燃。

③水分吸收剂常选用粒度过氯酸镁。当吸收管中约有1/3碱石棉失效（呈白色结块），就得更换。

注意：受潮的无水过氯酸镁无法再生复用。

④碳、氢整套测定装置也可适当简化，有的电厂往往强调无银丝卷致使碳、氢无法测定。其实银丝卷是为了去除煤中的氯，而中国煤中，氯含量往往甚微，故即使不用银丝卷，对碳、氢测定结果并无多大影响。

⑤碳、氢测定结果（%）按式（7－18）与（7－19）计算

$$C_{ad}=\frac{0.2729\times m_1}{m}\times 100 \tag{7-18}$$

$$H_{ad}=\frac{0.1119\times(m_2-m_3)}{m}\times 100-01119M_{ad} \tag{7-19}$$

式中 m——煤样质量，g

m_1——CO_2 吸收剂增加的质量，g；

m_2——H_2O 吸收剂增加的质量，g；

m_2——水分空白值；

0.2729——CO_2 换算成C的系数，12.01/44.01；

0.1119——H_2O 换算成H的系数，2.016/18.016。

在计算煤中含碳量时，如煤中碳酸盐二氧化碳含量大于2%，则碳含量（%）按式（7－20）计算

$$C_{ad}=\frac{0.2729\times m_1}{m}\times 100-0.2729(CO_2)_{ad} \tag{7-20}$$

式中 $(CO_2)_{ad}$——煤中碳酸盐二氧化碳含量，%（按GB/T 218测定）。

在计算煤中氢含量时，一是要扣除水分空白值；二是煤样燃烧时，煤中水分蒸发后同时为水分吸收剂吸收，故在计算中也要将它折算成氢加以扣除。

⑥为了检验碳、氢测定结果的准确性，可用测定纯有机试剂如苯甲酸、蔗糖等中碳、氢含量的方法来加以检验。如苯甲酸 C_6H_5COOH，其式量为122.12，其中碳为7×12.01/122.12＝68.84%，含氢为1.008×6/122.12＝4.95%，如对上述基准试剂的苯甲酸中碳、氢含量进行测定，其实测值与上述理论计算值相比，碳含量相差不超过±0.30%，氢含量不超过±0.10%，且不存在系统误差，则表明碳、氢测定结果是可靠的。

除应用基准有机试剂来检验碳、氢测定结果的准确性外，还可应用标准煤样来检验。

二、煤中氮的测定

煤中氮的含量不高，但存在形态复杂，一般认为是有机氮，它在煤中，既不能产生热量，也不能助燃，而且其燃烧产物氮氧化物，也是对大气产生的有害物。煤中氮的测定，标准规

定采用传统的化学分析的开氏法或改进的开氏法。

1. 测定原理与测定装置

（1）测定原理

煤样在浓硫酸及催化剂作用下加热分解，煤中有机组分分解成二氧化碳和水，绝大部分氮转化为氨，它与硫酸作用生成硫酸氢铵。在过量氢氧化钠作用下，氨被蒸馏出来并由硼酸溶液所吸收，最后用标准硫酸溶液来滴定，根据硫酸的消耗量，就可计算出煤中的含氮量。

（2）测定装置

氮的测定包括煤样消化，消化液的蒸馏与吸收、吸收液的滴定等环节，其中所用仪器最为复杂的为消化液吸收与蒸馏装置，参见图 7 – 6。

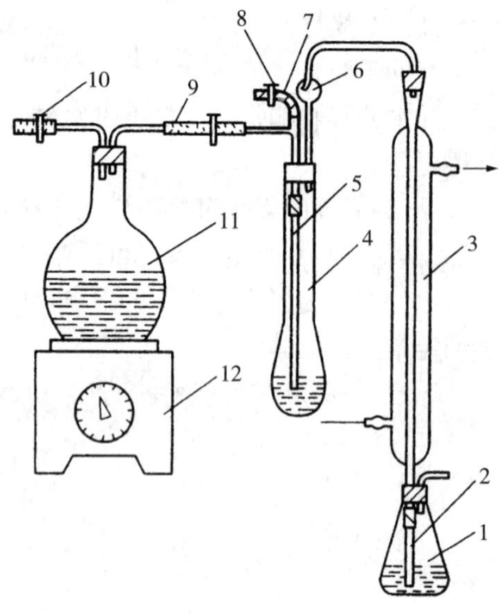

1—锥形瓶；2—玻璃管；3—直形冷凝管；4—开氏瓶；5—玻璃管；6—开氏球；7—橡皮管；8、9—夹子；10—橡皮管和夹子；11—平底烧瓶；12—万能电炉

图 7 – 6　测定氮时消化液蒸馏与吸收装置

煤中氮的测定采用典型的化学分析方法，主要使用各类玻璃仪器，同时还要进行标准溶液的配制与标定等，故要进行煤中氮的测定，必须掌握化学分析的各项操作技能，这还是有一定难度的。

2. 测定氮的技术要点

（1）煤样的消化

煤样在浓硫酸及催化剂作用下加热分解，煤中氮转化成硫酸氢铵的反应，称为消化反应

$$\text{煤中有机组分} + H_2SO_4 \xrightarrow{\triangle,\text{催化剂}} CO_2\uparrow + CO\uparrow + SO_2\uparrow + H_2O + Cl_2\uparrow + N_2\uparrow + NH_4HSO_4$$

目前，所用的催化剂由无水硫酸钾、硫酸汞及硒粉研细混合而成。

煤样的消化是测定氮的关键性操作，且费时较多。一般来说，随煤的变质程度加深则消化时间得以延长。无烟煤样的消化往往需要 4h 或更长时间，其他种煤样消化时间相对较短，一般在 2h 左右。

为了确保消化完全，就必须选用高效催化剂及保持煤样的消化温度。此外，样品量适当减少，并进一步将煤样磨细，有助于缩短消化时间。对于特别难消化的煤样，还可以加入适量的氧化铬溶液。

（2）消化液的蒸馏与吸收

消化反应生成的硫酸氢铵在过量碱的作用下析出氨，它通过水汽蒸馏加以收集，蒸出的氨由硼酸溶液吸收

$$NH_4HSO_4 + 2NaOH = Na_2SO_4 + 2H_2O + NH_3\uparrow$$

$$xNH_3 + H_3BO_3 = H_3BO_3 \cdot xNH_3$$

（3）硫酸滴定

采用标准硫酸溶液来滴定上述吸收液。试验表明：硫酸浓度较高，滴定终点易于判断，但硫酸用量少，滴定误差大；硫酸浓度小，则出现相反的情况。综合考虑上述因素，一般硫酸标准溶液的浓度以 0.05mol/L 或 0.025mol/L 为宜，采用甲基红 – 亚甲基等混合指示剂来判断终点。

(4)空白试验

由于测定氮时所用各种化学试剂,难免不含少量氮,故在测定氮的结果计算时要扣除空白值。

空白试验采加0.2g纯蔗糖来代替煤样,测定步骤与测定煤样完全相同。每更换一批试剂,就得重新进行空白试验。只要不更换试剂,均可应用同一空白值,而不必每次测定煤中氮时均要测定空白值。

(5)结果计算

煤中空干基氮N_{ad}含量(%)按式(7-21)计算

$$N_{ad}=\frac{C(V_1-V_2)\times 0.014}{m}\times 100 \tag{7-21}$$

式中　C——标准硫酸溶液浓度,mol/L;

V_1——标准硫酸溶液用量,mL;

V_2——空白试验所用标准硫酸溶液用量,mL;

0.014——氮($1/2N_2$)的摩尔质量,g/mol;

m——煤样质量,g。

3.测定操作中应注意的问题

(1)消化操作

根据作者经验,煤样可直接置于500mL的开氏瓶中,并将其置于万用电炉上。开氏瓶下部的球形部分用保温材料包住,以维持消化温度。消化完毕,可将开氏瓶直接转移至图7-3所示的蒸馏与吸收装置中,而不是按国家标准规定采用50mL小开氏瓶及铝加热体加热。因为按国标操作,消化液还须转移至500mL大开氏瓶中进行蒸馏,操作更为麻烦。

(2)蒸馏与吸收操作

①通过螺旋夹,适当控制蒸汽产生的速度,不要太慢,又不要太快。

②氢氧化钠溶液加入速度开始要慢,以免反应过于激热而冲开瓶塞。

③通入开氏瓶中的玻璃管应接近瓶底约2mm,也就是把它插入反应液中,这样可使水汽直接通入开氏瓶底部,又起到搅拌作用,加速氨的蒸出。

④图7-3中的开氏球不可少,蒸出的氨与水汽经开氏球可获得大体上分离。分离后的水又回到开氏瓶中,蒸出的氨仍然通过水的携带进入吸收液。

⑤蒸馏出来的溶液直接通入硼酸吸收液中,以防氨的逸出而使测定结果偏低。

蒸出液应适当过量,以保证氨全部被蒸出并为吸收液所吸收。

(3)硫酸滴定操作。如消耗的标准硫酸溶液量少,应采用微量滴定管滴定。

三、煤中碳、氢、氮的联合测定

自上世纪80年代以来,我国电力系统中不少单位引进国外生产的碳、氢、氮联合测定仪,其中以美国Leco公司生产的CHN联合测定仪的数量最多。作者所在单位先后引进了CHN-1000型及CHN-2000型测定仪,后者是前者的改进型,在此,以CHN-2000型为例,对该仪器作一简要介绍。

1.测定原理

CHN-2000型测定仪是依据高温燃烧红外吸收与热导法原理设计而成的一体化仪器。

碳、氢的测定采用红外吸收法，氮的测定采用热导法。

(1)红外吸收法(红外光谱法)

吸收光谱法是基于物质对光的选择性吸收而建立起来的分析方法。红外光谱法乃是其中的一种方法，它是利用物质对红外光区电磁辐射的选择性吸收来进行分析的一种方法，CHN 测定仪中的碳氢红外池也就是根据这一原理设计的。

(2)热导法

各种气体具有不同的热力学性质，它们的热导率之间存在差异。对多组分共存的气体，则其导热系数随组分含量的不同而变化。根据此原理，把测量导热系数的差异转变为测量热敏元件上的电阻变化，而电阻变化很容易用电桥加以测量，该仪器中的热导池就是一种电桥系统。

CHN－2000 型测定仪具有分析自动化，测定结果准确度高的特点，具有自动校正及自我诊断的特点。

CHN－2000 型测定仪数据管理与统计显示及触摸式屏幕软件图分别见图 7－7 及图7－8。

该仪器操作简便，显示屏操作界面清晰，当分析样品时，操作人员仅需称重、输入样品量。放置样品后，触摸分析(Analyze)框即可，仪器进行自动分析，显示并打印出结果。

该仪器配有一个 35 个位置的自动进样装置，适合大批量的样品分析，同时仪器的数据库贮存量很大，并可对结果进行统计、分类及可使输至另外的管理机中。统计功能可对分析结果的平均值、标准差、相对标准差进行计算。

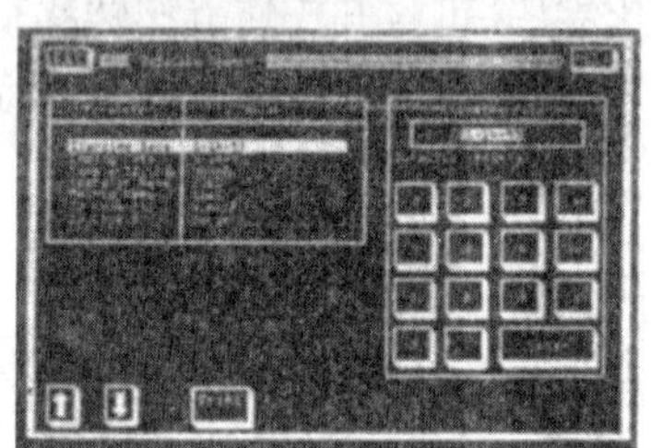

图 7－7 CHN－2000 型测定仪数据管理与统计显示

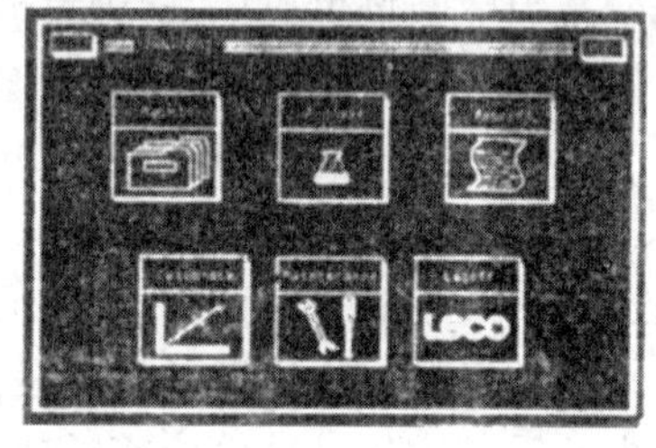

图 7－8 CHN－2000 型测定仪触摸式屏幕操作软件

该仪器的分析范围(0.200g)；

碳：0.01% ～100%；

氢：0.01% ～100%；

氮：0.01% ～100%。

2. 测定装置

CHN－2000 型测定仪的系统流程如图 7－9 所示。

CHN－2000 型测定仪全图参见图 7－10。

该仪器的校正

采用标准物质，实施多点校正

该仪器的测定精确度(纯化学物质分析)

碳：1σ 0.01；RSD 0.3%；

氢：1σ 0.01；RSD 0.8%；

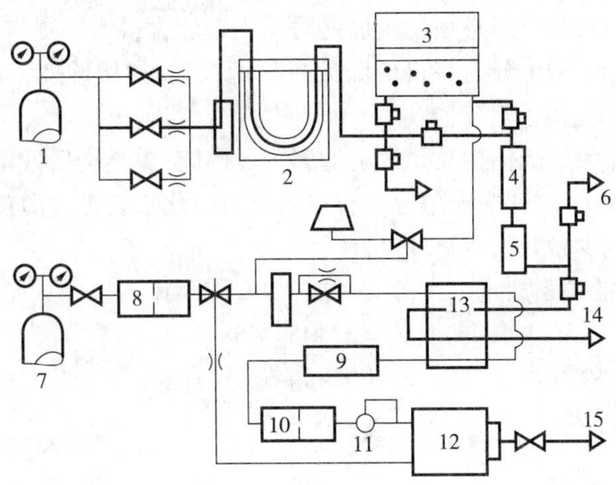

1—燃烧用氧气；2—高温炉；3—混气罐；4—H_2O 红外池；5—CO_2 红外池；6—红外池排气；7—氦气；8—氦气净化器；9—液化加热器；10—测量气流净化器；11—流量控制器；12—热导池；13—剂量腔；14—剂量腔排气；15—热导池排气

图 7－9　CHN－2000 型测定仪系统流程图

氮：1σ 0.01；RSD 0.3%。

该仪器的分析时间

碳、氢：200s；

氮：240s。

CHN 测定仪可用于分析煤、焦炭、土壤等不均匀物料中碳、氢、氮含量，也可用于油品及其他有机物中碳、氢、氮的测定。

CHN 测定仪确实具有不少优点，特别适合大批量样品的检测。但该仪器结构复杂，仪器自身价格高，而且运行费用也高。关于 CHN 测定仪的操作应用，可参阅电力行业标准 DL/T 568—1995《燃料元素的快速分析方法（高温燃烧红外热导法）》。

图 7－10　CHN－2000 型测定仪全图

各单位应结合具体条件，选用不同的测定方法及配置相应的仪器。

第四节　煤中硫的测定

除碳、氢、氮外，煤的元素组成中还包括硫和氧。硫是煤中一项十分重要的元素，它对电力生产有着重大的影响。当测定了煤的水分、灰分、碳、氢、氮、硫外，氧则可通过差减法计算而得，从而完成元素分析的测定。

GB/T 214—2007《煤中全硫测定方法》中规定，煤中含全硫含量采用艾士卡法、库仑法及燃烧中和法测定，本节将对硫的标准测定方法及红外吸收法的技术要点加以阐述，同时对可燃硫及不可燃硫的计算加以说明。

一、煤中硫的存在形态

任何一种煤中均含有硫，只是其含量高低与存在形态不同而已，煤中全硫含量是评价煤质特性的重要指标之一，各电厂必须切实加强对煤中全硫含量的检测与监控。

煤中硫按其形态区分，可分为有机硫和无机硫两大类，如按燃烧特性区分，则可分为可燃硫及不可燃硫两大类。

一切有机硫化物、无机硫化物及元素硫均属于可燃硫；煤燃烧后残留于灰中的硫以硫酸盐形式存在，为不可燃硫，这其中大部分为有机与无机硫化物硫燃烧后被灰吸收和固定下来新生成的硫酸盐，只有少量的天然硫酸盐。

各种形态硫之间的关系如式(7－22)～式(7－25)所示

$$S_t = S_o + S_p + S_s \tag{7-22}$$

$$S_t = S_c + S_{ic} \tag{7-23}$$

$$S_c = S_o + S_p \tag{7-24}$$

$$S_{ic} = S_s \tag{7-25}$$

式中　S_t——煤中全硫；

S_o——煤中有机硫；

S_p——煤中硫铁矿硫；

S_s——煤中硫酸盐硫；

S_c——煤中可燃硫；

S_{ic}——煤中不可燃硫。

一般煤中元素硫 Se 很少见，元素硫也当属于可燃硫的范畴。

二、煤中全硫测定方法要点

1. 艾士卡法

艾士卡法为测定煤中全硫的经典方法，该法以测定结果准确著称，它在各个国家测硫标准方法中均列为首位，常用作仲裁方法及研制标准煤样中全硫量的定值方法。

(1)基本原理

将煤样与艾士卡试剂(2 份氧化镁及 1 份无水碳酸钠组成)混合均匀灼烧，煤中硫生成可溶性硫酸盐进入溶液。在一定酸度下，向过滤后的滤液加入氯化钡而生成硫酸钡沉淀，根据硫酸钡的量，即可计算出煤中全硫含量。

$$\text{煤} + O_2 \xrightarrow{\triangle} CO_2 + SO_2 + N_2 + H_2O$$

$$2Na_2CO_3 + 2SO_2 + O_2 = 2Na_2SO_4 + 2CO_2$$

$$Na_2CO_3 + SO_3 = Na_2SO_4 + CO_2$$

$$2MgO + SO_2 + O_2 = 2MgSO_4$$

$$MgO + SO_3 = MgSO_4$$

煤中不可燃烧，如 $CaSO_4$ 在受热条件下，则与艾士卡试剂中的 Na_2CO_3 发生复分解反应，也转为硫酸钠。

$$CaSO_4 + Na_2CO_3 \xlongequal{\triangle} CaCO_3 + Na_2SO_4$$

由此可知，艾士卡试剂可使煤中可燃及不可燃硫均转为可溶性的 Na_2SO_4 及 $MgSO_4$ 而进入溶液。

$$Na_2SO_4 + MgSO_4 + 2BaCl_2 \xlongequal{\text{一定酸度}} 2NaCl + MgCl_2 + BaSO_4\downarrow$$

(2)测定操作的技术要点

①熔样。熔样是整个测定的关键。为保证熔样良好,应该将艾士卡试剂与煤样充分混匀;为防止挥发物过快逸出,试样应从低温放入炉中熔化,掌握好熔融温度与时间;在煤样与艾士卡试剂混合物上方再覆盖1g艾士卡试剂,以确保硫氧化物与Na_2CO_3及MgO反应完全。

艾士卡试剂,有市售的现成产品,也有用一级(GR)氧化镁与无水碳酸钠自配,但务必混匀后使用。无水碳酸钠在空气中易受潮结块,吸潮后的碳酸钠就不能使用。

如更换一批艾士卡试剂,就得重新测定空白值。

②硫酸盐溶液的收集。熔样后用热水浸取熔融物,煮沸数分钟后,就可使熔融物中的硫酸盐($MgSO_4 + Na_2SO_4$)完全转入溶液中,再用定性滤纸过滤,把滤液收集起来进行下一步操作。

为防止可溶性硫酸盐附着于滤纸上,要用热水充分洗涤滤纸上的沉淀物十余遍,控制总滤液量为250mL~300mL。

③硫酸钡沉淀。这一操作环节主要是控制好沉淀条件:一是控制好溶液酸度;二是控制好沉淀生成速度及适当保温。

溶液酸度必须严格控制,否则有可能沉淀不完全,甚至产生不了沉淀。为此,溶液体积控制为250mL~300mL,否则可适当稀释或浓缩,然后滴加1+1盐酸,当溶液呈中性后再加2mL。在这种微酸性条件下,缓慢地加入$BaCl_2$溶液,边加边搅拌,以产生$BaSO_4$沉淀。

由于$BaSO_4$沉淀颗粒很细,最好得其置于温热处过夜,至少也要在近沸条件下保持2h以上,然后用致密定量滤纸过滤,并用热水对沉淀洗涤直至无Cl^-为止(用硝酸银溶液检验)。

④沉淀灼烧与结果计算。将带有沉淀的滤纸转至已恒重的坩埚中,先在低温下令滤纸碳化(在通风橱中进行),应防止滤纸着火燃烧,而后转入高温炉内于800℃~850℃灼烧40min~60min。

煤中含硫量$S_{t,ad}$(%)计算

$$S_{t,ad} = \frac{(m_1 - m_2) \times 0.1374}{m} \times 100 \tag{7-26}$$

式中 m_1——$BaSO_4$质量,g;

m_2——空白试验$BaSO_4$质量,g;

m——煤样质量,g。

0.1374——由$BaSO_4$折算成S的系数,即S/$BaSO_4$=32.06/137.06+32.066+64=0.1374

在不加试样的条件下,重复硫的测定操作,即进行空白试验。

(3)艾士卡法的特点

①该法测定煤中全硫,适用于各种煤,且具有准确可靠的优点。

②该法不用专门仪器设备,一般煤质试验室均具测试条件。

③该法测试效率低,且不易实现操作的自动化,是其主要缺点。该法测定煤样,约需12h~16h,如批量测定,则可大大降低单样的测试周期。

④由于该法为化学分析法,要求检测人员熟练地掌握熔样、过滤、洗涤、沉淀、灼烧等一系列操作技能及相关计算。

2. 库仑滴定法

(1)基本原理

煤样在催化剂的作用下,于空气流中燃烧分解,煤中硫生成硫氧化物,其中二氧化硫被碘化钾溶液吸收,以电解碘化钾溶液的产生的碘进行滴定,根据电解所消耗的电量计算煤中的全硫含量。

在电解液电解过程中,通入96500库仑(1F)电量,则在电板上析出1mol的物质,参见式(7-27)

$$m = \frac{M_m}{nF} \cdot I \cdot t \tag{7-27}$$

式中 m——电极上的析出物质的量,g;

M_m——物质的摩尔质量,g/mol;

F——法拉第电量(96500c);

I——通入电解液的电流,A;

n——电子转移数;

t——通入电流的时间。

煤样在1150℃及催化剂作用下于空气流中燃烧分解,煤中硫转化为硫氧化物,主要为二氧化硫被空气流带到电解池中,与水反应生成亚硫酸及少量硫酸。

电解碘化钾生成碘

$$阳极:2I^- - 2e = I_2;阴极:2H^+ + 2e = H_2$$

碘与亚硫酸反应

$$I_2 + H_2SO_3 + H_2O = H_2SO_4 + 2H^2 + 2I^-$$

电解生成的碘所消耗的毫库仑(mc)电量由库仑积分仪显示,然后根据法拉第电解定律计算煤中全硫含量。

(2)测定装置

测定装置主要为库仑测硫仪,它由高温炉、库仑积分仪、电解池及搅拌器、空气供应与净化装置等部件组成。

库仑测硫仪有一体式与分体式之分,控制装置又有微机与单片机之别。库仑测硫仪工作流程如图7-11所示。

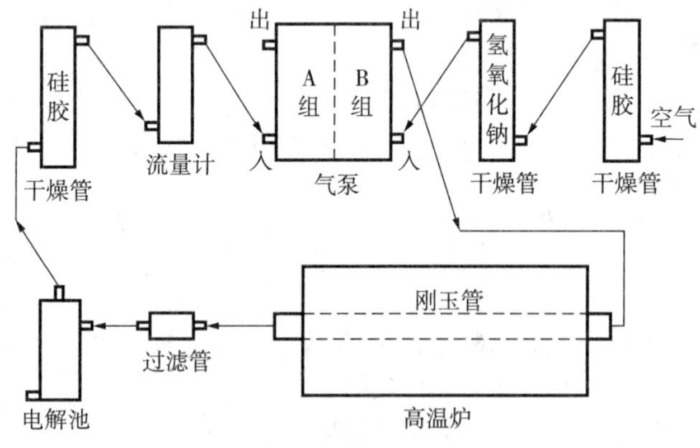

图7-11 库仑测硫仪工作流程示意图

库仑测硫仪，无论是分体式还是一体式，其工作流程是相同的。并无多少实质性的区别。

分体式测硫仪所占空间较大，但这便于观测各部件的运行情况，易于发现与处理故障；一体式测硫仪结构紧凑，操作更方便一些，但出现故障不易观测与处理。

选用分体式，由单片机控制的库仑测硫仪为宜，这样仪器故障率及价格均相对较低。

(3)库仑法测硫的技术要点

库仑法属于电分析化学范畴，它主要是应用电化学的基本原理与技术，研究在化学电池内的特定现象，利用物质的组成及含量与该电池的电学量如电位、电导、电量、电流等有一定关系建立起来的一类分析方法。

根据测量参数的不同，电分析化学主要分为电位分析法、库仑分析法、电导分析法、电解分析法、极谱分析法。

库仑滴定法测定煤中全硫涉及电分析化学的诸多相关知识，如电极电位、指示电极、参比电极、能斯特方程等读者可参阅电分析化学方面的专门著作，本书将不对其测硫原理及若干操作条件，如电解液中各成分(OH^-、I^-、Br^-、SO_4^{2-}、CO_3OO^-、H_2O)等在阳极上所起氧化反应的顺序及铂电板的要求作进一步的说明。

①在测定过程中，务必保持系统气路通畅、严密，防止气流中断。对燃烧管出口应使用耐温硅橡胶管，其他部分均使用优质乳胶管。在燃烧管中充填硅铝酸棉，可防止高挥发分烟煤及褐煤在燃烧时引起的爆燃，导致燃烧不完全，致使测定结果偏低。

②新配制的电解液呈淡黄色，pH 为 1 ~ 2。当电解次数增多，电解液酸度增大，促使非电解质 I_2 和 Br_2 生成而影响测定结果，故电解液要及时更换

$$4I^- + O_2 + 4H^+ = 2I_2 + H_2O$$

$$4Br^- + O_2 + 4H^+ = 2Br_2 + H_2O$$

③电解液在放置过程中，由于碘的析出，会使电解液颜色加深，故在每天正式测定煤样前，宜用一高含硫量的煤样(俗称废样)送入炉中，使电解液中的碘转化为 I^-，以免影响测定结果的可靠性。

如何选择废样，判断电解液内已无 I_2 存在，这是库仑测硫法的关键操作技术之一。

④电解池内的铂电极及玻璃熔板要保持洁净。在测定煤样时，要求电解池完全密封，防止电解液倒吸进入燃烧管中。

铂电极宜用丙酮或酒精液清洗，然后再用纯水冲洗干净后使用。应注意切不可将丙酮液倒入电解池中浸泡电极。因为不少厂生产的电解池系用有机玻璃加工制成，它将与丙酮发生作用而遭到破坏。

⑤为了保证测硫结果准确可靠，每天均应采用与待测煤样煤种相同，含硫量相近的标准煤样来加以检验。只有标样测定合格，方可对煤样进行正式测定。

⑥库仑法测定全硫，实际上测出的是煤中可燃硫及部分不可燃硫，作为全硫来说，其测值必然偏低，这是一种系统误差，它可以被校正。对库仑测硫仪来说，可实行单点校正，也可实施多点校正。

GB/T 214—2007 规定，要求对测硫仪加以标定，并规定了标定程序及标定有效性进行核验的方法，读者也可参阅本节二、4 中红外测硫仪的标定示例，以掌握测硫仪的标定技术。

(4)库仑滴定法的特点

①前已指出，库仑法测定全硫，实际上是偏低的，它必须乘上一个大于 1 的系数(一般此

系数为 1.04 ~ 1.06）；如能实施多点校正，测定结果的可靠性会有所提高。

②库仑法测硫的准确性虽不及艾士卡法，但测硫效率大大提高。如不计炉子升温时间，测定一个单样仅 5min ~ 6min，且可实现自动操作，故在电厂中使用较普遍。

③库仑测硫仪由于结构相对比较复杂，某些部件要耐高温、系统要严密，故对其所用材质及加工工艺要求较高，库仑测硫仪使用中故障率较高，是一个很大的不足。虽则近年我国生产的库仑测硫仪质量已有明显提高，但仍需加以完善，进一步降低故障率，更有效提高其使用的可靠性。

3. 燃烧中和法

该法是将煤样在催化剂作用下，于氧气流中燃烧，煤中硫的燃烧产物被捕集在过氧化氢溶液中形成硫酸，再用氢氧化钠标准溶液滴定，根据其耗量计算出煤中的全硫含量。

该法测硫准确度相对较差，操作也比较麻烦，实际价值不大，在我国电力系统中也很少有单位使用，故本书的阐述从略。

4. 红外吸收法

在标准 GB/T 214—2007 中规定的 3 种测硫方法中，艾士卡法虽有不少优点，但操作麻烦，测试周期太长，是其致命弱点，而燃烧中和法测硫准确性又较低；至于库仑测硫法也存在仪器故障率较高的不足。而在发达国家多采用红外法测定煤中全硫含量。

红外法测硫具有测定结果准确、测定周期很短、操作自动化程度高的优点。且目前国内早已有红外测硫仪生产，我国电力系统中各省市煤检中心及一些大型电厂越来越多的采用红外法测硫。

本节以国产 HWL - 1 型红外测硫仪为例，对红外测硫仪的测硫原理及工作流程加以介绍，重点是对其测定结果予以分析评价。

（1）测硫原理与测硫仪的工作流程

①测硫原理。某些气体分子如 CO、SO_2、CO_2 等对红线具有吸收作用，而某些双原子分子如 O_2、N_2 等则对红外线没有吸收作用。气体对红外线吸收遵循比尔定律

$$I = I_o e^{kcl} \tag{7-28}$$

式中 I——透射光强度；

I_o——入射光强度；

k——红外线吸收常数；

c——被测物质浓度；

l——光路长度。

a：某种特定气体对特定波长的红外线有吸收作用。

b：吸收作用的大小与该气体的性质、光程及气体浓度直接相关。

对某一红外测硫仪来说，光路长度 l 是确定的，故根据上式，就可求得被测物的浓度 c。

测定煤样时，煤样在氧气流中燃烧，煤中硫转化为二氧化硫，水分与灰分则通过干燥剂及过滤器去除。取样泵按一定的流量将样品燃烧后生成的气体送入红外检测器。根据红外光谱原理将 SO_2 浓度转变为电信号，经滤波放大处理后，进行 V/F 转换，这样就得 SO_2 浓度转换成一定频率，然后通过光电耦合器输入计算机进行采样处理，计算机将每次得到的信号进行累加，就可得到样品中的全硫量值。

②测硫仪工作流程。国产 HWL - 1 型红外测硫仪工作流程见图 7 - 12。

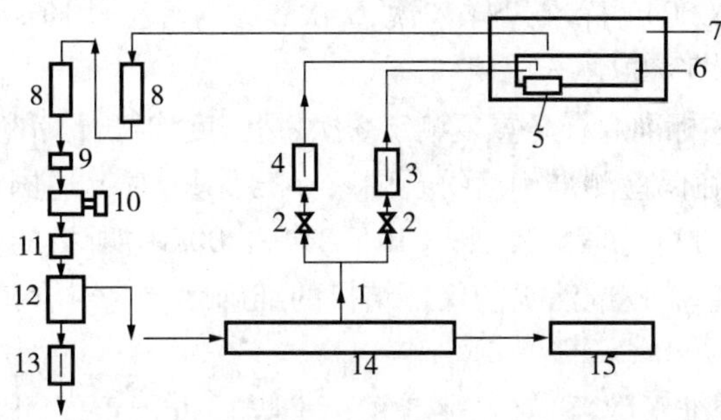

1—氧气;2—电磁阀;3—风门流量计;4—吹氧流量计;5—燃烧舟;6—燃烧管;7—高温炉;8—干燥管;9—过滤器;10—取样泵;11—流量调节器;12—红外检测器;13—抽气流量计;14—计算机采样控制系统;15—打印机

图 7-12 HWL-1 型红外测硫仪工作流程图

红外测硫仪的核心部件是红外检测器,其示意图参见图 7-13。

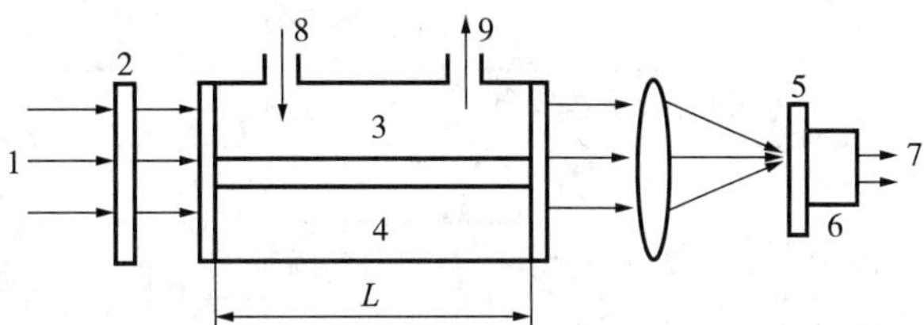

1—红外光源;2—斩波;3—样品室(s);4—参考室(R);5—滤光片;6—检测器;7—光电信号;8—进样;9—抽样

图 7-13 红外检测器示意图

(2)红外法测硫结果的分析评价

任何一项测定,其结果均是以精密度及准确度来加以检验与评价。

①精密度检验。应用国家一级及二级标准煤样来检验红外测硫仪的检测精密度,参见表 7-2。

表 7-2 红外测硫仪检测精密度的检验结果 %

煤样	GBW(E) 110004a	GBW(E) 110010b	GBW(E) 110006a	GBW 11113a	GBW 11110b
1	0.46	0.94	2.15	3.06	4.58
2	0.46	0.93	2.13	3.04	4.43
3	0.44	0.95	2.16	3.06	4.44
4	0.48	0.95	2.16	3.16	4.42
5	0.47	0.93	2.15	3.14	4.44
平均值	0.46	0.94	2.15	3.09	4.46
标准差	0.015	0.013	0.012	0.054	0.066
RSD	3.26	1.38	0.56	1.75	1.48
标准差	0.53 ±0.04	1.03 ±0.08	2.37 ±0.08	3.39 ±0.08	4.68 ±0.12
校准系数值	1.15	1.10	1.10	1.10	1.05

例如对 GBW(E)110004a 标准煤样来说,5 次得复检验的均值为 0.46%,而标准值为 0.53%,故标准系数为 0.53/0.46 = 1.15。

对 5 种含硫量不同的标准煤样各重复测定 5 次,精密度均符合 GB/T 214—2007 的要求。

②准确度检验。为确保检测准确度符合国家标准要求,对上述国产红外测硫仪来说,采用对不同含硫量的样品进行分段校准,即 GB/T 214—2007 中所指的多点校准法,这比采用某一固定的校准系数即单点校准法更能保证结果的准确度。这对含硫量较高或较低的煤样来说,尤为重要。

根据表 7-2 中的校准系数,再对上述 5 种标准煤样进行重复测定,再次检查测定结果的精密度与准确度。红外测硫仪检测准确度参见表 7-3。

表 7-3　红外测硫仪检测准确度检验　　%

煤样	GBW(E) 110004a	GBW(E) 110010b	GBW(E) 110006a	GBW(E) 11113a	GBW(E) 11110b
1	0.52	1.03	2.37	3.38	4.59
2	0.55	1.04	2.38	2.33	4.62
平均值 $\bar{x}$	0.54	1.04	2.38	3.36	4.60
标准值 μ	0.53 ±0.04	1.03 ±0.08	2.37 ±0.08	3.39 ±0.08	4.68 ±0.12
差值 $\bar{x}-\mu$	0.01	0.01	0.01	0.03	0.08

可以看出,校准系数随煤中含硫量的增高而减小。标准值 μ 与校准系数之间的对应关系,参见表 7-4。

表 7-4　标准值与校准系数之间的关系

标准值 μ/%	0.53	1.03	0.37	3.34	4.68
校准系数值	1.15	1.10	1.10	1.10	1.05

标准值与校准系数之间呈现负相关性,故可用一元一次日常方程 $y = bx + a$ 来表示。a、b 值可通过式(7-29)与式(7-30)直接计算而得。实际上多应用带统计功能的计算器会更为方便求得

$$a = \frac{\sum x^2 \sum y - \sum x \sum y}{n\sum x^2 - (\sum x)^2} \tag{7-29}$$

$$b = \frac{n\sum xy - \sum x \sum y}{n\sum x^2 - (\sum x)^2} \tag{7-30}$$

$a = 1.143$;

$b = -0.018$;

得　$y = -0.018x + 1.143$。

如 $x = 1$,则 $y = 1.12$;

$x = 2, y = 1.11$;

$x = 3, y = 1.09$;

$x=4, y=1.07$;

$x=5, y=1.05$。

得上述回归方程输入仪器的数据处理系统中，将使校准变得更为快捷和准确。

③校准系数稳定性检验。从理论上讲，只要仪器关键性元件性能稳定，检测条件控制得好，各含量段的校准系数应是稳定的。其具体表现是：在不同时间应用所确定的校准系数值来测定标准煤样的全硫含量，其检测结果仍是合格的，且变化很小。校准系数稳定性检验结果，见表7-5。

表7-5　校准系数稳定性检验

煤样	GBW(E) 110004a	GBW(E) 110010b	GBW(E) 110006a	GBW 11113a	GBW 11110b
第1次测定均值	0.54	1.04	2.37	3.36	4.60
第2次测定均值	0.53	1.02	2.37	3.40	4.62
标准值	0.53±0.04	1.03±0.08	2.37±0.08	3.39±0.08	4.68±0.12
第1次校准系数	1.15	1.10	1.10	1.10	1.05
第2次校准系数	1.13	1.11	1.10	1.10	1.05

校准系数不可能长期不变。由于仪器使用时间的延长，仪器元件的老化以及环境条件的变化，都将对仪器的校准系数产生一定的影响，故应定期对仪器校准系数进行复验，当发现检测结果多次出现明显偏差时，更得检验校准系数是否已有变化。

仪器的校准直接关系到检测结果的准确性，故GB/T 214—2007中特别对仪器标定，标定程序及标定有效性核验作出了具体规定。也就是说，不仅红外测硫仪，包括库仑测硫仪在内的其他类型测硫仪也应该这样做，读者可参阅本节所述对所用测硫仪实施多点标定，以确保检测结果的可靠性。

校准系数的正确确定是获得准确结果的必要前提。前文已经指出：煤中硫包括可燃硫及不可燃硫两部分。在一般情况下，煤中可燃硫约占全硫的90%以上。在高硫煤中，可燃硫所占比重一般较大；而在低硫煤中，可燃硫所占比重一般较小，在红外法测硫（也包括库仑法、燃烧中和法测硫）条件下，一方面，煤中不可燃硫不可能全部被回收测出；另一方面，煤的燃烧产物中或多或少存在一些SO_3，电厂锅炉烟气中SO_3含量约为SO_2含量的1%～2%，故利用红外法实测含硫量较标准值呈偏低倾向，因而标准系数一般情况下总是略大于1。

通常随煤中硫含量的增高，不可燃硫的比重减小，故校准系数呈逐步减小的趋势。

三、煤中不可燃硫的计算

煤中硫按燃烧特性划分，可分为可燃硫及不可燃硫。我国生产的各种煤中，可燃硫含量普遍较高，不少省区所产煤中，可燃硫含量可占90%以上。

煤中不可燃硫主要赋存于煤灰中，煤中不可燃硫S_{ic}按式（7-31）计算

$$S_{IC,ad}=S_{a,ad}\cdot A_{ad} \tag{7-31}$$

式中　$S_{IC,ad}$——空干基煤中不可燃硫含量，%；

$S_{a,ad}$——空干基灰中含硫量，%；

A_{ad}——空干基煤中灰分含量,%。

设煤样中全硫含量 $S_{t,ad}$ 为 1.35%,煤中空干基灰分 A_{ad} 为 25.44%,煤灰中三氧化硫 SO_3 含量为 1.50%,求煤中不可燃硫 S_{IC} 及可燃硫 S_c 各为多少?

解:煤灰中 SO_3 为 1.50%,它相当于煤灰中的含硫量为 $1.50 \times S/SO_3 = 1.50 \times 32/80 = 0.60\%$。

故煤中不可燃硫 S_{IC} 为

$$S_{IC,ad} = 0.60\% \times 0.2544 = 0.15\%$$

故可燃硫 S_c 为

$$S_c = S_{t,ad} - S_{IC,ad} = 1.35\% - 0.15\% = 1.20\%$$

该煤样中可燃硫占全硫的百分率为 $1.20/1.35 \times 100\% = 88.9\%$,而不可燃硫占全硫 $1 - 88.9\% = 11.1\%$。

第五节　煤中发热量的测定

我国生产的商品煤中 80% 用于燃烧,以获取煤在燃烧时所释放的热能。而在我国电源结构中,一直以燃煤电厂占主导地位,而且这种格局短期内不会改变。

燃煤电厂就是将煤燃烧产生的热能转变为电能的生产企业,煤的发热量高低,是评价煤质及其计价的主要指标,也是计算电厂经济指标的基本参数,故发热量的测定在电力用煤质量检测中,一直处于最为重要的地位。

煤的发热量或称热值的测定,国内外普遍采用氧弹热量计法。该法从发明至今已有 100 多年历史,测热的基本原理未变,但随着科学技术的发展与进步,热量计的结构与性能已有很大改进,操作的自动化程度日趋提高。

煤的发热量测定,涉及诸多物理、化学概念及多个领域的专业知识。

一、发热量的含义与测热原理

1. 发热量的含义

所谓煤的发热量,是指单位质量的煤完全燃烧时所产生的热量,单位为焦耳/克(J/g)或兆焦/千克(MJ/kg)。

从上述定义可知,要测定出煤的发热量,关键一是准确地称出样品质量;二是保证煤样完全燃烧。

应用分析天平称量试样是不难做到的,但要保证煤样能够完全燃烧,就必须采用特定的燃烧装置,这就是氧弹热量计的氧弹。氧弹热量计是用以测定燃料发热量的专门仪器,而氧弹则是热量计的核心部件。

根据热量计的结构与性能,通常将热量计分为恒温式及绝热式两大类。无论何种类型的热量计,又可分为普通型及自动型两种。

无论使用何种类型的热量计,其测热的基本原理是一致的。我国当前普遍使用的是恒温式自动热量计。

2. 测热的基本原理

恒温式热量计的测热原理参见图 7 - 14。

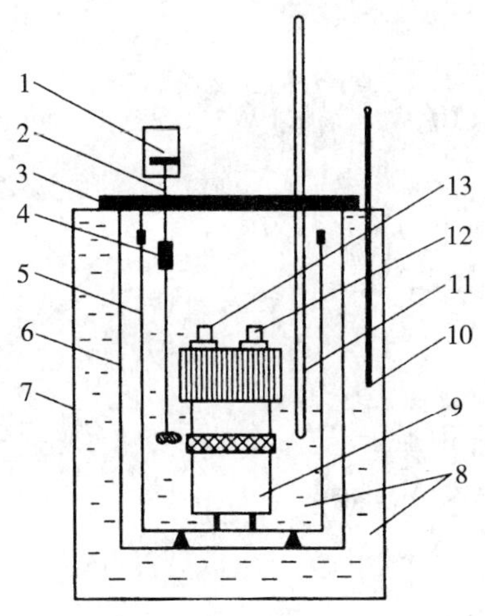

1—电机；2—搅拌器轴；3—外筒盖；4—绝热轴；5—内筒；6—外筒内壁；7—外筒；8—纯水；9—氧弹；10—温度计；11—贝克曼温度计；12—氧弹进气阀；13—氧弹排气阀。

图7－14　恒温式热量计测热原理图

测热的基本原理是：称取一定量的标准量热物质苯甲酸置于氧弹中，氧弹中充以一定压力的氧气，苯甲酸在氧弹内完全燃烧，所释放的热量使得热量计量热体系温度升高。所谓量热体系，是指内筒及水，浸没于水中的氧弹，搅拌器、温度计等部分。根据牛顿冷却定律，将燃烧过程中量热体系与恒温环境之间的热交换进行修正，就可计算出热量计的热容量或称能当量。

热量计热容量的含义，就是指量热体系升高1℃所吸收的热量，单位为J/℃。

$$E=\frac{Q_o m_o}{(t_n-t_O)+c} \tag{7-32}$$

式中　E——热量计热容量，J/℃；

Q_o——标准苯甲酸热量，J/g；

m_o——标准苯甲酸质量，g；

t_n——量热体系的终点温度，℃；

t_o——量热体系的起始温度，℃；

C——冷却校正值，℃。

应予指出：GB/T 218—2008中有关热量测定与计算中涉及的温度均采用热力学温度开尔文。发热量测定，实际上是通过测量试样燃烧前后内筒水的温差计算而得，故热力学温度开尔文可与摄氏温度通用。本书中温升时的热力学温度开尔文（K）均以摄氏温度（℃）来代替。

当热量计热容量标定以后，将一定量的煤样在与标定热容量完全相同的条件下燃烧，测出试样燃烧前后的内筒水温差，就可按式（7－33）计算出煤的发热量

$$Q=\frac{E[(t_n-t_o)+C]}{m} \tag{7-33}$$

式中　Q——煤样的发热量，J/g；

m——煤样的质量，g。

设热量计的热容量E为10142J/℃，将1.0014g煤样在热量计中完全燃烧后经各项校正后的温升2.404℃，则该煤样的发热量Q为

$$Q=\frac{10142\times2.404}{1.0014}=24347(\text{J/g})$$

3. 发热量的单位

发热量的单位为焦耳（J）。所谓1J，是指1牛顿（N）的力，在力的方向上移动1m距离所做的功，即

$$1\text{J}=1\text{N}\cdot\text{m}$$

焦耳是能量的单位，各种能如热能、电能、光能等均可用焦耳表示。1J的电能是表示1安培（A）的电流在1欧姆（Ω）电阻上1秒（s）时间内所消耗的能量，即相当于每秒瓦（W）做的功。

$$1J = 1A \cdot \Omega \cdot s = 1W \cdot s$$

电能的常用单位为千瓦·时,俗称1度,用KW·h表示。

$$1KW \cdot h = 10^3W \times 60 \times 60 \times S = 3.6 \times 10^6W = 3.6MW$$

发热量的单位为焦/克(J/g)或兆焦/千克(MJ/kg)。

$$1MJ = 10^6J$$

1987年前,我国发热量所用单位为卡/克,(cal/g),现已作废。

我国原用20℃卡作为热量单位

$$1cal(20℃) = 4.1816J$$

如标准煤的收到基低位发热量 $Q_{net,ar}$ 为7000cal/g,它相当于

$$7000 \times 4.1816 = 29271J/g = 29.27MJ/kg$$

二、发热量的表示方法

煤的发热量高低,主要取决于煤中可燃成分含量及其组成,同时也与煤的燃烧条件有关。

根据不同的燃烧条件,其燃烧产物也就不完全相同,产生的热量也就有高有低。

发热量有多种表示方法,其中应用最多的为空干基弹筒发热量 $Q_{b,ad}$、空干基高位发热量 $Q_{gr,ad}$、干基高位发热量 $Q_{gr,d}$ 及收到基低位发热量 $Q_{net,ar}$。

读者需要特别注意:发热量既有高、低位之分,又有不同基准之别。发热量的高、低位不要与其不同基准相混淆,它们具有完全不同的含义。

真正理解发热量的不同表示方法,有助于它们之间进行正确换算,同时对更好地掌握发热量检测技术也是十分有益的。

1. 空干基弹筒发热量 $Q_{b,ad}$

空干基弹筒发热量,是指用热量计实测的空干基煤样的发热量。

单位质量的空干基煤样在充有过量氧的氧弹中完全燃烧后所产生的热量,称为空干基弹筒发热量。

在此条件下,煤中碳完全燃烧,生成二氧化碳;煤中氢完全燃烧产生水汽,在氧弹中又冷凝成水;煤中硫在高压氧气下燃烧生成三氧化硫,少量氮转为氮氧化物,它们溶于水生成硫酸与硝酸。

上述各项反应均为放热反应。煤中水在高温下先转成水汽,而后在氧弹中又冷凝成水,其吸收的热量与放出的热量相等。

煤在氧弹中完全燃烧除有上述燃烧产物外,还有残存的固态灰渣及剩余的氧气及氮气。

2. 空干基及干基高位发热量 $Q_{gr,ad}$ 及 $Q_{gr,d}$

表征的发热量高低的特性指标,常用高位发热量,以符号 Q_{gr} 表示。

空干基高位发热量相当于单位质量的空干基煤样置于氧弹中,在充足空气条件下完全燃烧产生的热量。在此条件下,煤中碳完全燃烧产生二氧化碳;煤中氢完全燃烧生成水汽,在氧弹中又冷凝成水;煤中硫燃烧仅能产生二氧化硫而不能形成三氧化硫;煤中氮也不能形成氮氧化物,故不可能产生硫酸及硝酸。除上述燃烧产物外,还有残存的灰渣及剩余的氧气及氮气。

高位发热量与弹筒发热量的差别,就在于前者不能生成三氧化硫及氮氧化物,进而产生

硫酸与硝酸，故将弹筒发热量减去硫酸与二氧化硫生成热之差及硝酸的生成热，即得到高位发热量。

$$Q_{gr,ad}=Q_{b,ad}-94.1S_{b,ad}-\alpha Q_{b,ad} \tag{7-34}$$

式中　$Q_{gr,ad}$——空干基煤样的高位发热量，J/g；

$Q_{b,ad}$——空干基煤样的弹筒发热量，J/g；

$S_{b,ad}$——空干基煤样的弹筒含硫量（当 $S_{b,ad}<4\%$ 时，可用 $S_{t,ad}$ 代替 $S_{b,ad}$），%；

94.1——煤中每1%硫的校正热，J；

α——硝的校正系数，根据 $Q_{b,ad}$ 的高低，可分别取0.0010、0.0012、0.0016。

由空干基高位发热量 $Q_{gr,ad}$ 完全按煤的基准换算方法求得干基高位发热量 $Q_{gr,d}$。

$$Q_{gr,d}=Q_{gr,ad}\times 100/100-M_{ad} \tag{7-35}$$

3. 收到基低位发热量 $Q_{net,ar}$

低位发热量，又称有效发热量或净热值，用符号 Q_{net} 表示。

单位质量的原煤在锅炉中完全燃烧产生的热量，称为收到基低位发热量 $Q_{net,ar}$。

由于原煤在锅炉中燃烧，煤中原有的水分及氢燃烧后产生的水呈蒸汽状态随烟气排出，而不像在氧弹中又冷凝成水，故将高位发热量减去水的汽化热，就得到低位发热量。

煤中水汽化是要吸收热量的，同时氢燃烧生成的水，汽化同样需要热量，故水的汽化热实际上包括煤中水及煤中氢燃烧后生成的水二者汽化热之和。

$$Q_{net,ar}=Q_{gr,ad}\times\frac{100-M_t}{100-M_{ad}}-22.9(9H_{ar}+M_t) \tag{7-36}$$

式中　$Q_{net,ar}$——煤的收到基低位发热量，J/g；

$Q_{gr,ad}$——的空干基高位发热量，J/g；

M_t——煤中全水分，%；

M_{ad}——煤中空干基水分，%；

H_{ar}——煤中收到基氢含量，%；

9——为氢折算成水的质量系数，即9个 H_2 相当于1个 H_2O，其质量比为2:18，即1:9。

式中的 $Q_{gr,ad}\times 100-M_t/100-M_{ad}$，即把空干基高位发热量换算成收到基高位发热量，这里仅涉及基准换算，而 $22.9(9H_{ar}+M_t)$ 为煤中氢燃烧生成的水及煤中水汽化所需要的汽化热。

式（7-36）经适当变换，就成为

$$Q_{net,ar}=(Q_{gr,ad}-206H_{ad})\times\frac{100-M_t}{100-M_{ad}}-23M_t \tag{7-37}$$

这是GB/T 213—2008中收到基低位发热量的计算式。应注意下述各点：

①发热量有高、低之分，又有基准之别，二者不可混为一谈；

②对高位发热量来说，基准间的换算同常规换算方法；而对低位发热量来说，却不可按常规方法换算；

③发热量还有恒容与恒压之分，这是因为煤样在不同条件下燃烧所致。

在热量计中实测的发热量是恒容发热量，空干基弹筒发热量 $Q_{b,ad}$ 理应为空干基恒容弹筒发热量 $Q_{b,v,ad}$，而煤在锅炉中燃烧，是在恒压下进行的，故收到基低位发热量 $Q_{net,ar}$ 理应为收到基恒压低位发热量 $Q_{net,p,ar}$。由于恒压与恒容发热量之间的差值甚小，可忽略不计，故一般情况下，高、低位发热量也不标出恒容 V 及恒压 P 的符号。

对于上述各注意点：读者还可参阅作者编著的《火电厂煤质检测技术》第二版（中国标准出版社，2008 年 8 月）。

三、氧弹热量计

1. 热量计的主要类型及其结构

前已指出：氧弹热量计一般分为恒温式及绝热式两大类。

(1)恒温式热量计及其结构

当前我国各行各业中普遍使用的是恒温式热量计，它又分为传统型与自动型两类，我国电厂中多采用恒温式自动热量计或称恒温式微机热量计。

传统的恒温式热量计由氧弹、内筒、外筒（或称外套）、量热温度计、搅拌器、点火装置等主要部件所组成，其结构参见图 7－15。

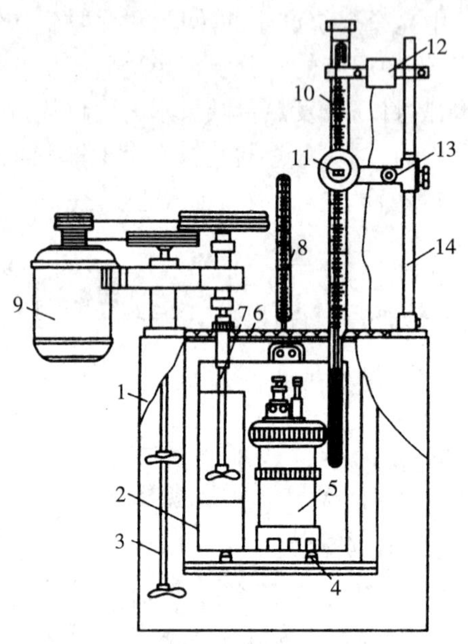

1—外筒；2—内筒；3—外筒搅拌器；4—绝缘支柱；5—氧弹；6—盖子；7—内筒搅拌器；8—普通温度计；9—电动机；10—贝克曼温度计；11—放大镜；12—电动振荡器；13—计时指示灯；14—导杆

图 7－15 传统的恒温式热量计结构图

在测热时，金属内筒装有一定量的水，氧弹置于内筒水中（仅是电极的最上端露出水面）。当煤样在充氧的氧弹中燃烧时，内筒水温不断上升，通过搅拌器把水搅匀，借助精密量热温度计（贝克曼温度计；如是自动热量计，则配用铂电阻温度计），准确地测量内筒水的温升。内、外筒之间有一定间隔，并且外筒装水量足够多，一般为内筒水量的 5～6 倍；而对自动热量计来说，则为 10～20 倍以上，以力求在测温过程中外筒水温的恒定。显然，外筒水量越大，则外筒水温受内筒水温的变化影响越小，从而外筒水温就能更好地处于恒温状态的要求。

这种在测热过程中，能够保持外筒水温基本恒定的热量计，就称为恒温式热量计。

(2)绝热式热量计及其结构

所谓绝热，就是在测热的整个温升过程中，量热系统与周围环境不发生热交换。为此，绝热式热量计与恒温式热量计具有相同的部件外，还有一套自动控温系统，以消除量热系统与周围环境之温差。也就是说，在测热过程中，让外筒温度紧紧跟上内筒温度的变化，从而达到绝热的目的。绝热式热量计的结构参见图 7－16。

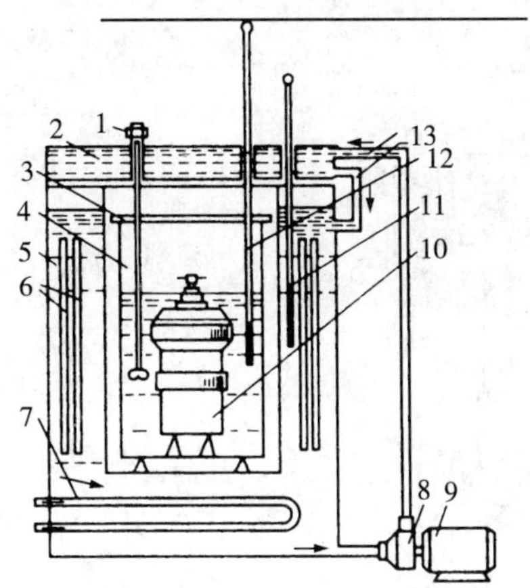

1—内筒搅拌器；2—顶盖；3—内筒盖；4—内筒；5—绝热外套；6—加热极板；7—冷却水蛇形管；8—水泵；9—水泵电动机；10—氧弹；11—普通温度计；12—贝克曼温度计；13—循环水连接管

图 7－16　绝热式热量计结构图

绝热式热量计的外筒（外套）与恒温式热量计有所不同。绝热式热量计的外套中装有加热器，通过自动控温装置，外套中的水温能紧紧跟上内筒水温的变化，外套中的水还应在特制的双层上盖中循环。

绝热式热量计要比恒温式热量计结构复杂一些，自然价格也较高，特别是它要使用冷却水。不少单位冷却水源（多为自来水）而又不能满足绝热式热量计常年使用的要求，故在我国实际上使用绝热式热量计的单位很少。

理论上，绝热式热量计要优于恒温式热量计，如能严格控制测试条件，其测热结果将能达到较高准确度。如果能妥善解决冷却水的供应，又实现微机控制，操作更为自动化的绝热式热量计供应国内市场后，将会受到用户的欢迎。

鉴于绝热式热量计在我国应用很少，本书将对恒温式热量计作为讲述对象，而对绝热式热量计测定发热量的问题不再多述。

2. 热量计的主要部件及其要求

（1）氧弹

无论何种类型热量计，也无论操作的自动化程度如何，氧弹都是各类热量计的核心部件。

在测定煤的发热量时，样品必须置于氧弹中，在充有 2.5MPa～3.0MPa 的高压氧气下，令煤样完全燃烧，故氧弹必须能承受 1200℃ 以上的高温及 10MPa 以上的高压，氧弹应由耐热、耐腐蚀的镍铬或镍铬钼合金钢制成，通常所使用的氧弹用优质不锈钢如 1Cr18Ni9Ti 经精加工制成，对氧弹的性能要求是：

①氧弹应不受燃烧过程中出现的高温和腐蚀性产物的影响而产生热效应；

②氧弹能承受充氧压力和燃烧过程产生的瞬时高压；

③在试验过程中，氧弹完全保持气密性。

氧弹结构参见图7－17及图7－18。

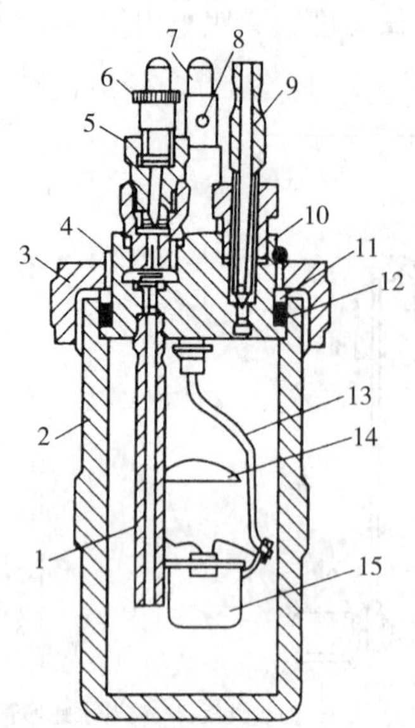

1—进气管；2—弹筒；3—连接环；4—弹簧圈；5—进气阀；6—电极柱（进气阀螺母）；7—电极柱；8—圆孔；9—针形阀；10—弹头；11—金属垫圈；12—橡胶垫圈；13—燃烧皿架；14—防火罩；15—燃烧皿

图7－17　三头氧弹结构图

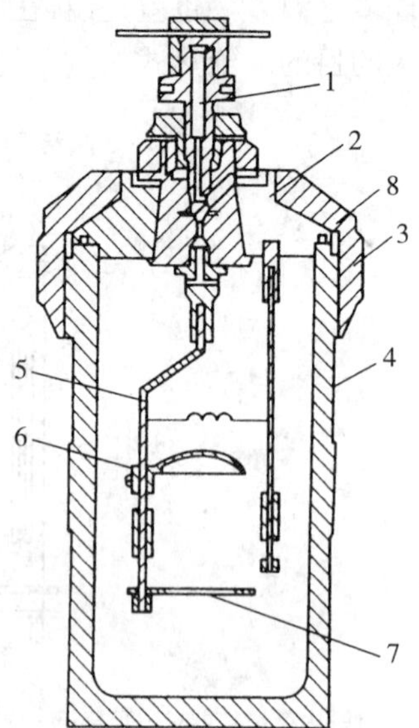

1—进气口；2—弹头；3—连接环；4—弹筒；5—电极；6—遮火罩；7—燃烧皿架；8—橡胶垫圈

图7－18　独头氧弹结构图

GB/T 213—2008规定，新氧弹和新换部件（弹筒、弹头、连接环）的氧弹应进行20.0MPa的水压试验，证明水压试验合格后方可使用，如氧弹出现磨损、腐蚀、振动应及时维修或更换，并经水压试验合格后再使用，以确保氧弹使用安全。

在一般情况下，氧弹还应定期进行水压试验，每2年试验一次。对于使用已久或长期放置已久或长期放置不用的氧弹不进行水压试验就直接使用，是不安全的。

在使用氧弹时，应注意：

①防止氧弹摔碰，特别是防止已充氧的氧弹从台面上摔落在地上；

②氧弹严禁与油脂接触。进行耐压试验或维修后的氧弹，在使用前一定用热碱水作除油清洗，最后用清水冲洗干净；

③禁止使用电解氧，这在电厂中尤需加以注意，因为不少电厂的制氢站副产氧气，如使用电解氧是很危险的；

④禁止使用漏气的氧弹。每次使用时，都应检查氧弹是否漏气，如漏气，务必加以消除后使用；

⑤氧弹一般最大承受的热量为30000J，故测定试样时其燃料燃烧产生的热量必须明显地小于30000J。如测定石油试样时，称样量应控制在0.6g左右，切不可超过0.8g。

（2）量热温度计

量热温度计是指用于测量内筒水温的精密温度计，它是热量计最重要的部件之一。由测热原理可知，测准发热量的关键在于测准内筒水的温升，故对测量内筒水温的量热温度计有着严格的技术要求。

对传统型热量计来说，多配用贝克曼温度计；对自动热量计来说，则多配用铂电阻温度计。不论配用何种量热温度计，它应符合下下述基本条件：

①测温精度应符合热量测定要求，必须能测准到1/100℃，估读到1/1000℃，但精度过高也是没有必要的。

②温度计为计量器具，必须定期（通常一年一次）由国家计量机关检定，合格者方可使用。

③贝克曼温度计的检定，提供毛细管孔径修正值和平均分度值2项参数，以便对所测温度作相应校正；而铂电阻温度计也存在测温条件下电阻与温度之间的线性度及平均分度值问题，以便对所测温度作相应的校正，然而我国各热量计生产厂配用的铂电阻温度计长期不作定期校验，这也可能是自动热量计的测热准确性低于传统热量计的主要原因之一。

鉴于当前我国各行业中的生产企业已很少使用传统热量计，本书不拟对贝克温温度计的调节、校正及使用问题加以说明。如想了解这方面情况，读者可参阅作者编著的《电力用煤采制化技术及其应用》第二版（中国电力出版社，2003年5月）。

对于铂电阻温度计，其性能与使用要求是：

铂电阻的电阻率为0.0981Ω·mm²/m，测温范围一般为-200℃～+500℃，电阻丝直径为(0.05～0.07)mm，电阻值与温度关系近于线性。

铂在氧化气氛中，甚至在高温下，物理化学性能稳定。铂电阻的特点是：准确度高，稳定性好，性能可靠。

对于铂电阻的校验，工业上常用标准玻璃温度计或标准铂电阻温度计采用比较法来校验。此外，还可用R_0和R_{100}的方法来判断铂电阻是否合格（R_0及R_{100}分别为℃及100℃时的铂电阻阻值）。如果这两个参数的误差不超过允许的范围，则认为铂电阻合格。也就是说，校验0℃及100℃的电阻阻值即可。

在测热时，使用铂电阻温度计应注意下述各点：

①它应垂直置于内筒水中，其端部位于氧弹中部的位置处。

②在使用前，将其保护套管内积水甩净，以防所测温度不准。

③防止碰摔，对铂电阻温度计要妥善加以保管。

④更换铂电阻温度计时，应由热量计生产厂人员处理并调校后，用户应对热量计重新标定热容量。

(3)内筒

内筒由青铜、黄铜或不锈钢制成。断面多为圆形、椭圆形、菱形或其他适当形状，以与外筒形状与结构相匹配。内筒装水量为2000g～3000g（约相当于内筒容积的70%左右），以能浸没氧弹（进出气阀及电板除外）为准。

内筒外壁应电镀抛光，以减少与外筒间的热辐射作用。

(4)外筒

外筒为金属材料加工的双壁容器，故有时也称为外套。内、外筒之间要有适当距离，采取空气隔热，其间距通常为10mm～12mm。外筒底部有绝缘支架，以便放置内筒。恒温式热量计外筒容量必须足够大，至少为内筒装水容积的5～6倍。

(5)搅拌装置

为了保持内筒水温均匀，热量计需配置搅拌器，多采用螺旋桨式或电磁式，转速以

400r/min～600r/min 为宜，并应保持转速稳定。搅拌效率应在热容量标定中，由点火到终点的时间不超过 10min，同时产生的热量不应超过 120J 或内筒水的温升不超过 0.01℃，搅拌电机的温升不应超过这 65℃。

（6）点火装置

点火采用 12V～24V 电源，一般由 220V 交流电源变压后供给。点火丝在空气中烧红，在氧气中就会熔断，达到点燃试样的目的。

点火装置如图 7－19 所示。

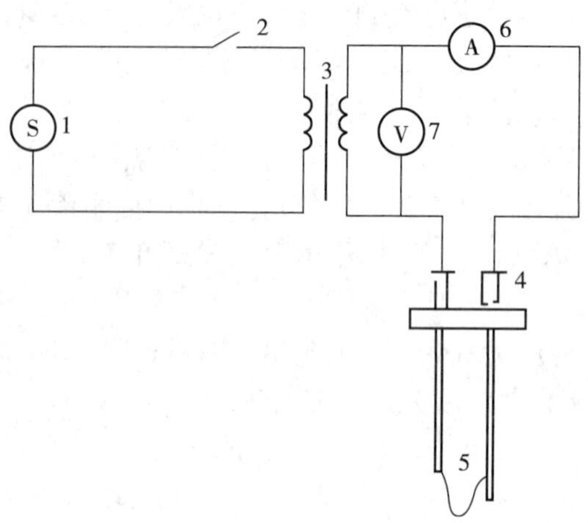

1—电源；2—开关；3—变压器；4—电极；5—点火线；6—电流表；7—电压表

图 7－19　点火装置示意图

在熔断式点火法中，应由点火丝实际消耗量及点火丝的燃烧热来计算点火丝放出的热量。

根据点火时间 t，通过的电流 I 及电压 V 来计算每次点火所消耗的电能热。

$$Q = VIt \tag{7-38}$$

二者放热之和，才是点火热。

（7）辅助装置

①燃烧皿

或称坩埚，最好用铂制品，但一般多用不锈钢制品，燃烧皿材宜薄不宜厚，其内部应呈弧形，不能有死角。

②氧气压力表及充氧装置

氧气压力表由双表头组成，内侧表头指示氧气钢瓶中的压力，量程为 0～25MPa，外侧表头指示氧弹内压力，量程为 0～6MPa。

氧气压力表每年都应送国家计量机关检定，合格者方可使用。

压力表通过内径 1mm～2mm 的无缝金属管（多为紫铜管或不锈钢管）或高强度尼龙管与充氧器连接，以便充氧，充氧器上仍装有氧气压力表，其示值与双表头上的外侧压力表相同。

压力表及各连接部分禁止与油脂接触或使用润滑油。如不慎为油脂所污染，必须依次用苯及酒精清洗干净，并风干后使用。

3. 自动热量计的结构与特点

近年来,国内生产多种型号的自动热量计,内筒与外筒实施一体化,即内筒水直接取自外筒,测热后的内筒水又排至外筒,实现循环使用。故这类热量计与上述传统的热量计在内外筒水路上有较大区别。

这种自动热量计按其向内筒供水的渠道与布置不同,将其定容容器分为内置式及外置式两类。

某厂生产的内置定容容器的自动热量计见图7-20及图7-21所示,它们已成为当前我国市场上自动热量计的主流产品,在我国电厂中广为使用。图7-22为美国产的一种外量式定容容器的自动热量计。

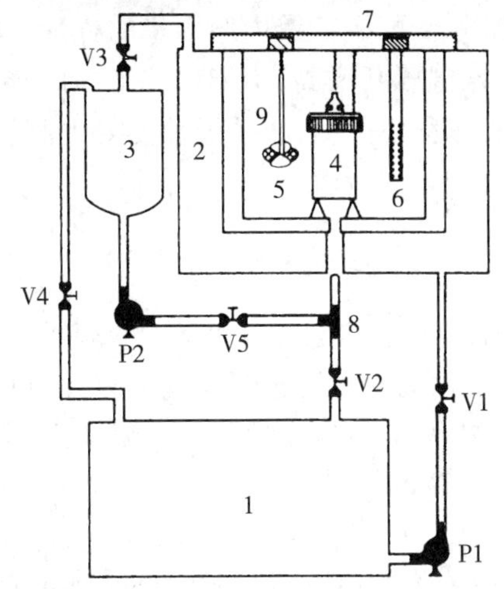

1—下水箱;2—热量计外筒(外套);3—定容容器;4—氧弹;5—搅拌器;6—温度计;7—热量计上盖;8—三通;9—热量计内筒

图7-20　内置定量容器的自动热量计

图7-21　某厂生产的新型自动热量计

图7-22　美国产外置定容容器的自动热量计

(1)内置式定容容器的自动热量计

由图7-15可以看出,内筒水直接取自外筒,测热后内筒水又返回外筒,循环使用,故免除了内筒水的调节。其实这种热量计的水系统设计存在明显的不足,甚至可以说这是该类型热量计致命的缺陷:一是内筒水量是按其容积确定的(装有水位计),这远不如称量法计量水量准确,内筒中水位相差1mm,水量相差12g,且容量法计量水量还有一个水温校正问题;二是测试人员不易观测到内筒水质的变化,随测热次数的增加及用水时间的延长,水质恶化是不可避免的,且换水又不方便,水箱很难清理干净;三是一个更突出的问题,就是随测热次数的增多,外筒水温不断递升,使恒温式热量计失去外筒水温能保持恒定这一基本特点,使测热结果的精密度与准确度降低。

(2)外置式定容容器的自动热量计

该类热量计是将外筒水引进一固定容积的水瓶中,参见图 7－22。测热时,将此瓶中的水转入内筒;测热后,已升温的水又转入系统中令其循环。这种热量计国内生产者不多,它与内置式定容容器的热量计水系统基本相似,但它可以方便地观测到内筒中水质的变化情况,同时定容容器随时注满水,可在室温环境下令其与环境温度平衡。就此而言,它还是优于内置式设计。但是外置式定容容器与热量计很不协调,操作也不及内置式仪器方便,二者各有千秋。

定容容器无论是内置式还是外置式,这类热量计在连续测热过程中,外筒水温均呈不断递增的趋势,这将对测热准确性带来不利影响。

这类自动热量计的最大优点是在测热时,免于内筒水温的调节及内筒水量的称量,然而其缺点明显,而且是不容忽视的。前已指出:由于外筒水温不断增高,不能保持基本恒定,从而失去恒温式热量计的基本特征与优势;水系统彻底换水很不方便,水质恶化易导致测热准确性下降,同时故障率上升;仪器价格也大幅度提高,并非物有所值。

四、冷却校正值的确定

冷却校正值的正确确定,是对使用恒温式热量计的一项基本要求。它直接关系到发热量测定结果的准确性。煤质检测人员应该了解冷却校正值的含义并进行正确计算,否则,就不能说是真正掌握了热量计的使用及测热技术。

1. 冷却校正值的含义

使用恒温式热量计的测热过程中,它的内外筒水温之间始终存在一定的温度差,此差值随时间改变而改变。在一般情况下,点火前的内筒水温度总是要调节令其略低于外筒水温度(通常二者相差 0.8℃ ~1.2℃),这时内筒水是吸热的,但在点火后,随试样热量的释放,内筒水温升高,它将越过吸热与放热的分界线而高于外筒水温,此时内筒水是散热的。一般情况下,散热量总是大于吸热量,也就是说,实际上观测到的内筒水温是偏低的。为了消除内外筒水的热交换对温升的影响,就必须对内筒水温加上一校正值,称为冷却校正值,通常用符号 C 表示。

为了消除内外筒水的热交换对发热量测定结果的影响,应该对所观测的内筒水的温升值 $t_n - t_o$ 加上冷却校正值 C,则发热量 Q 为

$$Q = \frac{E(t_n - t_o) + C}{m} \qquad (7-39)$$

式中　E——热量计热容量,℃;

t_n——终点温度,℃;

t_o——点火温度,℃;

C——冷却校正值;℃;

m——煤样质量,g。

对于绝对式热量计来说,由于内外筒水温之间处于动态平衡,认为它们之间不存在热交换,故冷却校正值 $C=0$。

2. 升温线的一般形式

根据上述冷却校正的含义可知,在发热量测定主期(即 $t_o \sim t_n$ 过程中),内筒水从吸热

转为散热，冷却校正值就是由这两部分热交换所引起的。在绝大多数情况下，测定主期内筒水的散热量要大于吸热量，从而表现主期内筒水的温升值偏低。也就是说，冷却校正值常为正值。

升温曲线的一般形式参见图7－23。

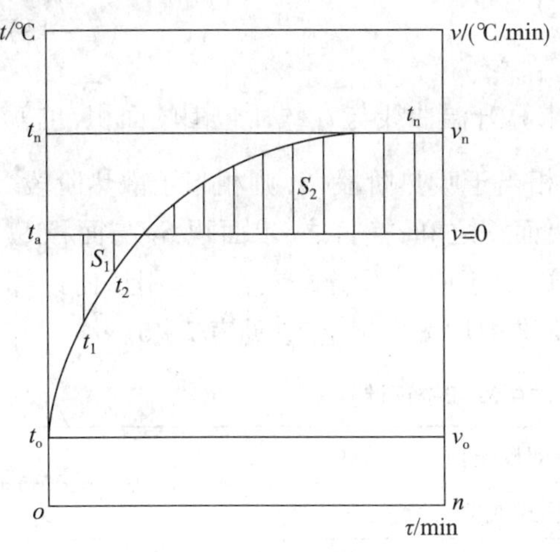

图7－23　升温曲线的一般形式

存在一个冷却校正值 C 是使用恒温式热量计的一个基本特点。冷却校正值多在0.01℃～0.02℃，有的甚至更高，例如对热容量14000J/℃的热量计来说，则0.01℃～0.02℃就相当于140J～280J热量，故正确计算冷却校正值，就成为掌握测热技术的重要组成部分，而且是难点所在。

3.冷却校正值的计算依据

冷却校正值计算的理论基础是经典的牛顿冷却定律，即一个物体的冷却速度与该物体的温度 t 与其所处环境温度 t_j 之差成正比，即

$$V=K(t-t_j) \tag{7-40}$$

式中　K——冷却常数，min^{-1}。

对热量计算来说，还应考虑搅拌热，蒸发热等各种产生热效应的因素，式(7－47)中对上式还应加以修正，也就是应加上一个常数项 A，即

$$V=K(t-t_j)+A \tag{7-41}$$

式中　A——综合常数，℃/min。

冷却校正值 C 由下列积分值所表示

$$C=\int_0^n (t-t_a)d\tau \tag{7-42}$$

式中　t_a——$dt/d\tau$时的内筒温度；

$d\tau$——时间(分)的微分。

$t-t_a$ 时间τ的函数，但它不能以一般形式表示，而只能用图解法或其他近似计算方法计算。

根据一次热量的测定过程，记录时间与内筒温度数据绘制出升温曲线，这正如图7－23所示。左方纵坐标表示内筒温度 t(℃)，右方纵坐标表示内筒温度下降速度 V(℃/min)，横坐标表示时间τ(min)，t_o 与 t_n 分别为点火与终点温度，而它们对应于右方纵坐标上的温度下降速度为 V_o 及 V_n。V_o 即初期中内筒温度30s内的平均下降速度℃/30s，V_n 即终期中内筒温度30s内平均下降速度℃/30s。

图7－23中，利用图解法可将时间－温度曲线转换为时间－温度变化(下降)速度曲线，由于可以用求算 $\int_0^n d\tau$来代替求积 $K\int_0^n(t-t_a)d\tau$，从而避免了冷却常 K 的求算。

由于内外筒温差造成内筒温度下降，在其终期温度下降速度 V_n 具正值；而在初期，内筒处于吸热阶段，内筒温度不是下降而是上升，故初期温度下降速度 V_o 具负值。

在正常的热量测定过程中，均可找到温度下降速度 V 等于零的这一点。当 V 等于零时

的内筒温度,就是吸热与散热一分界线。此时,既不吸热,也不散热。当内筒温度低于 t_a 时,内筒吸热;反之,则放热。

测热过程中,由内外筒的温差所造成的温升值误差,也就是冷却校正值,它应为冷却速度按时间累积的总和,V 是随时间 τ 改而改变的变量,故要用积分求算,即

$$C = \int_{o}^{n} V d\tau \tag{7-43}$$

求冷却校正值 C,也就是述算积分值 $\int_{o}^{n} V d\tau$,即求算升温曲线与 t_a 线所包围的面积,也就是图 7-23 中粗线所包围的面积 S_1 和 S_2,面积 S_1 相当于吸热阶段,S_2 则相当于散热阶段。因而计算冷却校正值 C,也就是求算 S_1 和 S_2 这两块面积之和,换言之,求面积 S_2 与面积 S_1 的差值。如何求算面积 S_2 与 S_1,有着各种计算公式,对于应用恒温式热量计应用任何计算公式计算冷却校正值 C,通常各个国家的发热量测标准中均作出规定,参见表 7-6。

表 7-6　各主要工业国家(组织)标准中冷却校正计算公式

国家(组织)	冷却校正值计算公式
中国	瑞-方(Regnault-Pfandler)公式或罗-李公式
国际	瑞-方公式,Dickinson 公式或其他等同公式
英国	瑞-方公式
美国	瑞-方公式或 Dickinson 公式
俄罗斯	本特(Bunte)公式
德国	瑞-方公式或 Roth 公式
澳大利亚	瑞-方公式
法国	Dickinson 公式

表 7-6 中罗-李公式,即中国煤炭科学研究院罗颖都-李英华提出的计算公式,为 GB/T 213—2008 中所采用,故也称为中国国标公式。

4. 冷却校正值的计算

(1)冷却校正计算公式的选用

由表 7-6 可以看出,冷却校正计算公式很多,但它们都是以经典的牛顿冷却定律为其理论基础。其中以瑞-方公式的计算结果最为准确,应用也最为普遍。

GB/T 213—2008《煤的发热量测定方法》中规定采用罗-李公式及瑞-方公式;而我国 GB/T 384《石油产品热值测定法》中则规定应用本特公式;而我国计量检定规程 JJG 672《等温型氧源热量计》中则规定使用瑞-方公式。其实罗-李公式及本特公式均是瑞-方公式的某种简化式,它们计算的准确性均不及瑞-方公式。作者在长期的试验研究中测定发热量时,多用瑞-方公式,有时也用计算最简单方便的本特公式来确定冷却校正值。

(2)瑞-方公式的应用

瑞-方公式是最准确,也是最具实用价值的计算公式。在此,将作较详细说明,至于其他计算公式就不多述。

瑞-方公式的表达式为

$$C = nV_0 + \frac{V_n - V_o}{\bar{t}_n - \bar{t}_o}\left[\frac{t_o + t_n}{2} + \sum_{i=1}^{n-1} t_i - n\bar{t}_o\right] \tag{7-44}$$

式中　t_i——主期内第 i 分钟时的内筒温度,℃;

$\bar{t}_o$——初期平均温度,℃;

t_n——末期平均温度,℃。

其他符号意义同前。

瑞－方公式是以 $t-\tau$ 曲线为基础的一种冷却校正计算公式。前已指出,冷却校正 C 可用式(7－45)表示,即

$$C = K\int_0^n (t - t_a)\,d\tau \tag{7-45}$$

将图 7－18 中的 $t-\tau$ 曲线和 t_a 所包围的面积(图中的 S_1 和 S_2)按 1min 间隔分成若干小块面积 A_1、A_2……A_n,把每分钟的升温曲线看成直线,则每一小块面积可近拟看成梯形面积,S_1 和 S_2 就是全部小梯形面积之和,故上式可写成

$$C = K\int_0^n (t - t_a)\,d\tau = K\sum_{i=0}^{n} A_i \tag{7-46}$$

根据牛顿冷却定律

$$V_o = K(\bar{t}_o - t_a) \tag{7-47}$$

$$V_n = K(\bar{t}_n - t_a) \tag{7-48}$$

求出

$$K = \frac{V_n - V_o}{\bar{t}_n - \bar{t}_o} \tag{7-49}$$

由此,即可求出 $K\sum_{i=0}^{n} A_i$,经简化后即得到瑞－方公式的表达形式。对于瑞－方公式的应用,现举一例加以说明,原始数据见表 7－7。

表 7－7　应用瑞－方公式测定发热量温度记录　℃

初期	主	期	末期
0.848	1.06	2.608	2.620
0.849	1.84	2.621	2.618
0.850	2.32	2.623	2.616
0.851	2.516	2.622	2.614
0.852	2.579		2.612
0.853			

$V_o = -0.001$℃/min;

$V_n = +0.002$℃/min;

$n = 9$min;

$t_o = 0.853$℃;

$t_n = 2.622$℃;

$\bar{t}_o = 0.8505$℃;

$\bar{t}_n = 2.616$℃；

$$\sum_{1}^{n-1} t_i = 18.167℃$$

将上述参数代入式(7－51)，则

$$C = 9 \times (-0.001) + \frac{0.002-(-0.001)}{2.616-0.8505}(18.167 + \frac{0.853+2.622}{2} - 9 \times 0.8505)$$

$$= -0.009 + \frac{0.003}{1.7655}(18.167 + 1.7375 - 7.6545) = 0.0118℃$$

瑞－方公式的最大特点在于计算结果准确性很高，不少国家及国际标准中均采用此式计算冷却校正值。

该公式最大的不足之处在于计算麻烦，然而现在普遍使用自动热量计，冷却校正值已不需要人工而由微机计算而得。即使使用传统型热量计，由于现在可用电子计算器，其实计算冷却校正值也并不费事。

五、热量计热容量的标定

热量计的热容量是计算燃料发热量的最基本参数，正确标定热容量，是保证燃料发热量准确可靠的必要前提。由于发热量的测定操作与热容量的标定操作基本相同，掌握了热容量标定技术，也就是说，掌握了发热量测定技术。同时，热容量的标定结果也是对热量计性能评价的主要依据之一。

1. 测热室条件

无论是标定热量计热容量，还是测定燃料发热量，热量计均应置于测热试验室中进行。

虽然国家标准 GB/T 213—2008 对测热室提出了 4 项条件，但仍存在不够明确，易引起误解之处。标准规定，测热室应满足下述各项条件：

①进行发热量测定的试验室（即测热室）应为单独房间，不应在同一房间内进行其他试验项目；

②室温应保持相对稳定，每次测定室温变化不应超过 1℃，室温以在 15℃ ~30℃范围为宜；

③室内应无强烈的空气对流，因此不应有强烈的热源，冷源及风扇等，试验过程中应避免开后门窗；

④试验室最好朝北，避免阳光照射，否则热量计应放在不受阳光直射的地方。

上述第②条中规定每次测定室温变化不应超过 1℃，每次测定的含义不明确。一般认为，测定一个煤样，就应称为测定一次。那如果一天测定 10 个、20 个煤样，室温变化应为多少？这无法实现室温应保持相对稳定的要求，将每次改为每天，也就能确保室温保持相对稳定了。另一方面，上述第③条的规定，室内应无强的空气对流，这一原则是无可厚非的。但是空调、暖气算不算是强烈冷源、热源？既然要满足室温在(15－30)℃范围，在我国不少地区冬季及夏季，不使用暖气与空调能行吗？标准的规定不应脱离实际情况。第④条应改为：如测热室温度无法达到第②条要求时，允许使用暖气、空调等设备，但应注意，热量计应放置在远离暖气及空调的地方，特别是要防止热量计对着空调风口，暖气则应采用水暖而不是汽暖，这样室内温度较易控制，在使用空调时，应待室内达到规定温度后，再开始进行正式试验。试验过程中应避免开启门窗这一要求,是完全正确的。

2. 热容量与水当量

热量计的热容量,是指量热系统升高1℃所吸收的热量,单位为J/℃,用符号E来表示。热容量有时又称为能当量。

热量计的量热系统,是指发热量测定过程中,接受试样所放出热量的各个部件。除了内筒水外,还有内筒、氧弹、搅拌器及量热温度计浸没于水中的部分。

例如某热量计的热容量为14840t/℃,这就是说,该热量计量热系统升高1℃,需要吸收14840t/℃的热量。它实际上为该热量计量热系统各部件的热容量之和。

$$E = cm + c_1 m_1 + c_2 m_2 + \cdots\cdots + c_n m_n \tag{7-50}$$

式中　E——热容量,J/℃;

c——水的比热容,4.18J/(g·℃);

m——水的质量,g;

c_1、c_2……c_n——量热系统各部件的比热容,J/(g·℃);

m_1、m_2……m_n——量热系统各部件的质量,g。

$c_1 m_1$、$c_2 m_2$……$c_n m_n$等数值虽不易直接测定,但当测出量热系统的热容量E值后,减去内筒水的热容量就可求算出来。通常1g水升高1℃吸收4.18J的热量,例如上述热容量为14840t/℃的热量计。内筒装水量为3000g,那么热量计各部件的热容量为14840-(3000×4.18)=2300J/℃,这也就是相当2300/4.18=550g水升高1℃所吸收的热量。此相当于水的量,称为水当量,故该热量计的热容量为14840J/℃,水当量为550g。

在早期的书刊中,往往将热容量也称为水当量,实际上二者含义是不同的,不可混为一谈。

六、热容量的标定步骤和注意事项

标定热量计的热容量通常应用已知精确热值的苯甲酸,它是碳、氢、氧三元素组成的有机化合物,化学式为C_6H_5COOH。它易于提纯,不易吸水,燃烧性能稳定,且它完全燃烧时所放出的热量与煤大体相近,供标定热容量的苯甲酸,必须经国家计量机关检定并标有精确热值。

1. 热容量标定前对苯甲酸的处理

①苯甲酸的热值必须精确到1J,例如26548J/g。

②受潮的苯甲酸不能用,受潮后它可能无法着火燃烧。

③最好使用机械加工的苯甲酸片剂。人工压饼时,异物(压饼机的电镀粉末)的引入是难以避免的。

在人工压饼时,应将苯甲酸研细并置于盛有浓硫酸的干燥器中干燥2d~3d,或者在60℃~70℃下干燥3h~4h,冷却后压饼,每个试饼重约为1g。为此,可在压饼前粗称苯甲酸,试饼宜压实一些,再用小刀将试饼表面刮净,以保证不为杂物所污染。对于机械压饼的市售饼剂,也应提前按上述要求干燥,把处理好的苯甲酸试饼置于干燥的称量瓶中,然后将它放置在盛有浓硫酸的干燥器中保存,供随时取用。

2. 热容量标定操作程序

各种热量计标定热容量的操作程序是相同的,但具体操作方法因其自动化程度的不同而有所差异，其中以应用贝克曼温度计测温的传统型热量计标定热容量的操作最为麻烦。由于现在电厂中普遍采用自动热量计，现以采用单片机控制，需要人工称取内筒水量与调节内筒水温的热量计为例，说明热量计标定的操作程序。

①称取苯甲酸试饼，称准到0.0002g，例如1.0062g、0.9984g等，而不必将苯甲酸试饼压好称至1.0000g。

②结点火丝与棉纱线（测煤样时不用棉纱线），保证点火丝或棉纱线与苯甲酸试饼良好接触。

③往氧弹中可借助带刻度的量管加入10mL水，将氧弹上紧。

④调节内筒水温，通常内筒水温较外筒水温低1℃左右，二者的差值随热量计热容量的减小而增大。总之，调节内筒水温的原则是使得终点内筒温度得以缓缓下降。

⑤称量内筒水量称准至g，称内筒水量一般可采用称量5kg或6kg，感量0.1g的电子工业天平来称量；如用容量法，则应对水的体积受温度的影响加以修正。

⑥往氧弹中充2.6MPa～2.8MPa的氧气，当达到规定压力后维持15s～30s，此充氧时间随氧气钢瓶内的压力减小而适当延长。

⑦将充好氧气的氧弹置于内筒水中，接上电极。此时要特别留心观察一下氧弹是否漏气，如漏气，则应排除氧弹中的氧气，检查原因并消除漏气后重新充氧，内筒水此时也应重新称量。

⑧盖上热量计盖，接通热量计电源。按热量计说明书输入试样编号、苯甲酸量、苯甲酸热量、并选择计算冷却校正值的计算公式。

从开始记录初期温度、试样点火、全部数据的处理与计算均由微机或单片机完成，其热容量标定结果也由打印机打印出来。

⑨取出氧弹，排出弹内气体，观测苯甲酸是否燃烧完全。燃烧完全，则燃烧皿内不应留下任何固体残渣；如燃烧不完全，则燃烧皿底部存有一层碳黑，此时标定结果作废。

⑩量取点火丝的长度，热容量标定中的硝酸生成热，按式（7－51）计算；人工计算热容量，并与微机计算结果核对。

$$q_n = 0.0015 Q_m \tag{7-51}$$

式中 q_n——硝酸生成热，J；

Q_m——苯甲酸的热值，J/g；

m——苯甲酸的质量，g。

热容量 E 计算

$$E = \frac{Q_m + q_1 + q_2}{t_n - t_o + c} \tag{7-52}$$

式中 q_1——点火热，J；

q_1——添加物如棉纱线等产生的总热量，J；

其他符号意义同前。

⑪热容量应重复标定5次，如相对标准偏差RSD＜0.20%，则判为标定合格；如超差，允许再补标一次，如仍不合格，则应舍弃全部标定结果，检查原因后重新标定。

设某一台自动热量计的5次标定结果分别为：10041J/℃、10052J/℃、10063J/℃、10074J/℃、10085J/℃，其平均值为10063J/℃，标准差S为17.47J/℃。

RSD = 17.4/10063 × 100% = 0.17%。

3. 热容量标定中应注意的问题

热容量标定中应注意的问题，也是热容量标定中的技术要点和难点，读者对这些问题应有充分的认识与理解，这对真正掌握热量标定技术是十分必要的。

（1）内筒水温的调节问题

大约在20世纪90年代初期，国内生产的热量计，用铂电阻温度计测定内筒水温，采用单片机自动控制测温过程、记录、计算并打印出发热量测定结果。该类型热量计体积较小，其结构与传统恒温式热量计基本相似，内外筒是分开的。该类热量计不用较大屏幕的显示器，而采用数码管显示水温及其他参数，采用微型打印机打印结果。

作为检测人员来说，测定发热量时，试样的称量、氧弹的充氧、插入电极、调节内筒水温及称量内筒水量，输入样品等需要人工完成，其他方面则由热量计自动完成。

用单片机控制的这类自动热量计见图7-24。

图7-24　单片机控制的自动热量计

该类型自动热量计性能要优于其他类型的自动热量计（包括现时各电厂所配用的所谓全自动热量计）。该类型热量计的测热精密度、准确度较好，这恰恰是评价热量计性能的最重要指标，加上它体积小、价格低、性能稳定，它的性价比远远优于所谓的全自动热量计。

生产厂为了推销所谓自动热量计，夸大了内筒水温调节的难度及不用称量内筒水量的优越性。现就内筒水温调节问题加讨论。

调节内筒水温的目的是在热量测定中终点内筒温度得以缓慢下降，标准规定，测热过程中所出现的第一个下降温度即为终点。如果观测不到终点温度，就很难判断试样是否燃烧完全。

例如对热容量10000J/℃的热量计来说，称取苯甲酸1g，即在苯甲酸完全燃尽后，内筒水温升高约2.6℃（因为苯甲酸的热值在26500J/g左右），这时可调节内筒水温比外筒低1.2℃，设

内筒水温：点火前为21.0℃，终点时为23.5℃；

外筒水温：点火前为22.2℃，终点时为22.3℃。

故点火前，内筒水温比外筒水温低1.2℃，故内筒水温得以缓慢上升；到终点时，外筒水温则比内筒水温低1.2℃，故末期温度可以缓慢下降，可清楚地观测到终点温度。

又如对热量为14000J/℃的热量计来说，1g苯甲酸燃后可使内筒水温升高约1.9℃，这样内筒水温调节可以比外筒低0.9℃或1.0℃即可。设

内筒水温：点火前为21.0℃，终点时为22.9℃；

外筒水温：点火前为21.9℃，终点时为22.0℃。

同样可使得在终点时，末期温度得以缓慢下降，可清楚地观测点终点温度。

为了方便调节内筒水温，试验室应配置一电冰箱，在其冷藏室储存10℃以下的冷水备用；在调节水温时，必须将内筒水充分搅匀，然后用0℃～50℃，分度为0.1℃的温度计测量水温。

在配有电冰箱的情况下，调节内筒水温是十分简便的事，且花费时间也就 1min ~ 2min 足够。

在发热量测定过程中，有时主期温度会一直上升，以致测热期内观测不到内筒温度的下降，这多因内筒水温调节不当所致。当水温温差调节过大，而试样释放的热量又较少时，就常常出现这种情况。对于某些型号的自动热量计来说，如水温调节不当，就根本无法运行。

(2)内筒水量的称量问题

上述类型的自动热量计与传统的恒温式热量计一样，内外筒各自独立，内外筒水互不相通。内筒水要求使用纯水，并可重复使用。如果水质恶化、发浑污染，则应及时更换。不宜采用自来水作内筒水。

热量计内筒水应称准至 1g，故应配备称量 5000g 或 6000g，感量 0.1 的电子工业天平来称量内筒水量。热量计内筒水量一般可采用重量法或量取体积法，最好采用称重法，这不仅操作方便，而且不必考虑水的密度受温度变化的影响。

在 4℃时，纯水的密度才是 1.00000g/cm^3，随温度的升高，水的密度减小，见表 7 – 8。

表 7 – 8　水的密度与温度间的关系

水温/℃	4	10	15	20	25	30
密度/(g/cm^3)	1.00000	0.99973	0.99913	0.99823	0.99707	0.99567

例如 15℃ 时，3000mL 水的质量为 29974g，而 30℃时，其质量为 2987.0g，在不同温度下，3000mL 水折算成 3000g 时的质量差值△m 如图 7 – 25 所示。

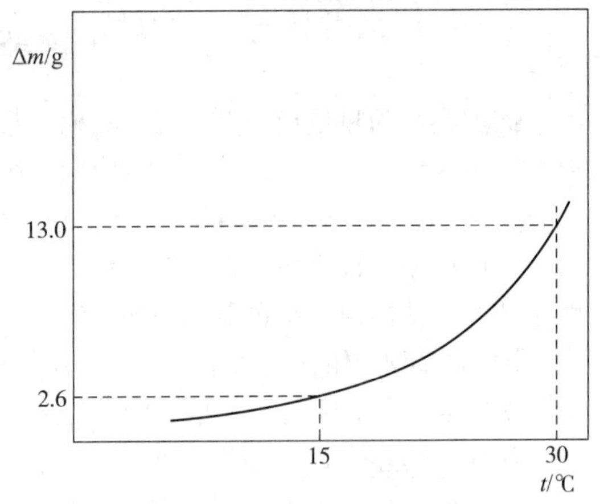

图 7 – 25　不同温度时水的质量差值

在实际操作中，可按下述步骤进行：首先由图 7 – 25 查出在该温度下的质量差值△m 的水，二者一并加入内筒中，以达到校正的目的。

应注意：量取水体积的容量瓶及吸液管应经计量机关检定合格方可使用。

目前各电厂使用的所谓全自动热量计，也是利用容积法计量内筒水量的，利用一水位计确定内筒水的高度，每 1mm 高度，约相当于 12g 水，故这种计量精度是不高的，远不及称量法准确，这也是此类热量计的主要缺点之一。

(3)热量计热容量的标定条件问题

煤样发热量测定与热量计热容量标定是紧密联系在一起的。为提高热容量标定结果的可靠性，可通过增加标定次数，以降低随机误差。5 次标定结果必须符合标准规定要求，即相对标准差 RSD 应 <0.20%。任意减少标定次数或从众多的标定值中选出相近的结果来加以平均是不允许的。如果标定值分散过大，则应对标定条件及标定操作进行仔细检查，纠正存在问题后重新标定，并舍弃原有的全部标定结果。

在标定热容量时，如使用 2 只质量相同的氧弹(其质量差控制在 5g 以内)，则可以用上述 2 只氧弹交替标定热容量以提高标定效率。当然，其他试验条件均完全一致。

热容量标定值一般有效期为 3 个月，超过此期限应重新标定，但有下列情况时，应立即重新标定。

①更换量热温度计；

②更换热量计大部件，如氧弹头、连接环等；

③标定热容量和测定发热量时内筒温度相差5℃；

④热量计经过较大搬动。

以上是GB/T 213—2008的规定。要说明的是：热容量标定值的有效期严格说，应是温度变化不超过5℃。一般来说，一年分为4季，在15℃～35℃范围内，平均一季相差5℃。实际上各地情况很不相同，最好还是以5℃间隔为宜。

上述③，如将热量计由一处迁至另一处，就属于较大搬动。在一试验室内，热量计由试验台一侧平移至另一侧，不算较大搬动。

标准同时规定：如果热量计量热系统没有显著改变，重新标定的热容量值与前一次热容量标定值不应大于0.25%，否则，应检查试验程序，解决问题后再重新进行标定。

实际上，这一规定很难实现。标准指出，如达不到规定的0.25%要求，要检查试验程序，对于现在使用自动热量计来说，除称样、结点火丝、氧弹充氧为人工操作，其余操作均由微机控制自动完成，化验员是检查不了试验程序的，从而作为热量计的用户也难以解决存在的问题。上述要求应是对仪器生产厂的要求，这对热量计的使用人员来说，是无法承担的。由于仪器厂服务于众多用户，也不可能及时解决某一用户标定热容量中出现的问题，故标准的上述规定是很难实施的。理论上要求是没有问题的。

热容量的正确标定，是提供准确发热量的前提。同时热容量的标定结果也是评价热量计性能优劣的重要指标，我国热量计其热容量标定结果的相对标准差RSD $<0.20\%$为合格。RSD值越小，表明热量计性能越好。一般说来，国产热量计中的多数产品其热容量的RSD多在0.10%～0.20%范围内。如果RSD能稳定地$<0.10\%$，那么该热量计的性能就很好了。

七、燃煤发热量的测定与计算

热量计热容量标定以后，按照与热容量标定全完相同的程序与要求操作（苯甲酸换成煤样），根据煤样燃烧时内筒水温升及试样量，就可计算出试样的发热量。

热容量标定后，测定发热量时就必须保证与其操作条件相一致。例如要求内筒水量必须完全相同，必须使用同一支量热温度计，并保持相同的浸没深度（即量热温度计位置固定）；测定终点温度相近，这样可使引起误差的一些因素互相抵消，从而有助于提高发热量测定结果的可靠性。

对于自动化程序不同的各种热量计，在测定发热量的程序上大致相同，而操作上则有所差异，本书以我国生产的第二代自动热量计（即需要人工调节内筒水温及称量内筒水量）为例，说明发热量测定的技术要点及其注意问题。

虽然目前我国电厂中较普遍采用不用调节内筒水温及称量内筒水量的所谓的全自动热量计，但因这类热量计存在问题很多，使用这类热量计实际价值不大。

1.测定发热量的程序与要求

①对试样的要求及燃烧皿的选择

待测煤样粒度应<0.2mm，并确实处于空气干燥状态，如不能确信煤样是否处于空气干

燥状态，可以将煤样倒入干净的浅盘中，摊薄，放置 30min 后，再来称样测定。此时的煤样可以确保其处于空气干燥状态。

燃烧皿（俗称坩埚）最好使用铂制品，然而现在普遍使用的为不锈钢制品，对不锈钢坩埚来说，底部有明显弧度，壁不宜过高，底也不宜过厚，一般质量为 4g～5g，这样有助于试样燃烧完全。

对于低挥发分、高灰分的煤样，为保证其燃烧完全，可将煤样用玛瑙研钵进一步磨细，并在坩埚底部铺垫一层酸洗石棉（市售的酸洗石棉剪短，在 800℃下灼烧 30min 后装入磨口瓶中备用）；对于高挥发分煤样，为防止爆燃，则宜先将煤样压成试饼，并刮净表面后切成几小块燃烧。

煤样量一般为 1g，但不一定正好为 1.0000g，例如 1.0184g、0.9906g 等均可。

②试样的点火材料与结线

点火材料可用各种已知热值的金属丝，如铁丝、镍铬丝等，无论采取何种形式点火，都应确保测热时的安全及煤样的点火成功。在各种点火线中，尽可能不用铜丝，特别是外表涂有绝缘漆的铜丝，因为它易造成点火失败。

国内热量计普遍采用熔断式点火。根据点火丝的实际耗量及点火丝的燃烧热计算测量点火丝放出的热量。而点火丝放出的热量及电能所产生的热量之和，才是点火热。

电能所产生的热量（J）＝电压（V）×电流（A）×时间（s）。

应该指出：我国生产的不少型号热量计，并不具有计算电能热的功能；另一方面，各种试样实际消耗的点火丝长度不可能是一致的，不同挥发分、不同发热量，甚至在不同结线情况下，点火丝在点火时实际消耗的长度也可能相差很大，故每次测热时所消耗的点火丝统统按原有长度（通常为 10cm）计算是不适宜的。

偶然性的点火失灵，通常是由于点火开关或点火钮接触不良所致，也可能是点火丝与燃烧皿或燃烧皿与另一根点火电极接触而形成短路所引起的。如经常性点火失灵，则可能是由于热量计的点火线路或点火装置自身存在缺陷所致。

③适当控制充氧压力

氧弹充氧压力必须适当控制。压力不能太低，但也不能太高。充氧压力太低，必将造成煤样燃烧不完全，测定结果作废；充氧压力过高，又可能难以承受在点火瞬间氧弹出现的高压，甚至会出现严重后果。

煤样测热时，充氧压力可这样控制：

低挥发分煤样，充氧压力为 2.9MPa～3.0MPa；

中挥发分煤样，充氧压力为 2.7MPa～2.8MPa；

高挥发分煤样，充氧压力为 2.5MPa～2.6MPa。

虽然我国标准 GB/T 213—2008 中规定，充氧压力最高可达 3.2MPa，作者认为，还是以上述 2.5MPa～3.0MPa 为宜。

如果一旦充氧压力超过 3.0MPa，不要贸然进行试验而应将氧气自氧弹中排出，再重新充氧。

充氧达到规定压力后，一般保持 15s～30s 即可，当钢瓶内压力 <5.0MPa 时，要更换氧气瓶，新充氧的氧气钢瓶压力约为 11.0MPa。绝对禁止使用电解氧。

有人认为，为保证煤样燃烧完全，靠提高充氧压力是不可取的，应避免这样做。

氧气钢瓶、氧气压力表、充氧器及其输氧管道,禁止与油脂接触、测试人员应把安全放在首位,切不可粗心大意。

④恰当调节内筒水温

调节内筒水温的一个主要目的,是保证在煤样燃烧结束时主期温度出现较明显的下降点,即终点温度。水温调节不当,不仅可能观测不到终点温度,无法判断燃烧是否完全;另一方面,对某些自动热量计来说,测热根本就无法自动进行。

例如对热容量10000J/℃的热量计来说,高发热量的煤(25MJ/kg~26MJ/kg),内筒水调节可低于外筒水1.2℃;中发热量的煤(21MJ/kg~22MJ/kg),内筒水调节可低于外筒水1℃;对低发热量的煤(17MJ/kg~18MJ/kg),内筒水调节可低于外筒0.8℃。总之,对同一台热量计来说,也就是热容量已经确定,内筒水温调节与外筒水温之差,应随煤样发热量的增大而增加。以保证观测到明显的终点温度。如果预先并不知道煤样发热量的高低,则可调节内筒水温低于外筒水温1℃左右,如测热后认为这一温差太大或太小,则可根据具体情况作适当调整。

注意:每次测量内筒水温前,都必须将内筒水彻底搅匀,然后用量程0℃~50℃,分度为0.1℃的玻璃杆温度计准确测量内筒水温。

调节内筒水温时,需用热水,可将纯水加热;如需凉水,则预先在电冰箱冷藏室中制备,以作备用。

⑤准确地称量内筒水量

测定发热量时内筒水量应与标定热容量时完全一致。内筒水量最好能用电子工业天平称准至0.1g(称量5000g或6000g,感量0.1g的天平)。

如果用容量法,则须对水的密度受温度变化的影响(参见表7-8)予以校正。

选择应用与标定热容量时相同的冷却校正计算公式,测热的其他操作均同热容量标定,且由微机自动完成,并打印出测热结果。

从氧弹放进热量计内筒开始计算,如采用瑞-方公式或本特公式计算冷却校正值,完成试样的测热时间约为23min,全过程分初期、主期、末期3个阶段;如应用国标公式计算冷却校正值,测热时间可缩短5min,测热过程也不分期。

测热结束后,从热量计中取出氧弹,排出弹内气体(建议不用氧弹洗液测定弹筒硫,而改用全硫代替),洗净氧弹,擦干后备用。

2. 煤样完全是否燃烧完全的判断

从发热量的含义可知:单位质量的燃料完全燃烧产生的热量,才称为发热量。

用分析天平称量煤样准确至0.1mg是不难做到的。因此,发热量测定的关键就在于必须保证试样燃烧完全。

有下述几种情况之一者,就可以初步判断试样燃烧不完全或肯定燃烧不完全,燃烧不完全的试验结果必须作废。

①测热结束,打开热量计上盖,发现氧弹漏气(在水中有气泡逸出,逸出气泡处即漏气部位),这很可能会造成煤样燃烧不完全。

②测热主期一般在10min内,如主期拖得很长,致使内筒水温持续缓慢上升,而观测不到终点温度,这也很可能会是煤样燃烧不完全所致。

③打开氧弹,发现弹筒内,特别是坩埚底部有未燃尽碳黑存在,这就肯定煤样没有能燃

烧完全。必须重新测定。

④发热量测定结果明显低于正常值。然而又观测不到有明显燃烧不完全的现象,这可能与内筒水的调节与计量不当有关。

为了保证煤样燃烧完全,通常可采取下述措施:

①煤样用玛瑙研钵进一步研细,促使燃烧完全。

②最好选用铂燃烧皿,不锈钢燃烧皿也可使用,但应按前文所述要求加以选择。

③对于挥发分较低的煤样,可在燃烧皿底部铺一层酸洗石棉,有助于煤样燃烧完全。

④对于挥发分很高的煤样,可压饼后再切成几小块燃烧,可防止煤样的飞溅。

3. 劣质煤及煤矸石发热量的测定

发热量过低的劣质煤或煤矸石因其发热量太低而无法燃烧完全,甚至连点火也很困难。对于劣质煤及煤矸石热量的测定,通常采用掺加高热值标准煤样的方法,先测出此混合样的发热量再减去标准煤样所产生的热量,即可求算出劣质煤或煤矸石的发热量。

在煤矸石发热量测定操作中,应特别注意下述几点:

①煤矸石与标准煤样必须充分混匀,二者的比例视待测试样的热量高低不同而定。例如测劣质煤时,掺加标准煤样的量占40% ~60%;而测定煤矸石时,掺加量可达80%甚至更高一些。

②选用合适的燃烧皿,并在燃烧皿底部铺一层酸性石棉。氧弹充氧压力控制在2.9MPa ~3.0MPa。注意:不得提高充氧压力来促使样品燃烧完全,以保证测热时人身与设备安全。

③计算结果时,标准煤样的 $Q_{gr,ad}$ 应先求出,为此,必须测出标准煤样的空干基水分 M_{ad}。标准煤样与煤样矸石量要分别称准,但其总量不一定恰好为1.0000g。

④计算高位发热量时,可使标准煤样的全硫含量及实测的煤矸石全硫含量按其称量比例计算出混样的全硫含量,从而求出煤矸石的高位发热量。

⑤上述混样需重复测定2次,如精密度合格,即2次 $Q_{gr,ad}$ 的测定值之差 <120J/g,则可取其平均值作为最终结果报出。

煤矸石热量测定结果计算示例,可参见下文。

4. 发热量的计算

由热量计直接测出的是煤的空干基弹筒发热量 $Q_{b,ad}$,而实际应用较多的为空干基高位发热量 $Q_{gr,ad}$,干基高位发热 $Q_{gr,d}$ 及收到基低位发热量 $Q_{net,ar}$。它们都是由 $Q_{b,ad}$ 按一定公式计算而得,故 $Q_{b,ad}$ 必须测准,否则,就不可能获得准确的高低位发热量。

(1) $Q_{gr,ad}$ 及 $Q_{gr,d}$ 的计算

① $Q_{gr,ad}$ 的计算

设某一煤样空干基弹筒发热量 $Q_{b,ad}$ 为24 082J/g,$S_{t,ad}$ 为1.26%,则 $Q_{gr,ad}$ 可按式(7-53)计算

$$\begin{aligned}Q_{gr,ad} &= Q_{b,ad} - 94.1 \times S_{t,ad} - \alpha Q_{b,ad} \\ &= 24\,082 - 94.1 \times 1.26 - 0.001\,2 \times 24\,082 \\ &= 24\,082 - 118.6 - 28.9 = 23\,934(\mathrm{J/g})\end{aligned} \tag{7-53}$$

② $Q_{gr,d}$ 的计算

设上例中煤的空干基水分 M_{ad} 为1.33%,则 $Q_{gr,b}$ 可按式(7-54)计算

$$Q_{gr,d} = Q_{gr,ad} \times \frac{100}{100 - M_{ad}} \tag{7-54}$$

$$= 23\ 934 \times 100/100 - 1.33 = 24\ 257(J/g)$$

(2) $Q_{net,ar}$的计算

设上例中煤的全水分 M_t 为9.6%，空干基氢为3.65%，则 $Q_{net,ar}$可按式(7-55)计算

$$Q_{net,ar} = (Q_{gr,ad} - 206H_{ad}) \times \frac{100 - M_t}{100 - M_{ad}} - 23M_t \tag{7-55}$$

$$= (23\ 934 - 206 \times 3.65) \times \frac{100 - 9.6}{100 - 1.33} - 23 \times 9.6$$

$$= (23\ 934 - 752) \times 90.4/98.67 - 221 = 21\ 018(J/g)$$

式中各符号的意义同前。

按上例，如果煤的全水分不是9.6%，而是10.6%，其他各指标值均不变，则 $Q_{net,ar}$为

$$Q_{net,ar} = (23\ 934 - 206 \times 3.65) \times 100 - 10.6/100 - 1.33 - 23 \times 10.6$$

$$= (23\ 934 - 752) \times 89.6/98.67 - 244$$

$$= 20\ 807(J/g)$$

由计算可知，仅是煤中全水分含量提高1%，即由原来的9.6%提高至10.6%，而其他参数值均不变的情况下，$Q_{net,ar}$由21 018(J/g)下降为20 807(J/g)，即下降了21 018 - 20 807 = 211(J/g)。

通过式(7-55)，也可计算煤中氢 H_{ad}及空干基水分 M_{ad}对 $Q_{net,ar}$的影响，读者可自行计算，以进一步掌握发热量的计算技能。

(3)煤矸石发热量测定结果的计算

设称取0.1934g煤矸石粉样与 $Q_{gr,d} = (25.60 \pm 0.20)$MJ/kg的标准煤样0.831 2g置于燃烧皿中，掺合均匀，然后测出且计算出此混样的空干基高位发热量 $Q_{gr,ad}$为22 620J/g。

标准煤样的 M_{ad}为1.46%，故其 $Q_{gr,ad}$为

$$Q_{gr,ad} = Q_{gr,d} \times 100 - M_{ad}/100 \tag{7-56}$$

$$= 25\ 600 - \frac{100 - 1.46}{100} = 25\ 226(J/g)$$

故0.831 2g标准煤样燃烧所产生的热量为

$$25\ 226 \times 0.831\ 2 = 20\ 968(J)$$

在上述煤矸石与标准煤样组成的混样燃烧所产生的热量为

$$22\ 620 \times (0.831\ 2 + 0.193\ 4) = 23\ 176(J)$$

故煤矸石产生的热量为

$$23\ 176 - 20\ 968 = 2\ 208(J)$$

煤矸石的发热量 $Q_{gr,ad}$为

$$2\ 208/0.193\ 4 = 11\ 417(J/g)$$

(4)弹筒硫 $S_{b,ad}$的计算问题讨论

由热量计算直接测得的是煤样的空干基弹筒发热量 $Q_{b,ad}$，它可通过式(7-53)计算出空干基高位发热量 $Q_{gr,ad}$。

GB/T 213—2008规定，在需要测定弹筒洗液中硫 $S_{b,ad}$的情况下，把洗液者沸2min～3min，取下稍冷后，以甲基红(或相应的混合指示剂)为指示剂，用氢氧化钠标准溶液滴定，以

求出洗液的总酸量，然后按式(7-64)计算出弹筒洗液硫 $S_{b,ad}$(%)

$$S_{b,ad}(\%)=(C\times V/m-aQ_{b,ad/60})\times 1.6 \quad (7-57)$$

式中 C——氢氧化钠标准溶液的物质量浓度，mol/L；

V——滴定用去氢氧化钠的体积，mL；

60——相当于1mmol 硝酸的形成热，J/mmol；

m——试样质量，g；

1.6——将每 mmol 硫酸($1/2H_2SO_4$)转换为硫的质量分数的转换因子。

由上式可知，只有当 $C\times V/m>\alpha Q_{b,ad}/60$ 时，$S_{b,ad}$才可能是正值；否则，得出的 $S_{b,ad}$就为负值。

设煤样量为1.0235g，滴定消耗0.1mol/L 的标准溶液为2.4mL，$Q_{b,ad}$23850J/g，问弹筒硫 $S_{b,ad}$为多少？

解：按式(7-57)计算

$$S_{b,ad}=\left(\frac{0.1\times 2.4}{1.0235}-\frac{0.0012\times 23850}{60}\right)\times 1.6=(0.23-0.48)\times 1.6=-0.40(\%)$$

弹筒硫应是煤中的可燃硫，它得出负值是不合常理的。现在各电厂都十分重视入厂及入炉煤含硫量的控制，力争多燃用低硫煤，故上述弹筒硫得出负值的情况就不少见。即使硫的测值为正值，其结果也是大大偏低的。

该法测定弹筒硫，虽然操作简单，但测定结果的可信度令人怀疑。可用全硫代替弹筒硫计算高位发热量。标准也指出，当全硫低于4.00%时或发热量>14.60mJ/kg 时，可用全硫(按 GB/T 214 测定)来代替 $S_{b,ad}$。

八、热量测定结果的检验与评价

热量测定结果以其精密度与准确度作为评价依据。

1.精密度检验与评价

国家标准 GB/T 213—2008 对测热的重复精密度及再现精密度作出了规定，见表7-9，这也就是测热精密度是否合格的依据。

表7-9 发热量测定的重复性和再现性临界表

高位发热量/(J/g)	重复性限 $Q_{gr,ad}$	再现性临界差 $Q_{gr,d}$
	120	300

对于一组测定结果，精密度的控制方法通常采用允许差法及控制图法。

允许差又分同一试验室允许差及不同试验室允许差，前者反映重复精密度，后者反映再现精密度。

(1)同一试验室允许差(室内允许差)

是指在同一试验室中，由同一操作人员，用同一台仪器，对同一试样在短期内所做的2次或多次测定结果的最大允许差值。

(2)不同试验室允许差(室间允许差)

是指在两个试验室，对一试样取出有代表性的部分在相近时间内，各做2次测定所得两个平均值的最大允许差值。

允许差是对确定的试验方法及指定的被测含量而规定的，试验方法与被测含量不同，允许差也就不同。

重复精密度，即同一试验室允许差，是在确定条件下，根据重复结果的临界值 d_n 所决定的。所谓临界值，就是 n 次测定结果的极差 R 与标准差 S 的比值。因为允许差是指重复测定结果所允许的最大差值，所以极差 R 可用允许差 T 来取代，即

$$d_n = \frac{R}{S} = \frac{T}{S} \tag{7-58}$$

在置信概率为95%的情况下，不同试验次数与其临界值的关系参见表7-10。

表7-10　不同试验次数 n 与其临界值的关系

重复试验次数 n	2	3	4	5	6
临界值 d_n	2.77	3.32	3.63	3.83	4.03

当进行2次重复测定时，则其临界值 d_n 为2.77，则

$$2.77 = T/S \qquad T = 2.77s$$

而进行3次重复测定时，则最大允许差为3.32s。由于试验条件确定，标准差 S 可以看成是一个不变的统计特征量，所以3次重复测定的最大允许差约为2次重复测定的最大允许差的1.2倍。同样可以计算，4次及5次重复测定的最大允许差值就为2次重复测定的最大允许差值的1.3及1.4倍。即

在同一试验室中，2次重复测定 $Q_{gr,ad}$ 的最大允许差值为120J/g；则3次重复测定，应为1.2×120=144J/g；4次重复测定，应为1.3×120=156t/g；5次重复测定，应为1.4×120=168J/g。

设某试验室测定一煤样，第一次测定值为23 400J/g，第二次测定为23 540J/g，二者相差140J/g，它超过同一试验室允许差，即重复精密度不合格，故要求测定第3次，如第3次的测值为23 480J/g，则此3次测定的最大差<144J/g(1.2T)，故可取3次测值的平均值23 473J/g作为最终测定结果。如3次测定的最大差值超过144J/g，则还应进行第4次测定。

重复精密度被测指标用空干基表示，如 $Q_{gr,ad}$、V_{ad}、$S_{t,ad}$ 等；而再现精密度被测指标用干基表示 $Q_{gr,d}$、V_d、$S_{t,d}$ 等，这是不难理解的，再现精密度是指不同试验室测定结果的比较，由于环境条件包括时间、地点、环境条件的变化，被测试样的水分也会变化，故要采用干基表示，以使得测定结果间具有可比性。

2. 准确度检验与评价

准确度是表示测定值与真值之间的符合程度。严格说任何特性指标的真值 μ 是不可知的，但可以通过下述方法与途径来确定该特性指标的真值估计值。

(1)真值估计值的确定

①采用标准测定方法，对该特性指标进行多次重复测定，在其测定精密度合格的前提下，将其平均值作为真值。

②采用纯物质或以基准试剂的含量作为100%，按化学式计算出有关组分理论含量作为

真值。

③采用标准物质的标准值(或称名义值)作为真值。

(2)测热准确度检验

只有在测热精密度合格的前提下,才去检验准确度。精密度与准确度是不同的概念,但二者又有密切的联系,在95%的概率下,不确定度 Δx 约为2倍标准差,即

$$\Delta x \approx 2s \tag{7-59}$$

不确定度是指被测样品真值的存在范围。也就是说,不确定度就是指误差存在的范围,测定值 x 可写成下式:

$$x = \mu \pm \Delta x \tag{7-60}$$

故式(7-60)可写成

$$x = \mu \pm 2s \tag{7-61}$$

实测值 x 是否落在 $\mu \pm 2s$ 区间内,通常作为评定准确度是否合格的依据。

GB/T 213—2008 规定,标准煤样测试结果与标准值之差都在不确定度范围内;或者用苯甲酸作样品进行5次发热量测定,其平均值与标准值之差不超过50J/g。

①反标苯甲酸检验测热准确度。反标苯甲酸,标准对此有原则要求,但在一些具体问题处理上并未作出规定,从而在使用反标苯甲酸的操作上出现一些问题,它们是:

a. 标准要求反标苯甲酸要重复标定5次,那么重复标定的允许差是不是120J/g?

b. 反标苯甲酸的重复次数是不是一定要5次?如果重复2次或3次,如何评价?

c. 反标苯甲酸热量计算时,硝酸从何而来?它在计算苯甲酸热量时如何处理?

为解决上述诸问题,提出下述处理办法。

对a点来说,反标苯甲酸,也就是测定苯甲酸的热值,由于苯甲酸为纯有机物,且很易燃烧完全,而煤中含有多种杂质,故重复测定其发热量时,苯甲酸热值测定的重复精密度也就是室内允许差值理应比煤样要小。

在 GB/T 213—1996 中,对热容量标定的最大允许差为40J/℃,超过此值,则为超差。对于我国现在市售的各种热量计,其热容量均在10000J/℃左右,也就是1g苯甲酸完全燃烧,内筒水温约升高2.6℃,故反标苯甲酸时,如重复标定的差值超过 2.6×40 = 104J/g,则认为是超差,需进行再一次标定。

对于b点来说,标准规定,要对苯甲酸进行5次重复测定看其平均值与苯甲酸标准热值之间的差值是否在50J/g,问题是要检验1~2个煤样的测热准确度,就得对苯甲酸重复测定5次,也太麻烦了,是否可少测几次呢?

如果重复测定结果的平均值与苯甲酸标准值的差值不超过表7-11规定的界限,就认为合格。

表7-11　测定苯甲酸热量差值的显著性界限

测定次数 n	1	2	3	4	5	6	7	8	9	10
差值显著性界限	±88	±63	±51	±44	±40	±36	±34	±31	±30	±28

为了检验测热准确度,通常最少要作2次重复测定。例如某批苯甲酸的标准热值为26545J/g,如2次测定的平均值落在(26545±63)J/g范围内,即(26482~26608)之间,则评

为准确度合格。

对 c 点来说，反标苯甲酸时，由于氧弹中的空气并没有抽掉，氧弹中形成的硝酸是空气中氮氧化物 NO_x 并溶于水所致。

从发热量计算可知，硝酸校正热 $q_n = 0.0015Q \cdot m$，对 1g 苯甲酸来说，硝酸生成热应为 40J/g。作者的实验值与上述计算值完全吻合。也就是说，反标苯甲酸时，将实测的热量减去 40J/g 后，才是苯甲酸的实际热量，可用它与标准苯甲酸热值相比较。

②应用标准煤样检验测热准确度。应用标准煤样检验时，一般说来，至少应重复 2 次，其平均值在标准煤样不确定度范围内，即认为合格。另外，也可重复应用标准煤样 1 次或多次来检验测热准确度，如平均值 $\overline{X}$ 与标准煤样标准值的差值不超过表 7－12 所列显著性界限，则认为准确度合格；反之，为不合格。

表 7－12　应用标准煤样时差值的显著性界限

测定次数	1	2	3	4	5	6	7
差值显著性界限	±225	±212	±208	±206	±204	±203	±202

例如，某热量计重复测定标准值为 25300J/g，不确定度为 ±200J/g 的标准煤样 4 次，其测定值分别为 25578J/g、25509J/g、25606J/g、25619J/g，平均值为 25578J/g。

4 次测定的最大差值为 25619 － 25509 = 110J/g，故重复精密度是合格的。在此前提下，再检验准确度，4 次重复测定，其差值的显著性界限 ±206J/g，实际上所测标准煤样的发热量平均值较标准值高 25578 －25300 = 278J/g，它已超过上述显著性界限，故对该热量计测热的评价是：精密度合格，但其准确度不合格。

在多数情况下，在实际检验时应用上述两种方法结论是一致的，但确有时会出现矛盾的结论，例如反标苯甲酸合格，而应用标准煤样检验不合格，此时，宜以反标苯甲酸的检验结果为准。

九、新型自动热量计的使用

热量测定是电厂煤质检测中的首要项目。各电厂均使用各型热量计，其中尤以不用调节内筒水温，不用称量内筒水质量的自动热量计应用更为普遍，这类热量计往往被生产厂称为全自动热量计，为与其他类型自动热量计相区别，作者在其著作中，常称它为新型自动热量计。

国内市场上较典型的新型自动热量计是将固定的内筒与外筒相连通。测热时，内筒水直接取自外筒水；测热后，内筒水又排至外筒。水在热量计内部循环，反复使用。这类新型自动热量计外筒水量很大，台式热量计外筒加水量约为 16kg ~ 20kg，柜式热量计为 40kg 左右，以力求维持外筒水温的稳定，故它仍属于恒温式热量计的范畴。

国产新型自动热量计的外筒多为内置式，其水系统参见图 7 －20 及图 7 －21。

各种新型自动热量计的结构大同小异。称样、结点火丝、氧弹充氧等操作尚须人工进行，故不能认为是真正意义上的全自动热量计。在测热时，一般是指充氧后的氧弹置于内筒水中，搅拌后自动点火，当试样燃烧完全（通常为 10min）或未等燃烧完全（如点火后 5min ~ 8min）即结束试验。

这类新型自动热量计具有下述共同特点：

①内筒水直接取自外筒，测热后已升温的内筒水又返回外筒，实现水的内部循环。随测热次数的增多，外筒水温不断递升，从而对测热结果产生十分不利的影响。

②测热周期较标准方法缩短。按标准方法测热，完成一次测定，通常需要 22min ~ 24min，而新型自动热量计则仅需要 8min ~ 18min 不等。各种新型自动热量计的测热周期随型号不同而异。

③标准方法测热，均是以第 1 个下降温度为终点，而新型自动热量计有的是这样，有的则不是。例如某些型号的新型自动热量计是以确定时间（如点火后 5min 或 8min）的温度作为终点温度，而不考虑试样是否燃烧完全。

④标准方法的冷却校正值是以牛顿冷却定律为基础推导出来的计算公式，如瑞 - 方公式、国标公式、本特公式等计算；而新型自动热量计的冷却校正值是由各仪器生产厂按各自的经验公式来确定。

⑤一般的自动热量计内外筒结构与布置和传统的热量计完全相同，内筒水经常更换，而且十分方便；而新型自动热量计外水箱容量很大，清洗水箱很难彻底，换水时也难以把箱内积水完全排净，这样内筒水的纯度就无法得到保证而影响测热结果的可靠性。

新型自动热量计与标准方法测热，在测定较少试样时其测热精密度之间无明显差异，但前者的测热准确性不及后者，特别是连续测定多次发热量时，新型自动热量计的测热精密度与准确度都不如传统的热量计。尽管各种型号的新型自动热量计在结构与性能上不尽相同，但上述总的趋势是一样的。通常其测热周期越短，其测热结果的准确性越差。

第六节　煤的哈氏可磨性指数的测定

当今燃煤电厂大多采用煤粉锅炉，电厂必须配置各类磨煤机以满足锅炉用粉要求。煤的可磨性，则反映煤磨制成粉的难易程度。测定煤的可磨性有多种方法，其中应用最多的为哈德格罗夫指数法测定，简称哈氏法，其测值用哈德格罗夫可磨性指数（Hardgrove grindability index）HGI 来表示。

HGI 被列为 GB/T 7562—2010《发电煤粉锅炉用煤技术条件》中的七项重要特性指标之一，是电厂煤粉锅炉设计与运行的重要煤质参数，它对选择磨煤机的类型、预测磨煤机所需动力，确保煤粉细度符合锅炉运行要求等诸方面均具有重要的实际意义。

一、测定原理与测定装置

1. 测定原理

所谓可磨性指数，是指在空气干燥条件下，把试样与标准煤样磨制成规定粒度，并破碎到相同细度时所消耗的能量比。故可磨性指数的大小（一个无量纲的物理量）反映了不同煤样破碎成粉的相对难易程度。

煤越软，可磨性指数越大，这意味着相同规定粒度的煤样磨制成相同细度时所消耗的能量越少。换言之，在消耗一定能量的条件下，相同规定粒度的煤样磨制成粉的细度越细，则可磨性指数越大；反之，则越小。

我国电力用煤的哈氏可磨性指数一般在 50 ~ 90 范围内，50 为很硬的煤；90 为很软的煤,70 为中等硬度的煤; <50 为特硬煤; >90 为特软煤。显然,电厂为了节约磨煤机能耗,期望燃用 HGI 较大的煤。

2. 测定装置

哈氏可磨性指数 HGI 就是按照上述基本原理设计而成的哈氏可磨性测定仪,俗称哈氏磨来测定的。

在测定时,是将 50g 一定粒度(1.25mm ~ 0.63mm)的空气干燥煤样,置于哈氏磨的研磨碗中,在承重 29kg 的条件下将煤研磨,根据在一定孔径筛分筛(71μm)下煤粉量的多少,由哈氏可磨性指数校准曲线上查出 HGI 值。

哈氏可磨性测定仪是测定 HGI 的专用仪器,它实际上为一小型中速磨,转速为 20r/min。

哈氏可磨性测定仪的结构参见图 7－26,哈氏可磨性测定仪外形参见图 7－27。

哈氏磨的关键性部件为研磨件,它包括研磨碗、研磨环、钢球等,对它们的材质,几何形状及加工工艺均有十分严格的要求。哈氏磨的质量主要由研磨件质量所决定。

哈氏可磨性指数测定的主要装置为哈氏磨,另外,还应配备两项辅助性设备,即标准试验筛及振筛机。

制样用筛的规格为孔径 1.25mm 及 0.63mm 方孔试验筛;筛分筛的规格为 0.071mm 试验筛。上述用筛均应定期由国家计量检定机构检验合格后方可使用。

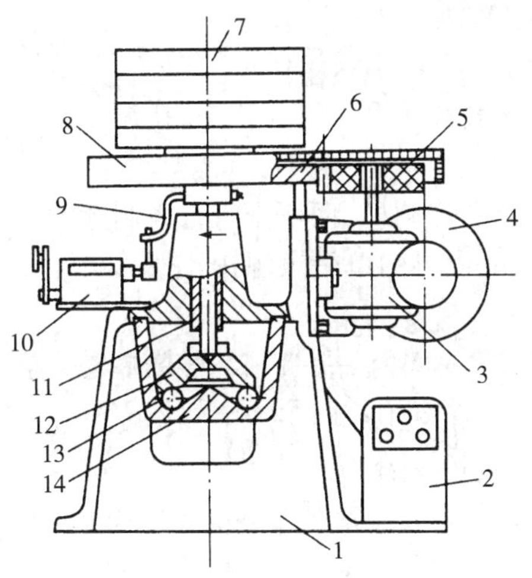

1—机座;2—电气控制盒;3—涡轮;4 电机;5—小齿轮;6—大齿轮;7—重块;8—护罩;9—拨杆;10—计数器;11—主轴;12—研磨环;13—钢球;14—研磨碗

图 7－26　哈氏可磨性测定仪结构图

图 7－27　哈氏可磨性指数测定仪

振筛机的规格为:应为垂直振击次数 149 次/min,水平回转 220 次/min 或类似的其他振筛机。

试验筛及振筛机如图 7－28 所示。

单纯水平往复式振筛机筛分效果差,难以筛分完全,故不宜采用。人工筛分效果更差,更不宜采用。

二、测定操作的技术要点

1. 试样制备

按标准规定要求制备试样，是获得准确测定结果的前提条件。

(1)将原煤样中的大块煤先用碎煤机破碎至约6mm，将全部煤样摊平，使其达到空气干燥状态。

所谓空气干燥状态，是指试样置于空气中连续1h，其质量变化不超过0.1%。将煤样摊薄，置于通风处，并不时翻动试样，有助于试样更快地达到空气干燥状态。

煤样经掺匀→缩分→再掺匀→直至缩分出不少于1kg的煤样。

(2)将煤样制成粒度1.25mm～0.63mm的样品。未通过孔径1.25mm筛的粗粒煤样后再行破碎，直至全部通过孔径1.25mm的筛子为止。

切不可将未通过1.25mm筛的粗煤粒舍弃，否则，测定的HGI值将会偏大。

图7-28 试验筛及振筛机图

(3)为保证样品的代表性，所制备的试样量应不少于原自然干燥煤样量的45%，对搁置过久的煤样，包括标准煤样在内，在测定前务必将其置于孔径为0.63mm筛中，在振筛机上重新筛分1次，以去除试样表面因风化作用而附着的细粉。

(4)如果测定混煤的可磨性时，应将原煤按配比要求混合制样，而不是将自各制好的试样按要求比例混合后测定，混煤的可磨性一般可按组成此混煤的单一煤源按比例关系计算而得。

(5)如果要进行不同试样的对比或校核试验，应在尽短时间内一并完成。煤的挥发分越高，越要注意这一点。

2. 测定操作

(1)称量样品前，不要搅和试样，以免引起试样的破碎，样品称样量为50g±0.01g，一般应用电子工业天平称量。

(2)将称好的试样置于研磨碗中，稍微振动使之摊平。安装研磨碗时，要注意保持平稳使全部承重均匀加在8个钢球上。

(3)哈氏磨转速为20r/min，总计旋转60转，由计数器自动计数，其转数偏差不得超过±1/4转。保持相同的转数是保证测定精密度合格的重要条件。如自控转数或计数器失灵，可在哈氏磨的齿轮上作一标记，人工计数60转，在距离60转约1/4转时切断电源，这样哈氏磨会因惯性作用在60转附近停下。

(4)筛分筛孔径为71μm的标准试验筛，将保护筛(孔径13mm～16mm)、筛分筛及筛子底盘叠加在一起，将研磨碗内及研磨环上所附着的煤粉刷入保护筛内，以防止钢球落入筛分筛使筛网受损，又可减少试样在转移中的损失。按规定，在可磨性测定中，煤粉损失量不得超过0.5g，即筛上粗粒及筛下细粉总量不得少于49.5g；否则，测定结果作废。

(5)筛分时，务必要使用如图7-23所示的具有振击与回转功能双重作用的振筛机，以确保筛分完全。同时，为防止 71μm 筛筛网的堵塞，应分别在振筛 10min、5min 后各刷筛外底一次。

3. 标准曲线的绘制

绘制校准曲线时，可按哈氏可磨性指数的测定程序对一组标准煤样进行测定。

测定前，先将标准煤筛分一下以去除附着在试样上的细粉。每一煤样由同一人操作，在同一台哈氏磨上重复测定 4 次，计算出 0.071mm 筛下的煤粉量，取其平均值。

在直角坐标系上，用标准煤样通过 0.071mm 筛的细粉量为纵坐标，以标准煤样的哈氏可磨性指数的标准值为横坐标，从而绘制出标准曲线。

哈氏可磨性指数的标准煤样由煤炭科学研究总院北京煤化所对外售销供应。例如购得的一组标准煤样，其哈氏可磨性指数标准值为 36、63、85、111，相对应 4 次测定计算 0.071mm 筛下煤样量平均值分别为 3.75g、7.65g、10.68g 及 14.43g，这样就可绘制出如图 7－29 所示的标准曲线。

哈氏可磨性指数的测定结果就是根据试样经哈氏磨研磨后，按 0.071mm 筛下的煤粉量通过标准曲线查出。

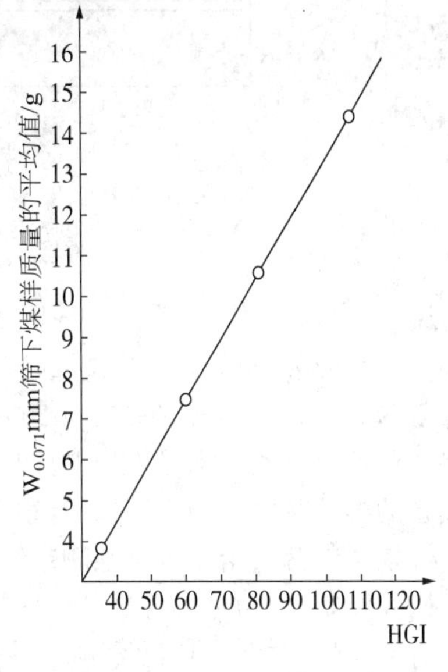

图 7－29　哈氏可磨性指数测定的标准曲线

三、测定方法的应用问题

1. 哈氏可磨性指数测定方法的适用范围

哈氏可磨性，只适用于硬煤（无烟煤及烟煤）可磨性的测定，但不适用于褐煤。如果褐煤也套用哈氏法测定可磨性测定法，很可能导致获得不符合实际的错误结论。然而套用哈氏法来测定褐煤可磨性，这在国内还比较多，这是一个值得注意的问题。

2. 褐煤可磨性测定的俄罗斯标准

各国标准中，俄罗斯标准（гост 15489.1:1998）适用于烟煤、无烟煤、褐煤，可燃页岩等可磨性的测定，采用的是俄 ВТИ 转鼓球磨机，即 ВТИ 法。

为了研究适用于褐煤及油页岩可磨性的测定方法，原电力部西安热工研究院提出了一种 KM88 型仪器测定 VTi 可磨性指数的方法，并以原部标准 SD 329－1989 正式颁布。

该法是称取一定量空气干燥状态的试样，置于上述可磨性测定仪中研磨，然后对研磨后的试样进行筛分分析，根据筛出物的百分率来计算可磨性指数。

VTi 可磨性指数测定仪结构参见图 7－30。

该法实际使用单位很少，应用价值不高，这或许也是一些单位不得已套用哈氏法测定褐煤可磨性的主要原因之一。

3. 哈氏可磨性指数与工业磨煤机的出力

哈氏可磨性指数越大，在消耗一定量的条件下，磨制到相同细度时，其磨煤机出力越大。哈氏可磨性每相差 10 个指数，磨煤机将相差 25% 的出力。故电厂宜选用哈氏可磨性指数较大的煤，这将有利于电厂的省煤节电。

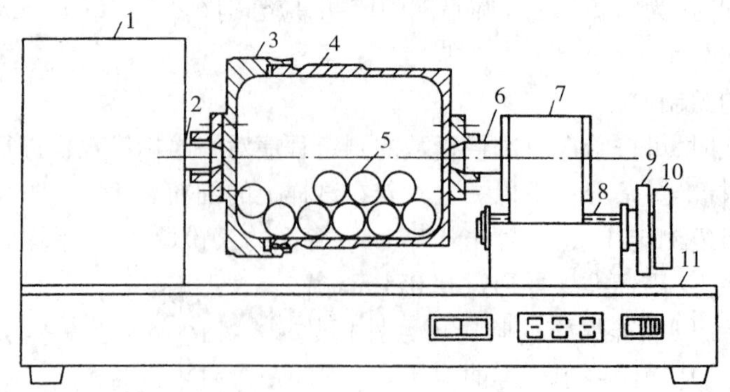

1—齿轮减速器;2—固定传动头;3—滚筒盖;4—滚筒体;5—钢球;6—移动传动头;
7—进退装置;8—螺杆;9—锁紧手轮;10—进退手轮;11—底板

图 7-30　VTi 可磨性测定仪结构

中国电煤的 HGI 一般在 50～90 范围内, <50 为特硬煤; >90 为特软煤。例如某台锅炉配用 3 台出力为 300t/h 的磨煤机制粉,其煤的哈氏可磨性指数为 60,如果改用由哈氏可磨性指数为 80 的煤,则磨制到相同细度,其磨煤机出力增加 50%,即达到 450t/h,那么该锅炉只要 2 台磨煤机就可满足供粉的要求,从而减少一台磨煤机的运行,不仅节电,也减少人员对设备的维护及钢球的损耗,具有很大的实际意义。

4. 煤中水分对哈氏可磨性测定结果有明显影响

研究表明:煤中水分含量可磨性测定结果有直接影响。对某些煤来说,空气干燥水分含量会有惊人的可变性,故每次测定可磨性时,最好都要测定其水分含量。在实际应用中,应采用磨煤机破碎区域近似水分的可磨性数据来估测磨煤机出力。一般情况下,它比磨煤机给煤水分含量约低 2%(相对值)。

考虑到水分对可磨性的影响,国内外有一些单位在提供 HGI 的测值时,说明了水分含量。

5. HGI 测定配套试验筛问题值得关注

我国哈氏可磨性测定仪的主要技术参数与美国试验与材料协会(ASTM)中有关规定是完全一致的,但测定中使用的 3 个试验筛的孔径均不相同。

国际标准 ISO 5074:1994 及美国、日、俄等国标准中规定的煤样粒度均为 0.60mm～1.18mm,筛分筛孔径为 0.075mm;而中国标准 GB/T 2565—1998 中规定煤样粒度为 0.63mm～1.25mm,筛分筛孔径为 0.071mm。

我国哈氏可磨性指数的测定,试样粒度较粗,但经哈氏磨研磨后却要通过孔径较细的筛分筛,这二者对哈氏可磨性指数的测值影响具有相同的方向性,它们都将导致筛余量的增大,从而使哈氏可磨性指数的测值偏低。对此进行过大量的试验研究,在全部实测与预测的情况相一致。

我国标准中配套的试验筛规格最好也与国际标准规定相一致,即样品粒度为 0.60mm～1.18mm,筛分筛孔径为 0.075mm。

第七节　煤的堆积密度及含矸率的测定

煤的堆积密度是电厂存煤场有煤盘点时不可缺少的参数，而含矸率则对燃煤电厂安全生产关系密切。然而这两项特性指标至今尚未制定国家标准，在测定时，则多参照煤炭行业标准。

在我国电厂中，煤的堆密度测定很不规范，可比性较差；而含矸率则从不测定，这也与国家标准对含矸率的定义存在争议有关，煤炭行业的测定方法不能反映煤中含矸率的真实情况，故本书将这两项特性指标的测定合为一节加以分析讨论。

一、煤的堆积密度测定

煤的堆积密度或称堆密度，是指在规定条件下，单位体积散状煤的质量，单位为 t/m^3。

煤堆中的煤处于不同的高度，也就承受不同的压力，自然它们的堆密度也因受压不同而异。

1. 堆密度的测定方法

煤的堆密度测定，通常可采用模拟法或挖坑法。

(1)模拟法

制作一个内边长各为585mm 的立方体铁箱或边长各为 300mm × 500mm × 800mm 的铁箱(上方敞口)，先将其称重，然后装满煤并刮平，过磅后求出密度，这称为不加压密度，用它来代表煤堆上层煤的堆密度。

如先在煤堆内(沿主煤堆一侧)挖一坑，将上述铁箱埋入，用堆土机往返压实，然后将铁箱取出，刮平称重，求得的密度，这称为压实密度，用它来代表煤堆下层的堆密度。

(2)挖坑法

在煤堆顶部，挖一个 0.5m ×0.5m ×0.5m 的小坑，将挖出的煤称重，计算出堆密度。

电厂在实际测定中，多采用模拟法。

各电厂不论采取何种方法，对煤场存煤堆密度都应分别采样，反复测定，并根据煤质分析结果，积累资料，以掌握煤质特性与堆密度之间的关系，从而为更准确地进行煤场存煤提供依据。

电厂要定期对煤场存煤进行盘点，因而就必须经常测定堆密度，由于煤的堆密度与煤种，煤炭品种、粒度大小、水分含量、压实程度、测定用装煤容器等多种因素有关，故不同单位测出的结果可比性不强。

有一些电厂很少测定堆密度，而是取一固定值，例如某电厂燃用中等挥发分的烟煤，全水分含量一般在 10% ~12%，灰分(A_d)含量一般在 30% ~40%，原煤粒度 <50mm，该厂煤的堆密度则设定为 $1.0t/m^3$；还有的电厂根据煤场存煤盈亏情况，随意调整堆密度值，煤场亏煤，则煤的堆密度值调大，从而表面上出现少亏或不亏假象。诸如这种做法，都是不妥当的。

2. 不同要求时煤的堆密度测定

(1)近似值测定

先制备边长各为585mm 的立方体铁箱，称重，分别在不加压、稍加压、重加压 3 种不同条件下称取箱内的装煤量，表面均须刮平，从而计算出煤的不加压、稍加压、重加压的堆密度，它们分别代表煤堆上层、中层及下层煤的堆密度，例如分别为 1. 02t/m³、1. 08t/m³ 及 1. 16t/m³。

如上层占 30%，中层占 40%，下层占 30%，则可加数计算出煤场存煤的平均堆密度。

煤场存煤平均堆密度 = 1. 02 × 30% + 1. 08 × 40% + 1. 16 × 30% = 0. 306 + 0. 432 + 0. 348 = 1. 09（t/m³），测定结果取小数点后 2 位即可。

每一层的堆密度应重复测定 4 次，取其平均值。

（2）精确值测定

准备若干盛煤箱，规格同上述要求，将它们分别埋在主煤堆不同高度的位置处，令其和主煤堆处于相同的压实情况。然后自上而下打开埋箱的一侧煤堆，取出盛煤箱，称重，从而求出煤堆不同高度处的堆密度值。例如，在煤堆上距煤层表面 1m、2m、3m、4m、5m 处，煤的堆密度分别为 0. 96t/m³、1. 02t/m³、1. 09t/m³、1. 14t/m³ 及 1. 19t/m³，从而可求出高度与堆密度之间的关系式。

3. 堆密度测定与煤场存煤盘点中的问题与建议

（1）堆密度测定方法亟待规范，测定精度亟待提高

现在不少电厂煤场存煤堆密度的测定方法不一致，操作不规范，这与缺少堆密度测定方法的国家标准或电力行业标准密切相关。

（2）煤堆体积测定要与煤的堆密度测定相匹配

煤的堆密度测定精度直接影响盘煤的准确性。目前不少电厂均很重视煤堆体积的测量，希望有一台性能良好的激光测煤仪来取代传统的丈量煤堆体积的落后方法，这是不难理解的；但另一方面，各电厂对堆密度的测量关注普遍较差。作者在一些电厂看到，其堆密度测值的可靠性一般来说并不高，甚至有的采用违反常理的数据用于煤场存煤量的计算。这种情况的存在，即使配备最好的煤堆体积测量仪器，也不可能获得准确的盘煤结果。

4. 建议尽快制定堆密度测定方法的电力行业标准

尽快制定煤的堆密度测定方法的电力行业标准，是电力生产的需要，也是各电厂的期望，应尽快纳入制订计划并组织实施。在制定该标准时，必须进行大量试验，该标准宜由科研院所与电厂共同负责起草。

作者设想，如果能够测定出适合电厂所用不同煤种的原煤，洗煤产品在不同粒度及水分范围的堆密度值（采用相同容器、同一称量设备、在相同压力下），那么就可绘制出各种煤质特性，如煤种、品种、粒度、水分在相同范围内与堆密度之间的关系曲线，并进行数据的统计处理，就能得到一系列各种条件下煤的堆密度计算公式。这不但可以方便各电厂直接应用，而且将使盘煤结果具有较好的可比性。

二、煤矸石的测定

煤矸石是与煤伴生的矿物，是在煤炭开采与洗选过程中分离出来的废弃物。它实际上是含碳物（碳质页岩、碳质砂岩，还有少量煤）与岩石（页岩、砂岩、砾岩等）的混合物。

煤矸石排放量约占原产量的 15% ~20%，煤矸石的主要化学成分一般以氧化物为主，这和煤炭的化学组成相似，但煤矸石中还含有少量的碳。

由于形成煤层的条件不同，煤矸石的质量差别很大，灰分 A_d 多在 75% ~80%，有的更高，发热量 $Q_{gr,d}$ 多在 400J/g ~800J/g 范围内，有的更低或更高，煤矸石中 SiO_2 含量一般为

50% ~70%、Al_2O_2 为 15% ~20%，Fe_2O_3 为 2% ~8%，CaO 为 1% ~7%，其矿物成分主要为黏土矿物（高岭土等），方解石、石英、硫铁矿及碳质组成。

含矸率是商品煤质量的一项重要指标，在电力用煤中，矸石大量存在（其中有的为人为掺入），不仅给电厂带来运输的负担、磨煤机能耗的增加、锅炉燃烧状况的恶化、灰渣排放与处置的压力加大，锅炉及辅助设备磨损的加剧等一系列不良影响，甚至威胁锅炉的运行。然而长期以来，煤中含矸率测定从未列入电力用煤质量监督的范畴，也没有含矸率测定方法的国家标准，制定含矸率测定的电力行业标准，并将其列入电煤质量的常规监督项目，这对有效控制入厂煤的质量，具有重要的实际意义。

1. 含矸率的定义与对其分析讨论

（1）含矸率的定义

GB/T 483—2007《煤灰分析试验方法一般规定》及 GB/T 3715—2007《煤炭及煤分析有关术语》中，均对含矸率作出如下定义：

含矸率——煤中粒度大于 50mm 矸石的质量分数。

限下率——筛上产品中粒度小于规定粒度下限部分的质量分数。

同时 GB/T 3715—2007 中还对矸石及夹矸作出出如下定义：

矸石是指采、掘煤炭过程从顶、底板或煤层夹矸混入煤中的岩石；而夹矸则是指夹在煤层中的岩石。

（2）对含矸率定义的分析讨论

从国标对含矸率的上述定义来看，①矸石是岩石、矿物质而不是煤；②含矸率是指粒度大于 50mm 矸石的质量分数。至于粒度小于 50mm 的矸石则不计入含矸率或直接算作是商品煤，标准未作说明。

从理论上来讲，粒度的大小是矸石的物理性质而不影响其化学特性，粒度 >50mm 的矸石与粒度 <50mm 的矸石，甚至与矸石粉在本质上并无什么区别，矸石的本质特征不因其粒度的减小而变化。

从实际上来讲，正因为相关标准对含矸率作出的上述定义及提出的相应的测定方法 MT/T 1—2007《商品煤含矸率和限下率的测定方法》，从而使得一些不法分子故意将大块矸石破碎到粒度 50mm 以下，将其混入商品煤中以牟取暴利。这样一来，细小的矸石可不计入含矸率之中，而且用户又不易辨认，即使辨认为矸石也无济于事，因为现在含矸率的测定只有煤炭行业标准，而无国家标准，也无电力行业标准，其测定结果含矸率必然很低。如果将全部粒度大于 50mm 的矸石统统破碎到 50mm 以下，则含矸率的测定值就为零。

据有关研究资料统计结果表明：煤中矸石每增加 1%，则煤中灰分增加 0.7% 左右，热值下降 0.21MJ/kg ~0.36MJ/kg。

从表面上看，煤中掺入一些矸石，对煤质特性影响并不大，有的人并以此为借口，为煤中增加矸石进行辩护，认为这对商品煤的影响已体现在煤的灰分值升高，热值下降上了。作者不能同意这种观点。例如在 100kg 大米中，哪怕只是混入 0.1kg 的砂子，那么这批大米的营养成分指标下降甚微，然而此大米则失去食用价值，将破碎后的矸石掺入商品煤中，就犹如将沙子掺入大米中一样。煤是锅炉的粮食，单从灰分或热值指标上变化不大来说明标准对含矸率定义的科学性是不能令人信服的，而且是十分有害的。

2. 含矸率测定方法探讨

(1)MT/T 1—2007 对含矸率的测定方法规定

煤样用孔径为50mm 的圆孔筛,按 GB 477 有关规定进行筛分,拣出筛上物的全部矸石(包括黄铁矿)用该标准第 5.3 条所述的相应秤称量矸石(第 5.3 条秤指最大称量为 500kg、100kg、50kg、25kg、5kg 和 1kg,感量为最大称量的 1/1000)。筛上块煤和筛下物,称准到 1/1000,按式(7-62)计算含矸率。

$$含矸率(\%) = \frac{m_1}{m_1 + m_2 + m_3} \times 100\% \qquad (7-62)$$

式中 m_1——矸石质量,kg;

m_2——筛上块煤质量,kg;

m_3——筛下物质量,kg。

该测定方法与国标中含矸率的定义是一致的。

(2)关于含矸率的新定义——全矸率

为真实反映各种粒度的矸石在煤中的存在情况,首先应对含矸率作出新的定义,其测定方法应与其定义相一致。

含矸率应包括煤中各种粒度的矸石占煤量的质量分数,以% 表示。

为区别上述两种不同含义的含矸率(一个是国家标准所指含矸率;另一个是作者在此提出的含矸率)及测定方法,作者把这种包括各种粒度矸石占煤量的质量分数,称为全矸率,而相对应的测定方法,则称为煤中全矸率测定方法。

(3)全矸率测定方法的设想

不妨采取下述方法来测定煤中全矸率。

煤中全矸率可在制备分析煤样过程中分取一部分试样;也可单独采集测定全矸率的煤样。

在制备分析煤样的过程中,当破碎到一定粒度时,如 <13mm 或 <3mm 时,分取一部分样品来测定全矸率。

由于煤与矸石密度存在较大差异,故可选用适当浮选剂,在充分搅动的条件下,煤与矸石分层并加以完全分离,将矸石冲洗干净并干燥,根据矸石量即可计算出全矸率。以% 表示。

当然,具体测试条件如何选择与控制,必须经过大量试验研究后确定。

在电力用煤中,粒度大小不同的矸石,对电力生产均将产生相同的危害,制定全矸率的测定方法标准,在电力生产中才具有实际意义;另一方面,确定了全矸率测定方法,也就有可能将掺入大量矸石的次煤、假煤拒于电厂大门之外。而且电力行业主管部门在修订煤质监督管理条例时,应增加全矸率测定这一监督项目并将它作为入厂及入炉煤质的评价指标之一,以最大限度地降低矸石对电力产生的危害,这将对电厂节能降耗发挥重要作用。

第八节　煤粉细度与灰渣可燃物的测定

煤粉细度与灰渣可燃物测定用样品虽然完全不同,但这两项均是电厂锅炉运行监督的主要项目,而且它们之间有着密切联系,煤粉越细,在锅炉中燃烧越易完全,则灰渣可燃物含量一般也就越低；反之，则越高。再一方面，由于这两项测定操作相对比较简单，内容较少，故本书将它们合为一节加以阐述。

一、煤粉细度的测定

当今电厂燃煤锅炉普遍采用煤粉悬浮燃烧方式。煤粉越细，在锅炉中燃尽度越高，机械及化学未完全燃烧损失越小，锅炉燃烧效率越高，同时有助于减少锅炉结渣（俗称锅炉结焦）的可能性，但制粉系统能耗增加；煤粉越粗，则出现相反情况。综合上述因素，锅炉应维持一个合理的煤粉细度，故对煤粉细度的测定，列为电厂煤粉锅炉运行的主要监督项目。

对于煤粉细度的测定，执行电力行业标准 DL/T 567.5—1995《煤粉细度的测定》。该法系称取一定量的煤样置于规定的标准试验筛中，在振筛机上筛分完全，根据筛上残余煤粉量计算出煤粉细度。

1. 煤粉细度特性

煤经破碎后，其细度特性即粒度分布可用式（7－63）表示：

$$R_x = 100e^{-bx^n} \tag{7-63}$$

式中　R_x——在孔径为 $x\mu m$ 筛上残留物的百分率，%；

x——煤粉粒度或筛网孔径，μm；

e——自然对数的底（e＝2.718）；

n——煤粉粒度分布的特性系数；

b——煤粉研磨程度的特性系数。

式（7－63）表示煤在破碎过程中各粒级含量之间的分配关系。

对式（7－63）经适当变换，则

$$100/R_x = e^{bx^n} \tag{7-64}$$

等号两侧取自然对数，则式（7－64）变为

$$\ln(100/R_x) = bx^n \tag{7-65}$$

对式（7－65）两侧取对数，则

$$\lg\ln(100/R_x) = \lg b + n\lg x \tag{7-66}$$

式（7－66）中 R_x 与 x 之间的函数关系可表示为 $R_x = f(x)$。在 $\lg\ln(100/R_x) \sim \lg x$ 的坐标系中，式（7－66）为一直线，该直线的斜率就是粒度分布系数 n，如图 7－31 所示。

测定煤粉细度时，利用两个筛孔孔径相差足够大的筛余百分率，例如采用孔径为 90μm 及 200μm 的试验筛，利用式（7－66），也可求出煤粉粒度分布特征系数 n。

当 x_1 为 200μm 时，则

$$\ln(100/R_{200}) = b \times 200^n \tag{7-67}$$

当 x_2 为 900μm 时，则

$$\ln(100/R_{90}) = b \times 90^n \tag{7-68}$$

得式（7－67）与式（7－68）联立，则可消去 b，

$$\frac{\ln(100/R_{200})}{\ln(100/R_{90})} = (200/90)^n$$

$$n = \frac{\lg\ln(100/R_{200}) - \lg\ln(100/R_{90})}{\lg 200 - \lg 90} \tag{7-69}$$

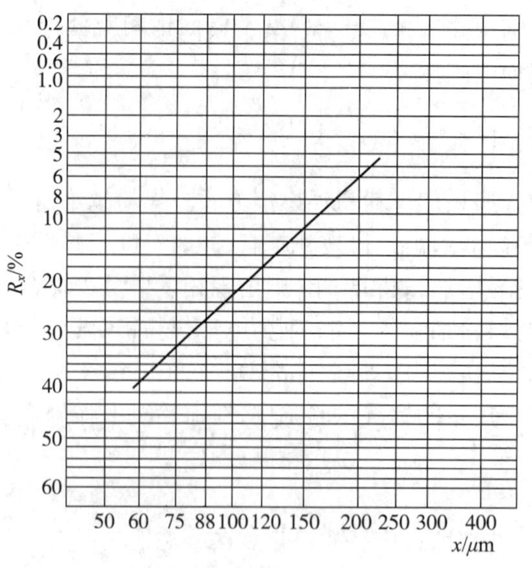

图 7－31　R_x-x 曲线图

n 值的变化能明显地反映煤粉细度的特性变化。这就是说，可以从煤粉细度的测定结果来判断煤粉粒度分布的均匀性。当特性系数 $n>1$ 时，则煤粉径度分布较均匀；当 $n<1$ 时，则煤粉径度分布均匀性较差。电厂制粉系统的 n 值一般为 0.8～1.2。

2. 煤粉细度测定的技术要点

（1）对样品的要求及其称量

测定煤粉细度的样品，在称量前应达到空气干燥状态；样品必须充分混匀；应使用感量 0.01g的工业天平称样。

煤粉达到自然干燥状态并充分混匀，有助于保证筛分完全，并提高测定精密度；不应使用普通的托盘天平称量样品，最好使用电子工业天平，这样称量更方便。

（2）必须配备合格的标准试验筛及振筛机

①试验筛是煤粉细度测定中的关键性设备，试验筛的筛网孔径为 200μm 及 90μm，并配有底盘及筛盖，筛子高度为 50mm，直径为 200mm。

无论是新购的筛子还是在用的筛子，都应定期送国家计量检定部门检定。检定周期为一年，合格者方可使用。

②振筛机

使用振筛机有助于达到筛分完全，又可减轻操作人员的劳动强度。所谓筛分完全，是指在煤粉细度测定时，已达到规定的筛分时间后再振筛 2min，若筛下细粉量不超过 0.1g，则认为筛分完全。

振筛机有各个类型，其筛分效果大不相同。DL/T 567.5—1995 规定：应使用垂直振击次数 149 次/min，水平回转为 220 次/min 或类似的其他振筛机。

试验筛及振筛机参见图 7－28。

（3）按标准规定操作

在测定中，按规定在振筛一定时间后刷筛底一次，以防煤粉堵塞筛网。在刷筛底时，应用软毛刷轻刷筛外底而不是筛内底，并注意不要使筛网受损。

对测定结果时筛上余粉的称量也要与试样称量时使用同一台工业天平，感量为0.01g。如果试验室没有上述工业天平，只有感量更小的分析天平，也是可用的。只是不要称准至0.0001g，只要称准至0.01g即可。例如试样量为25.0182g，记25.02即可；筛上余粉量为5.7904g，记5.79g即可，用以计算煤粉细度。

(4)煤粉细度测定结果的计算

$$R_{200}=\frac{A_{200}}{G}\times 100 \tag{7-70}$$

$$R_{90}=\frac{(A_{200}+A_{90})}{G}\times 100 \tag{7-71}$$

式中　R_{200}、R_{90}——分别表示未通过200μm及90μm筛上的煤粉量占试样百分率，%；

A_{200}、A_{90}——分别表示200μm及90μm筛上的煤粉量，g；

G——煤粉试样量，g。

由式(7-70)及(7-71)可知，两种煤粉试样A_{200}相等，则R_{200}一致；如果再用孔径90μm的筛子筛分，A_{90}不同，其A_{90}大者，则R_{90}值也大，表明该煤粉中未通过90μm筛孔的粉量相对较多。这样采用两种不同孔径的筛子筛分，就可反映煤粉的粗细情况。

3.煤粉经济细度的确定

前已指出：煤粉越细，其燃烧效果越好，但制粉系统能耗越高，故煤粉细度也不是越高越好。综合上述因素，电厂锅炉的入炉煤粉要有一个合理的细度，此时磨煤机能耗及渣未完全燃烧热损失均处理较低水平，这一细度，称为经济细度。参见图3-21。

图中是以热损失q为纵坐标，以R_{90}为横坐标绘制的曲线，图中R_{90}为16%，即为其经济细度。

煤粉经济细度还取决于煤种及磨煤机类型，并与锅炉的燃烧工况相关。由于干燥无在基挥发分V_{daf}是划分煤种的主要参数，故煤粉经济细度也就与V_{daf}有关，通过试验可得到二者之间的关系曲线，参见图3-22。

二、灰渣可燃物的测定

灰与渣均是煤的燃烧产物，二者化学组成相似。对煤粉锅炉来说，灰约占总灰渣量的90%，而渣仅占10%左右。

由于煤粉燃烧不完全，灰、渣中总会残存一些可燃物，特别是锅炉启动，负荷变化时，灰、渣中可燃物含量会明显增高，造成灰、渣未完全燃烧热损失q_4的增加，从而锅炉热效率会有所下降，故灰、渣可燃物的测定，也是电厂锅炉运行监督的主要技术指标之一。

1.灰、渣可燃物的含义与计算

煤中可燃成分为挥发分与固定碳，当煤粉吹入锅炉中，挥发分首先着火燃烧，故灰、渣中残存的可燃物实际上就是固定碳。

炉渣及煤灰可燃物现时普遍采用燃烧法测定。由于灰、渣虽是煤的燃烧产物，但其样品置于空气中，它不可能仍然保持干燥的无水状态；另一方面，残存的碳中必然还含有一些二氧化碳，因为煤在灰化过程中，碳酸盐才会逐步分解完全，故灰、渣可燃物的测定，称为灼烧减量或烧失量更为确切。

可燃物中的水分及碳酸盐二氧化碳毕竟不是可燃物，故精确计算时，要考虑上述因素。

一般计算

$$CM_{ad} = 100 - A_{ad} \tag{7-72}$$

精确计算

$$CM_{ad} = 100 - A_{ad} - M_{ad} - (CO_2)_{car,ad} \tag{7-73}$$

式中 CM_{ad}——空气干燥基灰、渣中可燃物含量,%;

M_{ad}——空气干燥基水分含量,%;

A_{ad}——空气干燥基灰分含量;%;

$(CO_2)_{car,ad}$——空气干燥基碳酸盐二氧化碳含量,%。

在日常监督试验中,可应用式(7-72)计算;而对锅炉热效率考核等重要试验中,可应用式(7-73)计算。

关于碳酸盐二氧化碳含量的测定,可按 GB/T 218 进行,该法应用盐酸处理煤样,煤中碳酸盐分解析出二氧化碳,后者用碱石棉吸收,根据吸收剂质量的增加,求出煤中碳酸盐二氧化碳含量。

此外,在挥发分含量测定中,如煤中碳酸盐二氧化碳含量大于2%时,也需要在挥发分含量计算中应用它。故电厂煤质试验室应能具备测定碳酸盐二氧化碳含量的条件。

2. 测定的技术要点

①飞灰样采集。可用抽气式或撞击式采样器采样。

②灰场采集灰样。在灰场采集灰样,可按下法进行:

采样按网格布点。采样点可选 6~10 点,采样深度为 150mm,每点采样量为 0.5kg。

将多点采集的灰样倒入方盘内混匀,铺成厚度为 2mm~3mm 的薄层,分成若干方块,按一定间隔顺序取样。取样点不得少于 9 个,每点取样量不少于 5g,合成灰场灰样。

③炉渣采样。炉渣采样在除渣系统出渣口处按一定时间间隔采集,也可采用点樱法在渣车上采集。

在渣堆采样时,采样点要分布在渣堆的各个部位。采样点可设 6~10 个,每点采样量可按渣的粒度确定,参见表 7-13。

表 7-13 炉渣粒度与最小采样量的关系

渣的粒度/mm	<25	<50	<100	>100
最小采样量/kg	1	2	4	5

采样时要注意渣块大小比例及外观颜色;每炉采样量约为总渣量的 0.005%,但不得少于 10kg。

④灰、渣样的制备

1)飞灰。称取一定的样品,使其达到空气干燥状态,再用二分器或九点法缩分出 100g 试样,磨制成粒度 <0.2mm 的灰样。

2)炉渣。将全部炉渣试样破碎到 <25mm,然后按表 7-14 的规定,在达到空气干燥状态后,制成粒度 <0.2mm 的分析试样。

表 7－14　炉渣粒度与最小留样量的关系

炉渣粒级/mm	<25	<3	<1	<0.2
最小留样量/kg	15	1	0.1	0.05

3. 测定与结果计算中的问题

(1)灰渣可燃物测定程序

同煤的缓慢灰化法测定灰分。也可称取经缩制的灰或渣样 1g ± 0.1g(其粒度均应 <0.2mm)于灰皿中摊平,在室温下推入高温炉中升温至 815℃ ±10℃,在 500℃时不必停留 30min,而一直升温至 815℃,通常维持 30min,即可将残碳燃尽,而不必在 815℃ ±10℃下灼烧 60min。取出灰皿,冷却数分钟后转至干燥器中冷至室温后称量,根据其质量损失计算出灰、渣中可燃物含量。

(2)测定结果的计算

飞灰及炉渣均是煤在高温下的燃烧残留物,理应是无水的,但其样品一旦与空气接触,将不断吸收大气中的水分,故灰、渣样品中必然含有一定的水分,其含量与空气湿度密切相关。

灰、渣样品在高温下的灼烧,其损失量理应包括水分及灰渣中确实未完全燃烧的残碳。在锅炉热力计算中,灰渣未完全燃烧损失的热量 q_4,不应等同于实测可燃物含量所相当的热量。如果将灰渣中 0.2% 的水分算作 0.2% 的碳,对锅炉效率的影响是不容忽视的。特别是对高燃烧效率的大型锅炉来说,飞灰可燃物含量本身就很低,水分的影响也就更为突出。

煤中碳酸盐按理说,在 815℃下会分解完全,既然有残碳存在,那么残碳颗粒中碳酸盐二氧化碳也必然存在,故在可燃物含量测定结果计算时,就应将碳酸盐二氧化碳含量予以扣除。

因而对灰、渣可燃物含量测定结果计算中,对一般要求采用式(7－72);对严格要求,则采用式(7－73),正是基于上述原因。

本节所述是采用灼烧法来测定灰、渣可燃物,这是电力行业标准所规定的方法。由于该法对灰、渣样品代表性要求高,分析滞后而不能及时反映锅炉燃烧的实际情况,故大力采用飞灰可燃物在线检测技术,将有助于对锅炉的运行调整,提高锅炉燃烧的控制水平及机组运行的经济性。

飞灰含量的在线检测方法很多,如电容法、热电效应法、微波吸收法等,其中尤以电容法的研究与应用较多。现时推出的采取等速采样,应用微波谐振技术测量飞灰含碳量的在线检测装置显示了一定的优越性。

飞灰含碳量的在线检测装置比较复杂,测定误差也较大,但它代表着灰中含碳量测定的发展方向。采样具有代表性,测定结果准确,系统不易堵灰,设备能稳定运行,将是在线检测装置能否在电厂推广应用的关键所在。另一方面,电厂也要在使用中不断积累经验,加强设备的运行管理与维护,以充分有效地发挥在线检测装置的作用。

第九节　煤灰熔融性的测定

煤灰熔融性的测定是电力用煤特性检测的最重要组成部分,也是当前我国电厂煤质检测的薄弱环节。煤灰熔融性直接关系到锅炉是否结渣(俗称结焦)及其严重程度,因而它对锅炉安全经济运行关系极大,在国家标准 GB/T 7562—2007《发电煤粉锅炉用煤技术条件》中对煤粉锅炉用煤的最为主要的 7 项特性指标 M_t、V_{daf}、A_d、$S_{t,d}$、$Q_{net,ar}$、HGI 及 ST 的具体要求作出规定,这也足见煤灰熔融性测定的重要性。

煤灰熔融性的测定,涉及多方面的专业知识与技能,同时鉴于它在电力生产中的特殊重要性,故本节不仅是本章,也是本书的重点内容之一。

一、煤灰熔融性的含义

煤灰的主要成分为矿物质,通常它包括各种硅酸盐、碳酸盐、硫酸盐、金属矿化物、氧化亚铁等。煤灰中含有多种元素,它不是纯化合物,因而它没有固定的熔点,而是在一定温度范围内熔融,其熔融温度,俗称灰熔点,它的高低,主要取决于煤灰的化学组成及其结构,同时与测定条件的控制有关,是该项测定中的最大难点。

煤灰的组成可用各种氧化物含量来表示,一般说来,煤灰由 SiO_2、Al_2O_3、Fe_2O_3、CaO、MgO、SO_3、K_2O、Na_2O、Mn_3O_4、TiO_2、V_2O_5 等组成,其中前 6 项氧化物为其主要成分,中国不少煤灰中,SiO_2、Al_2O_3、Fe_2O_3 三项成分之和就可能超过 90%。

煤灰中各成分在其纯净状态时,大都具有较高的熔点,参见表 7-15。煤灰中矿物质在高温下形成低共熔混合物,因而煤灰熔融温度均低于其难熔组分的熔点。

表 7-15　某些氧化物的熔点　℃

氧化物	SiO_2	Al_2O_3	CaO	MgO	Fe_2O_3	Fe_3O_4	FeO	K_2O　Na_2O
熔点	2230	2050	2570	2800	1550	1540	1420	800 ~ 1000

煤灰在熔融过程中,灰渣呈现可塑性而处于非均相状态。在 GB/T 219—2008《煤灰熔融性测定方法》中,将煤灰熔融过程中的 4 个特征点温度,即变形温度 DT、软化温度 ST、半球温度 HT、流动温度 FT 作为评价煤灰熔融性的参数,其中软化温度 ST 作为煤灰熔融性最具特征性的温度。

煤灰熔融性测定,国内外普遍采用角锥法。各特征点的温度定义如下:

①变形温度 DT:指灰锥尖端开始变圆或弯曲时的温度并规定灰锥保持原形,灰锥倾斜或收缩时的温度,不算变形温度。

②软化温度 ST:指灰锥弯曲触及托板或灰锥变成球形时的温度。

③半球温度 HT:指灰锥变形至近似半球形,即高约等于底长一半时的温度。

④流动温度 FT:指灰锥熔化展开成高度在 1.5mm 薄层的温度。

灰锥熔融特征示意参见图 7-32。

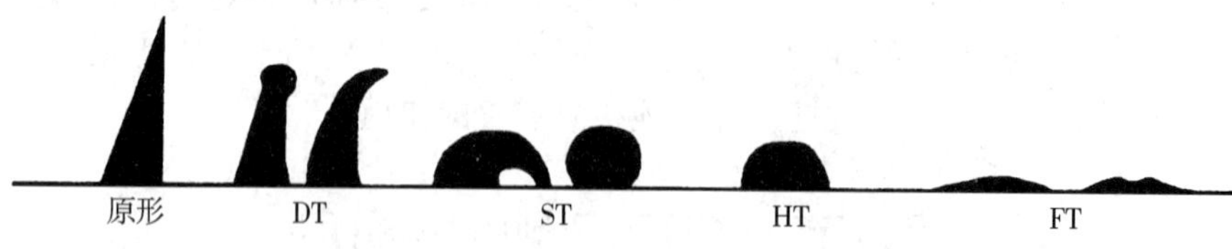

图 7-32　灰锥熔融特征示意图

在煤灰熔融过程中,作者实拍了本单位煤灰熔点炉内灰锥试样的变化情况,参见图7-33。

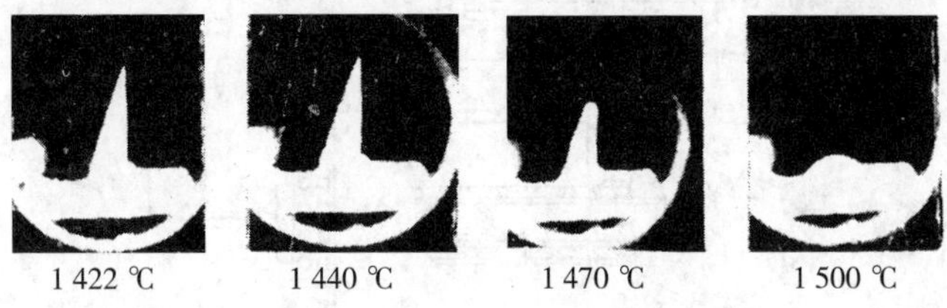

图7-33　实拍灰锥试样变化情况图

不同人员观测,其中变形温度DT的观测值一般相差较大。

在煤灰熔融过程中的上述4个特征温度点并不具明确的物理意义,但它们毕竟是煤灰由固相向液相过渡的标志,因此煤灰熔融性对固态除渣炉的结渣及液态排渣炉的排渣来说,均具有重要的实际意义。

二、煤灰熔融性测定装置

测定煤灰熔融性需要一台具有特殊要求的高温炉(俗称灰熔点炉),不论采用何种加热元件及炉型,均应满足下述条件:

①要有足够长的恒温带;

②能按规定的升温速度升温;

③能方便地控制炉内气氛为弱还原性或氧化性;

④能随时观测灰锥试样在受热过程中的形态变化。

目前国内普遍采用硅碳管高温炉测定煤灰熔融性,参见图7-34。

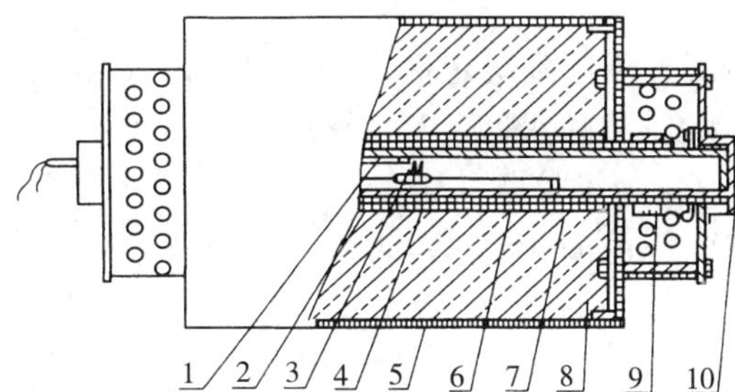

1—热电偶;2—硅碳管;3—灰锥;4—刚玉舟;5—炉壳;6—刚玉外套管;7—刚玉内套管;8—泡沫氧化铝保温砖;9—电极片;10—观察孔

图7-34　硅碳管煤灰熔点炉结构图

20世纪60年代中期作者制作了硅碳管煤灰熔点炉,参见图7-35。

三、煤灰熔融性测定的技术要点与难点

1.灰锥试样的制备

按照煤灰含量的测定方法,将试验煤样在高温电阻炉中燃烧成灰,冷却后,将灰再用玛瑙研钵仔细研磨,灰越细,灰锥试样加工越容易。

灰锥试样在如图7-36的灰锥模具中成型。

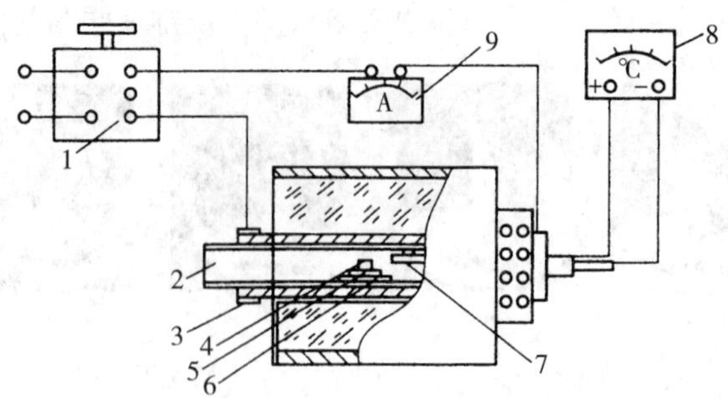

1—调压器；2—刚玉管；3—硅碳管；4—灰锥试样；5—灰锥托板；
6—刚玉舟；7—热电偶；8—高温计；9—电流表

图 7-35　灰熔融性测定用硅碳管高温炉

灰锥模具由不锈钢或黄铜制成。制好的灰锥仍用灰浆（用糊精溶液将煤灰调成稀浆状）作黏合剂，令其固定在刚玉制灰锥托板上。但应注意，应将灰锥试样自然干燥后再固定于托板上；灰锥试样不能放入100℃以上的高温炉中，否则试样推入炉中，灰锥很易倾倒。

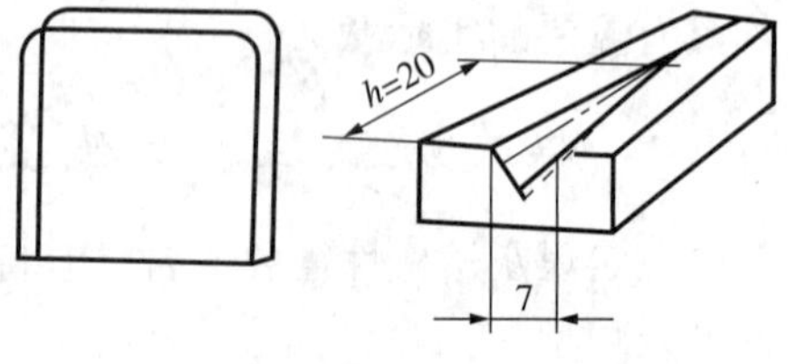

图 7-36　灰锥模具示意图

2. 升温速度的控制

灰熔点炉是依据电压的调节来控制升温速度，在900℃以前为15℃/min～20℃/min；900℃以后为5℃/min～7℃/min，当炉温达到1500℃时，不论灰锥形态变化与否，测定即结束。如灰锥试样形态丝毫未变，则各特征点温度均以大于1500℃的结果报出。

通入炉子的电流对升温速度起到决定性作用。电流的大小，则随调节电压的时间及调节电压间距而变化，升温速度控制如图7-37所示。

炉温随电压升高而升高，为了控制一定的升温速度，应逐步缩小调节电压的间距，至1400℃时，可不必继续升高电压，随时间的延长，温度会继续上升，直至1500℃。

如图7-37所示，第60min时，电压为90V，此时温度为880℃；电压升至100V，历时40min，温度达到了1160℃，故此阶段升温速度为7℃/min。

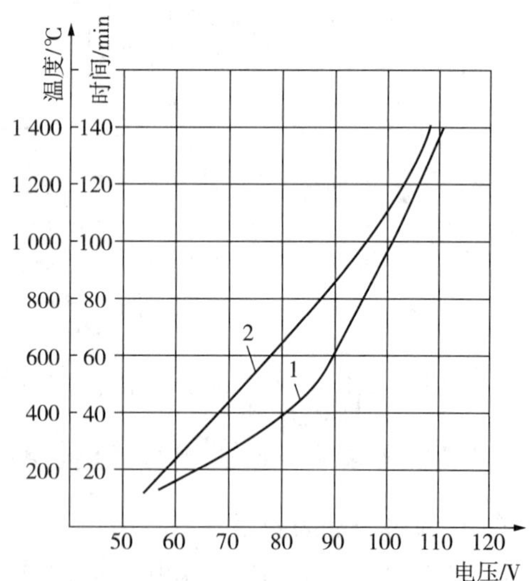

1—时间-电压曲线；2—温度-电压曲线

图 7-37　升温速度控制图

硅碳管正常使用温度为（1400±50）℃，最高温度可接近1600℃，温度骤升骤降，都将缩短硅碳管的使用寿命。例如硅碳管由室温⟹1400℃之间，每反复一次，相当于连续使用80h～100h。当温度达到1600℃时，硅碳管可能瞬间被烧断。因而测定煤灰熔融性时，其炉子的升温速度务必按标准规定加以控制，而且要适当控制降温速度，防止在1500℃时切断电源。采用分段降低电压(电流随之减小),使炉温由1500℃→1300℃左右→1100℃左右→900℃左右切断电源,这样可大大延长硅碳管及刚玉燃烧管的使用寿命。

3. 炉内气氛条件的控制

炉内气氛条件的控制,是煤灰熔融性测定中的最大难点。GB/T 218—2008 规定试验气氛为弱还原性气氛或氧化性气氛。

弱还原性气氛可采用通气法或封碳法加以控制:氧化气氛则是炉内不放任何含碳物质,使空气自由流通。

(1)弱还原性气氛及其控制方法

①通气法。炉内通入下述两种混合气体之一:

a. 体积分数为(50±10)%的氢气和(50±10)%的二氧化碳混合气体;

b. 体积分数为(60±5)%的一氧化碳和(40±5)%的二氧化碳混合气体。

②封碳法。炉内封入灰分低于15%、粒度小于1mm的无烟煤、石墨或其他物质。

如果在(1000~1300)℃范围内,还原性气体(一氧化碳、氢气、甲烷等)的体积分数为10%~70%,同时1100℃以下还原性气体的总体积和二氧化碳的体积比不大于1:1,氧含量低于0.5%,则炉内气氛为弱还原性。

(2)氧化气氛及其控制方法

氧化气氛即炉内不放任何含碳物,也不通入其他气体,让空气在炉内自由流通就行。

(3)气氛条件对测定结果的影响

国际标准(ISO 540:1995)对测定气氛及控制方法的规定是:

采用还原性气氛及氧化性气氛

①还原性气氛:a. 通入(55~65)%(体积分数)CO以及(35~45)%(体积分数)CO_2的混合气;b. 通入(45~55)%(体积分数)H_2和(45~55)%(体积分数)CO_2混合气。

②氧化性气氛:通入空气或CO_2,流速不限。

炉内气氛检查:Ni丝,还原性气氛下熔点1452℃±10℃。

美国、英国、俄罗斯、日本等国的规定均同国际标准,而德国规定,采用弱还原性气氛,还原性气氛、氧化性气氛。其中弱还原气氛:封入木炭或焦炭或通入2:1的CO及CO_2来控制。

德国及日本标准对炉内气氛如何检查未作规定。

各个国家中炉内气氛的控制方法不尽相同,因此各国对灰熔融性测定结果的可比性不强。某发电厂几种煤样在中国与美国两国按不同气氛及控制方法,测得的灰熔融性结果列于表7-16中,以作比较。

表7-16 中、美对煤灰熔融性测定结果对比

煤别	煤灰熔融性/℃	弱还原性(封碳法) 中国	氧化性(空气介质) 中国	还原性(通气法) 美国
A	DT	116.1	1362	1210
	ST	1232	1376	1222
	HT	-	-	1299
	FT	1284	1390	1382

续表

煤别	煤灰熔融性/℃	弱还原性(封碳法) 中国	氧化性(空气介质) 中国	还原性(通气法) 美国
B	DT	1252	1371	1171
	ST	1363	1434	1300
	HT	–	–	1377
	FT	1396	1447	1421
C	DT	1180	1343	1160
	ST	1283	1393	1271
	HT	–	–	1343
	FT	1303	1408	1400

由表 7 – 16 可以看出以下一些问题:

1)在弱还原性气氛下所测灰熔融温度均较氧化性气氛下的测值要低,以 ST 为例,上述 3 个煤样分别低 144℃、71℃及 110℃。这是由于煤灰中的 Fe 在不同价态下熔点差异所致,在弱还原性气氛下,铁呈二价,FeO 的熔点为 1420℃;而在氧化性气氛下,铁呈三价,Fe_2O_3 的熔点为 1550℃。

2)中国国家标准原先未规定记录半球温度,故中国测定数据中无半球温度值,现在中国国家标准中已增加了半球温度,不过在灰熔融性测定中,最具特征的温度为软化温度 ST 值,故即使缺少半球温度值,也不影响对灰熔融性的判断。

3)中国与美国采用不同的气氛条件及控制方法。中国在弱还原性气氛(封碳法)下与美国在还原性气氛(通气法)下的 3 个煤样的 ST 值较接近,二者相差分别为 10℃、63℃及 12℃。也就是说,中国采用封碳法在弱还原性气氛下与美国采用通气法在还原性气氛下的灰熔融性测值(以 ST 为代表)较接近。

直至现在,在灰熔融性测定中,我国仍普遍采用封碳法控制炉内为弱还原性气氛。主要原因是:此法简单方便,也能满足标准规定的气氛条件,其不足之处也是显而易见的。由于无单位统一提供控制炉内气氛的标准含碳物、硅碳管及刚玉燃烧管的尺寸也不规范,因此,如何准确控制炉内为弱还原性气氛成为煤灰熔融性测定中的技术难点。不仅与国外测定结果的可比性较差,即使国内不同单位同是采用封碳法测定,其测定结果因炉内气体组成的差异,也经常缺少可比性。因此,我国对煤灰熔融性测定时气氛条件如何控制与规范,还须进行深入试验研究。

(4)炉内气氛条件的检验

气氛条件直接影响灰熔融性测定结果,因此,如何检验炉内的气氛条件就显得十分重要。

检查炉内的气氛条件,通常采用下述方法:一是用标准灰样作对照;二是由炉内抽取气体作实际测定。

①标准灰样对照。当应用标准灰样检查时,如实测标准灰样 ST 值与已知的标准值(名义值)相差不超过 50℃,则认为气氛条件符合标准要求;如超过 50℃,则可根据它与标准值的相差程度及封入炉内含碳物的氧化情况,更换或适当调整含碳物的加入量及其在炉内的

放置部位，直至实测 ST 值与其标准值相差不超过 50℃为止。

如发现含碳物已烧成灰，说明炉内为氧化性气氛，还原性气体组分太少，此时可增加含碳物量或将含碳物移向低温区（注意：气疏刚玉燃烧管不能用，必须采用优质气密刚玉管，否则，不论如何更换或调整含碳物，不会有多大效果）；反之，如发现含碳物基本上未变化，与标准灰样的标准值对照，ST 已相差超过 50℃，则说明炉内还原性气氛较强，此时可适当减少含碳物的量或将含碳物移向高温区。

经验表明：当炉内处于弱还原气氛时，含碳物仅在其表面一层被氧化，出现星星白点，即局部烧成灰，而内部的含碳物基本保持原样。

②取气分析法。要从炉内抽取气体还是相当麻烦的，而且试验室还得配置烟气全分析仪或其他气体分析仪器，掌握气体分析技术，这在一般试验室是难以做到的，故实际上应用较多的还是采用标准灰样作对照。

现以作者采取炉内取气法检验是否是弱还原性气氛为例，对该法作一简要说明，供参考。

采用取气分析法，可以在高温条件下自炉内抽取气体直接进行气体成分测定。含碳物的性质见表 7－17。

表 7－17　控制炉内为弱还原性气氛的含碳物

含碳物	水分	灰分	挥发分
木炭粒（粒度 <5mm）	3.87	4.10	30.80
无烟煤粒（粒度 <5mm）	2.74	18.58	8.05
#1 石墨粉粒（粒度 <0.2mm）	0.48	1.32	1.41
#2 石墨粉（粒度 <0.2mm）	0.58	0.41	0.60

该灰熔点炉的硅碳管规格为 50/40 × 200/100mm；管内配气密刚玉管，规格是 33/31 × 520mm。

在硅碳管、刚玉管、炉子升温速度确定的条件下，变更为有关测试条件，反复试验，从而确定了炉内实现弱还原性气氛的控制方法。

用 2g 木炭置于表面 11.4cm^2 的瓷皿中，并位于炉温中心后方 40mm ~ 55mm 处，在 1200℃ ~ 1400℃时，炉内能保持住弱还原性气氛。所以选择 1200℃、1300℃、1400℃ 3 个温度点，是因为电力用煤的灰熔融度大多在此范围内，控制在该条件下，气体分析结果的重现性良好。实测的弱还原气氛的组成参见表 7－18。

表 7－18　实测的弱还原性气氛的气体组成　　%

控制方法	温度	CO_2	O_2	H_2	CO	CH_4
盛碳皿距炉中心后方 40mm 处	1200℃	7.58	0.10	8.66	18.85	4.05
	1300℃	7.14	0.15	5.46	18.75	3.44
	1400℃	6.43	0.10	4.28	17.74	2.01
盛碳皿距炉中心后方 55mm 处	1200℃	11.74	0.24	6.95	10.32	2.31
	1300℃	10.73	0.28	6.52	11.11	2.04
	1400℃	8.98	0.31	5.35	10.53	1.52

通过封碳法来控制炉内气氛条件，表明：

1）煤灰熔融性测定炉内的气体组成在不同温度下并不相同，难以达到稳定。如果要严格控制一定的气体组成，封碳法是不能实现的。但国家标准规定各气体成分允许在一个较宽的范围内波动，这样应用封碳法就可以加以控制。

2）封入含碳物质，温度对炉内气体成分的影响是复杂的。但在多数情况下，呈现一定的规律性。

由于系统密封，刚玉管内的氧量是一定的。温度升高氧含量量因消耗于碳的氧化而逐渐减少。试验表明，木炭对降低氧含量尤为有效，炉内可接近无氧状态。CO_2 浓度随温度升高而降低，CO 浓度则升高，这是 CO_2 与碳高温反应的结果。

3）不同含碳物质在相同试验条件下，由于各自性质的差异，它们所受温度的影响各不相同。多数情况下，随温度升高，还原性气氛增强，氧化性气氛减弱，但例外情况也不少见。

木炭较无烟煤、石墨更易形成弱还原性气氛。

4）对于不同规格的煤灰熔点炉（含不同规格的刚玉燃烧管），可通过含碳物的量、粒度、厚度及含碳物在炉内位置的不同进行调节，通过实测才能确定炉内气体组成是否符合标准规定的要求。

4. 测定结果的判断与表达

灰锥形态的判断如前所述，但有一些灰锥测不到上述特征温度，如有的灰锥明显缩小直至完全消失，或缩小而实际不熔，仍维持一定轮廓；有的灰锥由于表面挥发而明显缩小，却保持原来形状；有的灰锥因 SiO_2 含量较高，在高温下灰锥易产生膨胀或鼓泡，而鼓泡一破即消失等，这些现象均应在测定结果中予以说明。

如炉温达到 1500℃，灰锥尚未达到变形温度，则该灰样的测定结果 DT、ST、HT、FT 均高于 1500℃报出。由于煤灰熔融性是在一定气氛条件下测定的，且不同气氛条件对测定结果影响很大，故测定结果应标明其测定时的气氛条件。

根据灰熔融温度的高低，通常把煤灰分为易熔、中等熔融、难熔、不熔四种，其熔融温度范围大致是（均为弱还原性气氛下的测值）：

易熔灰 ST 在 1160℃以下；

中等熔融灰 ST 在 1160℃ ~1350℃之间；

难熔灰 ST 在 1350℃ ~1500℃之间；

不熔灰 ST 则高于 1500℃。

一般认为，ST 值在 1350℃，作为锅炉是否易于结渣的分界线。灰熔融温度越高，锅炉越不易结渣；反之，结渣越严重。

煤灰中碱性氧化物与酸性氧化物比值的大小，对煤灰熔融温度的高低有着重要影响。

灰中碱性氧化物是指 $Fe_2O_3 + CaO + MgO + K_2O + Na_2O$；

灰中酸性氧化物是指 $Al_2O_3 + SiO_2 + TiO_2$

中国煤灰中碱性氧化物与酸性氧化物的比值，一般在 0.1 ~1.0 范围内。

煤灰熔融性与锅炉结渣的关系十分密切。为表征锅炉的结渣情况，可用结渣指数 R_s 表示。

$$R_s = \frac{Fe_3O_3 + CaO + MgO + K_2O + Na_2O}{SiO_2 + Al_2O_3 + TiO_2} \times S_{t,d} \qquad (7-74)$$

式中　各氧化物含量，系指其质量分数，%；

$S_{t,d}$——为煤中干基全硫含量，%。

结渣指数 R_s 值的大小，反映了锅炉结渣的严重程度。R_s 值越大，锅炉结渣越严重。参见表 7－19。

表 7－19　锅炉结渣指数的分类

结渣指数 R_s	<0.6	0.6～2.0	>2.0～2.6	>2.6
结渣分类	低	中	高	严重

5. 混煤煤灰熔融性的测定

随着电力工业的发展，锅炉容量的增大，几乎所有大中型电厂锅炉均将燃用混煤。不同煤源的煤混烧，由于它们所含不同的物质之间发生相互作用，其结渣性将发生改变，呈现更为复杂的情况。

混煤煤灰在高温下，具有如下特点：

1）不同性质的煤混熔，由于它们之间的相互作用，其混煤的灰熔融性与组成此混煤的单一煤源的灰熔融性可能相差很大。一般说来，混煤煤灰熔融温度要比组成该混煤的单一煤按其比例计算所得结果为低。

2）混煤灰熔融性十分复杂，目前还没有能够充分认识到混煤灰熔融性的一般规律，而只能对某些特定混煤煤灰熔融性通过实测结果加以分析研究，这也说明：电厂中开展煤灰熔融性测定具有重要的实际意义。

四、电厂煤粉锅炉的烟气组成及对电煤灰熔融性要求

1. 电厂煤粉锅炉的烟气组成及其属性

当前电厂煤粉锅炉普遍采用煤粉悬浮燃烧方式，计算的理论空气量应该能达到燃料完全燃烧的目的，然而当今的电厂锅炉及所掌握的燃烧技术并不能达到此目的。如果不提供多余的空气，燃料就不能完全燃尽，这将大大降低锅炉运行的经济性。如果空气量严重不足，那么锅炉就根本无法运行。

电厂锅炉运行时，过剩空气系数一般为 1.15～1.25。燃料的完全燃烧产物是 CO_2、SO_2、H_2O（气）；当燃烧不完全时，则烟气中还包含 CO 及碳氢化合物，有时还有少量的氢气。实用上为简化起见，是以最难燃尽的气体——CO 作为唯一的不完全燃烧成分，这与实际情况基本一致。

锅炉中有代表性的气体为 O_2、CO_2、CO、H_2，它们的含量与过剩空气系数的关系参见本书第三章图 3－23，这里不予重复。

由图 3－23 可以看出，当过剩空气系数为 1.15 时，O_2 的含量为 4%，CO_2 含量为 16.5% 左右，CO + H_2 趋近于零。

从多台锅炉烟气组成的实际结果来看，各种煤粉锅炉烟气组成具有如下特点：

①煤粉锅炉在正常运行条件下，各部位的烟气组成在一定范围内波动。一般情况下，RO_2（主要为 CO_2）含量在 12%～16%，O_2 含量在 3%～6%，而还原性组分 CO 及 H_2 含量（均指体积分数）甚微。

②当锅炉运行工况恶化，如液态排渣锅炉严重析铁，O_2 的含量明显下降至 2% 左右，而

还原性气体 $CO+H_2$ 含量增大,但通常也不超过1%。

③综观电厂煤粉锅炉实测的各部位烟气组成,其氧化性组分的 O_2 及 CO_2 远远超过还原性组分 CO 和 H_2。

无论从理论上分析还是从锅炉内抽取烟气分析测定,其结论是一致的,即锅炉运行中烟气中还原性气体实际含量甚微,其实锅炉设计中选定的 CO 值也是很小的。锅炉烟气组成,论其属性,绝不是弱还原性而是氧化性。

将与锅炉烟气组成基本一致的气氛条件,作者将它称为特定氧化性氧氛,以区别标准中让空气自由流通的一般性氧化性气氛。

作者经长期研究,完全有可能在灰熔融性测定时实施特定氧化性气氛,其实测结果参见表7-20。试验用灰熔点炉及刚玉燃烧管的规格同前所述。

表7-20　实测与锅炉烟气组成基本一致的烟气组成　　%

控制方法	温度	CO_2	O_2	H_2	CO
盛放石墨的瓷舟距炉温中心70mm处	1200℃	15.08	5.56	–	–
	1300℃	14.86	4.34	0.20	–
	1400℃	13.43	3.20	0.38	微量
盛放石墨的瓷舟距炉温中心80mm处	1200℃	12.36	6.74	0.06	–
	1300℃	13.17	5.40	0.16	–
	1400℃	12.64	3.20	0.26	微量

煤灰熔融性在弱还原性气氛下普遍较特定氧化性气氛下测定结果为低,其偏低的程度少则30℃～50℃,多则200℃以上。

电厂主要考虑是如何保证锅炉的安全经济运行,避免固态除渣锅炉严重结渣情况的发生及液态排渣锅炉的顺利排渣。因而电厂能提供符合锅炉实际烟气组成的特定氧化性气氛下的煤灰熔融性更具实用性,某些电厂及作者的长期应用实践,也都证明这一观点是正确的,对锅炉的安全经济运行发挥了积极作用。

2. 电力用煤对煤质及灰渣特性的要求

在火电厂中,液态排渣锅炉为数不多,固态除渣锅炉则是主要的。为了使锅炉免于严重结渣,对煤质与灰渣特性的要求是:

①煤中灰分含量及硫含量不宜太大,煤粉不宜过粗。

②煤灰应具有较高的熔融温度,一般 ST 值要大于1350℃,且越高越好。

③要避免燃用煤灰熔融温度较低的短渣煤(DT 与 FT 之间差值很小,如50℃左右),因为燃用这种煤最易导致严重结渣情况的发生。

④宜选用煤灰熔融性不易受气氛条件影响的煤,由于其灰渣特性受锅炉运行工况的波动影响较小,从而有助于锅炉的稳定燃烧。

煤灰熔融性是电煤最为重要的特性参数之一,各电厂应力争将其列入常规检测项目,对入厂煤及入炉煤测定灰熔融性是非常必要的。

第十节　煤灰成分的测定

煤灰成分与电力生产关系密切。提供可靠的煤灰成分数据,有助于分析判断锅炉结渣与积灰的可能性及其严重程度；预测冲灰管道是否存在结垢倾向及提出预防性措施；判定灰渣的性能特点，为其进行综合利用创造条件等，故对煤灰成分的测定，是电力用煤质量检验的一个重要组成部分。

煤中含有数十种元素，其中主要为硅、铝、铁、钙、镁、硫、钾、钛、钠、磷等，它们除以氧化物形式存在以外，还以硅酸盐、硫酸盐、硅铝酸盐等多种形式存在。煤灰成分十分复杂，要测定煤灰成分，即使只测定其主要成分也不容易。

煤灰成分通常以组成煤灰各主要元素的百分含量来表示。煤灰的基本成分为：SiO_2、Al_2O_3、Fe_2O_3、CaO、MgO、SO_3；煤灰成分的常规测定项目为除上述6项氧化物外，还应包括K_2O、Na_2O、TiO_2；对于特殊需要者，还要增加Mn_3O_4、P_2O_5等。

煤灰中各成分含量相差悬殊，中国煤灰中，SiO_2、Al_2O_3、$Fe_2O_3$3项含量之和就往往达90%以上，也有一些煤灰中的CaO含量可高达10%～40%，煤灰中的Fe_2O_3、CaO、MgO、K_2O、Na_2O为碱性氧化物，SiO_2、Al_2O_3、TiO_2为酸性氧化物。二者的比例通常在0.1～1.0范围内。此比值越大，表示灰熔融温度越低，锅炉结渣的可能性越大。

一、煤灰成分测定方法概述

我国标准GB/T 1574—2007规定：煤灰成分采用常量法及半微量法测定，美国ASTM标准中还规定可用一快速分析法测定煤灰成分，由于该法具有操作简便，测定周期大为缩短的特点，故本节对上述3种测定方法作一综合分析比较。

选择煤灰成分测定方法时，首先要了解各种测定方法的流程与特点，使用何种仪器设备，应结合本试验室的实际情况加以选择。

另一方面，还要看测定煤灰成分的主要目的是什么？如需要提供比较准确的数据，则应采用常量法；如要很快提供测定结果，而对其准确性要求不高者，则可采用半微量法或快速分析法；如本试验室配备有原子吸收分光光度计，也可采用原子收法测定。

1. 常量分析法

常量分析法测定示意图参见图7－38。

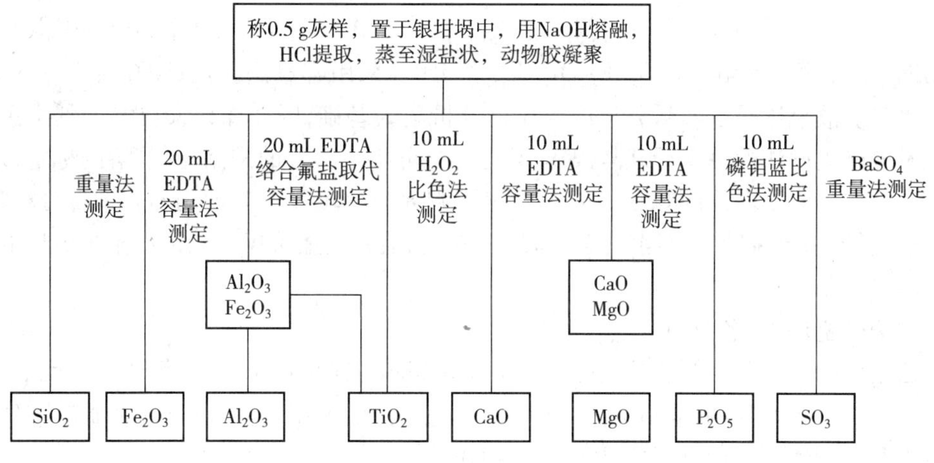

图7－38　煤灰成分常量法测定示意

对于 K_2O 及 Na_2O 的测定，则要另行称取灰样置于铂坩埚中，应用 HF - H_2SO_4 来分解，用火焰光度法测定。

由图 7 - 38 可以看出，完成煤灰成分全分析，其中主要成分 SiO_2、SO_3 用重量法测定；Al_2O_3、Fe_2O_3、CaO、MgO 用容量法测定；K_2O、Na_2O 则用火焰光度法测定；而灰中 TiO_2、P_2O_5 则用比色法测定。

前以指出，煤灰中主要成分为 SiO_2、Al_2O_3、Fe_2O_3、CaO、MgO、$SO_3$6 项，它们采用的是典型的化学分析法，仅仅采用重量分析及容量分析法即可，这样就不需要使用什么专用仪器，因而一般的煤质试验室也就具备测定煤灰成分的条件，通常上述 6 项成分之和约占煤灰成分 95% 左右。常量分析法是煤灰成分各种测定方法中最为准确的方法，故应用也最为普遍。

2. 半微量分析法

该法也是我国标准中规定的分析方法，其测定示意图如图 7 - 39 所示。

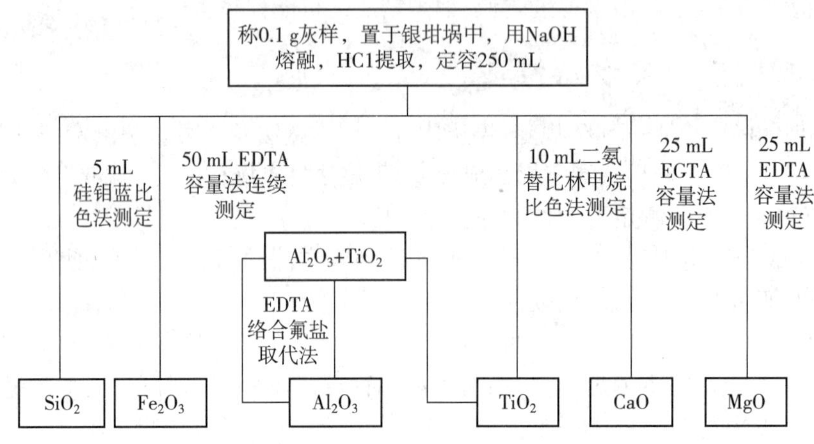

图 7 - 39　煤灰成分半微量法测定示意

Na_2O 及 Na_2O 的测定同常量法。此外还须另外称取灰样测定 SO_3，它既可采用经典的 $BaSO_4$ 重量法测定，也可采用红外测硫仪测定。后者操作方便仅需数分钟就可完成测定。

由图 7 - 39 可以看出，Al_2O_3、Fe_2O_3、CaO、MgO 均采用容量法测定；SiO_2 及 TiO_2 则采用比色法测定。故该法是以容量分析法与比色分析法为基础，因而操作人员要特别熟悉容量分析法及分光光度法的测定原理与操作，掌握容量分析中溶液的配制，标准溶的标定以及分光光度法中校准曲线的绘制等。该法称样量少，测定精密度及准确度均不及常量分析法，但它测定速度较快，不用特殊仪器（分光光度计是一种通用及廉价仪器），因而不少电厂的煤质试验室较易具备测定条件。

3. 快速分析法（比色分析）

该法主要采用比色分析。该法是称取灰样 0.05g 于镍坩埚中，加氢氧化钠熔融后，用盐酸溶解得到溶液 A，用以测定 SiO_2 及 Al_2O_3；称取灰样 0.4g 用硫酸、氢氟酸及硝酸于铂坩埚中分解来制备溶液 B，用来测定煤灰中的其他成分。

比色分析测定煤灰成分的示意图，如图 7 - 40 所示。

该法以比色分析法为主，配以容量分析法，以其操作简便，速度快为其最大特点。

该法测定煤灰成分，其精密度低于常量法，特别是对 SiO_2、Al_2O_3 的测定精密度明显低于常量法，其他成分相差不大。

煤灰成分快速测定精密度要求如表 7－21 所示。

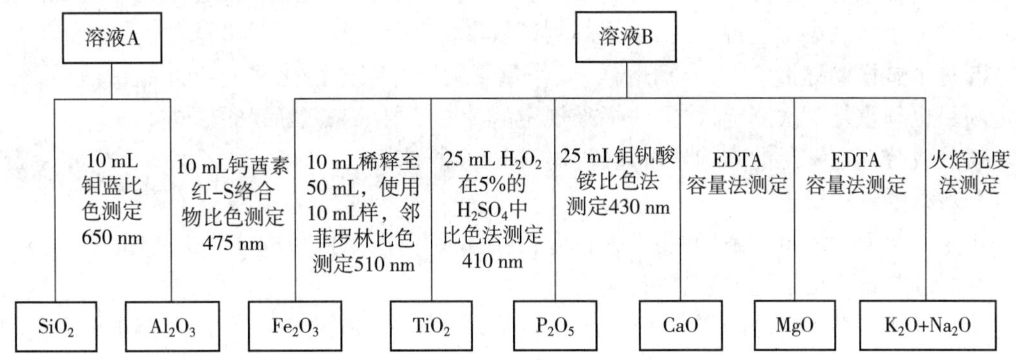

图 7－40　煤灰成分快速分析（比色法）示意

表 7－21　煤灰成分快速测定精密度要求　%

煤灰成分	SiO_2	Al_2O_3	Fe_2O_3	CaO	MgO	TiO_2	P_2O_5	K_2O	Na_2O
重复性	1.0	0.7	0.3	0.2	0.3	0.10	0.05	0.1	0.1
再现性	2.0	2.0	0.7	0.4	0.5	0.25	0.15	0.3	0.3

对任何项目的测定，要提高测定速度，往往就将降低测定精密度，这点具有普遍性，对煤灰成分测定也不例外。

二、煤灰成分分析的方法特点与要求

1. 方法特点

不论采取何种方法来进行煤灰成分测定，它们都是系统分析，而不是对各个成分单独称样测定，因而通常都得预先处理灰样，以制备样品试液，然后逐项进行测定。

由此可知，样品的处理就显得特别重要，它将直接影响各成分的测定结果；另一方面，各成分共存于一母液中，各个成分测定因存在多种干扰因子，因此就必须按此有关化学反应机理，加入特定的试剂，沉淀、结合或掩蔽相关干扰因子，从而完成可靠测定结果。

为了完成煤灰成分测定，往往需要运用不同的测定原理，使用不同的方法与仪器，进行多种多样的操作及进行相关的计算，而这一切正是当前煤质检测人员所欠缺的，通过煤灰成分分析，以提高其操作技能。

2. 基本要求

为了进行煤灰成分分析，就要求检测人员了解及掌握以下几方面的专业知识与操作技能。

①首先对选用的分析方法有一个全面了解，掌握各成分测定操作技术要点，严格按方法标准规定控制好检测条件，如酸度、温度、时间等。

②应充分了解有关仪器的性能特点与使用方法，熟练地掌握化学分析的各项操作技能，如标准溶液的配制与标定，玻璃仪器与化学试剂的选用等。

③在一般情况下，煤灰成分测定项目为 SiO_2、Al_2O_3、Fe_2O_3、CaO、MgO、SO_3、TiO_2、K_2O、Na_2O 共 9 项，除有必要，可增测 Mn_3O_4、P_2O_5、V_2O_6 等，其他微量成分一般不作测定。

④完成一个样品的煤灰成分分析包括多个项目，测定周期很长，尤其是常用的常量法，往往需要 4 个工作日才能完成。故操作人应安排好各成分的测定，在可能条件下穿插进行，通常宜对多个样品集中进行测定，以提高测试效率。

⑤每个试样要称量双份，分别熔样，以作重复测定。灰样熔化并制成样品试液后，每一测定项目也须重复 2 次测定，以方法标准规定的精密度要求来判断是否超差。

煤灰成分测定结果的准确性可通过分析标准灰样来加以检验。

3. 灰样的制备要求

不论采取何种测定方法，均要求先将煤粉样制成灰样，以供灰成分分析之用。

灰样的制备可按下述要求进行：

①灰样在按燃煤灰分测定方法（见 GB/T 212—2008）中的缓慢灰化法来制取，不得使用快速灰化法来制备灰样。

②煤样置于灰皿中，应使之摊平，煤样越厚，不仅试样不易灰化完全，而且灰中 SO_3 测值可能偏高。

③灰样最好单独制备，多个煤样于同一炉中灼烧，各灰样间的干扰就难以避免，从而会导致测定结果，特别是 SO_3 测定结果误差较大。

④为了确保熔样完全，灰样还须用玛瑙研钵进一步研细后，方可称量测定。

4. 煤灰成分测定中几种特种器皿的使用

（1）玛瑙研钵的使用

①玛瑙研钵不能放置于电热干燥箱中或其他温度较高的地方。

②玛瑙研钵不能与氢氟酸接触。

③在研磨晶体或大块样品时，可先将其压碎后研磨。

④玛瑙研钵使用后可用清水洗净，必要时可用稀盐酸洗涤，然后用水洗净。如果仍不能洗净，则可加入少量食盐研磨一段时间后倒出，再用水洗净。

⑤硬度过大，粒度过粗的物料，不能在玛瑙研钵中研磨。

（2）银坩埚的使用

①银的熔点为 960℃，故使用银坩埚时要严格控制温度，一般使用温度不能超过 700℃。

②银坩埚一旦受热，其表面覆盖一层氧化物，使其不受 NaOH 及 KOH 的侵蚀，故可用 NaOH 来熔样，其熔融时间一般不应超过 30min。

③银易与硫作用生成硫化银，故不允许在银坩埚中分解或灼烧含硫（可燃硫）物。

④刚从高温炉内取出的热银坩埚，不得用冷水令其速冷，以免产生裂纹。

⑤在熔融状态时，铝、锡、铅、汞等金属都能使银坩埚变脆，对于汞盐、硼砂等也不能在银坩埚中灼烧和熔融。

⑥银易溶于酸，在浸取熔融物时，不可使用酸，更不能将银坩埚长时间浸泡于酸液中，特别是不可接触浓酸，如热的浓硝酸。

⑦银坩埚的使用，要配置相应的坩埚盖，在盖及坩埚上均编有号码，一一对应。

（3）铂坩埚的使用

①铂的熔点为 1773.5℃，但铂坩埚最高使用温度不超过 1200℃。

加热和灼烧时,应在高温炉内进行,不可在还原焰或冒黑烟的火焰上加热,也不能让铂坩埚接触蓝色火焰,以免生成碳化铂,使它变脆而破裂。

②铂坩埚质地很软,操作时要使用镶有铂皮的夹子,切勿使用带棱角的玻璃棒,以免损伤坩埚。必要时可使用带橡皮头的玻璃棒。

③不得在铂坩埚内加热或熔融金属氧化物、氢氧化物、硫代硫酸钠、含磷或含大量硫的物质、碱金属的硝酸盐、亚硝酸盐、氯化物、氢化物等。

④不可在铂坩埚中加热灼烧含有重金属如铅、锡、饿、锑、砷、银、汞、铜的化合物,这些重金属化合物被还原成金属而与铂反应生成合金而导致铂坩埚损坏。

⑤在高温下,铂坩埚不可与其他任何金属相接触,必须将它置于耐火材料制成的三脚架或石棉网上。

⑥在铂坩埚中不得处理卤素或能分解出卤素的物质,如王水、溴水、盐酸与氧化剂(如氯酸盐、硝酸盐、铬酸盐、亚硝酸盐、二氧化锰等)及其与卤化物的混合物。三氯化铁对铂坩埚有显著的侵蚀作用,二者不可相接触。

⑦同上述(2)中的⑦。

⑧对于成分不明的物质,不要置于铂坩埚中熔解或加热,以免造成损坏。

⑨铂坩埚应保持洁净,内壁光亮。如长期使用,则因表面生成一层结晶物而使铂坩埚表面失去光泽。久而久之,则会使铂坩埚变脆而破裂,因而必须及时清除表面污垢。为此,可在1.5mol/L~2mol/L的稀盐酸溶液中浸煮,但所使用的稀盐酸中,不得含有硝酸、硝酸盐、卤素等氧化剂。

三、煤灰成分分析方法技术要点

煤灰成分分析应用最多的为化学分析法,包括重量法与容量法,其次为分光光度法,有时还要用火焰光度法或原子吸收法等。

对于上述各种方法的技术要点,可参阅作者编著的《电力用煤采制化专题技术》(中国质检出版社/中国标准出版社,2012年2月)或者作者编者的《火电厂水汽试验标准方法及应用》(中国标准出版社,2006年7月),本书就不作细述。

四、常量法测定煤灰成分的技术要点

常量法是测定煤灰成分的经典方法,它以化学分析方法为基础,在灰的6项主要成分中,SiO_2及SO_3采用重量分析(质量分析法),Al_2O_3、Fe_2O_3、CaO、MgO采用容量分析(滴定分析法)。

化学分析方法也就是重量分析与容量分析法的总称。常量法测定煤灰成分准确性高,又不需要专门的仪器设备,各个煤质试验室都具备检测条件,再说学会了煤灰成分分析,也就基本上掌握了化学分析方法,故在国内电厂中,较普遍的采用常量法测定煤灰成分。该法的最大缺点是:操作程序复杂,测试周期较长,不易实现操作的自动化,如实施批量测定,有助于提高测试效率。

1.化学分析法的基本原理

物质的定量分析,可分为两大类:一为经典的化学分析法,它又分为重量分析与容量分析;一为仪器分析法,如光电比色分析、火焰光度分析、红外吸收法等。

化学分析是以物质间的化学反应为基础的一种分析方法。反应必须定量完成，它按一定的反应方程式进行。

（1）重量分析法

通过化学反应及一系列操作步骤使试样中的待测组成转化为另一种纯粹的、固定组成的化合物，再称量该化合物的质量，从而计算出待测组分的含量，通常以质量分数% 表示，这样的分析方法，称为重量分析法。

（2）容量分析法

将已知浓度的试剂溶液，滴加到待测物质溶液中，使其与待测组成发生反应，而加入的试剂量恰好为完成反应所需之量，根据试剂的浓度和加入的准确体积，计算出待测组分的含量，这样的分析方法，称为容量分析法或称为滴定方析法。

根据不同的反应类型，容量分析又分为酸碱滴定法（或称中和法）、沉淀滴定法（或称容量沉淀法）、络合滴定法（或称配位滴定法）以及氧化还原滴定法。

2. 熔样

煤灰成分的测定，不论采取何种方法测定各项成分，熔样都是关键。熔样是否完全，直接关系到全部测定结果的可靠性。

为了保证熔样完全，应把预先制成的灰样，先在玛瑙研钵中进一步研细，并在（815 ± 10）℃下灼烧至恒重，保存于称量瓶中并置于干燥器内备用。

煤灰用粒状氢氧化钠置于带盖的银坩埚中熔融，为防止灰样在未熔以前随热气流飞逸损失，可滴加几滴乙醇润湿灰样。

熔样温度以 650℃ ~700℃ 为宜，时间为 15min。熔样温度不宜太高，时间也不宜太长。否则，会有较多的银带入熔体，使得分离 SiO_2 后的滤液在冷却后产生较多细小的氯化银沉淀微粒，如熔融温度太低，时间太短，则会因灰样熔融不完全，使各成分测定结果偏低。

煤灰用粒状氢氧化钠熔融，可使灰中所有二氧化硅、硅酸盐、硅铝酸盐都转为可溶于水的正硅酸钠。

$$SiO_2 + 4NaOH = Na_2SiO_4 + 2H_2O$$

$$MeSiO_4 + 4NaOH = Na_2SiO_4 + 2Me(OH)_2$$

$$MeO \cdot Al_2O_3 \cdot SiO_2 + 10NaOH = Na_2SiO_4 + 4H_2O + 2Na_2AlO_3 + 4Me(OH)_2$$

上式中的 Me 代表 2 价金属离子，$MeSiO_4$ 表示不溶于水的硅酸盐。

灰样熔融后取出，稍冷，将坩埚连同坩埚盖置于盛有沸水的烧杯中浸取熔块，直至熔融物全部被浸取出来，最后将坩埚及其盖子内外用热水吹洗干净。此时灰中的硅则全部以正硅酸钠的形式进入溶液。

浸取熔融物时，水越热，则浸出越快。每次浸取熔块的热水量少一些，否则，浸洗液量过大，这对其后的蒸干操作带来不便。

注意：不要用稀盐酸来清洗坩埚，以防过多的银被溶出。

对每一个灰样应进行重复测定。为此，实际上在熔样时，一个灰样要称两份，将其置于两个银坩埚中熔样。

在熔样时，还应注意：对于重要试验，可在测定灰成分时，一併对一标准灰样进行熔融（也应为双样），以检查测定结果的准确性；由于常量法测定煤灰成分周期较长，它较适合集中批量测定，故对待测试样要有一定时间安排。一般一次宜熔融 3 ~4 个灰样，即 6 ~8 个坩埚为宜,以提高试验效率。

3. 重量分析法测定 SiO_2 及 SO_3

(1) SiO_2 测定

应用动物胶硅酸的凝聚作用,重量法测定 SiO_2 是经典可靠的测定法,具有较高的测定准确度,而且分离 SiO_2 后的滤液可用来直接测定除 K_2O 及 Na_2O 以外的其他成分。

SiO_2 在煤灰中含量一般高达 40% ~60%,也就煤灰成分系统分析中测定周期较长,操作最为复杂,技术难度最高的一个测定项目。

将灰样熔融并用热水浸取后,硅酸钠进入溶液,用盐酸酸化即成硅酸。硅酸形成稳定的胶体溶液,其胶粒带负电荷。为了中和胶粒所带负电荷使硅酸凝聚,在溶液中加入动物胶。

动物胶是一种高氨基蛋白质,其分子式为 $C_{55}H_{85}N_{17}O_{12}$,其水溶液具有胶体性质,其质点在 pH <4.7 的条件下能吸附 H^+ 而带正电荷。

$$\begin{matrix} NH_2 \\ \quad\diagdown \\ \qquad R \\ \quad\diagup \\ COOH \end{matrix} + HCl \rightleftharpoons \begin{matrix} NH_2 \cdot H^+ \\ \quad\diagdown \\ \qquad R \\ \quad\diagup \\ COOH \end{matrix} + Cl^-$$

在 70℃ ~80℃的强酸性溶液中,上述两种不同电荷的质点相遇时,由于电中和而使硅酸凝聚析出。

动物胶对硅酸的凝聚作用与盐酸浓度、温度条件及动物胶用量相关。盐酸浓度越大,硅酸越易为动物胶所凝聚。只有盐酸在 8mol/L 以上时,才能使硅酸析出。

一般温度控制在 70℃ ~80℃为宜。温度升高,可促使胶体凝聚,但超过 80℃,就会破坏动物胶的胶体。动物胶加入量不宜过多,过多的动物胶不仅不能促使硅酸凝聚析出,反而使其更加稳定。

加入动物胶后,还必须将溶液加热蒸发至干,使硅酸 H_2SiO_4 生成 SiO_2,其反应式为

$$H_4SiO_4 \rightleftharpoons SiO_2 + 2H_2O$$

在加动物胶蒸干操作中,特别要防止烧杯中内容物溅出。温度不宜过高,一般在电热板上令其蒸干,并在通风橱内进行上述操作。

在硅酸凝聚后,由于加水溶解可溶性盐类会使液体体积增加,酸度降低,因此已凝聚的硅酸会重新进入溶液;在洗涤沉淀时,随洗涤液用量的增加及洗涤时间的延长,也会增大硅酸的复溶量。这些因素都将导致 SiO_2 测定结果偏低。故在测定操作中,要控制好操作条件。注意不要用过多的水溶解可溶性盐类,溶液放置的时间不宜太长,洗涤液用量不能过多。

析出的 SiO_2 沉淀,用定量滤纸过滤,由于沉淀附着于杯壁,不易转移到滤纸上,故要应用一端带橡胶段的细玻璃棒仔细反复擦拭烧杯壁,直至全部沉淀转移到滤纸上。

滤纸上的沉淀先用稀盐酸,后用热水洗至无 Cl^-,以去除 Fe^{3+}、Al^{3+} 的干扰,以硝酸银溶液检验,如不再产生 AgCl 白色沉淀,则证明已洗至无 Cl^-。

洗净的沉淀先置于已灼烧至恒重的瓷坩埚中,先在通风橱中将其烘干及低温碳化,特别要防止已有沉淀的滤纸着火燃烧。碳化后的滤纸及沉淀转入高温炉中,在(1000 ±20)℃的条件下灼烧 1h。取出后在空气冷却 10 ~15min,再转至干燥器中冷却至室温,称量。根据称

出的 SiO_2 量，就可计算出灰中 SiO_2 的含量。

灼烧后的 SiO_2 应为纯白色，如出现红黄色，则有可能是 SiO_2 沉淀洗涤不充分而残存部分氧化铁所致。

在测测 SiO_2 的同时，应按测定 SiO_2 相同的步骤进行空白试验，以消除试剂中杂质对 SiO_2 测定结果的影响。

二氧化硅质量分数(%)的计算

$$SiO_2 = \frac{m_2 - m_1}{m} \times 100 \tag{7-75}$$

式中 m_1——SiO_2 的质量，g；

m_2——空白测定时 SiO_2 质量，g；

m——灰样量，g。

正因为 SiO_2 是煤灰成分中含量最高的一项，而且测定操作最繁杂，技术难度最大，故本书对此作了较为详细的说明。要测准 SiO_2，必须控制好测试条件，并能正确地进行相关操作；另一方面，SiO_2 的测定也反映在了重量分析方法的程序与特点，包括称量、熔样、溶解、沉淀、沉淀的转移、过滤、洗涤、灼烧等全部操作，这对试验人员通过测定 SiO_2 的操作来学习和掌握化学分析方法，提高实际操作技能是十分有益的。

(2) SO_3 测定

任何一种煤中均含有硫，它包括可燃硫及不可燃硫，灰中的硫相当于煤中不可燃性硫，故煤中硫的测定方法一般均适用于灰中 SO_3 含量的测定。煤灰成分常量法测定中就采用硫酸钡重量法测定，这和艾士卡法测定煤中全硫大体相似，而且不用另行熔样，操作更为简单。

在上述分离 SiO_2 后的滤液中，调节酸度，加入氯化钡，根据硫酸钡沉淀量，就可求出 SO_3 的含量，其反应式为

$$MeSO_4 + BaCl_2 \rightleftharpoons BaSO_4 \downarrow + MeCl_2$$

对于 SO_3 的测定，读者可参阅本书中煤的全硫测定(艾士卡法)，在此就不复述。

SO_3 质量分数(%)的计算

$$SO_3 = \frac{0.343 \times (m_1 - m_2)}{m} \times \frac{250}{100} \times 100 \tag{7-76}$$

式中 m_1——$BaSO_4$ 质量，g；

m_2——空白测定时 $BaSO_4$ 质量，g；

m——灰样质量，g；

250——滤液总体积，mL；

100——分取试液的体积，mL；

0.343——$BaSO_4$ 换算成 SO_3 的系数。

4. 容量分析法测定 Fe_2O_3、Al_2O_3、CaO 及 MgO

煤灰成分常量法测定中，Fe_2O_3、Al_2O_3、CaO、MgO 4 项成分均采用容量法测定，且均采用 EDTA 络合滴定法测定。

(1) EDTA 的特性

EDTA 或 EDTA 酸为乙二胺四乙酸的简称，它是一个多元酸，可用 H_2Y 表示。EDTA 在

水中溶解度很小，在22℃时，100mL水中仅能溶解0.02g，也难溶于酸及一般的有机溶剂，但易溶于氨及苛性碱溶液，生成相应的盐，故实际使用时，常用其二钠盐，也就是乙二胺四乙酸二钠（$Na_2H_2Y \cdot 2H_2O$，相对分子质量为372.24），一般也简称为EDTA，它在水溶液中的溶解度较大，在22℃时，100mL水中能溶解11.1g，其饱和水溶液的浓度约为0.3mol/L，pH约为4.5。

EDTA与金属离子的配位反应具有如下特点：

①EDTA与许多金属离子多形式成配位比为1:1的稳定络合物，例如

$$Ca^{2+} + Y^{4-} \rightleftharpoons CaY^{2-}$$

$$Fe^{3+} + Y^{4-} \rightleftharpoons FeY^{-}$$

②EDTA与多数金属离子形成的络合物具有相当高的稳定性。

③EDTA与金属离子的络合物大多带电荷，水溶性好，反应速度较快，而且无色金属离子与EDTA生成的络合物仍为无色，但有色金属离子与EDTA形成的络合物其颜色加深。

在络合滴定中采用不同方式不仅可以扩大络合滴定的应用范围，而且可提高络合滴定的选择性。

a.直接滴定。这是用EDTA标准溶液直接滴定待测离子。在适宜的条件下，大多金属离子都可以采用EDTA直接测定，例如

pH＝1.5～2.5，滴定Fe^{3+}；

pH＝10，滴定Mg^{2+}；

pH＝12～13，滴定Ca^{2+}。

但待测离子（如Al^{3+}）与EDTA络合速率很慢，本身又易水解或封闭指示剂；待测离子虽能与EDTA形成稳定络合物如Ba^{2+}，但缺少变色敏锐的指示剂；待测离子如SO_4^{2+}、PO_4^{3-}不与EDTA形成络合物或形成的络合物不稳定，如Na^+等，在这些情况下就需采用其他滴定方式，如返滴定、置换滴定等，例如常量法测定煤灰成分中的Al^{3+}就采用返滴定法，参见下文。

b.间接滴定。对于不能形成络合物或形成络合物不稳定的情况可采用间接滴定。此法是加入过量的能与EDTA形成稳定络合物的金属离子作沉淀剂，以沉淀待测离子，过量沉淀剂以EDTA滴定。或将沉淀分离溶解后，再用EDTA滴定其中的金属离子。

直接滴定法操作简单，引入的误差较小，故尽可能选用直接滴法；间接滴定法操作较繁，引入误差的机会也增加，尽可能少用或不用。

（2）Fe_2O_3或Al_2O_3的测定

该法的测定原理是：在pH为1.8～2.0的条件下，以磺基水杨酸为指示剂，用EDTA标准溶液滴定。然后加入过量的EDTA，使其与铝、钛络合，在pH＝5.9的条件下，以二甲酚橙为指示剂，以锌盐回滴剩余的EDTA，再加入氟盐置换出与铝、钛络合的EDTA，然后再用乙酸锌标准溶液滴定。

在Fe_2O_3有滴定中，关键是控制好pH值。以磺基水杨酸为指示剂，它溶于水成无色溶液，在不同的pH条件下，它能与Fe^{3+}形成不同的络合物。如pH＞2.5，由于磺基水杨酸与Fe^{3+}可能形成稳定性很强的红色络离子，用EDTA滴定时，为使红色消退则需消耗过多的EDTA，而使测定结果偏高；当pH＜1.8时，磺基水杨酸与Fe^{3+}形不成络离子或形成的络离子稳定性很差，从而使测定结果偏低。

调节溶液的 pH 值，标准中规定要用精密 pH 试纸，使溶液 pH 值保持在 1.8 ~ 2.0 之间。为了精确地控制溶液 pH 值，最好使用 pH 计测量，详细操作参见 pH 计说明书。

煤灰中 Fe_2O_3、Al_2O_3 采用连续测定。此法测得的 Al_2O_3 实际上为 Al_2O_3 与 TiO_2 总量。如果要计算 Al_2O_3 的量，则应从上述总量中减去 TiO_2 的量。

为了能使 Al 和 EDTA 完全络合，EDTA 加入要过量。在加热条件下，应控制好 pH 值，否则测定结果会偏低。过量的 EDTA 用乙酸锌回滴时，为控制酸度，需加入乙酸钠与冰乙酸组成 pH 值为 5.9 的缓冲溶液。测定中应用二甲酚橙作指示剂，也能与 Al 形成稳定的络合物，但在室温下络合速度很慢，因而加入指示剂前将溶液冷至室温。否则，它会从 EDTA - Al 络合物中夺取 Al^{3+} 后生成红色的二甲酚橙 - 铝络合物而影响终点的判断。

二甲酚橙为紫色晶体，易溶于水，当 pH > 6.3 时，呈红色，当 pH < 6.3 时则呈黄色，它的变色并不十分明显，且干扰因素又较多，即使完全按方法标准规定要求操作，其滴定络点也较难判断，这是该法的一个不足之处。

Fe_2O_3 和 Al_2O_3 的含量（%）可按式（7 - 77）及式（7 - 78）进行计算：

$$Fe_2O_3 = \frac{T_{Fe_2O_3} V_1}{1000m} \times \frac{250}{20} \times 100 \qquad (7-77)$$

式中 $T_{Fe_2O_3}$——EDTA 标准溶液对 Fe_2O_3 的滴定度，mg/mL；

V_1——试液滴定所消耗 EDTA 标准溶液的体积，mL；

m——灰样质量，g；

250——分离 SiO_2 后滤液总体积，mL；

20——分取试液的体积，mL。

式（7 - 77）中的 EDTA 标准溶液的浓度 C 为 0.004mol/L，同时还须确定 EDTA 标准溶液对 Fe_2O_3 的滴定度，在此一并加以说明，这也是容量分析方法的基本操作特点之一。

a. EDTA 标准溶液的配制与标定

EDTA 标准溶液的浓度 C 为 0.004mol/L：为此称取 EDTA1.5g 于烧杯中加水溶解，加数滴氢氧化钠调节溶液 pH 值至 5 左右（用 pH 试纸检验），移入 1000mL 容量瓶中，用水稀释至刻度，摇匀，然后进行标定。

EDTA 标准溶液对 Fe_2O_3 滴定度的确定。用移液管吸取 10mLFe_2O_3 标准溶液置于 300mL 烧杯中，用水稀释至 100mL，加磺基水杨酸指示剂 0.5mL，滴加（1 + 1）的氨水至溶液的紫色恰好变为黄色，加入 2mol/L 盐酸调节溶液的 pH 值为 1.8 ~ 2.0。

将溶液加热到 70℃，立即用 EDTA 标准溶液滴定至亮黄色，如铁含量低，则呈无色。终点温度在 60℃ 左右。EDTA 标准溶液对 Fe_2O_3 的滴定度按式（7 - 78）进行计算

$$R_{Fe_2O_3} = 10 \times C/V_1 \qquad (7-78)$$

式中 C——EDTA 标准工作溶液的浓度，mg/mL；

V_1——标定消耗的 EDTA 标准溶液体积，mL。

由式（7 - 78）可以看出，滴定度的含义就是 1mL 滴定用标准溶液相当于被测物质的质量。在此，即 1mL 标准 EDTA 溶液相当于 Fe_2O_3 的毫克数；另一方面，它表明对滴定度的标定操作与试样测定操作完全相同，只是吸取与被测组分相同的标准溶液（此例中即为 Fe_2O_3 标准溶液）来代替待测试液。

b. Fe_2O_3 标准溶液的配制

为此,应准确称取在105℃～110℃下干燥1h的优级纯$Fe_2O_3$1.0000g置于400mL烧杯中,加入优级纯盐酸5mL,盖上表面皿,加热溶解后,冷至室温,移入1000mL容量瓶中,用水稀释至刻度,摇匀,则此溶液含$Fe_2O_3$1mg/mL。

特别需要指出:煤灰成分测定中,所用化学试剂种类很多,且需要测试人员自己配制与标定。有的标准溶液配制与标定程序也相当复杂,要求严格控制操作条件,故测试人员必须按方法标准规定的程序与要求操作,这样实际上也就掌握了试样中某一成分的测定技术。

为了进行容量分析,测试人员必须学会玻璃仪器(特别是定容玻璃仪器如滴定管、容量瓶等)的选择及使用;正确进行溶液浓度的计算及配制;同时应熟练地掌握容量分析中的各项操作,如溶液的滴定、pH的调节、终点的判定等。

$$Al_2O_3 = \frac{T_{Al_2O_3}V_2}{1000m} \times \frac{250}{100} \times 100 - 0.638(TiO_2) \qquad (7-79)$$

式中　$T_{Al_2O_3}$——乙酸锌标准溶液对Al_2O_3的滴定度,mg/mL;

V_2——试样滴定所消耗乙酸锌标准溶液的体积,mL;

m——灰样质量,g;

0.638——TiO_2换算成Al_2O_3的因子。

煤灰中的Fe_2O_3及Al_2O_3采取连续测定,此法测得的Al_2O_3实际上为Al_2O_3与TiO_2的总量,故从以上总量中减去TiO_2的量,即为Al_2O_3的量。

式(7-84)与式(7-86)中,$T_{Fe_2O_3}V_1$,及$T_{Al_2O_3}V_2$,即从250mL总滤液中分取各20mL试液中Fe_2O_3与Al_2O_3的毫克数;1000m即灰样的毫克数;式中250/20是因为总滤液为250mL,分取试液的20mL的倍数,这样就不难理解Fe_2O_3含量与Al_2O_3含量的计算公式。

(3)CaO与MgO的测定

CaO与MgO也都采用EDTA容量法测定,二者均采用三乙醇胺作掩蔽剂。

在CaO测定中,三乙醇胺能掩蔽铁、钛、铝、锰等离子。在pH≥12.5的条件下,以钙黄绿素-百里酸钛为指示剂,用EDTA标准溶液滴定试液。

在测定时,由于在碱性介质中,三乙醇胺能与Fe^{3+}、Al^{3+}等形成络合物掩蔽起来,从而消除了上述离子的干扰而采用EDTA直接测定。

在pH≥12.5的条件下,EDTA与镁的络合物转为溶度积很小的$Mg(OH)_2$沉淀,从而排除了Mg^{2+}对CaO测定的干扰。

采用钙黄绿素-百里酸钛混合指示剂,由于它与Na^+易产生微弱荧光,而且大量Na^+的存在会使滴定终点不易判断,故不用NaOH而用KOH来调节酸度。在加入KOH后,应立即进行滴定,以防部分Ca被$Mg(OH)_2$沉淀所吸附,而使测定结果偏低。

在标定EDTA标准溶液时,还应同时作空白试验。前已指出:所谓空白试验或称空白测定,它是指除用纯水代替试样外,其他方面包括所加试剂、操作程序均与试样测定完全相同。空白试验可与样品测定同时进行,以节约时间。

当考虑空白试验时,CaO的含量(%)的测定结果可按式(7-80)计算:

$$CaO = \frac{T_{CaO}(V_3 - V_4)}{1000m} \times \frac{250}{10} \times 100 \qquad (7-80)$$

式中　T_{CaO}——EDTA标准溶液对CaO的滴定度,mg/mL;

V_3——试液滴定所消耗的EDTA标准溶液体积,mL;

V_4——空白试验时所消耗的 EDTA 标准溶液体积,mL;

250——分离 SiO_2 后滤液总体积,mL;

10——分取试液的体积,mL;

m——灰样质量,g。

对 MgO 的测定,也是以三乙醇胺为掩蔽剂来掩蔽铁、铝、钛及微量铅、锰等。在 pH≥10 的氨性溶液中,以酸性铬兰 K－萘酚绿 B 为指示剂,以 EDTA 标准溶液滴定 CaO 与 MgO 的总量,减去滴定 CaO 所消耗的 EDTA 标准溶液的体积,就可计算出 MgO 的含量。

铜试剂(二乙基二硫代甲酸钠)能与铜、铅等干扰离子生成沉淀而不被 EDTA 所络合,同时又可消除 Mn^{2+}、Ni^{3+} 等离子对指示剂的干扰,使终点易于判断。试验表明:仅仅加入一滴 5% 的铜试剂即可满足要求,如加入量过多,反而会使终点难于判断。

灰中 MgO 含量(%)按式(7－81)计算

$$MgO = \frac{T_{MgO}(V_5 - V_1)}{1000m} \times \frac{250}{10} \times 100 \tag{7-81}$$

式中 T_{MgO}——EDTA 标准溶液对 MgO 的滴定度,mg/mL($T_{MgO} = 0.7187T_{CaP}$);

V_5——滴定 CaO 及 MgO 总量消耗的 EDTA 标准溶液的体积,mL;

V_3——滴定 CaO 消耗的 EDTA 标准溶液的体积,mL;

m——灰样质量,g;

250——分离 SiO_2 后滤液的总体积,mL;

10——分取试液的体积,mL。

煤灰中 SiO_2、Al_2O_3、Fe_2O_3、SO_3、CaO、MgO 为其基本成分,通常上述 6 项成分占煤灰总量的 95% 以上,甚至可高达 97% ～98%,这其中 SiO_2、Al_2O_3、$Fe_2O_3$3 项有可能占煤灰总量的 90%,对少数煤灰,其 CaO 含量可能特别高。有的试验室,测定煤灰成分时,往往仅测上述主要成分。灰中 K_2O、Na_2O 含量一般不高,但对灰渣特性及电力生产有着重要影响,故电厂煤质试验室进行煤灰成分测定时,除测定上述 6 项主要成分外,力求也能测定 K_2O、Na_2O 及 TiO_2 的含量。

(4)其他成分的测定

煤灰中的其他成分,这里是指的是 K_2O、MgO 及 $TiO_2$3 项。至于灰中的 P_2O_5、V_2O_5、Mn_3O_4 等微量成分,一般不作测定。

①K_2O 及 Na_2O 的测定。该两项成分多采用火焰光度法测定。

灰样用硫酸、氢氟酸分解,制成稀硫酸溶液,用火焰光度计测定钾、钠的辐射强度,由标准曲线上查得氧化钾及氧化钠的质量,从而计算出它的各自在灰中的含量。

②TiO_2 的测定。在分离 SiO_2 后的滤液中,于酸性介质条件下,用磷酸掩蔽 Fe,钛与过氧化氢形成钛酸黄色络合物进行比色测定。

TiO_2 通常使用分光光度计测定。

对于上述 Na_2O、K_2O、TiO_2 的测定,读者应按照仪器说明书的要求,掌握火焰光度计及分光光度计的使用方法。

煤灰成分除常量法测定外,还可选用半微量法,快速分析法等。其中半微量法也是国家标准所规定的煤灰成分测定方法,它是以容量分析与分光光度法为基础的一种测定方法。该法称样量少,仅 0.1g,其测定精密度及准确度均不及常量法。该法的主要优点是,测定周期较短，操作也不如常量法那样繁杂，故在对测定结果准确度要求不高，又希望较快提供测定结果者，仍可采用此法。

鉴于半微量法测定结果的准确性及实际应用价值远不及常量法，故本书不对半微量法单独加以阐述。